工程造价编制疑难问题解答丛书

市政工程造价编制 800 问

本书编写组　编

中国建材工业出版社

图书在版编目(CIP)数据

市政工程造价编制800问/《市政工程造价编制800问》编写组编．—北京：中国建材工业出版社，2012.9

（工程造价编制疑难问题解答丛书）

ISBN 978-7-5160-0282-7

Ⅰ.①市… Ⅱ.①市… Ⅲ.①市政工程—工程造价—预算编制—问题解答 Ⅳ.①TU723.3-44

中国版本图书馆CIP数据核字(2012)第214879号

市政工程造价编制800问
本书编写组　编

出版发行：中国建材工业出版社
地　　址：北京市西城区车公庄大街6号
邮　　编：100044
经　　销：全国各地新华书店
印　　刷：北京紫瑞利印刷有限公司
开　　本：850mm×1168mm　1/32
印　　张：14
字　　数：430千字
版　　次：2012年9月第1版
印　　次：2012年9月第1次
定　　价：38.00元

本社网址：www.jccbs.com.cn
本书如出现印装质量问题，由我社发行部负责调换。电话：(010)88386906
对本书内容有任何疑问及建议，请与本书责编联系。邮箱：dayi51@sina.com

内 容 提 要

本书依据《建设工程工程量清单计价规范》(GB 50500—2008)和《全国统一市政工程预算定额》进行编写,重点对市政工程造价编制时常见的疑难问题进行了详细解释与说明。全书主要内容包括市政工程定额计价、市政工程清单计价、土石方工程、道路工程、桥涵护岸工程、隧道工程、市政管网工程、路灯工程、地铁工程、钢筋工程与拆除工程等。

本书对市政工程造价编制疑难问题的讲解通俗易懂,理论与实践紧密结合,既可作为市政工程造价人员岗位培训的教材,也可供市政工程造价编制与管理人员工作时参考。

市政工程造价编制 800 问
编 写 组

主　编：王　委
副主编：王　冰　　徐梅芳
编　委：秦礼光　郭　靖　梁金钊　方　芳
　　　　伊　飞　杜雪海　范　迪　马　静
　　　　侯双燕　郭　旭　葛彩霞　汪永涛
　　　　李良因　何晓卫　蒋林君　沈志娟
　　　　黄志安

前　言

工程造价涉及国民经济各部门、各行业，涉及社会再生产中的各个环节，其不仅是项目决策、制定投资计划和控制投资以及筹集建设资金的依据，也是评价投资效果的重要指标以及合理利益分配和调节产业结构的重要手段。编制工程造价是一项技术性、经济性、政策性很强的工作。要编制好工程造价，必须遵循事物的客观经济规律，按客观经济规律办事；坚持实事求是，密切结合行业特点和项目建设的特定条件并适应项目前期工作深度的需要，在调查研究的基础上，实事求是地进行经济论证；坚持形成有利于资源最优配置和效益达到最高的经济运作机制，保证工程造价的严肃性、客观性、真实性、科学性及可靠性。

工程造价编制有一套科学的、完整的计价理论与计算方法，不仅需要工程造价编制人员具有过硬的基本功，充分掌握工程定额的内涵、工作程序、子目包括的内容、工程量计算规则及尺度，同时也需要工程造价编制人员具备良好的职业道德和实事求是的工作作风，并深入工程建设第一线收集资料、积累知识。

为帮助广大工程造价编制人员更好地从事工程造价的编制与管理工作，快速培养一批既懂理论，又懂实际操作的工程造价工作者，我们组织工程造价领域有着丰富工作经验的专家学者，编写这套《工程造价编制疑难问题解答丛书》。本套丛书包括的分册有：《建筑工程造价编制 800 问》、《装饰装修工程造价编制 800 问》、《水暖工程造价编制 800 问》、《通风空调工程造价编制 800 问》、《建筑电气工程造价编制 800 问》、《市政工程造价编制 800 问》、《园林绿化工程造价编制 800 问》、《公路工程造价编制 800 问》、《水利水电工程造价编制 800 问》、《工业管道工程造价编制 800 问》。

本套丛书的内容是编者多年实践工作经验的积累，丛书从最基础的工程造价理论入手，采用一问一答的编写形式，重点介绍了工程造价的组成及编制方法。作为学习工程造价的快速入门级读物,丛书在阐述工程造价基础理论的同时,尽量辅以必要的实例,并深入浅出、循序渐进地进行讲解说明。丛书中还收集整理了工程造价编制方面的技巧、经验和相关数据资料,使读者在了解工程造价主要知识点的同时,还可快速掌握工程预算编制的方法与技巧,从而达到易学实用的目的。

本套丛书主要包括以下特点:

(1)丛书内容全面、充实、实用,对建设工程造价人员应了解、掌握及应用的专业知识,融会于各分册图书之中,有条理进行介绍、讲解与引导,使读者由浅入深地熟悉、掌握相关专业知识。

(2)丛书以"易学、易懂、易掌握"为编写指导思想,采用一问一答的编写形式。书中文字通俗易懂,图表形式灵活多样,对文字说明起到了直观、易学的辅助作用。

(3)丛书依据《建设工程工程量清单计价规范》(GB 50500—2008)及建设工程各专业概预算定额进行编写,具有一定的科学性、先进性、规范性,对指导各专业造价人员规范、科学地开展本专业造价工作具有很好的帮助。

由于编者水平及能力所限,丛书中错误及疏漏之处在所难免,敬请广大读者及业内专家批评指正。

编 者

目 录

第一章 市政工程定额计价 / 1
1. 什么是定额？具有哪些作用？ / 1
2. 市政工程定额如何分类？ / 1
3. 什么是劳动定额？ / 2
4. 劳动定额按表现形式有几类？ / 2
5. 如何确定时间定额？ / 2
6. 什么是机械台班使用定额？ / 3
7. 如何计算机械纯工作1h正常生产率？ / 3
8. 如何确定施工机械的正常利用系数？ / 4
9. 如何计算施工机械产量定额？ / 4
10. 什么是材料消耗定额？具有哪些作用？ / 5
11. 材料消耗定额的制定有哪些方法？ / 5
12. 什么是周转性材料？ / 6
13. 什么是周转性材料的一次使用量及周转使用量？ / 6
14. 什么是周转次数？ / 6
15. 如何计算周转性材料摊销量？ / 6
16. 影响周转性材料使用次数的主要因素有哪些？ / 7
17. 市政工程预算定额由哪些内容组成？ / 7
18. 预算定额的编制依据有哪些？ / 8
19. 预算定额编制应遵循哪些原则？ / 8
20. 如何确定预算定额项目的统一计量单位？ / 8
21. 预算定额中对材料的消耗应怎样处理？ / 8
22. 怎样编制预算定额初稿？ / 9
23. 如何进行预算定额水平测算？ / 9
24. 如何确定预算定额中的人工工日消耗量？ / 9
25. 如何确定预算定额中的材料消耗量？ / 9
26. 什么是材料损耗量？ / 10
27. 什么是机械幅度差？ / 10
28. 如何确定预算定额中的机械台班消耗量？ / 11
29. 什么是概算定额？编制时应遵循哪些原则？ / 11
30. 概算定额的编制依据有哪些？ / 12
31. 如何确定概算定额的计量单位？ / 12
32. 概算定额与预算定额两者有什么区别？ / 12
33. 如何确定概算定额与预算定额的幅度差？ / 12
34. 什么是施工定额？具有哪些作用？ / 12
35. 什么是施工定额水平？ / 13
36. 什么是平均先进水平？ / 13
37. 什么是设计概算？ / 13
38. 设计概算的编制依据有哪些？ / 14
39. 设计概算审查的准备工作主要包括哪些内容？ / 14
40. 怎样审查设计概算的编制依据？ / 14
41. 什么是施工图预算？具有哪些作用？ / 15
42. 施工图预算编制的依据有哪些？ / 15
43. 施工图预算书主要包括哪些内容？ / 16
44. 施工图预算审查依据有哪些？ / 17

45. 施工图预算审查有哪些方法? /18	18. 《清单计价规范》主要包括哪些内容? /29
46. 如何进行预算单价套用的审查? /19	19. 《清单计价规范》具有哪些特点? /30
47. 施工预算与施工图预算两者有什么区别? /19	20. 编制《清单计价规范》应遵循哪些原则? /30
48. 定额计价模式下建筑安装工程费由哪些项目构成? /20	21. 清单计价模式下的工程费用由哪些部分构成? /31
49. 什么是冬雨期施工增加费? 其包括哪些内容? /21	22. 工程量清单投标报价具有哪些特点? /32
50. 什么是夜间施工增加费? 其包括哪些内容? /21	23. 工程量清单计价表格有哪些? 其适用范围是什么? /33
51. 什么是特殊地区增加费? /21	24. 工程量清单招标控制价封面的格式如何? 填写时应符合哪些规定? /34
52. 什么是税金? 其包括哪些内容? /21	

第二章 市政工程清单计价 /22

1. 什么是工程量清单? 其包括哪些内容? /22	25. 工程量清单投标报价封面的格式如何? 填写时应符合哪些规定? /36
2. 工程量清单有哪些作用? /22	26. 工程量清单竣工结算总价封面的格式如何? 填写时应符合哪些规定? /37
3. 分部分项工程量清单应怎样编码? /22	
4. 关于清单工程数量的计算有哪些规定? /22	
5. 如何确定分部分项工程量清单的计量单位? /23	27. 工程项目招标控制价/投标报价汇总表的格式如何? 填写时应符合哪些规定? /38
6. 什么是措施项目? /23	
7. 措施项目清单应列有哪些项目? /23	28. 分部分项工程量清单与计价表的格式如何? 填写时应符合哪些规定? /39
8. 其他项目清单列项包括哪些内容? /24	
9. 什么是暂列金额及暂估价? /24	
10. 什么是总承包服务费? /25	29. 工程量清单综合单价分析表的格式如何? 填写时应符合哪些规定? /40
11. 规费项目清单列项包括哪些内容? /25	
12. 税金项目清单应包括哪些内容? /25	
13. 什么是工程量清单计价? /25	30. 措施项目清单与计价表的格式如何? 填写时应符合哪些规定? /41
14. 实行工程量清单计价的意义主要体现在哪些方面? /25	31. 暂列金额明细表的格式如何? 填写时应符合哪些规定? /43
15. 工程量清单计价的基本过程是什么? /26	32. 材料暂估单价表的格式如何? 填写时应符合哪些规定? /43
16. 工程量清单计价主要受哪些因素影响? /26	33. 专业工程暂估价表填写格式如何? 填写时应符合哪些规定? /44
17. 工程量清单计价与定额计价的差别有哪些? /27	34. 计日工表的格式如何? 填写时应

目 录

符合哪些规定? / 45
35. 总承包服务费计价表的格式如何? 填写时应符合哪些规定? / 46
36. 费用索赔申请(核准)表的格式如何? 填写时应符合哪些规定? / 46
37. 现场签证表的格式如何? 填写时应符合哪些规定? / 48
38. 规费、税金项目清单与计价表的格式如何? 填写时应符合哪些规定? / 49
39. 工程款支付申请(核准)表的格式如何? 填写时应符合哪些规定? / 50

第三章 土石方工程 / 52

1. 什么是挖一般土方? / 52
2. 土方开挖应遵循什么原则? / 52
3. 如何划分土壤及岩石类别? / 52
4. 如何进行砂土的划分? / 57
5. 如何进行黏性土、粉土的划分? / 57
6. 干湿土应如何划分? / 58
7. 什么是土的天然密度? / 58
8. 什么是放坡? 在什么情况下需要放坡? / 58
9. 怎样确定边坡坡度大小? / 59
10. 土方边坡有哪几种形式? / 59
11. 什么是挡土板? / 60
12. 什么是场地平整? / 60
13. 什么是土的可松性? / 60
14. 土方调配的目的是什么? / 61
15. 如何进行土方调配时设计标高的调整? / 61
16. 怎样计算大型土石方工程工程量? / 61
17. 怎样运用方格网法计算挖土方量? / 62
18. 什么是场内运输? / 67
19. 什么是余土? / 67
20. 什么是弃土运距? 如何计算弃土运距? / 67
21. 滑坡区域的排水系统应怎样设

置? / 68
22. 什么是流砂现象? 怎样进行防治? / 68
23. 什么是井点降水法? 采用的井点类型有哪些? / 69
24. 市政工程常见的沟槽断面形式有哪几种? / 69
25. 沟槽土方开挖有哪几种方式? / 70
26. 如何确定地槽或管沟的填土深度? / 71
27. 什么是增加工作面? 如何确定增加工作面的宽度? / 71
28. 支撑有什么作用? / 72
29. 什么是撑板? 如何分类? / 72
30. 坑壁支撑有哪几种形式? / 72
31. 什么是修整底边及修整边坡? / 72
32. 土方基槽验槽时观察的内容有哪些? / 72
33. 什么是暗挖土方? 常用的施工方法有哪些? / 73
34. 什么是竖井挖土方? / 74
35. 什么是爆破? 有哪些类型? / 74
36. 石方开挖爆破每 $1m^3$ 所耗的炸药量是多少? / 74
37. 什么是土方回填? / 75
38. 土方回填前应做好哪些准备工作? / 75
39. 土(石)方回填对土质有哪些要求? / 75
40. 回填土压实的方法有哪几种? / 75
41. 什么是回填土沉陷现象? 产生的原因有哪些? / 76
42. 挖基础土方的定额工作内容包括哪些? / 76
43. 全统市政定额中是否包括现场障碍物清理费? / 76
44. 土、石方体积如何计算? 如何计算回填土的体积? / 76

45. 如何计算管道沟挖土定额工程量? /76
46. 如何计算人工挖沟槽基坑定额工程量? /77
47. 如何计算管道沟槽回填土定额工程量? /78
48. 管线土方工程定额对人工和机械调整有哪些规定? /78
49. 人工挖运淤泥、流砂定额工作内容包括哪些?如何套用定额? /78
50. 如何计算人工挖土方、淤泥、流砂定额工程量? /79
51. 如何计算人工挖冻土定额工程量? /79
52. 如何计算挖掘机挖土定额工程量? /79
53. 如何计算 $0.2m^3$ 抓斗挖土机挖土、淤泥、流砂的定额消耗量? /79
54. 反铲挖掘机装车和拉铲挖掘机装车,如何计算自卸汽车运土台班量? /79
55. 铲运机铲运土方定额工作内容包括哪些? /79
56. 如何计算挖一般石方清单工程量? /80
57. 如何计算挖沟槽土方清单工程量? /80
58. 如何计算挖淤泥清单工程量? /80
59. 如何计算填方清单工程量? /80
60. 如何计算缺方内运清单工程量? /80

第四章 道路工程 /81

1. 全统市政定额第二册"道路工程"包括哪些项目?其适用范围是什么? /81
2. 道路工程定额的编制依据有哪些? /81
3. 道路工程定额中有关人工的数据如何取定? /81
4. 道路工程定额中有关材料的数据如何取定? /81
5. 道路工程定额中有关机械的数据如何取定? /84
6. 道路工程定额说明中应注意哪些事项? /85
7. 什么是道路?有哪些分类? /86
8. 什么是路基?常见路基横断面形式有哪些? /86
9. 道路路基应具备哪些要求? /86
10. 什么是路基强夯土方? /87
11. 什么是夯实?什么是重夯? /87
12. 什么是抛石挤淤? /87
13. 袋装砂井的特点及适用范围是什么?其主要材料应符合哪些要求? /88
14. 什么是渗井? /89
15. 什么是塑料排水板? /89
16. 什么是碎石桩? /89
17. 什么是喷粉桩?其直径主要取决于哪些因素? /89
18. 什么是坡面防护? /89
19. 什么是冲刷防护?其主要形式有哪些? /90
20. 什么是路基盲沟? /90
21. 常用的路基地面排水设施有哪些?其主要功能是什么? /90
22. 什么是边沟及排水沟?常用断面形式有哪些? /90
23. 什么是跌水与急流槽? /91
24. 什么是截水沟?常用断面形式有哪些? /91
25. 常用的沟渠加固类型有哪些? /91
26. 什么是稳定土及石灰稳定土? /92
27. 如何计算石灰和土的摊铺厚度? /92
28. 什么是翻拌及筛拌? /94
29. 什么是石灰稳定类基层及水泥稳

定土？ / 94	56. 钢筋混凝土路面设置钢筋网的主要目的是什么？ / 107
30. 什么是水泥稳定碎(砾)石及沥青稳定碎石基层？ / 94	57. 滑模式混凝土摊铺的常见问题有哪些？ / 107
31. 路基掺石灰时应注意哪些问题？ / 95	58. 什么情况下水泥混凝土路面施工时需设置接缝？ / 107
32. 什么是土的压实度？路基压实应符合什么标准？ / 95	59. 什么是传力杆？ / 108
33. 常见路堤、路堑横断面的基本形式有哪些？ / 96	60. 什么是伸缩缝？其定额工作内容包括哪些？ / 108
34. 如何确定路堤边坡度？ / 96	61. 黑色碎石路面的构造是怎样的？如何计算其定额工程量？ / 108
35. 如何确定路堑边坡度？ / 97	62. 什么是块料路面？ / 108
36. 如何计算道路基层定额工程量？其定额说明包括哪些内容？ / 97	63. 什么是企口？ / 108
37. 石灰炉渣土基层定额工作内容包括哪些？ / 98	64. 什么是防滑槽？什么是真空吸水？ / 109
38. 如何计算路床(槽)碾压宽度？ / 98	65. 如何计算道路路面层定额工程量？其定额说明包括哪些内容？ / 109
39. 道路炉渣底层、矿渣底层、坡石底层、沥青稳定碎石定额工作内容包括哪些？ / 98	66. 路面洒水汽车取水平均运距超过5km时应怎样计取费用？ / 110
40. 道路路面有哪些类型？ / 99	67. 什么是人行道？ / 110
41. 我国路面分为哪几个等级？ / 99	68. 什么是预制块人行道？常用预制块规格和适用范围是什么？ / 110
42. 什么是路幅？ / 100	69. 什么是现浇水泥混凝土人行道？ / 111
43. 什么是路肩？什么是路床？ / 100	70. 什么是沥青类人行道？ / 111
44. 什么是路缘石？什么是隔离带？ / 100	71. 人行道块料包括哪些种类？ / 112
45. 什么是路缘带？什么是两侧带？ / 101	72. 什么是水泥花砖？如何计算其定额工程量？ / 112
46. 什么是路侧带？ / 101	73. 缸砖、陶砖常用规格和适用范围是什么？ / 112
47. 什么是沥青表面处治路面？ / 101	74. 人行道侧缘石及其他定额工作内容有哪些？ / 113
48. 什么是沥青贯入式路面？ / 102	75. 什么是侧缘石？如何计算其定额工程量？ / 113
49. 常用的沥青改性剂有哪些？ / 103	76. 路缘石安砌主要要求有哪些？ / 113
50. 沥青贯入式面层的厚度是多少？其施工程序是怎样的？ / 104	77. 什么是树池砌筑？ / 114
51. 如何试拌沥青混合料？ / 105	78. 什么是异形彩色花砖？其安砌的定额工作内容有哪些？ / 115
52. 如何计算沥青混合料的抗弯拉强度？ / 105	
53. 什么是封层？其适用范围是什么？ / 105	
54. 什么是粘层及联结层？ / 106	
55. 什么是水泥混凝土路面？其分为哪几类？ / 106	

79. 人行道板安砌的定额工作内容有哪些？怎样计算其定额工程量？ / 115
80. 什么是接线工作井？ / 115
81. 电缆保护管有哪些种类？其主要要求有哪些？ / 115
82. 什么是标志板？交通标志如何分类？ / 116
83. 视线诱导设施主要包括哪些？其作用是什么？ / 116
84. 标记使用的油漆一般包括几种？ / 116
85. 什么是交通信号灯？如何设置？ / 117
86. 什么是环形检测线及值警亭？ / 117
87. 什么是护栏？如何分类？ / 117
88. 什么是信号机箱及信号灯架？ / 118
89. 电杆分为哪几类？各自代号是什么？ / 118
90. 什么是立电杆？ / 119
91. 市政道路清单工程量计算应注意哪些问题？ / 119
92. 如何计算排水沟、截水沟清单工程量？其清单工程内容包括哪些？ / 119
93. 如何计算水泥混凝土路面清单工程量？其清单工程内容有哪些？ / 119
94. 如何计算卵石道路基层清单工程量？ / 120
95. 如何计算检查井升降清单工程量？ / 120

第五章 桥涵护岸工程 / 121

1. 全统市政定额第三册"桥涵工程"包括哪些项目？其适用范围是什么？ / 121
2. 桥涵工程定额的编制依据有哪些？ / 121
3. 桥涵工程定额使用时应注意哪些事项？ / 121
4. 桥涵工程定额中有关人工的数据如何取定？ / 122
5. 桥涵工程定额中钢材焊接与切割单位材料用量的数据如何取定？ / 122
6. 桥涵工程定额中对有关材料损耗的数据如何取定？ / 123
7. 桥涵工程定额中对有关机械的数据如何取定？ / 125
8. 什么是桥梁？其由哪几部分组成？ / 126
9. 桥梁一般可分为哪几类？ / 127
10. 什么是桥梁净空？ / 128
11. 什么是矢跨比？ / 128
12. 什么是净跨径及标准跨径？ / 128
13. 什么是涵洞？ / 129
14. 涵洞一般由哪几部分组成？ / 129
15. 涵洞主要有哪些类别？ / 129
16. 什么是桩及桩架？ / 129
17. 打桩机械锤重应如何选择？ / 130
18. 什么是陆上打桩？什么是船上打桩？ / 130
19. 什么是打圆木桩？其清单工程内容有哪些？ / 131
20. 什么是打钢筋混凝土方桩？ / 131
21. 什么是钢管桩及灌注桩？ / 131
22. 什么是钢管成沉灌注桩？其清单工程内容包括哪些？ / 131
23. 预制桩应怎样沉桩？ / 132
24. 钻孔灌注桩常用钻机有哪些类型？ / 132
25. 如何计算灌注桩水下混凝土清单工程量？ / 132
26. 接桩的方式有哪几种？ / 132
27. 什么是硫磺胶泥接桩？ / 132
28. 钢桩的制作与堆放应符合哪些规定？ / 132
29. 什么是混凝土承台？其清单工程内容包括哪些？ / 133
30. 如何计算打桩工程定额工程量？ / 133
31. 定额中对打制木桩、钢筋混凝土

板方桩、管桩的土质如何取定？/ 133
32. 钻孔灌注桩工程定额工作内容有哪些？/ 134
33. 定额钻孔土质分为哪几类？/ 135
34. 什么是钢护筒？如何计算钢护筒定额摊销量？/ 135
35. 如何计算现场打孔灌注桩定额工程量？/ 136
36. 如何计算就地灌注混凝土桩的钢筋笼的定额工程量？/ 136
37. 桥涵工程定额中对钢筋混凝土板、方桩及管桩的打桩帽和送桩帽如何取定？/ 136
38. 如何计算钢管桩定额工程量？/ 137
39. 如何计算送桩定额工程量？/ 137
40. 定额未包括打桩工程中哪些内容？其费用如何计取？/ 138
41. 如何计算方砖柱的用料量？/ 138
42. 砖砌体对砌筑材料主要有哪些要求？/ 139
43. 各种砌体的材料损耗率如何取定？/ 140
44. 怎样计算浆砌块石用量？/ 140
45. 怎样计算砌体预制块、料石用量？/ 140
46. 怎样计算砌体用砖数量？/ 141
47. 如何选用砌筑砂浆配合比？/ 141
48. 桥涵工程定额中砌筑项目的适用范围是什么？对未列的砌筑项目如何处理？/ 142
49. 如何计算砌筑工程定额工程量？/ 142
50. 桥墩一般分为哪几类？/ 143
51. 什么是墩帽？其具有哪些作用？/ 143
52. 什么是空心桥墩？有什么不足之处？/ 143
53. 什么是吊索及索鞍？/ 143
54. 什么是束道长度？/ 143
55. 什么是钢筋冷加工？/ 143

56. 如何计算先张法预应力钢筋重量？/ 144
57. 钢筋弯钩的作用是什么？有哪几种形式？/ 144
58. 钢筋弯起的作用是什么？/ 144
59. 钢筋弯钩及搭接增加的长度如何确定？/ 145
60. 钢筋编号方法有哪些？/ 146
61. 施工图中钢筋数量表一般包括哪些内容？/ 146
62. 桥梁工程中混凝土连续板与混凝土板梁分为哪些类别？/ 146
63. 什么是滑板？其清单工程内容包括哪些？/ 147
64. 现浇混凝土挡墙墙身的清单工程内容有哪些？/ 147
65. 混凝土防撞护栏具有哪些特点？/ 147
66. 什么是桥面铺装？/ 147
67. 什么是桥台搭板？/ 148
68. 什么是索塔？由哪几部分组成？/ 148
69. 什么是连续梁和连系梁？/ 148
70. 什么是支撑梁、横梁？/ 148
71. 什么是预制构件的出坑与运输？/ 148
72. 什么是预制混凝土构件？/ 148
73. 什么是预制混凝土挡墙墙身？/ 149
74. 什么是护坡？铺砌护坡应注意哪些事项？/ 149
75. 什么是混凝土箱梁？/ 149
76. 什么是箱涵侧墙？/ 150
77. 箱涵外壁面与滑板面处理定额工作内容有哪些？/ 150
78. 什么是箱涵顶板？/ 150
79. 什么是箱涵顶进？顶进方法有哪些？/ 150
80. 什么是箱涵接缝处理？/ 151
81. 立交桥设置应注意哪些问题？其桥面铺装具有什么作用？/ 151

82. 什么是滑板面层? / 151
83. 什么是石棉水泥嵌缝? / 151
84. 桥梁支座包括哪些种类? / 151
85. 钢桁梁的结构形式有哪些? 适用范围是什么? / 151
86. 采用预加应力钢拱承托法加固双曲拱桥有哪些特点? / 152
87. 什么是无钢梁劲性钢结构? / 152
88. 什么是叠合梁? / 152
89. 钢拉杆的一般要求有哪些? / 152
90. 什么是拱盔? 什么是起拱线? / 153
91. 什么是挂篮? / 153
92. 如何计算桥涵拱盔、支架的体积? / 153
93. 什么是涂料? 其由哪些基本成分组成? / 153
94. 什么是栏杆? 安装金属栏杆应符合哪些要求? / 153
95. 桥梁伸缩装置包括哪些? / 154
96. 什么是桥面防水层? / 155
97. 什么是隔声屏障? 其清单工程内容有哪些? / 156
98. 桥涵工程定额中钢筋工程如何分类? / 156
99. 桥涵工程定额中钢筋项目的工作内容包括哪些? / 156
100. 如何计算钢筋工程定额工程量? / 157
101. 桥梁工程定额对各种规格钢筋的单位重量如何取定? / 157
102. 桥涵工程定额对钢筋切断弯曲工序的工日如何取定? / 158
103. 定额对预制构件中钢筋权数如何取定? / 158
104. 定额对现浇结构中钢筋权数如何取定? / 159
105. 现浇混凝土工程定额包括哪些项目? 适用范围是什么? / 159
106. 定额对构筑物混凝土模板面积如何取定? / 159
107. 预制混凝土工程定额包括哪些项目? 适用范围是什么? / 161
108. 定额对现浇混凝土模板、钢筋含量如何取定? / 161
109. 如何计算桥涵工程中混凝土定额工程量? / 162
110. 如何计算桥涵工程中模板定额工程量? / 162
111. 什么是拱圈底模? 如何计算其工程量? / 163
112. 什么是地模、胎模? 如何计算其定额费用? / 163
113. 后张法预应力钢筋工程量计算的规定有哪些? / 163
114. 定额对预制混凝土模板、钢筋含量如何取定? / 164
115. 立交箱涵工程定额包括哪些项目? 适用范围是什么? / 165
116. 立交箱涵工程定额中未包括的项目应如何处理? / 165
117. 透水管材料分为哪些种类? 其定额工作内容包括哪些? / 165
118. 箱涵制作定额工作内容有哪些? / 165
119. 箱涵内挖土定额工作内容有哪些? / 165
120. 如何计算立交箱涵工程定额工程量? / 165
121. 立交桥引道与路面铺筑如何套用定额? / 166
122. 定额对安装空心板梁数据如何取定? / 166
123. 定额对T梁数据如何取定? / 167
124. 定额对工形梁数据如何取定? / 167
125. 桥涵混凝土构件安装定额包括哪些项目? 适用范围是什么? / 167
126. 桥涵工程安装预制构件时,如何

套用定额？	/ 167
127. 桥涵支座安装定额包括哪些工作内容？	/ 167
128. 桥梁工程梁安装定额包括哪些工作内容？	/ 167
129. 双曲拱构件安装定额工作内容包括哪些？	/ 168
130. 排架立柱安装定额工作内容包括哪些？	/ 168
131. 柱式墩、台管节安装定额工作内容包括哪些？	/ 168
132. 执行钢网架拼装定额时应注意哪些事项？	/ 168
133. 桥梁工程小型构件安装定额工作内容包括哪些？	/ 168
134. 什么是空顶？怎样计算其定额工程量？	/ 169
135. 如何计算桥梁工程预制构件安装定额工程量？	/ 169
136. 伸缩缝、沉降缝安装定额工作内容包括哪些？	/ 169
137. 钢管栏杆定额工作内容包括哪些？	/ 169
138. 临时工程定额包括哪些项目？其适用范围是什么？	/ 170
139. 什么是支架平台？支架平台套用定额有哪些规定？	/ 170
140. 桥梁支架定额工作内容包括哪些？	/ 170
141. 挂篮安装、拆除、推移定额包括哪些工作内容？	/ 170
142. 镶贴面层工程定额工作内容包括哪些？	/ 170
143. 水质涂料工程定额工作内容包括哪些？	/ 171
144. 如何计算搭拆打桩工作平台面积？	/ 171
145. 墩台不能连续施工时应怎样计费？	/ 171

第六章 隧道工程 / 172

1. 全统市政定额第四册"隧道工程"包括哪些项目？其适用范围是什么？ / 172
2. 隧道工程定额的编制依据有哪些？ / 172
3. 岩石层隧道定额适用范围是什么？ / 172
4. 岩石层隧道定额适用的岩石类别范围有哪些？ / 173
5. 岩石层隧道定额未列项目应怎样处理？ / 173
6. 岩石层隧道定额对有关人工工日数据如何取定？ / 173
7. 隧道工程定额对有关材料的损耗率如何取定？ / 174
8. 隧道工程定额对合金钻头的基本耗量如何取定？ / 174
9. 隧道工程定额对六角空心钢的基本耗量如何取定？ / 174
10. 隧道工程定额对临时工程各种材料年摊销率如何取定？ / 175
11. 定额对岩石层隧道混凝土及钢筋混凝土衬砌混凝土与模板的接触面积如何取定？ / 175
12. 如何计算空气压缩机台班？ / 176
13. 如何计算锻钎机(风动)台班？ / 176
14. 如何计算开挖用轴流式通风机台班？ / 176
15. 隧道工程定额对挖掘机、自卸汽车的综合比例如何取定？ / 177
16. 如何确定隧道开挖定额步距？ / 177
17. 岩石开挖定额中各类岩石的劳动定额按哪些标准综合编制？ / 177
18. 软土隧道工程预算定额适用范围是怎样的？ / 178
19. 软土隧道工程定额对有关材料数

据如何取定? / 178
20. 隧道工程定额对模板周转次数和一次补损率如何取定? / 180
21. 隧道工程定额对钢模板重量、木模板的木材用量如何取定? / 181
22. 隧道工程定额对钢筋焊接焊条、钢板搭接焊条用量如何取定? / 181
23. 隧道工程定额对堆角搭接焊缝的焊条消耗量如何取定? / 182
24. 隧道工程定额对盾构用油、用电、用水量如何取定? / 182
25. 隧道工程定额对机械台班幅度差如何取定? / 182
26. 隧道工程定额对机械台班量的数据如何取定? / 183
27. 什么是隧道? 有哪些种类? / 184
28. 什么是斜洞及竖井? / 184
29. 隧道开挖应遵循哪些基本原则? / 185
30. 什么是新奥法及矿山法? / 185
31. 什么是溶洞? 隧道施工中的塌方及溶洞处理费用如何计算? / 185
32. 平洞开挖清单工程内容包括哪些? / 185
33. 布置隧道混凝土沟道时应注意哪些事项? / 185
34. 什么是隧道支撑? 有哪几种形式? / 186
35. 什么是电力起爆法? / 186
36. 什么是火雷管? / 186
37. 什么是导火索? 如何分类? / 186
38. 隧道工程中常用爆破方法有哪几种? / 186
39. 隧道工程常用起爆方法有哪几种? / 187
40. 常用的爆破材料有哪几种? / 187
41. 如何计算隧道爆破中每循环爆破的总装药量? / 188
42. 隧道工程定额对雷管的基本耗量如何取定? / 188
43. 隧道工程定额对炸药的基本耗量及炮孔长度如何取定? / 188
44. 岩石层隧道开挖定额对电力起爆区域线及主导线用量计算有关参数如何取定? / 188
45. 通常出渣分为哪些环节? / 189
46. 隧道施工中常用的装渣机有哪几种? / 190
47. 隧道出渣有轨运输的轨道铺设有哪些要求? / 191
48. 如何计算出渣量? / 191
49. 如何计算每一开挖循环松散石渣量? / 192
50. 如何计算轨道式铲斗装铲机的生产率? / 192
51. 如何计算装载机的生产率? / 193
52. 如何计算在轨运输列车的斗车数量? / 193
53. 如何计算出渣用斗车的台班数? / 194
54. 如何计算自卸汽车的运输能力及需要数量? / 194
55. 轻便轨道包括哪几种形式? 如何计算其定额工程量? / 194
56. 如何进行隧道施工通风计算? / 195
57. 什么是通风? 通风方式的选择应注意哪些问题? / 196
58. 通风施工用水与生活饮用水必须满足哪些要求? / 197
59. 什么是风、水钢管? 如何计算其定额工程量? / 198
60. 什么是动力线路? 如何计算其额工程量? / 198
61. 什么是接地? 隧道施工中需要接地的设施有哪些? / 198
62. 什么是衬砌? 其具有哪些作用? / 198

63. 混凝土边墙衬砌施工时应注意哪些事项? / 199
64. 什么是隧道边墙? / 199
65. 什么是锚杆? 分为哪几种形式? / 199
66. 充填压浆分为哪几类? / 199
67. 什么是喷射混凝土? 喷射混凝土的工艺流程有哪几种? / 200
68. 什么是喷射平台? / 200
69. 混凝土搅拌机按照搅拌原理可分为哪几类? / 200
70. 混凝土的运输工作应满足哪些要求? / 201
71. 钢筋混凝土工程按施工方法可分为哪几类? / 202
72. 混凝土构件振捣成型的方法主要有哪几种? / 202
73. 混凝土养护有哪些方法? / 203
74. 什么是石料衬砌? 其定额工作内容有哪些? / 203
75. 怎样进行拱圈砌筑? 如何计算其清单工程量? / 203
76. 常用的脚手架有哪些类别? 应满足哪些基本要求? / 203
77. 隧道沉井预算定额包括哪些项目? 其适用范围是什么? / 204
78. 什么是沉井? 什么是刃脚? / 204
79. 沉井封底的方式有哪几种? / 204
80. 什么是沉井填心? 其清单工程内容有哪些? / 205
81. 盾构法掘进定额包括哪些项目? 其适用范围是什么? / 205
82. 什么是盾构? 如何分类? / 205
83. 什么是隧道盾构掘进? 其清单工程内容有哪些? / 206
84. 衬砌压浆可分为哪几种? 其定额工作内容有哪些? / 206
85. 什么是盾构拼装井? 其具有哪些作用? / 206
86. 什么是车架安装? / 206
87. 车架拆卸应注意哪些事项? / 207
88. 管片接缝防水措施主要有哪些? / 207
89. 预制钢筋混凝土管片分为哪些步骤? 怎样计算其体积? / 207
90. 如何计算预制钢筋混凝土管片的养护池摊销费? / 208
91. 垂直顶升定额包括哪些项目? 其适用范围是什么? / 208
92. 管节垂直顶升包括哪些过程? 其各阶段清单项目如何划分? / 208
93. 如何安装出水框架和连系梁? / 209
94. 如何选定顶管工作坑位置? / 209
95. 顶管工作坑通常有哪些种类? 其尺寸与哪些因素有关? / 209
96. 常用管道连接法兰有哪几种? / 210
97. 顶升管节、复合管节制作定额工作内容包括哪些? / 210
98. 垂直顶升设备安装、拆除定额工作内容包括哪些? / 210
99. 管节垂直顶升定额工作内容包括哪些? / 210
100. 阴极保护安装定额工作内容包括哪些? / 211
101. 滩地揭顶盖定额工作内容包括哪些? / 211
102. 什么是管道蜡覆顶进? / 211
103. 复合管片应套用什么定额? / 211
104. 顶升管节外壁压浆应怎样套用定额? / 211
105. 如何计算垂直顶升管节试拼装工程量? / 211
106. 什么是地下连续墙? 其清单项目如何划分? / 211
107. 地下混凝土结构定额包括哪些项目? 其适用范围是什么? / 212

108. 导墙具有哪些作用？其定额工作内容包括哪些？ / 212
109. 挖土成槽定额工作内容有哪些？ / 213
110. 钢筋笼制作、吊运就位的定额工作内容包括哪些？ / 213
111. 什么是锁口管？其定额工作内容包括哪些？ / 213
112. 大型支撑基坑土方具有哪些特点？其定额工作内容包括哪些？ / 213
113. 如何选用大型基坑坑壁支撑？ / 213
114. 开挖较大基坑土方时常采用哪些支撑方法？ / 214
115. 钢板桩支撑应符合哪些要求？ / 214
116. 拆除支撑作业时有哪些基本要求？ / 214
117. 如何计算锁口管及清底置换定额工程量？ / 215
118. 隧道内衬侧墙及顶内衬具有哪些作用？其定额工作内容有哪些？ / 215
119. 什么是行车道槽形板？其定额工作内容有哪些？ / 215
120. 什么是隧道内车道？其定额工作内容有哪些？ / 215
121. 什么是滑模？ / 215
122. 如何计算现浇混凝土定额工程量？ / 215
123. 什么是预埋件？如何计算预埋件费用？ / 216
124. 地基加固监测定额包括哪些项目？其适用范围是什么？ / 216
125. 什么是地基加固及地基监测？ / 216
126. 地基注浆可分为哪些过程？ / 216
127. 软弱地基具有哪些工程特征？ / 217
128. 什么是分层注浆？其定额工作内容有哪些？ / 217
129. 什么是压密注浆？其定额工作内容有哪些？ / 217
130. 什么是双重管高压旋喷法？其定额工作内容有哪些？ / 218
131. 什么是三重管高压旋喷？其定额工作内容有哪些？ / 218
132. 土体变形观测主要有哪些内容？ / 218
133. 地下水按其埋藏条件可分为哪几类？ / 218
134. 什么是地表桩？ / 218
135. 什么是水位观察孔？ / 219
136. 什么是建筑物倾斜？其定额工作内容有哪些？ / 219
137. 什么是建筑物振动？其定额工作内容有哪些？ / 219
138. 地下管线沉降位移及混凝土构件钢筋应力应变定额工作内容有哪些？ / 219
139. 什么是混凝土结构界面土压力？其定额工作内容有哪些？ / 219
140. 在声波测试时应注意哪些事项？ / 219
141. 如何计算地基注浆加固定额工程量？ / 220
142. 如何计算地基监测定额工程量？ / 220
143. 金属构件制作定额包括哪些项目？其适用范围是什么？ / 220
144. 钢结构的焊接方法有哪几种？ / 220
145. 什么是钢材的锈蚀？如何分类？ / 221
146. 通常情况下，螺栓可分为哪几类？ / 221
147. 什么是走道板、钢跑板？其定额工作内容有哪些？ / 222
148. 如何计算金属构件定额工程量？ / 222

第七章 市政管网工程 / 223

1. 全统市政定额第五册"给水工程"包括哪些项目？其适用范围是什么？ / 223
2. 给水工程定额的编制依据有哪些？ / 223

3. 给水工程定额对有关人工的数据
   如何取定？　　　　　　　　　/ 223
4. 给水工程定额对有关材料的数据
   如何取定？　　　　　　　　　/ 223
5. 给水工程定额对有关机械的数据
   如何取定？　　　　　　　　　/ 224
6. 全统市政定额第六册"排水工程"
   包括哪些项目？其适用范围是什
   么？　　　　　　　　　　　　/ 224
7. 排水工程定额的编制依据有哪些？/ 224
8. 排水工程定额与建筑、安装定额的
   界限如何划分？　　　　　　　/ 224
9. 排水工程定额套用界限如何划分？/ 225
10. 排水工程定额对有关人工的数据
    如何取定？　　　　　　　　　/ 225
11. 排水工程定额对有关材料的数据
    如何取定？　　　　　　　　　/ 225
12. 排水工程定额对有关机械的数据
    如何取定？　　　　　　　　　/ 225
13. 全统市政定额第七册"燃气与集
    中供热工程"包括哪些项目？其
    适用范围是什么？　　　　　　/ 225
14. 燃气与集中供热工程定额的编制
    依据有哪些？　　　　　　　　/ 226
15. 燃气与集中供热工程定额未包括
    哪些项目？　　　　　　　　　/ 226
16. 定额对燃气工程压力的划分范围
    如何规定？　　　　　　　　　/ 227
17. 定额对集中供热工程压力划分范
    围如何规定？　　　　　　　　/ 227
18. 燃气与集中供热工程定额套用界
    限如何划分？　　　　　　　　/ 227
19. 燃气与集中供热工程定额对有关
    人工的数据如何取定？　　　　/ 227
20. 燃气与集中供热工程定额对有关
    材料的数据如何取定？　　　　/ 228
21. 燃气与集中供热工程定额对有关
    机械的数据如何取定？　　　　/ 228
22. 市政管网工程清单项目如何划分？/ 228
23. 市政管网工程清单工程量计算规
    则适用范围是什么？　　　　　/ 228
24. 市政管网工程清单工程量与定额
    工程量有什么区别？　　　　　/ 229
25. 市政给水管网的布置形式有哪
    些？　　　　　　　　　　　　/ 229
26. 钢管有哪些类型？其具有哪些特
    点？　　　　　　　　　　　　/ 230
27. 塑料管有哪些类型？其具有哪些
    特点？　　　　　　　　　　　/ 230
28. 什么是陶土管？其具有哪些优
    点？　　　　　　　　　　　　/ 231
29. 陶土管材的规格有哪些？　　　/ 231
30. 铸铁管具有哪些优点？其铺设清
    单工程内容有哪些？　　　　　/ 231
31. 什么是混凝土渠道？其清单工程
    内容有哪些？　　　　　　　　/ 231
32. 混凝土管道接口应符合哪些要
    求？可分为哪几类？　　　　　/ 232
33. 预应力钢筋混凝土管端面垂直度
    应符合哪些规定？　　　　　　/ 235
34. 如何取定预应力钢筋混凝土管管
    口间的最大轴向间隙？　　　　/ 235
35. 钢管接口方法有哪几种？　　　/ 235
36. 钢管在寒冷或恶劣环境下焊接应
    符合哪些规定？　　　　　　　/ 235
37. 钢管定位焊接采用点焊时，应符
    合哪些规定？　　　　　　　　/ 236
38. 如何选择钢管手工电弧焊焊接的
    坡口及焊缝形式？　　　　　　/ 236
39. 如何计算焊接电流？　　　　　/ 237
40. 手工电弧焊的焊接方法有哪几
    种？　　　　　　　　　　　　/ 237
41. 如何确定焊缝运条位置？　　　/ 238
42. 管道三层焊缝的焊接次序是什么？/ 239

43. 气焊的工作原理是什么? / 239
44. 如何选择管道焊接时的焊嘴与焊条? / 240
45. 管节焊缝外观质量应符合哪些规定? / 240
46. 直焊缝卷管管节几何尺寸允许偏差应符合哪些规定? / 240
47. 什么是管道焊口无损探伤? 其清单工程内容有哪些? / 241
48. 管道采用法兰连接时,应符合哪些规定? / 241
49. 钢制法兰主要有哪些类型? / 241
50. 定额对平焊法兰安装用螺栓用量如何取定? / 241
51. 定额对对焊法兰安装用螺栓用量如何取定? / 242
52. 铸铁管接口可分为哪几类? / 242
53. 什么是青铅接口? / 243
54. 铸铁管新旧管连接接口方式有哪几种? / 243
55. 怎样对铸铁管安装质量进行检查? / 243
56. 玻璃钢管安装时应符合哪些要求? / 243
57. 什么是工艺管道? / 244
58. 什么是管道支架? / 244
59. 什么是PE管及PP管? / 244
60. 给水用硬聚氯乙烯(UPVC)管材有哪几种形式? / 245
61. 管道除锈的方法有哪几种? / 246
62. 常用的钢管防腐方法有哪些? / 246
63. 定额对给水管道的管材有效长度如何取定? / 246
64. 如何计算给水管材的用料量? / 247
65. 定额对钢筋混凝土管刚性接口规格如何取定? / 248
66. 定额对石棉水泥管刚性接口规格如何取定? / 248
67. 防水套管在制作与安装时应符合哪些要求? / 249
68. 管道上开孔应符合哪些规定? / 249
69. 稳管通常包括哪几个控制环节? / 249
70. 什么是下管? / 250
71. 下管的方法有哪些? / 251
72. 机械下管时应注意哪些问题? / 253
73. 管道下管有哪几种方式? / 254
74. 管道跨越分为哪几种跨越类型? / 254
75. 怎样计算每米管道土方数量? / 254
76. 定额对钢管安装运输机械配备数据如何取定? / 268
77. 定额对直埋式预制保温管的有关数据如何取定? / 268
78. 定额对直埋式预制保温管安装运输机械配备数据如何取定? / 271
79. 定额对钢板卷管安装运输机械配备数据如何取定? / 271
80. 定额对塑料管熔接用三氯乙烯消耗量如何取定? / 273
81. 定额对套管内铺设钢板卷管时牵引推进用人工工日如何取定? / 274
82. 定额对套管内铺设钢板卷管时牵引推进用材料消耗量如何取定? / 274
83. 定额对弯头制作运输机械配备数据如何取定? / 275
84. 定额对支管加强筋用量如何取定? / 275
85. 定额对钢塑过渡接头安装有关数据如何取定? / 276
86. 定额对直埋式预制保温管管件安装有关数据如何取定? / 276
87. 定额对集中供热用容器具安装有关数据如何取定? / 277
88. 管道安装定额包括哪些内容? 不包括哪些内容? / 278
89. 如何计算管道安装定额工程量? / 278

90. 新旧管线连接项目所指的管径是什么？ / 278
91. 如何计算管道内防腐定额工程量？ / 278
92. 什么是转换件？ / 279
93. 自然补偿器和方形补偿器各有哪些类型？ / 281
94. 什么是分水栓？ / 282
95. 什么是盲板？其清单工程内容有哪些？ / 282
96. 什么除污器？其具有哪些作用？ / 282
97. 采暖系统热补偿器包括哪些类型？其安装应符合哪些要求？ / 283
98. 什么是阀门？其应符合哪些要求？ / 283
99. 法兰阀门主要由哪些部件组成？ / 283
100. 什么是水表？怎样确定水表的公称直径？ / 283
101. 安装水表时应注意哪些事项？ / 283
102. 截止阀及闸阀常用于哪些管道？具有哪些结构形式？ / 284
103. 球阀、蝶阀、隔膜阀分别具有什么作用？ / 284
104. 旋塞阀、止回阀、减压阀分别具有什么作用？ / 284
105. 管件安装定额包括哪些内容？不包括哪些内容？ / 284
106. 如何计算管件安装清单工程量？ / 285
107. 如何计算绝热后设备筒体或管道刷油定额工程量？ / 285
108. 如何计算绝热后设备封头刷油定额工程量？ / 285
109. 如何计算阀门防腐蚀定额工程量？ / 285
110. 如何计算法兰防腐蚀定额工程量？ / 286
111. 如何计算弯头防腐蚀定额工程量？ / 286
112. 什么是阀门井？ / 286
113. 什么是倒虹管？主要由哪几部分组成？ / 286
114. 什么是出水口？其主要有哪几种形式？ / 287
115. 给排水的水池可分为哪些类型？ / 287
116. 什么是水池无梁盖及无梁盖柱？ / 287
117. 什么是井室？有哪些类型？ / 287
118. 砌筑井室时应符合哪些要求？ / 288
119. 管道支墩的设置应符合哪些要求？ / 288
120. 雨水口的砌筑应符合哪些规定？ / 288
121. 管道附属构筑物定额包括哪些内容？不包括哪些内容？ / 288
122. 如何计算管道附属构筑物清单工程量？ / 289
123. 什么是取水构筑物？其形式有哪些？ / 289
124. 什么是大口井？ / 289
125. 大口井的进水方式主要有哪些？ / 290
126. 什么是辐射井？其形式有哪些？ / 290
127. 如何计算井底反滤层滤料的粒径？ / 290
128. 井底铺设反滤层的基本原理是什么？ / 290
129. 采用井壁进水时,进水孔进水形式有哪些？ / 290
130. 什么是渗渠？其位置选择应遵循哪些原则？ / 291
131. 渗渠的布置方式有哪几种？ / 291
132. 什么是管井？由哪些部分组成？ / 292
133. 管井滤水管有哪些形式？ / 293
134. 管井滤水管填砾滤料的作用是什么？其规格如何取定？ / 293
135. 如何确定管井滤水管填砾厚度？ / 294
136. 如何计算管井滤水管砾石滤料的备料数量？ / 294

137. 管井井孔中心距临近设施的最小水平距离如何取定? / 295
138. 如何确定管井深度? / 295
139. 管井井径应符合哪些要求? / 295
140. 管井井管直径应符合哪些要求? / 296
141. 管井工程中常用的护壁方法有哪些? / 296
142. 常用的管井钻进方法有哪几种? / 297
143. 管井冲击钻进的工作原理是什么? / 297
144. 管井回转钻进的工作原理是什么? / 299
145. 管井回转钻进的钻头形式有哪些?其规格尺寸如何取定? / 299
146. 管井锅锥钻进具有哪些特点?其适用范围是什么? / 299
147. 怎样选择管井井管安装的方法? / 300
148. 常用的管井井管安装方法及操作要点有哪些? / 301
149. 浮板下管法适用范围是什么? / 302
150. 浮板有哪些种类? / 302
151. 如何计算浮板下管浮力? / 303
152. 如何计算浮板承受的压力? / 303
153. 如何计算浮板厚度? / 303
154. 如何计算顶进辐射管所需顶力? / 304
155. 怎样确定地表水固定式取水构筑物的形式? / 304
156. 取水构筑物的取水头部包括哪些内容? / 304
157. 取水构筑物的取水头部水上打桩的允许偏差是如何规定的? / 304
158. 取水构筑物的预制箱式钢筋混凝土取水头部的允许偏差是如何规定的? / 305
159. 取水构筑物的箱式和管式钢结构取水头部制作的允许偏差是如何规定的? / 305

160. 取水构筑物取水头部的下水方法有哪些? / 306
161. 如何计算取水构筑物取水头部的压强及下滑力? / 307
162. 如何计算取水构筑物取水头部下滑时的启动力及拉力? / 308
163. 取水构筑物取水头部水上打桩的尺寸应符合哪些规定? / 308
164. 取水构筑物取水头部浮运前应设置哪些测量标志并做好哪些准备? / 309
165. 取水构筑物的取水头部沉放前准备工作应符合哪些规定? / 309
166. 水中架空管道应符合哪些规定? / 310
167. 活动式取水构筑物的缆车、浮船应符合哪些规定? / 310
168. 摇臂管的安装有哪些要求? / 310
169. 摇臂管的安装应符合哪些规定? / 311
170. 活动式取水构筑物的浮船与摇臂管试运行应符合哪些规定? / 311
171. 活动式取水构筑物浮船各部分尺寸的允许偏差是如何规定的? / 312
172. 活动式取水构筑物缆车、浮船接管车试运行有哪些步骤? / 312
173. 取水工程定额包括哪些内容?不包括哪些内容? / 312
174. 如何计算取水工程清单工程量? / 313
175. 城市排水系统的基本布置形式有哪些? / 313
176. 什么是污水?分为哪几类? / 313
177. 什么是分流制排水系统? / 314
178. 什么是合流制排水系统及混合制排水系统? / 314
179. 什么是完全分流制及不完全分流制? / 314
180. 排水管道基础由几部分组成? / 314
181. 混凝土管道基础有哪些类型? / 314

182. 什么是塑料止水带接口？其适用范围是什么？ / 315
183. 如何计算管道闭水试验中的渗水量？ / 315
184. 企口或平口式钢筋混凝土管或混凝土管接口规格如何取定？ / 316
185. 企口或平口式石棉水泥管接口规格如何取定？ / 316
186. 给排水管道功能性试验应按哪些要求进行？ / 317
187. 什么是压力管道水压试验？ / 317
188. 管道水压试验前应做好哪些准备？ / 317
189. 管道原状土后背试压应符合哪些要求？ / 318
190. 如何确定管道的试验压力？ / 320
191. 压力管道水压试验的允许渗水量应符合哪些规定？ / 320
192. 什么是管道严密性试验？ / 321
193. 管道严密性试验操作程序是什么？ / 322
194. 什么是无压管道闭水试验？ / 323
195. 无压管道闭水试验允许渗水量如何取定？ / 323
196. 无压管道闭水法试验程序应符合哪些要求？ / 324
197. 什么是无压管道闭气试验？ / 325
198. 无压管道闭气试验应符合哪些规定？ / 325
199. 无压管道闭气法试验检验步骤应符合哪些规定？ / 326
200. 给水管道冲洗的目的是什么？ / 327
201. 怎样对给水管道进行冲洗？ / 327
202. 定型混凝土管道基础及铺设定额包括哪些内容？如何调整管道接口？ / 328
203. 如何计算定型混凝土管道基础及铺设定额工程量？ / 329
204. 非定型井、渠、管道基础及砌筑定额包括哪些项目？ / 329
205. 如何计算非定型井、渠、管道基础及砌筑定额工程量？ / 329
206. 顶管工程定额包括哪些项目？其适用范围是什么？ / 330
207. 顶管采用中继间顶进时，应怎样调整定额人工费、机械费？ / 330
208. 如何计算顶管定额工程量？ / 330
209. 给排水构筑物定额包括哪些项目？ / 331
210. 给排水构筑物定额中各种材质填缝断面尺寸如何取定？ / 331
211. 给排水构筑物各项目的定额工作内容有哪些？ / 331
212. 现浇钢筋混凝土池的定额工作内容有哪些？ / 331
213. 预制混凝土构件定额工作内容有哪些？ / 332
214. 折板、壁板制作安装定额工作内容有哪些？ / 332
215. 防水工程定额工作内容有哪些？ / 332
216. 如何计算沉井定额工程量？ / 332
217. 如何计算钢筋混凝土池定额工程量？ / 332
218. 如何计算预制混凝土构件定额工程量？ / 333
219. 如何计算折板、壁板制作安装定额工程量？ / 333
220. 如何计算防水工程定额工程量？ / 333
221. 定额对现浇混凝土构件模板使用量（每 100m² 模板面积）如何取定？ / 333
222. 定额对预制混凝土构件模拟使用量（每 10m³ 构件体积）如何取定？ / 336

223. 定额对现浇构件组合钢模、复合木模的周转使用次数和施工损耗补损率如何取定? / 337
224. 定额对现浇构件木模板的周转使用次数和施工损耗补损率如何取定? / 338
225. 定额对预制构件模板周转使用次数和施工损耗补损率如何取定? / 338
226. 定额对现浇混凝土构件模板、钢筋含量(每 $10m^3$ 混凝土)如何取定? / 339
227. 如何计算钢筋混凝土预埋铁件定额工程量? / 342
228. 现浇混凝土模板工程定额工作内容有哪些? / 342
229. 预制混凝土模板工程定额工作内容有哪些? / 342
230. 钢筋(铁件)工程定额工作内容有哪些? / 342
231. 井字架工程定额工作内容有哪些? / 343
232. 如何计算预制混凝土构件模板定额工程量? / 343
233. 如何计算井字架定额工程量? / 343
234. 如何计算井底流槽定额工程量? / 343
235. 什么是检查井及特种检查井? / 343
236. 常用的排水渠有哪些类型? / 343
237. 如何计算工作坑坑底尺寸? / 344
238. 沉井下沉后的允许偏差应符合哪些规定? / 344
239. 什么是顶管施工测量?其应符合哪些要求? / 344
240. 管道顶管纠偏方法有哪些? / 345
241. 管道顶进设备主要包括哪些? / 346
242. 如何计算排水泵站的全扬程? / 347
243. 如何计算水射器抽吸的流量? / 347
244. 如何计算穿孔集水槽的孔口总面积? / 348
245. 什么是格栅?如何计算格栅水力及间隙数目? / 348
246. 什么是生物转盘及螺旋泵? / 349
247. 什么是格栅除污机?其清单工程内容有哪些? / 349
248. 水射器由哪几部分组成? / 349
249. 什么是加氯机及滤网清污机? / 349
250. 常用的吸泥机有哪几种形式? / 349
251. 什么是污泥造粒脱水机? / 350
252. 怎样对旋转门安装质量进行检验? / 350
253. 什么是堰门?清单项目应描述哪些特征? / 350
254. 什么是凝水缸?其定额工作内容有哪些? / 350
255. 钢制凝水缸安装要求有哪些? / 351
256. 管道调压器有哪几种形式?其定额工作内容有哪些? / 351
257. 过滤器有哪几种形式?其定额工作内容有哪些? / 352
258. 什么是分离器?其定额工作内容有哪些? / 352
259. 什么是安全水封及检漏管?其定额工作内容有哪些? / 352
260. 什么是调长器? / 352
261. 除污器组成安装定额工作内容有哪些? / 352
262. 补偿器安装定额工作内容有哪些? / 353
263. 给水管道水压试验方法有哪几种? / 353
264. 管道消毒及冲洗的目的及要求是什么? / 353
265. 如何选择工作坑的位置? / 354
266. 如何计算管道消毒漂白粉用量? / 354

267. 如何计算管道消毒用水量? / 354
268. 如何计算管道冲洗用水量? / 354
269. 拦污及水设备工程定额工作内容有哪些? / 355
270. 投氯、消毒处理设备定额工作内容有哪些? / 355
271. 水处理设备定额工作内容有哪些? / 355
272. 排泥、撇渣和除砂机械定额工作内容有哪些? / 356
273. 污泥脱水机械定额工作内容有哪些? / 356
274. 阀门及驱动装置定额工作内容有哪些? / 356
275. 如何计算机械设备类定额工程量? / 357
276. 如何计算给排水机械设备安装其他项目定额工程量? / 357

第八章 路灯工程 / **359**

1. 路灯变压器安装定额工作内容有哪些? / 359
2. 路灯配电柜箱制作安装定额工作内容有哪些? / 359
3. 路灯接线端子定额工作内容有哪些? / 359
4. 路灯仪表、电器、小母线、分流器安装定额工作内容有哪些? / 360
5. 如何计算变压器安装定额工程量? / 360
6. 如何计算变压器油过滤定额工程量? / 360
7. 如何计算配电箱、柜安装定额工程量? / 360
8. 如何计算铁构件制作安装定额工程量? / 360
9. 如何计算盘柜配线定额工程量? / 360
10. 如何计算接线端子定额工程量? / 360
11. 架空线路工程所在地形如何划分? / 361
12. 架空线路立杆定额工作内容有哪些? / 361
13. 底盘、卡盘、拉盘安装及电杆焊接、防腐定额工作内容有哪些? / 361
14. 如何计算底盘、卡盘、拉线盘定额工程量? / 361
15. 如何计算电杆组立定额工程量? / 361
16. 如何计算拉线制作与安装定额工程量? / 361
17. 如何计算横担安装定额工程量? / 361
18. 如何计算导线架设定额工程量? / 361
19. 如何计算导线跨越架设定额工程量? / 362
20. 如何计算路灯设施编号定额工程量? / 362
21. 电缆沟铺砂盖板、揭盖板定额工作内容有哪些? / 362
22. 电缆保护管敷设定额工作内容有哪些? / 362
23. 铝芯和铜芯电缆敷设定额工作内容有哪些? / 362
24. 电缆终端头制作安装定额工作内容有哪些? / 362
25. 电缆中间头制作安装定额工作内容有哪些? / 363
26. 控制电缆头制作安装定额工作内容有哪些? / 363
27. 电缆井设置定额工作内容有哪些? / 363
28. 如何计算直埋电缆的挖、填土(石)方定额工程量? / 363
29. 如何计算电缆沟盖板揭、盖定额工程量? / 363
30. 如何计算电缆保护管长度? / 363
31. 如何计算电缆保护管埋地敷设额工程量? / 364
32. 如何计算电缆敷设定额工程量? / 364

33. 电线管敷设定额工作内容有哪些? /364
34. 配线钢管敷设定额工作内容有哪些? /364
35. 配线塑料管敷设定额工作内容有哪些? /365
36. 管内穿线定额工作内容有哪些? 如何计算其定额工程量? /365
37. 塑料护套线明敷设定额工作内容有哪些? 如何计算其清单工程量? /365
38. 钢索架设定额工作内容有哪些? 如何计算其定额工程量? /366
39. 如何计算带形母线安装定额工程量? /366
40. 如何计算接线盒安装定额工程量? /366
41. 开关、插座、按钮等的预留线是否应另行计算? /366
42. 广场灯架安装定额工作内容有哪些? /366
43. 高杆灯架安装定额工作内容有哪些? /366
44. 照明器件安装定额工作内容有哪些? /366
45. 杆座安装定额工作内容有哪些? /367
46. 照明器具安装定额不包括哪些项目? 应怎样处理? /367
47. 如何计算悬挑灯、广场灯、高杆灯灯架定额工程量? /367
48. 如何计算灯具、照明器件安装定额工程量? /367
49. 如何计量灯杆座安装定额工程量? /367
50. 防雷接地装置定额工作内容有哪些? /367
51. 防雷接地装置工程定额适用范围是什么? /367
52. 如何计算接地极制作安装定额工程量? /367
53. 如何计算接地母线敷设定额工程量? /368
54. 如何计算接地跨线定额工程量? /368
55. 路灯灯架制作安装定额适用范围是什么? /368
56. 高杆灯架制作定额工作内容有哪些? /368
57. 型钢煨制胎具定额工作内容有哪些? /368
58. 钢板卷材开卷与平直定额工作内容有哪些? /368
59. 路灯灯架无损探伤检验定额工作内容有哪些? /368

第九章 地铁工程 /369

1. 什么是小导管? 其适用范围是什么? /369
2. 什么是大导管? 其适用范围是什么? /369
3. 注浆具有什么作用? /369
4. 混凝土顶板具有什么作用? 有哪些形式? /369
5. 地铁工程中混凝土梁的主要技术要求有哪些? /370
6. 常用的现浇混凝土楼梯有哪几种? /370
7. 什么是混凝土检查沟? /370
8. 什么是砌筑工程? 其施工时应注意哪些问题? /370
9. 什么是刚性防水层? /371
10. 什么是柔性防水层? /371
11. 地铁土方与支护工程定额包括哪些项目? /371
12. 地铁土方工程定额工作内容有哪些? /371
13. 地铁土方支护工程定额工作内容有哪些? /372

目 录

14. 如何计算盖挖土方定额工程量? / 372
15. 如何计算隧道暗挖土方定额工程量? / 372
16. 如何计算车站暗挖土方定额工程量? / 372
17. 如何计算竖井挖土方定额工程量? / 372
18. 如何计算竖井提升土方工程量? / 372
19. 如何计算小导管制作、安装定额工程量? / 372
20. 如何计算注浆定额工程量? / 372
21. 地铁结构工程定额包括哪些项目? / 373
22. 地铁结构工程中混凝土定额工作内容有哪些? / 373
23. 地铁结构工程中模板定额工作内容包括哪些? / 373
24. 地铁结构工程中钢筋定额工作内容包括哪些? / 373
25. 地铁结构工程中防水定额工作内容包括哪些? / 374
26. 如何计算地铁结构工程中混凝土定额工程量? / 374
27. 如何计算地铁结构工程中楼梯定额工程量? / 374
28. 如何计算地铁结构工程中模板定额工程量? / 374
29. 如何计算地铁结构工程中防水定额工程量? / 374
30. 地铁土建其他工程定额包括哪些项目? / 375
31. 地铁土建其他工程定额工作内容有哪些? / 375
32. 如何计算地铁土建临时工程定额工程量? / 375
33. 什么是道床? / 375
34. 高架减振段道床与高架一般段道床有什么区别? / 376
35. 什么是道岔? 道岔包括哪些类型? / 376
36. 钢轨伸缩调节器由哪几部分组成? 有哪些种类? / 376
37. 什么是接触轨? / 376
38. 什么是接触网? 由哪几部分组成? / 377
39. 什么是接触网试运行? / 377
40. 地铁轨道工程部分定额包括哪些项目? / 377
41. 地铁铺轨定额包括哪些项目? / 377
42. 隧道铺轨定额工作内容有哪些? / 377
43. 地面碎石道床人工铺轨定额工作内容有哪些? / 378
44. 桥面铺轨定额工作内容有哪些? / 378
45. 换铺长轨定额工作内容有哪些? / 378
46. 如何计算地铁铺轨定额工程量? / 379
47. 铺道岔定额包括哪些项目? / 379
48. 铺道岔定额工作内容有哪些? / 379
49. 如何计算铺道岔定额工程量? / 380
50. 铺道床定额包括哪些项目? 其适用范围是什么? / 380
51. 如何计算铺道床定额工程量? / 380
52. 安装轨道加强设备及护轮轨定额包括哪些项目? / 380
53. 安装轨道加强设备及护轮轨定额工作内容有哪些? / 381
54. 如何计算安装轨道加强设备及护轮轨定额工程量? / 381
55. 地铁线路其他工程定额工作内容有哪些? / 381
56. 如何计算地铁线路其他工程定额工程量? / 382
57. 地铁线路其他工程定额包括哪些项目? / 383
58. 接触轨安装定额包括哪些项目? / 383
59. 接触轨安装定额工作内容有哪

些？ / 383	82. 如何计算电缆接焊、光缆接续与测试定额工程量？ / 388
60. 如何计算接触轨安装定额工程量？ / 384	83. 通信电源设备安装定额包括哪些项目？ / 389
61. 轨料运输定额包括哪些项目？适用范围是什么？ / 384	84. 通信电源设备安装定额工作内容有哪些？ / 389
62. 轨料运输定额工作内容有哪些？ / 384	85. 如何计算通信电源设备定额工程量？ / 389
63. 如何计算轨料运输定额工程量？ / 385	86. 通信电话设备安装定额包括哪些项目？其适用范围是什么？ / 390
64. 什么是转辙机？ / 385	87. 通信电话设备安装定额工作内容有哪些？ / 390
65. 地铁轨道电路有哪几种类型？ / 385	
66. 什么是道岔轨道跳线？ / 385	88. 如何计算通信电话设备安装定额工程量？ / 390
67. 什么是道岔区段传输环路？ / 385	
68. 什么是电气集中及电气集中分成柜？ / 385	89. 无线设备安装定额包括哪些项目？其适用范围是什么？ / 391
69. 什么是电气控制台？ / 385	90. 无线设备安装定额工作内容有哪些？ / 391
70. 什么是微机联锁控制台？ / 385	
71. 什么是人工解锁？ / 386	91. 光传输、网管及附属设备安装定额包括哪些项目？ / 392
72. 什么是调度集中控制台？ / 386	
73. 通信导线敷设定额包括哪些项目？其适用范围是什么？ / 386	92. 光传输、网管及附属设备安装定额工作内容有哪些？ / 392
74. 通信导线敷设的定额工作内容有哪些？ / 386	93. 如何计算安调电台及控制台、附属设备定额工程量？ / 392
75. 如何计算通信导线敷设定额工程量？ / 386	94. 如何计算安调天线、馈线及场强测试定额工程量？ / 392
76. 电缆、光缆敷设及吊、托架安装定额包括哪些项目？其适用范围是什么？ / 387	95. 如何计算光传输、网管及附属设备安装定额工程量？ / 392
77. 电缆、光缆敷设及吊托架定额工作内容有哪些？ / 387	96. 时钟设备安装定额包括哪些项目？其适用范围是什么？ / 393
78. 如何计算电缆、光缆敷设定额工程量？ / 388	97. 时钟设备安装定额工作内容有哪些？ / 393
79. 如何计算安装托板托架、漏缆吊架定额工程量？ / 388	98. 如何计算时钟设备安装定额工程量？ / 393
80. 电缆接焊、光缆接续与测试定额包括哪些内容？其适用范围是什么？ / 388	99. 专用设备安装定额包括哪些项目？其适用范围是什么？ / 394
81. 电缆接焊、光缆接续与测试定额工作内容有哪些？ / 388	100. 如何计算专用设备安装定额工

程量? / 394	119. 室外电缆防护、箱盒安装定额工作内容有哪些? / 400
101. 信号工程中室内设备安装定额包括哪些项目? / 395	120. 如何计算室外电缆防护工程量? / 400
102. 室内设备安装定额工作内容有哪些? / 395	121. 如何计算电缆盒、变压器箱、分线箱安装定额工程量? / 400
103. 如何计算控制台安装定额工程量? / 396	122. 如何计算发车计时器安装定额工程量? / 400
104. 如何计算电源设备安装定额工程量? / 396	123. 信号机、箱、盒基础定额工作内容有哪些? / 400
105. 如何计算各种架、盘、柜安装定额工程量? / 396	124. 如何计算信号机、箱、盒安装定额工程量? / 401
106. 信号机安装定额包括哪些项目? / 397	125. 如何计算信号机卡盘、电缆及地线埋设标定额工程量? / 401
107. 信号机安装定额工作内容有哪些? / 397	126. 车载设备调试定额包括哪些项目? / 401
108. 如何计算信号机安装定额工程量? / 397	127. 车载设备调试定额工作内容有哪些? / 401
109. 电动道岔转辙装置安装定额包括哪些项目? / 398	128. 如何计算车载设备调试定额工程量? / 402
110. 电动道岔转辙装置安装定额工作内容有哪些? / 398	129. 信号工程系统调试定额包括哪些项目? / 402
111. 如何计算电动转辙装置安装定额工程量? / 398	130. 列车自动运行(ATO)系统调试定额工作内容有哪些? / 402
112. 如何计算四线制道岔电路整流二极管安装? / 398	131. 列车自动控制(ATC)系统调试定额工作内容有哪些? / 402
113. 轨道电路安装定额包括哪些项目? / 398	132. 如何计算信号工程系统调试定额工程量? / 403
114. 轨道电路安装定额工作内容有哪些? / 398	133. 信号工程其他部分定额包括哪些项目? / 403
115. 如何计算轨道绝缘安装定额工程量? / 399	134. 如何计算信号设备接地装置定额工程量? / 403
116. 如何计算钢轨接续线焊接、岔道跳线和极性交叉回流线安装定额工程量? / 399	135. 如何计算信号设备预埋定额工程量? / 404
117. 如何计算传输环路安装定额工程量? / 399	136. 什么是车站联锁系统及全线信号设备系统调试? / 404
118. 室外电缆防护、箱盒安装定额包括哪些项目? / 400	**第十章 钢筋工程与拆除工程** / **405**
	1. 钢筋的主要成分是什么?分为哪

几类? /405
2. 什么是铁件? 预埋铁件由哪几部分组成? /405
3. 什么是非预应力钢筋? /405
4. 怎样制作先张法预应力钢筋? 具有哪些特点? /405
5. 什么是后张法? 具有哪些特点? /406
6. 型钢分为哪几类? /406
7. 什么是钢筋伸长率? /406
8. 什么是钢筋冷弯? /406
9. 什么是钢筋冷加工? /407
10. 钢筋绑扎应符合哪些要求? /407
11. 如何计算钢筋直筋长度? /408
12. 如何计算弯筋斜长度? /409
13. 如何计算钢筋弯钩的增加长度? /410
14. 如何计算钢筋各种弯曲角度的量度差值? /412
15. 如何计算箍筋弯钩增加长度? /413
16. 如何计算钢筋绑扎接头的搭接长度? /414
17. 什么是拆除工程? /414
18. 什么是人工拆除及机械拆除? /414
19. 如何计算拆除人行道清单工程量? /415
20. 如何计算伐树、挖树蔸工程量? /415
21. 如何计算拆除混凝土障碍物工程量? /415
22. 如何计算拆除侧缘石工程量? /415
23. 如何计算拆除砖砌其他构筑物工程量? /415
24. 如何计算拆除砖砌雨水井、检查井清单工程量? /415

参考文献 /416

第一章
·市政工程定额计价·

1. 什么是定额？具有哪些作用？

定额是指在合理的劳动组织和合理地使用材料和机械的条件下，完成单位合格产品所消耗的资源数量标准。

一般而言，定额具有以下作用：

(1)定额是国家对工程建设进行宏观调控和管理的手段。

(2)定额有利于建筑市场公平竞争。

(3)定额是完成规定计量单位分项工程计价所需的人工、材料、机械台班的消耗量标准。

(4)定额具有节约社会劳动和提高劳动生产效率的作用。

2. 市政工程定额如何分类？

市政工程定额种类很多，具体分类如图1-1所示。

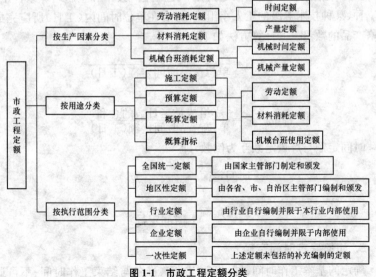

图1-1　市政工程定额分类

3. 什么是劳动定额?

劳动定额又称人工定额,是工人在正常的施工(生产)条件下,在一定的生产技术和生产组织条件下,在平均先进水平的基础上制定的。它表明每个工人生产单位合格产品所必须消耗的劳动时间,或在单位时间所生产的合格产品的数量。

4. 劳动定额按表现形式有哪几类?

劳动定额由于表现形式不同,可分为时间定额和产量定额两种。

(1)时间定额。时间定额是指在一定的生产技术和生产组织条件下,某工种、某种技术等级的工人小组或个人,完成单位合格产品所必需消耗的工作时间。

时间定额以工日为单位,每个工日工作时间按现行制度规定为 8h。其计算方法如下:

$$单位产品的时间定额(工日) = \frac{1}{每工产量}$$

$$单位产品的时间定额(工日) = \frac{小组成员工日数的总和}{小组的台班产量}$$

(2)产量定额。产量定额是指在一定的生产技术和生产组织条件下,某工种、某种技术等级的工人小组或个人,在单位时间内(工日)所应完成合格产品的数量。其计算方法如下:

$$每工产量 = \frac{1}{单位产品时间定额(工日)}$$

或

$$台班产量 = \frac{小组成员工日数的总和}{单位产品时间定额(工日)}$$

时间定额与产量定额互为倒数,即

$$时间定额 = \frac{1}{产量定额}$$

$$产量定额 = \frac{1}{时间定额}$$

5. 如何确定时间定额?

确定的基本工作时间、辅助工作时间、准备与结束工作时间、不可避免中断时间和休息时间之和,就是劳动定额的时间定额。根据时间定额可计算出产量定额,时间定额和产量定额互成倒数。

利用工时规范,可以计算劳动定额的时间定额。计算公式为:

作业时间＝基本工作时间＋辅助工作时间

规范时间＝准备与结束工作时间＋不可避免的中断时间＋休息时间

工序作业时间＝基本工作时间＋辅助工作时间
＝基本工作时间$/[1-$辅助时间$(\%)]$

$$定额时间 = \frac{作业时间}{1-规范时间(\%)}$$

6. 什么是机械台班使用定额?

机械台班使用定额或称机械台班消耗定额,是指在正常施工条件下,合理的劳动组合和使用机械,完成单位合格产品或某项工作所必须的机械工作时间,包括准备与结束时间、基本工作时间、辅助工作时间、不可避免的中断时间以及使用机械的工人生理需要与休息时间。

7. 如何计算机械纯工作 1h 正常生产率?

确定机械正常生产率时,必须首先确定出机械纯工作 1h 的正常生产率。

机械纯工作时间,就是指机械的必需消耗时间。机械 1h 纯工作正常生产率,就是在正常施工组织条件下,具有必需的知识和技能的技术工人操纵机械 1h 的生产率。

根据机械工作特点的不同,机械 1h 纯工作正常生产率的确定方法,也有所不同。对于循环动作机械,确定机械纯工作 1h 正常生产率的计算公式如下:

$$\text{机械一次循环的正常延续时间} = \sum\left(\text{循环各组成部分正常延续时间}\right) - 交叠时间$$

$$\frac{\text{机械纯工作 1h}}{\text{循环次数}} = \frac{60\times60(\text{s})}{\text{一次循环的正常延续时间}}$$

$$\frac{\text{机械纯工作 1h}}{\text{正常生产率}} = \frac{\text{机械纯工作 1h}}{\text{正常循环次数}} \times \frac{\text{一次循环生产}}{\text{的产品数量}}$$

从公式中可以看到,计算循环机械纯工作 1h 正常生产率的步骤是:

根据现场观察资料和机械说明书确定各循环组成部分的延续时间,将各循环组成部分的延续时间相加,减去各组成部分之间的交叠时间,求出循环过程的正常延续时间;计算机械纯工作 1h 的正常循环次数;计算循环机械纯工作 1h 的正常生产率。

对于连续动作机械,确定机械纯工作 1h 正常生产率要根据机械的类型和结构特征,以及工作过程的特点来进行。计算公式如下:

$$\frac{连续动作机械纯工作}{1h 正常生产率} = \frac{工作时间内生产的产品数量}{工作时间(h)}$$

工作时间内的产品数量和工作时间的消耗,要通过多次现场观察和机械说明书来取得数据。

对于同一机械进行作业属于不同的工作过程,如挖掘机所挖土壤的类别不同,碎石机所破碎的石块硬度和粒径不同,均需分别确定其纯工作 1h 的正常生产率。

8. 如何确定施工机械的正常利用系数?

施工机械的正常利用系数,是指机械在工作班内对工作时间的利用率。机械的正常利用系数和机械在工作班内的工作状况有着密切的关系。所以,要确定机械的正常利用系数,必须要拟定机械工作班的正常工作状况,保证合理利用工时。

确定机械正常利用系数,要计算工作班正常状况下准备与结束工作、机械启动、机械维护等工作所必须消耗的时间,以及机械有效工作的开始与结束时间。从而进一步计算出机械在工作班内的纯工作时间和机械正常利用系数。机械正常利用系数的计算公式如下:

$$\frac{机械正常}{利用系数} = \frac{机械在一个工作班内纯工作时间}{一个工作班延续时间(8h)}$$

9. 如何计算施工机械产量定额?

计算施工机械产量定额是编制机械定额工作的最后一步。在确定了机械工作正常条件、机械 1h 纯工作正常生产率和机械正常利用系数之后,采用下列公式计算施工机械的产量定额:

$$\frac{施工机械台班}{产量定额} = \frac{机械 1h 纯工作}{正常生产率} \times 工作班纯工作时间$$

或

$$\frac{施工机械台}{班产量定额} = \frac{机械 1h 纯工作正常生产率} \times 工作班延续时间 \times 机械正常利用系数$$

$$施工机械时间定额 = \frac{1}{机械台班产量定额指标}$$

10. 什么是材料消耗定额？具有哪些作用？

材料消耗定额是指在正常的施工(生产)条件下，在节约和合理使用材料的情况下，生产单位合格产品所必须消耗的一定品种、规格的材料、半成品、配件等的数量标准。

材料消耗定额是编制材料需要量计划、运输计划、供应计划、计算仓库面积、签发限额领料单和经济核算的依据。制定合理的材料消耗定额，是组织材料的正常供应，保证生产顺利进行，以及合理利用资源，减少积压、浪费的必要前提。一般而言，材料消耗量定额有以下作用：

(1)材料消耗定额是企业确定材料需要量和储备量的依据。

(2)材料消耗定额是企业编制材料需用量计划的基础。

(3)材料消耗定额是施工队对工人班组签发限额领料的依据。

(4)材料消耗定额是考核、分析班组材料使用情况的依据。

(5)材料消耗定额是实行材料核算，推行经济责任制，促进材料合理使用的重要手段。

11. 材料消耗定额的制定有哪些方法？

材料消耗定额必须在充分研究材料消耗规律的基础上制定。科学的材料消耗定额应当是材料消耗规律的正确反映。材料消耗定额是通过施工生产过程中对材料消耗进行观测、试验以及根据技术资料的统计与计算等方法制定的。

(1)观测法亦称现场测定法，是在合理使用材料的条件下，在施工现场按一定程序对完成合格产品的材料耗用量进行测定，通过分析、整理，最后得出一定的施工过程单位产品的材料消耗定额。

(2)试验法是指在材料试验室中进行试验和测定数据。例如以各种原材料为变量因素，求得不同强度等级混凝土的配合比，从而计算出每立方米混凝土的各种材料耗用量。

(3)统计法是指通过对现场进料、用料的大量统计资料进行分析计算，获得材料消耗的数据。这种方法由于不能分清材料消耗的性质，因而不能作为确定材料净用量定额和材料损耗定额的精确依据。

(4)理论计算法是根据施工图，运用一定的数学公式，直接计算材耗用量。计算法只能计算出单位产品的材料净用量,材料的损耗量仍要在现场通过实测取得。采用这种方法必须对工程结构、图纸要求、材料特性和规格、施工及验收规范、施工方法等先进行了解和研究。计算法适宜于不易产生损耗,且容易确定废料的材料,如木材、钢材、砖瓦、预制构件等材料。因为这些材料根据施工图纸和技术资料从理论上都可以计算出来,不可避免的损耗也有一定的规律可找。

12. 什么是周转性材料?

周转性材料在施工过程中不是属于通常的一次性消耗材料,而是可多次周转使用,经过修理、补充才逐渐消耗尽的材料。如模板、钢板桩、脚手架等,实际上它也是作为一种施工工具和措施。在编制材料消耗定额时,应按多次使用、分次摊销的办法确定。

周转性材料消耗的定额量是指每使用一次摊销的数量,其计算必须考虑一次使用量、周转使用量、回收价值和摊销量之间的关系。

13. 什么是周转性材料的一次使用量及周转使用量?

一次使用量是指周转性材料一次使用的基本量,即一次投入量。周转性材料的一次使用量根据施工图计算,其用量与各分部分项工程部位、施工工艺和施工方法有关。

周转使用量是指周转性材料在周转使用和补损的条件下,每周转一次的平均需用量,根据一定的周转次数和每次周转使用的损耗量等因素来确定。

14. 什么是周转次数?

周转次数是指周转性材料从第一次使用起可重复使用的次数。它与不同的周转性材料、使用的工程部位、施工方法及操作技术有关。正确规定周转次数,对准确计算用料,加强周转性材料管理和经济核算起重要作用。

15. 如何计算周转性材料摊销量?

周转性材料摊销量是指完成一定计量单位产品,一次消耗周转性材料的数量。其计算公式为:

$$材料的摊销量 = 一次使用量 \times 摊销系数$$

其中

$$一次使用量 = 材料的净用量 \times (1 - 材料损耗率)$$

$$摊销系数 = \frac{周转使用系数 - [(1-损耗率) \times 回收价值率]}{周转次数 \times 100\%}$$

$$周转使用系数 = \frac{(周转次数 - 1) \times 损耗率}{周转次数 \times 100\%}$$

$$回收价值率 = \frac{一次使用量 \times (1-损耗率)}{周转次数 \times 100\%}$$

16. 影响周转性材料使用次数的主要因素有哪些？

(1)材料的坚固程度、材料的形式和材料的使用寿命。如金属材料比木质材料的周转次数多；工具式的比非工具式的周转次数多；定型的比非定型的周转次数多，有的甚至大几倍、几十倍。

(2)服务的工程结构、规格、形状等也影响周转材料的周转次数。

(3)工程施工速度的快慢。施工速度快，周转次数的可能性就会增大。

(4)使用条件的好坏，特别是操作技术对周转材料的周转使用次数也有较大影响。

(5)周转材料的管理、保管和维修对它的使用寿命有着较大影响。

17. 市政工程预算定额由哪些内容组成？

(1)目录。为便于查找，把总说明、各类工程的分部分项定额的顺序列出并注明页数。

(2)总说明。总说明是综合说明定额的编制原则、指导思想、编制依据、适用范围以及定额的作用，定额中人工、材料、机械台班耗用量的编制方法，定额采用的材料规格指标与允许换算的原则，使用定额时必须遵守的规则，定额中说明在编制时已经考虑和没有考虑的因素和有关规定、使用方法。

(3)分部说明(或分册、章说明)。分部说明是预算定额的重要内容，是对各分部工程的重点说明，包括定额中允许换算的界限和增减系数的规定等。

(4)定额项目表及分项工程表头说明。定额项目表是预算定额最重要部分，包括分项工程名称、类别、规格、定额的计量单位以及人工、材料、机械台班的消耗量指标，供编制预算时使用。分项工程表头说明列于定额项目表的上方,说明该分项工程所包含的主要工序和工作内容。

18. 预算定额的编制依据有哪些?

(1)现行劳动定额和施工定额。预算定额是在现行劳动定额和施工定额的基础上编制的。预算定额中劳力、材料、机械台班消耗水平,需要根据劳动定额或施工定额取定;预算定额的计量单位的选择,也要以施工定额为参考,从而保证两者的协调和可比性,减轻预算定额的编制工作量,缩短编制时间。

(2)现行设计规范、施工验收规范和安全操作规程。预算定额在确定劳力、材料和机械台班消耗数量时,必须考虑上述各项法规的要求和影响。

(3)具有代表性的典型工程施工图及有关标准图。对这些图纸进行仔细分析研究,并计算出工程数量,作为编制定额时选择施工方法、确定定额含量的依据。

(4)新技术、新结构、新材料和先进的施工方法等。这类资料是调整定额水平和增加新的定额项目所必需的依据。

(5)有关科学试验、技术测定和统计、经验资料。这类资料是确定定额水平的重要依据。

(6)现行的预算定额、材料预算价格及有关文件规定等。包括过去定额编制过程中积累的基础资料,也是编制预算定额的依据和参考。

19. 预算定额编制应遵循哪些原则?

(1)平均水平原则。
(2)简明准确和适用的原则。
(3)坚持统一性和差别性相结合的原则。
(4)坚持由专业人员编审的原则。

20. 如何确定预算定额项目的统一计量单位?

定额项目的计量单位应能反映该分项工程的最终实物量的单位。同时注意计算上的方便,定额只能按大多数施工企业普遍采用的一种施工方法作为计算人工、材料、施工机械的基础。

21. 预算定额中对材料的消耗应怎样处理?

对影响造价大的辅助材料,如电焊条,应编制出市政工程材料消耗定额,作为各册全统市政定额计算材料消耗量的基础定额。对各种材料的名称要统一命名,对规格多的材料要确定各种规格所占比例,编制出规格综合价为计价提供方便。对主要材料要编制损耗率表。

22. 怎样编制预算定额初稿?

在这个阶段,根据确定的定额项目和基础资料,进行反复分析和测算,编制定额项目劳动力计算表、材料及机械台班计算表,并附注有关计算说明,然后汇总编制预算定额项目表,即预算定额初稿。

23. 如何进行预算定额水平测算?

新定额编制成稿,必须与原定额进行对比测算,分析水平升降原因。一般新编定额的水平应该不低于历史上已经达到过的水平,并略有提高。在定额水平测算前,必须编出同一工人工资、材料价格、机械台班费的新旧两套定额的工程单价。

24. 如何确定预算定额中的人工工日消耗量?

预算定额中人工工日消耗量是指在正常施工生产条件下,生产单位合格产品必需消耗的人工工日数量,是由分项工程所综合的各个工序劳动定额包括的基本用工、其他用工以及劳动定额与预算定额工日消耗量的幅度差三部分组成的。

(1)基本用工。基本用工指完成单位合格产品所必需消耗的技术工种用工。

(2)其他用工。预算定额内的其他用工,包括材料超运距运输用工和辅助工作用工。

(3)人工幅度差。人工幅度差是指预算定额对在劳动定额规定的用工范围内没有包括,而在一般正常情况下又不可避免的一些零星用工,常以百分率计算。一般在确定预算定额用工量时,按基本用工、超运距用工、辅助工作用工之和的10%~15%范围内取定。其计算公式为

$$人工幅度差(工日)=(基本用工+超运距用工+辅助用工)\times 人工幅度差百分率$$

25. 如何确定预算定额中的材料消耗量?

预算定额中的材料消耗量是在合理和节约使用材料的条件下,生产

单位假定工程必须消耗的一定品种规格的材料、半成品、构配件等的数量标准。

(1)凡有标准规格的材料,按规范要求计算定额计量单位的耗用量。

(2)凡设计图纸标注尺寸及下料要求的按设计图纸尺寸计算材料净用量。

(3)换算法。各种胶结、涂料等材料的配合比用料,可以根据要求条件换算,得出材料用量。

(4)测定法。包括试验室试验法和现场观察法。指各种强度等级的混凝土及砌筑砂浆配合比的耗用原材料数量的计算,需按照规范要求试配经过试压合格以后并经过必要的调整后得出的水泥、砂子、石子、水的用量。对新材料、新结构又不能用其他方法计算定额消耗用量时,需用现场测定方法来确定,根据不同条件可以采用写实记录法和观察法,得出定额的消耗量。

26. 什么是材料损耗量?

材料损耗量,指在正常条件下不可避免的材料消耗,如现场内材料运输及施工操作过程中的损耗等。其关系式为

$$材料损耗率 = 损耗量/净用量 \times 100\%$$
$$材料损耗量 = 材料净用量 \times 损耗率$$
$$材料消耗量 = 材料净用量 + 损耗量$$

或
$$材料消耗量 = 材料净用量 \times (1 + 损耗率)$$

27. 什么是机械幅度差?

机械幅度差是指在劳动定额(机械台班量)中未曾包括的,而机械在合理的施工组织条件下所必需的停歇时间。在编制预算定额时,应予以考虑。其内容包括:

(1)施工机械转移工作面及配套机械互相影响损失的时间。

(2)在正常的施工情况下,机械施工中不可避免的工序间歇。

(3)检查工程质量影响机械操作的时间。

(4)临时水、电线路在施工中移动位置所发生的机械停歇时间。

(5)工程结尾时,工作量不饱满所损失的时间。

机械幅度差系数一般根据测定和统计资料取定。大型机械幅度差系

数为:土方机械 1.25,打桩机械 1.33,吊装机械 1.3,其他均按统一规定的系数计算。由于垂直运输用的塔式起重机、卷扬机及砂浆、混凝土搅拌机是按小组配合,应以小组产量计算机械台班产量,不另增加机械幅度差。

28. 如何确定预算定额中的机械台班消耗量?

预算定额中的机械台班消耗量是指在正常施工条件下,生产单位合格产品(分部分项工程或结构件)必需消耗的某类某种型号施工机械的台班数量。它由分项工程综合的有关工序劳动定额确定的机械台班消耗量以及劳动定额与预算定额的机械台班幅度差组成。

垂直运输机械依工期定额分别测算台班量,以台班/100m^2 建筑面积表示。

确定预算定额中的机械台班消耗量指标,应根据《全国市政工程统一劳动定额》中各种机械施工项目所规定的台班产量加机械幅度差进行计算。若按实际需要计算机械台班消耗量,不应再增加机械幅度差。预算定额的机械台班消耗量按下式计算:

预算定额机械耗用台班=施工定额机械耗用台班×(1+机械幅度差系数)

占比重不大的零星小型机械按劳动定额小组成员计算出机械台班使用量,以"机械费"或"其他机械费"表示,不再列台班数量。

29. 什么是概算定额? 编制时应遵循哪些原则?

概算定额是指生产一定计量单位的经扩大的工程项目所需要的人工、材料和机械台班的消耗数量及费用的标准。概算定额是在预算定额的基础上,根据有代表性的工程通用图和标准图等资料,进行综合、扩大和合并而成。

在编制概算定额时应遵循以下原则:

(1)使概算定额适应设计、计划、统计和拨款的要求,更好地为基本建设服务。

(2)概算定额水平的确定,应与预算定额的水平基本一致。必须是反映正常条件下大多数企业的设计、生产施工管理水平。

(3)概算定额的编制深度,要适应设计深度的要求;项目划分,应坚持简化、准确和适用的原则。以主体结构分项为主,合并其他相关部分,进行适当综合扩大;概算定额项目计量单位的确定,与预算定额要尽量一致;应考虑统筹法及应用电子计算机编制的要求,以简化工程量和概算的计算编制。

(4)为了稳定概算定额水平,统一考核尺度和简化计算工程量。编制概算定额时,原则上必须根据规则计算。对于设计和施工变化多而影响工程量多、价差大的,应根据有关资料进行测算,综合取定常用数值;对于其中还包括不了的个性数值,可适当做一些调整。

30. 概算定额的编制依据有哪些?

(1)现行的全国通用的设计标准、规范和施工验收规范。
(2)现行的预算定额。
(3)标准设计和有代表性的设计图纸。
(4)过去颁发的概算定额。
(5)现行的人工工资标准、材料预算价格和施工机械台班单价。
(6)有关施工图预算和结算资料。

31. 如何确定概算定额的计量单位?

概算定额计量单位基本上按预算定额的规定执行,但是单位的内容扩大,仍用 m、m^2 和 m^3 等。

32. 概算定额与预算定额两者有什么区别?

概算定额与预算定额的不同之处在于项目划分和综合扩大程度上的差异。同时,概算定额主要用于设计概算的编制。由于概算定额综合了若干分项工程的预算定额,因此使概算工程量计算和概算表的编制,都比编制施工图预算简化了很多。

33. 如何确定概算定额与预算定额的幅度差?

由于概算定额是在预算定额基础上进行适当的合并与扩大。因此,在工程量取值、工程的标准和施工方法确定上需综合考虑,且定额与实际应用必然会产生一些差异。这种差异国家允许预留一个合理的幅度差,以便依据概算定额编制的设计概算能控制住施工图预算。概算定额与预算定额之间的幅度差,国家规定一般控制在5%以内。

34. 什么是施工定额? 具有哪些作用?

施工定额是以同一性质的施工过程或工序为测定对象,确定工人在正常施工条件下,为完成单位合格产品所需劳动、机械、材料消耗的数量标准。企业定额一般称为施工定额。施工定额是施工企业直接用于工程施工管理的一种定额。施工定额是由劳动定额、材料消耗定额和机械台班定额组成,是最基本的定额。

一般而言,施工定额具有以下作用:

(1)是施工企业进行科学管理的基础;

(2)是编制施工预算的主要依据;

(3)是施工企业编制施工组织设计和施工进度计划的依据;

(4)是加强企业成本核算和成本管理的依据;

(5)是编制预算定额和单位估价表的依据。

35. 什么是施工定额水平?

施工定额水平是指规定消耗在单位产品上的劳动、机械和材料数量的多少。施工定额的水平不仅直接反映劳动生产率水平,也反映劳动和物质消耗水平。

36. 什么是平均先进水平?

所谓平均先进水平,是指在正常条件下,多数施工班组或生产者经过努力可以达到,少数班组或生产者可以接近,个别班组或生产者可以超过的水平。通常它低于先进水平,略高于平均水平。这种水平使先进的班组和工人感到有一定压力,使大多数处于中间水平的班组或工人感到定额水平可望也可及。平均先进水平使少数落后者产生努力工作的责任感,尽快达到定额水平。所以,平均先进水平是一种鼓励先进、勉励中间、鞭策后进的定额水平。认真贯彻"平均先进"的原则,才能促进企业科学管理和不断提高劳动生产率,进而达到提高企业经济效益的目的。

37. 什么是设计概算?

设计概算是初步设计概算的简称,是指在初步设计或扩大初步设计阶段,由设计单位根据初步设计图纸、定额、指标、其他工程费用定额等,对工程投资进行的概略计算,这是初步设计文件的重要组成部分,是确定工程设计阶段的投资的依据,经过批准的设计概算是控制工程建设投资的最高限额。设计概算分为三级概算,即单位工程概算、单项工程综合概算、建设项目总概算。

38. 设计概算的编制依据有哪些？

(1)经批准的建设项目计划任务书。计划任务书由国家或地方基建主管部门批准,其内容随建设项目的性质而异。一般包括建设目的、建设规模、建设理由、建设布局、建设内容、建设进度、建设投资、产品方案和原材料来源等。

(2)初步设计或扩大初步设计图纸和说明书。有了初步设计图纸和说明书,才能了解其设计内容和要求,并计算主要工程量,这些是编制设计概算的基础资料。

(3)概算指标、概算定额或综合预算定额。概算指标、概算定额和综合概算定额,是由国家或地方基建主管部门颁发的,是计算价格的依据,不足部分可参照预算定额或其他有关资料。

(4)设备价格资料。各种定型设备(如各种用途的泵、空压机、蒸汽锅炉等)均按国家有关部门规定的现行产品出厂价格计算；非标准设备按非标准设备制造厂的报价计算。此外,还应增加供销部门的手续费、包装费、运输费及采购包管等费用资料。

(5)地区工资标准和材料预算价格。

(6)有关取费标准和费用定额。

39. 设计概算审查的准备工作主要包括哪些内容？

概算审查的准备工作包括了解设计概算的内容组成、编制依据和方法；了解建设规模、设计能力和工艺流程；熟悉设计图纸和说明书；掌握概算费用的构成和有关技术经济指标；明确概算各种表格的内涵；收集概算定额、概算指标、取费标准等有关规定的文件资料等。

40. 怎样审查设计概算的编制依据？

审查设计概算的编制依据包括国家综合部门的文件,国务院主管部门和各省、市、自治区根据国家规定或授权制定的各种规定及办法,以及建设项目的设计文件等重点审查。

(1)审查编制依据的合法性。采用的各种编制依据必须经过国家或授权机关的批准,符合国家的编制规定,未经批准的不能采用；也不能强调情况特殊,擅自提高概算定额、指标或费用标准。

(2)审查编制依据的时效性。各种依据,如定额、指标、价格、取费标准等,都应根据国家有关部门的现行规定进行,注意有无调整和新的规定。有的虽然颁发时间较长,但不能全部适用;有的应按有关部门作的调整系数执行。

(3)审查编制依据的适用范围。各种编制依据都有规定的适用范围,如各主管部门规定的各种专业定额及其取费标准,只适用于该部门的专业工程;各地区规定的各种定额及其取费标准,只适用于该地区的范围以内。特别是地区的材料预算价格区域性更强,如某市有该市区的材料预算价格,又编制了郊区内一个矿区的材料预算价格,如在该市的矿区建设时,其概算采用的材料预算价格,则应用矿区的价格,而不能采用该市的价格。

41. 什么是施工图预算？具有哪些作用？

施工图预算是在设计的施工图完成以后,以施工图为依据,根据预算定额、费用标准以及工程所在地区的人工、材料、施工机械设备台班的预算价格编制的,是确定预算造价的文件。

一般而言,施工图预算具有以下作用:

(1)施工图预算是工程实行招标、投标的重要依据。
(2)施工图预算是签订建设工程施工合同的重要依据。
(3)施工图预算是办理工程财务拨款、工程贷款和工程结算的依据。
(4)施工图预算是施工单位进行人工和材料准备、编制施工进度计划、控制工程成本的依据。
(5)施工图预算是落实或调整年度进度计划和投资计划的依据。
(6)施工图预算是施工企业降低工程成本、实行经济核算的依据。

42. 施工图预算编制的依据有哪些?

(1)施工图纸及其说明。施工图纸及其说明是编制施工图预算的主要对象和依据。施工图纸必须经建设、设计、施工单位共同会审确定后,才能作为编制的依据。

(2)预算定额或单位估价表。预算定额或单位估价表是编制预算的基础资料,施工图预算项目的划分、工程量计算等都必须以预算定额为依据。

(3)工程量计算规则。与《全国统一市政工程预算定额》配套执行的

"工程量计算规则"是计算市政工程工程量、套用定额单价的必备依据。

(4)批准的初步设计及设计概算等有关文件。我国基本建设预算制度决定了经批准的初步设计、设计概算是编制施工图预算的依据。

(5)费用定额及取费标准。费用定额及取费标准是计取各项应取费用的标准。目前各省、市、自治区都制定了费用定额及取费标准,编制施工图预算时,应按工程所在地的规定执行。

(6)地区人工工资、材料及机械台班预算价格。预算定额的工资标准仅限定额编制时的工资水平,在实际编制预算时应结合当时、当地的相应工资单价调整。同样,在一段时间内,材料价格和机械费都可能变动很大,必须按照当地规定调整价差。

(7)施工组织设计或施工方案。施工组织设计或施工方案是确定工程进度计划、施工方法或主要技术组织措施以及施工现场平面布置和其他有关准备工作的文件。经过批准的施工组织设计或施工方案是编制施工图预算的依据。

(8)建设单位、施工单位共同拟订的施工合同、协议。建设单位、施工单位共同拟订的施工合同、协议,包括在材料加工订货方面的分工、材料供应方式等协议。

43. 施工图预算书主要包括哪些内容?

施工图预算书一般包括封面、目录、编制说明、预算分析表、计算程序表、工程量汇总表及工料分析等内容。

(1)封面。预算书的封面格式根据其用途不同,可以包括不同的项目。通常必须包括工程编号、工程名称、工程造价、编制单位、编制人及证号、编制时间等。

(2)目录。对于内容较多的预算书,将其内容按顺序排列,并给出页码编号,以方便查找。

(3)编制说明。编制说明是将编制过程的依据及其他要说明的问题罗列出来。主要包括:

1)工程名称及建设所在地和该地工资区类别。

2)根据×设计院×年度×号图纸编制。

3)采用×年度×地×种定额。

4)采用×年度×地×取费标准(或文号)。

5) 根据×地×年×号文件调整价差。
6) 根据×号合同规定的工程范围编制的预算。
7) 定额换算原因、依据、方法。
8) 未解决的遗留问题。

(4) 预算分析表。常见预算分析表的格式见表1-1。

表1-1　　　　　　　预算分析表示例

工程名称：　　　　　　　　　　　　　　　第　页　共　页

序号	定额编号	名称及说明	单位	数量	单位价值/元						总价值/元					合计
					损耗	主材费	人工费	材料费	机械费	管理费	主材费	人工费	材料费	机械费	管理费	

编制人：　　　　　　　证号：　　　　　　　编制日期：

(5) 计费程序表。对于不同地区的工程应采用当地的计费程序进行计费。

(6) 工程量汇总表。将工程中所用工程量分类汇总。

(7) 工料分析。将人工、材料等进行汇总分析。

44. 施工图预算审查依据有哪些？

(1) 施工图纸和设计资料。全套完整的市政工程施工图纸是编制施工图预算的直接依据。

(2) 市政工程预算定额。《全国统一市政工程预算定额》(以下简称全统市政定额)一般都详细地规定了工程量计算方法。

(3) 单位估价表。工程所在地区颁布的单位估价表是审查市政工程施工图预算的第三个重要依据。单位估价表是以货币形式确定定额单位某分部分项工程或结构构件直接费用的文件。它的内容包括：预算定额规定的人工、材料和施工机械台班数量；预算价格，即与人工、材料和施工机械台班数量相对应的价格。

(4) 补充单位估价表。材料预算价格和成品、半成品的预算价格，是审查市政工程施工图预算的第四个重要依据。在当地没有单位工程估价表或单位估价表所涉及的项目不能满足工程项目的需要时,必须另行编制补充单位估价表,补充的单位估价表必须有当地的材料、成品、半成品的预算价格。

(5)市政工程施工组织设计或施工方案。施工组织设计和施工方案,这些资料涉及市政工程施工方法,影响定额套用和工程量的计算。

(6)施工管理费定额和其他取费标准。直接费计算完后,要根据建设工程建设主管部门颁布的施工管理费定额和其他取费标准,计算出预算总值。

(7)材料手册和预算手册。在审查计算工程量过程中,为了简化计算方法,节约计算时间,可以使用符合当地规定的材料手册和预算手册,来审查施工图预算。

(8)施工合同或协议书。施工合同或协议书明确了建设单位和施工单位的责、权、利,明确了市政工程的承包方式。施工图预算要根据甲乙双方签订的施工合同或施工协议进行审查。据此,确定审查的重点和范围,以保证审查结果的合法和规范。

(9)国家一定时期的方针政策。市政工程施工图预算的编制,必须按照国家的有关方针、政策要求进行。另外,地方、行业和国家的各项规定,直接影响了市政工程施工图预算的编制方法和计算标准。

(10)法律法规。任何专业的审查,都必须依法进行,市政工程施工图预算审查工作也不例外。相关的法律法规,是审查人员必不可少的审查依据。

45. 施工图预算审查有哪些方法?

(1)逐项审查法。逐项审查法又称全面审查法,即按定额顺序或施工顺序,对各分项工程中的工程细目逐项全面详细审查的一种方法。

(2)标准预算审查法。标准预算审查法就是对利用标准图纸或通用图纸施工的工程,先集中力量编制标准预算,以此为准来审查工程预算的一种方法。

(3)分组计算审查法。分组计算审查法就是把预算中有关项目按类别划分若干组,利用同组中的一组数据审查分项工程量的一种方法。

(4)对比审查法。对比审查法是当工程条件相同时,用已完工程的预算或未完但已经过审查修正的工程预算对比审查拟建工程的同类工程预算的一种方法。

(5)"筛选"审查法。"筛选法"是能较快发现问题的一种方法。

(6)重点审查法。重点审查法就是抓住工程预算中的重点进行审核的方法。

46. 如何进行预算单价套用的审查？

预算单价套用的审查是审查预算工作的主要内容之一，应审核预算单价套用是否正确。在套用定额时，有三种情况：直接套用、换算定额和补充定额。审查定额单价时，应区别对待。

(1)审查直接套用定额。直接套用定额是指套用的定额的内容必须与工程的分项工程名称、种类、规格、施工方法等相对应一致。

审查时应注意预算中所列的各分项工程预算单价是否与预算定额的预算单价相符，其名称、规格、计量单位和所包括的工程内容是否与单位估价表一致。

(2)审查换算定额。要先审查该分项子目，定额是否允许换算。定额不允许换算时，则仍套用现有定额。还要注意定额规定应扣除某些费用的换算项目是否遗漏。

(3)审查补充定额。审查补充定额就是审查补充定额单位估价表的编制原则和编制依据。审查人工、材料和机械消耗量的取定是否合理，审查人工、材料、机械的预算单价是否与现行预算定额单位估价表中人工、材料、机械预算价格相符合。不能直接以市场价格进入补充定额的单位估价表，市场价格与预算价格的差额，应在税前调整。

47. 施工预算与施工图预算两者有什么区别？

施工预算是施工单位为向队组下达任务、筹备材料、安排劳力等需要而编制的一种预算，它是在施工图预算的控制下，套用施工定额编制而成的。它主要作为施工单位内部各部门进行备工备料、安排计划、签发任务、内部经济核算的依据。

施工图预算一般通称土建工程预算，它是根据某单位工程的设计施工图纸与现行预算定额或单位估价表编制而成；是建设单位与施工单位签订合同、银行拨款、结算工程费用的依据；也是施工单位编制施工计划，加强经济核算的依据。

48. 定额计价模式下建筑安装工程费由哪些项目构成？

定额计价模式下建筑安装费构成如图1-2所示。

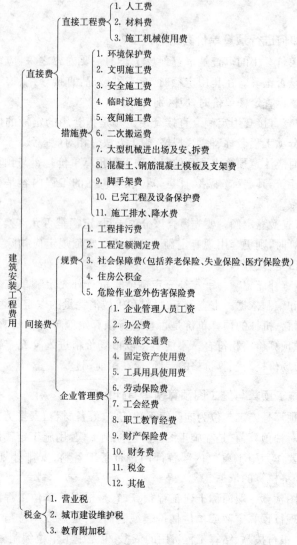

图1-2 定额计价模式下建筑安装工程费用的构成

49. 什么是冬雨期施工增加费？其包括哪些内容？

冬雨期施工增加费，指在冬雨期施工期间为保证工程质量和安全生产所需增加的费用。

冬雨期施工增加费包括增加施工工序，增设防雨、保温、排水等设施增耗的动力、燃料、材料以及因人工、机械效率降低而增加的费用。

50. 什么是夜间施工增加费？其包括哪些内容？

夜间施工增加费指根据建设单位对工期要求或因工程施工技术的要求，为保证工程质量不能间断施工而发生的费用。

夜间施工增加费包括：照明设施的搭设、维护、拆除和摊销费用；电力消耗费用；夜间施工按规定缩短工时和工效降低、夜餐补贴费用等。夜间施工增加费一般应按实际参加夜间施工人员数计算，人均夜间施工增加费计算式如下：

$$人均夜间施工增加数 = \frac{夜间施工增加开支额}{夜间施工人数}$$

51. 什么是特殊地区增加费？

特殊地区施工增加费，指在高海拔和原始森林等特殊地区施工而增加的费用。

52. 什么是税金？其包括哪些内容？

税金是指按国家税法规定的应计入建筑安装工程造价内的税。税金包括营业税、城市建设维护税和教育费附加。税金=（税前造价+利润）×综合税率（%），税率见表1-2。

表1-2　　营业税、城市维护建设税、教育费附加的税率

税种名称	工程所在地（%）			计算基础
	市区	城(镇)	非城镇	
营业税	3	3	3	含税工程造价
城市维护建设税	7	5	1	营业税
教育费附加	3	3	3	营业税

第二章

·市政工程清单计价·

1. 什么是工程量清单？其包括哪些内容？

工程量清单是表现拟建工程的分部分项工程项目、措施项目、其他项目、规费项目和税金项目的名称和相应数量的明细清单，由招标人按照《建设工程工程量清单计价规范》(GB 50500—2008)(以下简称《清单计价规范》)附录中统一的项目编码、项目名称、计量单位和工程量计算规则、招标文件以及施工图、现场条件计算出的构成工程实体，可供编制招标控制价及投标报价的实物工程量的汇总清单，是工程招标文件的组成内容，其内容包括分部分项工程量清单、措施项目清单、其他项目清单、规费项目清单以及税金项目清单。

2. 工程量清单有哪些作用？

(1)工程量清单可作为编制招标控制价、投标报价的依据。

(2)工程量清单可作为支付工程进度款和办理工程结算的依据。

(3)工程量清单可作为调整工程量和工程索赔的依据。

3. 分部分项工程量清单应怎样编码？

工程量清单编码应采用12位阿拉伯数字表示。一至九位按《清单计价规范》附录的规定设置，十至十二位应根据拟建工程的工程量清单项目名称设置，同一招标工程的项目编码不得有重码，十至十二位由编制人根据施工工程发生的分部分项工程自行编制。

4. 关于清单工程数量的计算有哪些规定？

(1)工程数量应按《清单计价规范》附录中规定的工程量计算规则计算。

(2)工程数量的有效位数应遵守下列规定：

1)以"t"为单位，应保留小数点后三位数，第四位四舍五入；

2)以"m^3"、"m^2"、"m"为单位，应保留小数点后两位数字，第三位四舍五入；

3）以"个"、"项"为单位，应取整数。

5. 如何确定分部分项工程量清单的计量单位？

分部分项工程量清单的计量单位按《清单计价规范》附录中的统一规定确定。工程量计量单位将采用基本单位计量，它与现行定额单位不一样。计量单位全国统一，一定要严格遵守。规定如下：长度计量单位为 m；面积计算单位为 m^2；质量计算单位为 kg；体积和容积计算单位为 m^3；自然计量单位为台、套、个、组等。

6. 什么是措施项目？

措施项目是指为完成工程项目施工，发生于该工程施工准备和施工过程中的技术、生活、安全、环境保护等方面的非工程实体项目。

7. 措施项目清单应列有哪些项目？

措施项目清单应根据拟建工程的实际情况列项。其中通用项目可按表 2-1 选择列项，市政工程的措施项目可按表 2-2 中所列的项目列项。市政工程中若出现表 2-1 和表 2-2 中未列的项目，可根据工程实际情况补充。

表 2-1　　　　　　　　　　通用措施项目

序号	项 目 名 称
1	安全文明施工（含环境保护、文明施工、安全施工、临时设施）
2	夜间施工
3	二次搬运
4	冬雨季施工
5	大型机械设备进出场及安拆
6	施工排水
7	施工降水
8	地上、地下设施、建筑物的临时保护设施
9	已完成工程及设备保护

表 2-2　　　　　　　　　市政工程措施项目

序号	项目名称
1	围堰
2	筑岛
3	便道
4	便桥
5	脚手架
6	洞内施工的通风、供水、供气、供电、照明及通信设施
7	驳岸块石清理
8	地下管线交叉处理
9	行车、行人干扰增加
10	轨道交通工程路桥、市政基础设施施工监测、监控、保护

措施项目中可以计算工程量的项目清单宜采用分部分项工程量清单的方式编制,列出项目编码、项目名称、项目特征、计量单位和工程量;不能计算工程量的项目清单,以"项"为计量单位。

8. 其他项目清单列项包括哪些内容?

其他项目清单宜按照下列内容列项:
(1)暂列金额。
(2)暂估价:包括材料暂估单价、专业工程暂估价。
(3)计日工。
(4)总承包服务费。

9. 什么是暂列金额及暂估价?

暂列金额是指招标人在工程量清单中暂定并包括在合同价款中的一笔款项。用于施工合同签订时尚未确定或者不可预见的所需材料、设备、服务的采购,施工中可能发生的工程变更、合同约定调整因素出现时的工程价款调整以及发生的索赔、现场签证确认等的费用。

暂估价是指招标人在工程量清单中提供的用于支付必然发生但暂时不能确定价格的材料的单价以及专业工程的金额。

10. 什么是总承包服务费？

总承包服务费是指总承包人为配合协调发包人进行的工程分包自行采购的设备、材料等进行管理、服务以及施工现场管理、竣工资料汇总整理等服务所需的费用。

11. 规费项目清单列项包括哪些内容？

规费项目清单应按照下列内容列项：
(1)工程排污费。
(2)工程定额测定费。
(3)社会保障费：包括养老保险费、失业保险费、医疗保险费。
(4)住房公积金。
(5)危险作业意外伤害保险。

12. 税金项目清单应包括哪些内容？

税金项目清单应包括以下内容：
(1)营业税。
(2)城市维护建设税。
(3)教育费附加。

13. 什么是工程量清单计价？

工程量清单计价是指投标人完成由招标人提供的工程量清单所需的全部费用，包括分部分项工程费、措施项目费、其他项目费和规费、税金。

工程量清单计价是建设工程招标投标中，按照国家统一的工程量清单计价规范，由招标人提供工程数量，投标人自主报价，经评审低价中标的工程造价计价模式。采用工程量清单计价能反映工程个别成本，有利于企业自主报价和公平竞争。

14. 实行工程量清单计价的意义主要体现在哪些方面？

(1)实行工程量清单计价是深化工程造价管理改革，推进建设市场化的重要途径。

(2)在建设工程招标投标中实行工程量清单计价，是规范建设市场秩序的治本措施之一，是适应社会主义市场经济的需要。

(3)实行工程量清单计价是与国际接轨的需要。

(4)实行工程量清单计价,是促进建设市场有序竞争和企业健康发展的需要。

(5)实行工程量清单计价,有利于我国工程造价政府职能的转变。

15. 工程量清单计价的基本过程是什么?

工程量清单计价的基本过程是在统一工程量计算规则的基础上,制定工程量清单项目设置规则,根据具体工程的施工图纸计算出各个清单项目的工程量,再根据各种渠道所获得的工程造价信息和经验数据计算得到工程造价。其基本过程如图 2-1 所示。

图 2-1　工程量清单计价的基本过程

从工程量清单计价过程的示意图中可以看出,其编制过程可以分为两个阶段:工程量清单格式的编制和利用工程量清单来编制投标报价。

16. 工程量清单计价主要受哪些因素影响?

工程量清单报价中标的工程,无论采用何种计价方法,在正常情况下,基本说明工程造价已确定,只是当出现设计变更或工程量变动时,通过签证再结算调整另行计算。工程量清单工程成本要素的管理重点,是在既定收入的前提下,如何控制成本支出。工程量清单计价主要受以下因素的影响:

(1)对用工批量的有效管理。

(2)对材料费用的有效管理。

(3)对机械费用的有效管理。

(4)对施工过程中水电费的有效管理。

(5)对设计变更和工程签证的有效管理。

(6)对其他成本要素的有效管理。

17. 工程量清单计价与定额计价的差别有哪些？

工程量清单计价与定额计价的差别见表2-3。

表2-3　　　　　　工程量清单计价与定额计价的差别

序号	项目	定额计价	工程量清单计价
1	编制工程量的单位不同	建设工程的工程量分别由招标单位和投标单位分别按图计算	工程量由招标单位统一计算或委托有工程造价咨询资质单位统一计算，"工程量清单"是招标文件的重要组成部分，各投标单位根据招标人提供的"工程量清单"，根据自身的技术装备、施工经验、企业成本、企业定额、管理水平自主填写报单价
2	编制工程量清单时间不同	在发出招标文件后编制(招标与投标人同时编制或投标人编制在前，招标人编制在后)	必须在发出招标文件前编制
3	表现形式不同	一般是总价形式	采用综合单价形式，综合单价包括人工费、材料费、机械使用费、管理费、利润，并考虑风险因素。工程量清单报价具有直观、单价相对固定的特点，工程量发生变化时，单价一般不作调整
4	编制依据不同	依据图纸；人工、材料、机械台班消耗量依据建设行政主管部门颁发的预算定额；人工、材料、机械台班单价依据工程造价管理部门发布的价格信息进行计算	根据招标文件中的工程量清单和有关要求、施工现场情况、合理的施工方法以及按建设行政主管部门制定的有关工程造价计价办法编制。企业的投标报价则根据企业定额和市场价格信息，或参照建设行政主管部门发布的社会平均消耗量定额编制

(续)

序号	项 目	定 额 计 价	工程量清单计价
5	费用组成不同	工程造价由直接工程费、措施费、间接费、利润、税金组成	工程造价包括分部分项工程费、措施项目费、其他项目费、规费、税金;包括完成每项工程包含的全部工程内容的费用;包括完成每项工程内容所需的费用(规费、税金除外);包括工程量清单中没有体现的,施工中又必须发生的工程内容所需费用,包括风险因素而增加的费用
6	评标所用的方法不同	一般采用百分制评分法	一般采用合理低报价中标法,既要对总价进行评分,还要对综合单价进行分析评分
7	项目编码不同	采用传统的预算定额项目编码,全国各省市采用不同的定额子目	采用工程量清单计价全国实行统一编码,项目编码采用十二位阿拉伯数字表示。一到九位为统一编码,其中、一、二位为附录顺序码,三、四位为专业工程顺序码,五、六位为分部工程顺序码,七、八、九位为分项工程项目名称顺序码,十到十二位为清单项目名称顺序码。前九位码不能变动,后三位码,由清单编制人根据项目设置的清单项目编制
8	合同价调整方式不同	传统的定额预算计价合同价调整方式有:变更签证、定额解释、政策性调整。工程量清单计价法合同价调整方式主要是索赔	工程量清单的综合单价一般通过招标中报价的形式体现,一旦中标,报价作为签订施工合同的依据相对固定下来,工程结算按承包商实际完成工程量乘以清单中相应的单价计算。减少了调整活口。采用传统的预算定额经常有定额解释及定额规定,结算中又有政策性文件调整。工程量清单计价单价不能随意调整

(续)

序号	项目	定额计价	工程量清单计价
9	工程量计算时间前置	—	工程量清单,在招标前由招标人编制。也可能业主为了缩短建设周期,通常在初步设计完成后就开始施工招标,在不影响施工进度的前提下陆续发放施工图纸,因此承包商据以报价的工程量清单中各项工作内容下的工程量一般为概算工程量
10	投标计算口径不一致	传统预算定额招标,各投标单位各自计算工程量,各投标单位计算的工程量均不一致	各投标单位都根据统一的工程量清单报价,达到了投标计算口径统一
11	索赔事件不同	—	因承包商对工程量清单单价包含的工作内容一目了然,故凡建设方不按单内容施工的,任意要求修改清单的,都会增加施工索赔的因素

18.《清单计价规范》主要包括哪些内容?

《清单计价规范》是统一工程量清单编制,调整建设工程工程量清单计价活动中发包人与承包人各种关系的规范文件。包括正文和附录两大部分,两者具有同等效力。正文共五章,包括总则、术语、工程量清单编制、工程量清单计价、工程量清单计价表格等内容。分别就"计价规范"的适用范围、遵循的原则、编制工程量清单应遵循原则、工程量清单计价活动的规则、工程清单计价表格作了明确规定。附录包括 A、B、C、D、E、F 六个部分,分别为建筑工程、装饰装修工程、安装工程、市政工程、园林绿化工程、矿山工程的工程量清单项目及工程量计算规则。包括项目编码、项目名称、项目特征、计量单位、工程量计算规则和工程内容,其中项目编码、项目名称、计量单位、工程量计算规则作为四个统一的内容,要求招标人在编制工程量清单时必须执行。

19.《清单计价规范》具有哪些特点?

(1)强制性。

1)一般由建设行政主管部门按照强制性标准的要求批准颁发,规定全部使用国有资金或国有资金投资为主的大、中型建设工程按《清单计价规范》规定执行。

2)明确工程量清单是招标文件的部分,并规定了招标人在编制工程量清单时必须遵守的规则,做到了四统一,即统一项目编码、统一项目名称、统一计量单位、统一工程量计算规则。

(2)实用性。附录中工程量清单项目及计算规则的项目名称表现的是工程实体项目,项目明确清晰,工程量计算规则简洁明了;项目特征和工程内容,易于编制工程量清单。

(3)竞争性。

1)《清单计价规范》中的措施项目,在工程量清单中只列"措施项目"一栏,具体采用什么措施,如模板、脚手架、临时设施、施工排水等详细内容由投标人根据企业的施工组织设计,视具体情况报价,因为这些项目在企业间各有不同,是企业竞争项目。

2)《清单计价规范》中人工、材料和施工机械没有规定具体的消耗量,投标企业可以依据企业的定额和市场价格信息,也可以参照建设行政主管部门发布的社会平均消耗量定额报价,《清单计价规范》将报价权交给企业。

(4)通用性。采用工程量清单计价将与国际惯例接轨,符合工程量清单计算方法标准化、工程量计算规则统一化、工程造价确定市场化的规定。

20. 编制《清单计价规范》应遵循哪些原则?

(1)政府宏观调控、企业自主报价、市场竞争形成价格。按照政府宏观调控、企业自主报价、市场竞争形成价格的指导思想,为规范发包方与承包方计价行为,确定工程量清单计价原则、方法和必须遵循的规则,包括统一项目编码、项目名称、计量单位、工程量计算规则等。企业自主报价施工方法、施工措施和人工、材料、机械的消耗量水平、取费等由企业来确定,给企业充分的权利。在政府宏观调控下,市场全面竞争,从而形成工程报价的价格运行机制。

(2)与现行定额有机结合的原则。由于现行预算定额是我国经过几十年长期实践总结出来的,其内容具有一定的科学性和实用性。《清单计价规范》以现行的"全国统一工程预算定额"为基础,特别是项目划分、计量单位、工程量计算规则等方面,尽可能与定额衔接。

(3)既考虑我国工程造价管理的现状,又尽可能与国际惯例接轨的原则。《清单计价规范》要根据我国当前工程建设市场发展的形势,逐步解决定额计价中与当前工程建设市场不相适应的因素,适应我国社会主义市场经济发展的需要,适应与国际接轨的需要,积极稳妥地推行工程量清单计价。因此,在编制中,既借鉴了世界银行、菲迪克(FIDIC)、英联邦国家以及我国香港地区等的一些做法和思路,同时,也结合了我国现阶段的具体情况。

21. 清单计价模式下的工程费用由哪些部分构成?

工程量清单计价模式的费用构成包括分部分项工程费、措施项目费、其他项目费,以及规费和税金。

(1)分部分项工程费。分部分项工程费是指完成工程量清单列出的各分部分项工程量所需的费用,包括:人工费、材料费、施工机械使用费、企业管理费、利润。

(2)措施项目费。措施项目费是根据表 2-1 和表 2-2 中确定的工程措施项目所计算的金额总和,包括安全文明施工费(含环境保护、文明施工、安全施工、临时设施)、夜间施工费、二次搬运费、冬雨季施工大型机械设备进出场及安拆费、施工排水费、施工降水费、地上地下设施及建筑物的临时保护设施费、已完工程及设备保护费、各专业工程的措施项目费。

(3)其他项目费。其他项目费是指暂列金额、暂估价、计日工、总承包服务费、其他等的总和。

(4)规费。规费是指政府和有关部门规定必须缴纳的费用的总和,包括:工程排污费、工程定额测定费、社会保障费。

(5)税金。税金是指国家税法规定的应计入建筑安装工程造价内的营业税、城市维护建设税以及教育费附加费等的总和。

22. 工程量清单投标报价具有哪些特点?

与在招投标过程中采用定额计价法相比,采用工程量清单计价方法具有如下一些特点:

(1)满足竞争的需要。招标投标过程本身就是一个竞争的过程,招标人给出工程量清单,投标人去填单价(此单价中一般包括成本、利润),报价过高,中不了标,而过低企业又会面临亏损。这就要求投标单位要具有一定的管理水平、技术水平,从而形成企业整体的竞争实力。

(2)提供了一个平等的竞争条件。采用施工图预算来投标报价,由于设计图纸的缺陷,不同投标企业的人员理解不一,计算出的工程量也不同,报价相差甚远,容易产生纠纷。而工程量清单报价就为投标者提供一个平等竞争的条件,相同的工程量,由企业根据自身的实力来填不同的单价,符合商品交换的一般性原则。

(3)有利于工程款的拨付和工程造价的最终确定。中标后,业主要与中标施工企业签订施工合同,工程量清单报价基础上的中标价就成了合同价的基础。投标清单上的单价也就成了拨付工程款的依据。业主根据施工企业完成的工程量,可以很容易地确定进度款的拨付额。工程竣工后,再根据设计变更、工程量的增减乘以相应单价,业主也很容易确定工程的最终造价。

(4)有利于实现风险的合理分担。采用工程量清单报价方式后,投标单位只对自己所报的成本、单价等负责,而由于工程量的变更或工程量清单编制过程中的计算错误等则由业主来承担风险,这种格局符合风险合理分担与责权关系对等的一般原则。

(5)有利于业主对投资的控制。采用工程量清单计价的方式,各分项的工程量及其变化一目了然,在要进行设计变更时,能立刻知道它对工程造价的影响,这样业主就能根据投资情况来决定是否变更或进行方案比较,以决定最恰当的处理方法。

23. 工程量清单计价表格有哪些？其适用范围是什么？

《建设工程工程量清单计价规范》(GB 50500—2008)中规定的工程量清单计价表格的名称及其适用范围见表 2-4。

表 2-4　　　　　清单计价表格名称及其适用范围

序号	表格编号	表格名称		工程量清单	招标控制价	投标报价	竣工结算
01	封—1	封面	工程量清单	●			
02	封—2		招标控制价		●		
03	封—3		投标总价			●	
04	封—4		竣工结算总价				●
05	表—01	汇总表	总说明	●	●	●	●
06	表—02		工程项目招标控制价/投标报价汇总表		●	●	
07	表—03		单项工程招标控制价/投标报价汇总表		●	●	
08	表—04		单位工程招标控制价/投标报价汇总表		●	●	
09	表—05		工程项目竣工结算汇总表				●
10	表—06		单项工程竣工结算汇总表				●
11	表—07		单位工程竣工结算汇总表				●

(续)

序号	表格编号	表格名称		工程量清单	招标控制价	投标报价	竣工结算
12	表-08	分部分项工程量清单表	分部分项工程量清单与计价表	●	●	●	●
13	表-09		工程量清单综合单价分析表		●	●	●
14	表-10	措施项目清单表	措施项目清单与计价表(一)	●	●	●	●
15	表-11		措施项目清单与计价表(二)	●	●	●	●
16	表-12	其他项目清单表	其他项目清单与计价汇总表	●	●	●	●
17	表-12-1		暂列金额明细表	●	●	●	
18	表-12-2		材料暂估单价表	●	●	●	
19	表-12-3		专业工程暂估价表	●	●	●	
20	表-12-4		计日工表	●	●	●	
21	表-12-5		总承包服务费计价表	●	●	●	
22	表-12-6		索赔与现场签证计价汇总表				●
23	表-12-7		费用索赔申请(核准)表				●
24	表-12-8		现场签证表				●
25	表-13	规费、税金项目清单与计价表		●	●	●	
26	表-14	工程款支付申请(核准)表					●

24. 工程量清单招标控制价封面的格式如何？填写时应符合哪些规定？

工程量招标控制价(封-2)标准格式,见表 2-5。

表 2-5　　　　　　　　招标控制价封面

_____工程

招 标 控 制 价

招标控制价(小写):_____
　　　　(大写):_____
　　　　　　　　　　　　工程造价
招 标 人:_____　　咨 询 人:_____
　　　（单位盖章）　　　　　　　　（单位资质专用章）

法定代表人　　　　　　　　　法定代表人
或其授权人:_____　或其授权人:_____
　　　（签字或盖章）　　　　　　　（签字或盖章）

编 制 人:_____　　复 核 人:_____
　（造价人员签字盖专用章）　　（造价工程师签字盖专用章）

编制时间:　　年　　月　　日　　复核时间:　　年　　月　　日

封—2

填写时应符合以下规定：

(1)本封面由招标人或招标人委托的工程造价咨询人编制工程量清单时填写。

(2)招标人自行编制工程量清单时,由招标人单位注册的造价人员编制。招标人盖单位公章,法定代表人或其授权人签字或盖章;编制人是造价工程师的,由其签字盖执业专用章;编制人是造价员的,在编制人栏签字盖专用章,应由造价工程师复核,并在复核人栏签字盖执业专用章。

(3)招标人委托工程造价咨询人编制工程量清单时,由工程造价咨询人单位注册的造价人员编制。工程造价咨询人盖单位资质专用章,法定代表人或其授权人签字或盖章;编制人是造价工程师的,由其签字盖执业专用章;编制人是造价员的,在编制人栏签字盖专用章,应由造价工程师复核,并在复核人栏签字盖执业专用章。

25. 工程量清单投标报价封面的格式如何？填写时应符合哪些规定？

投标总价(封-3)标准格式,见表2-6。

表2-6 投标总价封面

投 标 总 价

招　标　人：_____

工 程 名 称：_____

投标总价(小写)：_____

　　　(大写)：_____

投　标　人：_____
　　　　　　　(单位盖章)

法定代表人
或其授权人：_____
　　　　　　　(签字或盖章)

编　制　人：_____
　　　　　(造价人员签字盖专用章)

编 制 时 间：　　年　　月　　日

封-3

填写时应符合以下规定：

(1)本封面由投标人编制投标报价时填写。

(2)投标人编制投标报价时,由投标人单位注册的造价人员编制,盖投标人单位公章,法定代表人或其授权人签字或盖章,编制的造价人员(造价工程师或造价员)签字盖执业专用章。

26. 工程量清单竣工结算总价封面的格式如何？填写时应符合哪些规定？

竣工结算总价(封－4)标准格式,见表 2-7。

表 2-7　　　　　　　　　竣工结算总价封面

_____工程

竣 工 结 算 总 价

中标价(小写):_____　　(大写):_____
结算价(小写):_____　　(大写):_____

　　　　　　　　　　　　　　工程造价
发 包 人:_____　承 包 人:_____　咨 询 人:_____
　(单位盖章)　　　(单位盖章)　　　(单位资质专用章)

法定代表人　　　　法定代表人　　　　法定代表人
或其授权人:_____　或其授权人:_____　或其授权人:_____
　(签字或盖章)　　　(签字或盖章)　　　(签字或盖章)

编 制 人:_____　　核 对 人:_____
(造价人员签字盖专用章)　　(造价工程师签字盖专用章)

编制时间: 年 月 日　　核对时间: 年 月 日

封－4

填写时应符合以下规定:

(1)承包人自行编制竣工结算总价,由承包人单位注册的造价人员编制。承包人盖单位公章,法定代表人或其授权人签字或盖章;编制的造价人员(造价工程师或造价员)在编制人栏签字盖执业专用章。

(2)发包人自行核对竣工结算时,由发包人单位注册的造价工程师核对。发包人盖单位公章,法定代表人或其授权人签字或盖章,造价工程师在核对人栏签字盖执业专用章。

(3)发包人委托工程造价咨询人核对竣工结算时,由工程造价咨询人单位注册的造价工程师核对。发包人盖单位公章,法定代表人或其授权人签字或盖章;工程造价咨询人盖单位资质专用章,法定代表人或其授权人签字或盖章,造价工程师在核对人栏签字盖执业专用章。

(4)除非出现发包人拒绝或不答复承包人竣工结算书的特殊情况,竣工结算办理完毕后,竣工结算总价封面发、承包双方的签字、盖章应当齐全。

27. 工程项目招标控制价/投标报价汇总表的格式如何?填写时应符合哪些规定?

工程项目招标控制价/投标报价汇总表标准格式见表 2-8。

表 2-8　　　　工程项目招标控制价/投标报价汇总表

工程名称:　　　　　　　　　　　　　　　　　　第　页共　页

序号	单项工程名称	金额/元	其　中		
			暂估价/元	安全文明施工费/元	规费/元
	合　计				

注:本表适用于工程项目招标控制价或投标报价的汇总。

表—02

填写时应符合以下规定:

(1)由于编制招标控制价和投标价包含的内容相同,只是对价格的处理不同,因此,招标控制价和投标报价汇总表使用同一表格。实践中,对招标控制价或投标报价可分别印制本表格。

(2)使用本表格编制投标报价时,汇总表中的投标总价与投标中标函中投标报价金额应当一致。如不一致时以投标中标函中填写的大写金额为准。

28. 分部分项工程量清单与计价表的格式如何?填写时应符合哪些规定?

分部分项工程清单与计价表标准格式,见表 2-9。

表 2-9　　　　　　　　分部分项工程量清单与计价表

工程名称:　　　　　　标段:　　　　　　第 页共 页

序号	项目编码	项目名称	项目特征描述	计量单位	工程量	金 额/元		
						综合单价	合价	其中:暂估价
				本页小计				
				合　计				

注:根据原建设部、财政部发布的《建筑安装工程费用项目组成》(建标[2003]206 号)的规定,为计取规费等的使用,可在表中增设其中:"直接费"、"人工费"或"人工费+机械费"。

表-08

填写时应符合以下规定:

(1)编制招标控制价时,使用本表"综合单价"、"合计"以及"其中:暂估价"按《清单计价规范》的规定填写。

(2)编制投标报价时,投标人对表中的"项目编码"、"项目名称"、"项目特征"、"计量单位"、"工程量"均不应作改动。"综合单价"、"合价"自主决定填写,对其中的"暂估价"栏,投标人应将招标文件中提供了暂估材料单价的暂估价计入综合单价,并应计算出暂估单价的材料在"综合单价"及其"合价"中的具体数额,因此,为更详细反应暂估价情况,也可在表中增设一栏"综合单价"其中的"暂估价"。

(3)编制竣工结算时,使用本表可取消"暂估价"。

29. 工程量清单综合单价分析表的格式如何？填写时应符合哪些规定？

工程量清单综合单价分析表标准格式,见表 2-10。

表 2-10　　　　　　　工程量清单综合单价分析表

工程名称：　　　　　　　　标段：　　　　　　　　第　页共　页

项目编码				项目名称			计量单位			
清单综合单价组成明细										
定额编号	定额名称	定额单位	数量	单　价						
				人工费	材料费	机械费	管理费和利润	人工费	材料费	机械费	管理费和利润
人工单价			小　计								
元/工日			未计价材料费								
清单项目综合单价											
材料费明细	主要材料名称、规格、型号				单位	数量	单价/元	合价/元	暂估单价/元	暂估合价/元
	其他材料费						—		—	
	材料费小计						—		—	

注：1. 如不使用省级或行业建设主管部门发布的计价依据,可不填定额项目、编号等。

2. 招标文件提供了暂估单价的材料,按暂估的单价填入表内"暂估单价"栏及"暂估合价"栏。

填写时应符合以下规定:

(1)工程量清单单价分析表是评标委员会评审和判别综合单价组成和价格完整性、合理性的主要基础,对因工程变更调整综合单价也是必不可少的基础价格数据来源。

(2)本表集中反映了构成每一个清单项目综合单价的各个价格要素的价格及主要的"工、料、机"消耗量。投标人在投标报价时,需要对每一个清单项目进行组价,为了使组价工作具有可追溯性(回复评标质疑时尤其需要),需要表明每一个数据的来源。

(3)本表一般随投标文件一同提交,作为竞标价的工程量清单的组成部分,以便中标后作为合同文件的附属文件。投标人须知中需要就分析表提交的方式作出规定,该规定需要考虑是否有必要对分析表的合同地位给予定义。

(4)编制招标控制价,使用本表应填写使用的省级或行业建设主管部门发布的计价定额名称。

(5)编制投标报价,使用本表可填写使用的省级或行业建设主管部门发布的计价定额,如不使用,不填写。

30. 措施项目清单与计价表的格式如何?填写时应符合哪些规定?

措施项目清单与计价表标准格式见表2-11和表2-12。

表2-11　　　　　　措施项目清单与计价表(一)

工程名称:　　　　　　　　标段:　　　　　　　　第　页共　页

序号	项目名称	计算基础	费率/(%)	金额/元
1	安全文明施工费			
2	夜间施工费			
3	二次搬运费			
4	冬雨季施工			
5	大型机械设备进出场及安拆费			
6	施工排水			
7	施工降水			

(续)

序号	项 目 名 称	计算基础	费率/(%)	金额/元
8	地上、地下设施,建筑物的临时保护设施			
9	已完工程及设备保护			
10	各专业工程的措施项目			
11				
12				
	合　计			

注:1. 本表适用于以"项"计价的措施项目。

2. 根据原建设部、财政部发布的《建筑安装工程费用项目组成》(建标[2003]206号)的规定,"计算基础"可为"直接费"、"人工费"或"人工费+机械费"。

表—10

表 2-12　　　　　　　　　措施项目清单与计价表(二)

工程名称:　　　　　　　　　标段:　　　　　　　　第 页共 页

序号	项目编码	项目名称	项目特征描述	计量单位	工程量	金　额/元	
						综合单价	合价
			本页小计				
			合　计				

注:本表适用于以综合单价形式计价的措施项目。

表—11

31. 暂列金额明细表的格式如何？填写时应符合哪些规定？

暂列金额明细表标准格式，见表2-13。

表2-13　　　　　　　　　　暂列金额明细表

工程名称：　　　　　　　　标段：　　　　　　　　第　页共　页

序号	项目名称	计量单位	暂定金额/元	备注
1				
2				
3				
4				
5				
6				
7				
8				
9				
10				
11				
12				
13				
14				
合计				—

注：此表由招标人填写，如不能详列，也可只列暂定金额总额，投标人应将上述暂列金额计入投标总价中。

表-12-1

填写时应符合以下规定：

(1)暂列金额在实际履约过程中可能发生，也可能不发生。

(2)本表要求招标人能将暂列金额与拟用项目列出明细，但如确实不能详列也可只列暂定金额总额，投标人应将上述暂列金额计入投标总价中。

32. 材料暂估单价表的格式如何？填写时应符合哪些规定？

材料暂估单价表标准格式，见表2-14。

表 2-14　　　　　　　　材料暂估单价表

工程名称：　　　　　　　　标段：　　　　　　　第　页共　页

序号	材料名称、规格、型号	计量单位	单价/元	备注

注：1. 此表由招标人填写，并在备注栏说明暂估价的材料拟用在哪些清单项目上，投标人应将上述材料暂估单价计入工程量清单综合单价报价中。
　　2. 材料包括原材料、燃料、构配件以及按规定应计入建筑安装工程造价的设备。

表－12－2

填写时应符合以下规定：
(1)单价暂估材料价是用于必然要支付但暂时不能确定价材料的单价。
(2)暂估价数量和拟用项目应当在本表备注栏给予补充说明。

33. 专业工程暂估价表填写格式如何？填写时应符合哪些规定？

专业工程暂估价表标准格式，见表 2-15。

表 2-15　　　　　　　　专业工程暂估价表

工程名称：　　　　　　　　标段：　　　　　　　第　页共　页

序号	工　程　名　称	工程内容	金额/元	备注
	合　　计			—

注：此表由招标人填写，投标人应将上述专业工程暂估价计入投标总价中。

表－12－3

填写时应符合以下规定：
专业工程暂估价是在招标阶段呈现肯定要发生，只是因为标准不明确或需要由专业承包人来完成,暂时又无法确定具体价格时采用的一种价格形式。应在表内填写工程名称、工程内容、暂估金额,投标人应将上述金额计入投标总价中。

34. 计日工表的格式如何?填写时应符合哪些规定?

计日工表标准格式,见表2-16。

表2-16 计日工表

工程名称: 标段: 第 页共 页

编号	项目名称	单 位	暂定数量	综合单价	合 价
一	人 工				
1					
2					
3					
4					
	人工小计				
二	材 料				
1					
2					
3					
4					
	材料小计				
三	施工机械				
1					
2					
3					
4					
	施工机械小计				
	总 计				

注:此表项目名称、数量由招标人填写,编制招标控制价时,单价由招标人按有关计价规定确定;投标时,单价由投标人自主报价,计入投标总价中。

填写时应符合以下规定:

(1)编制招标控制价时,人工、材料、机械台班单价由招标人按有关计价规定填写并计算合价。

(2)编制投标报价时,人工、材料、机械台班单价由投标人自主确定,按已给暂估数量计算合价计入投标总价中。

(3)编制竣工结算价时,人工、材料、机械台班数量根据实际数量而定,按投标报价时所定单价相乘计入竣工结算总价中。

35. 总承包服务费计价表的格式如何?填写时应符合哪些规定?

总承包服务费计价表标准格式,见表2-17。

表 2-17　　　　　　　　总承包服务费计价表

工程名称:　　　　　　　标段:　　　　　　　第　页共　页

序号	项目名称	项目价值/元	服务内容	费率/(%)	金额/元
1	发包人发包专业工程				
2	发包人供应材料				
	合　计				

表—12—5

填写时应符合以下规定:

(1)编制招标控制价时,招标人按有关计价规定计价。

(2)编制投标报价时,由投标人根据工程量清单中的总承包服务内容,自主决定报价。

(3)编制竣工估算价时,依据合同约定金额计算,如发生调整的,以发承包双方确认调整的金额计算。

36. 费用索赔申请(核准)表的格式如何?填写时应符合哪些规定?

费用索赔申请(核准)表标准格式,见表2-18。

表 2-18　　　　　　　费用索赔申请(核准)表

工程名称：　　　　　　　　标段：　　　　　　　　　　编号：

致：_____(发包人全称)
根据施工合同条款第____条的约定，由于_____原因，我方要求索赔金额(大写)_____元，(小写)_____元，请予核准。 附：1. 费用索赔的详细理由和依据： 　　2. 索赔金额的计算： 　　3. 证明材料： 　　　　　　　　　　　　　　　　　　　　　　　　　　　　　承包人(章) 　　　　　　　　　　　　　　　　　　　　　　　　　　　　　承包人代表_____ 　　　　　　　　　　　　　　　　　　　　　　　　　　　　　日　　期_____

复核意见： 　　根据施工合同条款第____条的约定，你方提出的费用索赔申请经复核： 　□不同意此项索赔，具体意见见附件。 　□同意此项索赔，索赔金额的计算，由造价工程师复核 　　　　　　监理工程师_____ 　　　　　　日　　期_____	复核意见： 　　根据施工合同条款第____条的约定，你方提出的费用索赔申请经复核，索赔金额为(大写)____元，(小写)____元。 　　　　　　造价工程师_____ 　　　　　　日　　期_____

审核意见： 　□不同意此项索赔。 　□同意此项索赔，与本期进度款同期支付。 　　　　　　　　　　　　　　　　　　　　　　　　　　　　　发包人(章) 　　　　　　　　　　　　　　　　　　　　　　　　　　　　　发包人代表_____ 　　　　　　　　　　　　　　　　　　　　　　　　　　　　　日　　期_____

注：1. 在选择栏中的"□"内作标识"√"。
　　2. 本表一式四份，由承包人填报，发包人、监理人、造价咨询人、承包人各存一份。

表—12—7

填写时应符合以下规定：

　　填写本表时，承包人代表应按合同条款的约定，阐述原因，附上索赔证据、费用计算报发包人，经监理工程师复核(按照发包人的授权不论是监理工程师或发包人现场代表均可)，经造价工程师(此处造价工程师可以是发包人现场管理人员，也可以是发包人委托的工程造价咨询企业的人员)复核具体费用，经发包人审核后生效，该表以在选择栏中"□"内作标识"√"表示。

37. 现场签证表的格式如何？填写时应符合哪些规定？

现场签证表标准格式，见表 2-19。

表 2-19 现场签证表

工程名称： 标段： 编号：

施工部位		日期	

致：＿＿＿＿＿＿＿＿＿＿＿＿＿＿＿＿＿＿＿＿＿＿＿＿＿＿＿＿＿＿（发包人全称）

根据＿＿＿＿＿＿（指令人姓名） 年 月 日的口头指令或你方＿＿＿＿＿＿（或监理人） 年 月 日的书面通知，我方要求完成此项工作应支付价款金额为（大写）＿＿＿＿元，（小写）＿＿＿＿元，请予核准。

附：1. 签证事由及原因：
   2. 附图及计算式：

承包人（章）
承包人代表＿＿＿＿＿＿
日　　期＿＿＿＿＿＿

复核意见：	复核意见：
你方提出的此项签证申请经复核：	□此项签证按承包人中标的计日工单价计算，金额为（大写）＿＿＿，（小写）＿＿＿元。
□不同意此项签证，具体意见见附件。	□此项签证因无计日工单价，金额为（大写）＿＿＿元，（小写）＿＿＿。
□同意此项签证，签证金额的计算，由造价工程师复核。	
监理工程师＿＿＿＿＿＿	造价工程师＿＿＿＿＿＿
日　　期＿＿＿＿＿＿	日　　期＿＿＿＿＿＿

审核意见：
□不同意此项签证。
□同意此项签证，价款与本期进度款同期支付。

发包人（章）
发包人代表＿＿＿＿＿＿
日　　期＿＿＿＿＿＿

注：1. 在选择栏中的"□"内作标识"√"。
   2. 本表一式四份，由承包人在收到发包人（监理人）的口头或书面通知后填写，发包人、监理人、造价咨询人、承包人各存一份。

表-12-8

填写时应符合以下规定：

本表是对"计日工"的具体化，考虑到招标时，招标人对计日工项目的预估难免会有遗漏，带来实际施工发生后，无相应的计日工单价时，现场签证只能包括单价一并处理,因此,在汇总时,有计日工单价的,可归并于计日工,如无计日工单价,归并于现场签证,以示区别。

38. 规费、税金项目清单与计价表的格式如何？填写时应符合哪些规定？

规费、税金项目清单与计价表标准格式,见表 2-20。

表 2-20　　　　　　规费、税金项目清单与计价表

工程名称：　　　　　　　　标段：　　　　　　　　第 页共 页

序号	项目名称	计算基础	费率/(%)	金额/元
1	规费			
1.1	工程排污费			
1.2	社会保障费			
(1)	养老保险费			
(2)	失业保险费			
(3)	医疗保险费			
1.3	住房公积金			
1.4	危险作业意外伤害保险			
1.5	工程定额测定费			
2	税金	分部分项工程费+措施项目费+其他项目费+规费		
合计				

注：根据原建设部、财政部发布的《建筑安装工程费用项目组成》(建标[2003]206 号)的规定,"计算基础"可为"直接费"、"人工费"或"人工费+机械费"。

表-13

填写时应符合以下规定：

本表按原建设部、财政部印发的《建筑安装工程费用项目组成》(建标[2003]206 号)列举的规费项目列项。在施工实践中,有的规费项目,如工程排污费,并非每个工程所在地都要征收,实践中可作为按实计算的费用处理。此外,按照国务院《工伤保险条例》,工伤保险建议列入,与"危险作业意外伤害保险"一并考虑。

39. 工程款支付申请(核准)表的格式如何？填写时应符合哪些规定？

工程款支付申请(核准)表标准格式,见表 2-21。

表 2-21　　　　　　　　工程款支付申请(核准)表

工程名称：　　　　　　　　标段：　　　　　　　　编号：

致：＿＿＿＿＿＿＿＿＿＿＿＿＿＿＿＿＿＿＿＿＿＿＿＿（发包人全称）

我方于＿＿至＿＿期间已完成了＿＿＿＿＿＿工作,根据施工合同的约定,现申请支付本期的工程款额为(大写)＿＿元,(小写)＿＿元,请予核准。

序号	名　称	金额/元	备注
1	累计已完成的工程价款		
2	累计已实际支付的工程价款		
3	本周期已完成的工程价款		
4	本周期完成的计日工金额		
5	本周期应增加和扣减的变更金额		
6	本周期应增加和扣减的索赔金额		
7	本周期应抵扣的预付款		
8	本周期应扣减的质保金		
9	本周期应增加或扣减的其他金额		
10	本周期实际应支付的工程价款		

承包人(章)　　　承包人代表＿＿＿＿＿＿　　　日　期＿＿＿＿

复核意见： □与实际施工情况不相符,修改意见见附件。 □与实际施工情况相符,具体金额由造价工程师复核。 　　　监理工程师＿＿＿＿＿＿ 　　　　日　　期＿＿＿＿＿＿	复核意见： 　你方提出的支付申请经复核,本期间已完成工程款额为(大写)＿＿元,(小写)＿＿元。本期间应支付金额为(大写)＿＿元,(小写)＿＿＿。 　　　造价工程师＿＿＿＿＿＿ 　　　　日　　期＿＿＿＿＿＿

审核意见：

□不同意。

□同意,支付时间为本表签发后的 15 天内。

发包人(章)　　　发包人代表＿＿＿＿＿＿　　　日　期＿＿＿＿

注：1. 在选择栏中的"□"内作标识"√"。

　　 2. 本表一式四份,由承包人填报,发包人、监理人、造价咨询人、承包人各存一份。

表－14

填写时应符合以下规定：

本表由承包人代表在每个计量周期结束后,向发包人提出,由发包人授权的现场代表复核工程量(本表中设置为监理工程师),由发包人授权的造价工程师(可以是委托的造价咨询企业)复核应付款项,经发包人批准实施。

第三章

·土石方工程·

1. 什么是挖一般土方?

挖一般土方指平整场地挖土方厚度在 30cm 以上的土方。挖一般土方的清单工程量按原地面线与开挖达到设计要求线间的体积计算。人工挖土方深度超过 1.5m 时,需按表 3-1 增加工日。

表 3-1　　　　　　　人工挖土方超深增加工日表　　　　　　100m³

深 2m 以内	深 4m 以内	深 6m 以内
5.55 工日	17.60 工日	26.16 工日

2. 土方开挖应遵循什么原则?

土方开挖应遵循"开槽支撑,先撑后挖,分层开挖,严禁超挖"的原则。

3. 如何划分土壤及岩石类别?

一般而言,土壤及岩石类别见表 3-2。

表 3-2　　　　　　　　土壤及岩石(普氏)分类表

土石分类	普氏分类	土壤及岩石名称	天然湿度下平均容量/(kg/m³)	极限压碎强度/(kg/cm²)	用轻钻孔机钻进 1m 耗时/min	开挖方法及工具	紧固系数 f
一、二类土壤	I	砂 砂壤土 腐殖土 泥炭	1500 1600 1200 600			用尖锹开挖	0.5～0.6

(续一)

土石分类	普氏分类	土壤及岩石名称	天然湿度下平均容量/(kg/m³)	极限压碎强度/(kg/cm²)	用轻钻孔机钻进1m耗时/min	开挖方法及工具	紧固系数 f
一、二类土壤	Ⅱ	轻壤和黄土类土	1600			用锹开挖并少数用镐开挖	0.6～0.8
		潮湿而松散的黄土,软的盐渍土和碱土	1600				
		平均15mm以内的松散而软的砾石	1700				
		含有草根的密实腐殖土	1400				
		含有直径在30mm以内根类的泥炭和腐殖土	1100				
		掺有卵石、碎石和石屑的砂和腐殖土	1650				
		含有卵石或碎石杂质的胶结成块的填土	1750				
		含有卵石、碎石和建筑料杂质的砂壤土	1900				
三类土壤	Ⅲ	肥黏土其中包括石炭纪、侏罗纪的黏土和冰黏土	1800			用尖锹并同时用镐开挖(30%)	0.8～1.0
		重壤土、粗砾石,粒径为15～40mm的碎石和卵石	1750				
		干黄土和掺有碎石或卵石的自然含水量黄土	1790				
		含有直径大于30mm根类的腐殖土或泥炭	1400				
		掺有碎石或卵石和建筑碎料的土壤	1900				

(续二)

土石分类	普氏分类	土壤及岩石名称	天然湿度下平均容量 /(kg/m³)	极限压碎强度 /(kg/cm²)	用轻钻孔机钻进1m耗时/min	开挖方法及工具	紧固系数 f
四类土壤	Ⅳ	土含碎石重黏土其中包括侏罗纪和石英纪的硬黏土	1950			用尖锹并同时用镐和撬棍开挖(30%)	1.0~1.5
		含有碎石、卵石、建筑碎料和重达25kg的顽石(总体积10%以内)等杂质的肥黏土和重壤土	1950				
		冰渍黏土,含有重量为50kg以内的巨砾其含量为总体积10%以内	2000				
		泥板岩	2000				
		不含或含有重量达10kg的顽石	1950				
松石	Ⅴ	含有重量在50kg以内的巨砾(占体积10%以上)的冰渍石	2100	小于200	小于3.5	部分用手凿工具部分用爆破来开挖	1.5~2.0
		矽藻岩和软白垩岩	1800				
		胶结力弱的砾岩	1900				
		各种不坚实的片岩	2600				
		石膏	2200				
次坚石	Ⅵ	凝灰岩和浮石	1100	200~400	3.5	用风镐和爆破法来开挖	2~4
		松软多孔和裂隙严重的石灰岩和介质石灰岩	1200				
		中等硬变的片岩	2700				
		中等硬变的泥灰岩	2300				
	Ⅶ	石灰石胶结的带有卵石和沉积岩的砾石	2200	400~600	6.0	用爆破方法开挖	4~6
		风化的和有大裂缝的黏土质砂岩	2000				
		坚实的泥板岩	2800				
		坚实的泥灰岩	2500				
	Ⅷ	砾质花岗岩	2300	600~800	8.5	用爆破方法开挖	6~8
		泥灰质石灰岩	2300				
		黏土质砂岩	2200				
		砂质云母片岩	2300				
		硬石膏	2900				

第三章 土石方工程

(续三)

土石分类	普氏分类	土壤及岩石名称	天然湿度下平均容量/(kg/m³)	极限压碎强度/(kg/cm²)	用轻钻孔机钻进1m耗时/min	开挖方法及工具	紧固系数 f
普坚石	IX	严重风化的软弱的花岗岩、片麻岩和正长岩	2500	800~1000	11.5	用爆破方法开挖	8~10
		滑石化的蛇纹岩	2400				
		致密的石灰岩	2500				
		含有卵石、沉积岩的渣质胶结的砾岩	2500				
		砂岩	2500				
		砂质石灰质片岩	2500				
		菱镁矿	3000				
	X	白云石	2700	1000~1200	15.0	用爆破方法开挖	10~12
		坚固的石灰岩	2700				
		大理石	2700				
		石灰胶结的致密砾石	2600				
		坚固砂质片岩	2600				
	XI	粗花岗岩	2800	1200~1400	18.5	用爆破方法开挖	12~14
		非常坚硬的白云岩	2900				
		蛇纹岩	2600				
		石灰质胶结的含有火成岩之卵石的砾石	2800				
		石英胶结的坚固砂岩	2700				
		粗粒正长岩	2700				

(续四)

土石分类	普氏分类	土壤及岩石名称	天然湿度下平均容量/(kg/m³)	极限压碎强度/(kg/cm²)	用轻钻孔机钻进1m耗时/min	开挖方法及工具	紧固系数 f
普坚石	XII	具有风化痕迹的安山岩和玄武岩	2700	1400～1600	22.0	用爆破方法开挖	14～16
		片麻岩	2600				
		非常坚固的石灰岩	2900				
		硅质胶结的含有火成岩之卵石的砾岩	2900				
		粗石岩	2600				
	VIII	中粒花岗岩	3100	1600～1800	27.5	用爆破方法开挖	16～18
		坚固的片麻岩	2800				
		辉绿岩	2700				
		玢岩	2500				
		坚固的粗面岩	2800				
		中粒正长岩	2800				
	XIV	非常坚硬的细粒花岗岩	3300	1800～2000	32.5	用爆破方法开挖	18～20
		花岗岩麻岩	2900				
		闪长岩	2900				
		高硬度的石灰岩	3100				
		坚固的玢岩	2700				
	XV	安山岩、玄武岩、坚固的角页岩	3100	2000～2500	46.0	用爆破方法开挖	20～25
		高硬度的辉绿岩和闪长岩	2900				
		坚固的辉长岩和石英岩	2800				
	XVI	拉长玄武岩和橄榄玄武岩	3300	大于2500	大于60	用爆破方法开挖	大于25
		特别坚固的辉长辉绿岩、石英石和玢岩	3300				

4. 如何进行砂土的划分?

砂土为粒径大于 2mm 的颗粒含量不超过全重 50%,粒径大于 0.075mm 的颗粒含量超过全重 50%的土。砂土可按表 3-3 分为砾砂、粗砂、中砂、细砂和粉砂。砂土的密实度,可按表 3-4 分为松散、稍密、中密、密实。

表 3-3　　　　　　　　　　　砂土的分类

土的名称	粒 组 含 量
砾　砂	粒径大于 2mm 的颗粒含量占全重 25%~50%
粗　砂	粒径大于 0.5mm 的颗粒含量超过全重 50%
中　砂	粒径大于 0.25mm 的颗粒含量超过全重 50%
细　砂	粒径大于 0.075mm 的颗粒含量超过全重 85%
粉　砂	粒径大于 0.075mm 的颗粒含量超过全重 20%

注:分类时应根据粒组含量栏从上到下以最先符合者确定。

表 3-4　　　　　　　　　　　砂土的密实度

标准贯入试验锤击数 N	密实度	标准贯入试验锤击数 N	密实度
$N \leqslant 10$	松散	$15 < N \leqslant 30$	中密
$10 < N \leqslant 15$	稍密	$N > 30$	密实

注:当用静力触探探头阻力判定砂土的密实度时,可根据当地经验确定。

5. 如何进行黏性土、粉土的划分?

黏性土指塑性指数 I_P 大于 10 的土,可按表 3-5 分为黏土、粉质黏土。黏性土的状态,可按表 3-6 分为坚硬、硬塑、可塑、软塑、流塑。

表 3-5　　　　　　　　　　　黏性土的分类

塑性指数	土的名称	塑性指数	土的名称
$I_P > 17$	黏土	$10 < I_P \leqslant 17$	粉质黏土

注:塑性指数由相应于 76g 圆锥体沉入土样中深度为 10mm 时测定的液限计算而得。

表 3-6　　　　　　　　　　　黏性土的状态

液性指数 I_L	状态	液性指数 I_L	状态
$I_L \leq 0$	坚硬	$0.75 < I_L \leq 1$	软塑
$0 < I_L \leq 0.25$	硬塑	$I_L > 1$	流塑
$0.25 < I_L \leq 0.75$	可塑		

注：当用静力触探探头阻力或标准贯入试验锤击数判定黏性土的状态时，可根据当地经验确定。

粉土为介于砂土与黏性土之间，塑性指数 $I_P \leq 10$ 且粒径大于 0.075mm 的颗粒含量不超过全重 50% 的土。粉土又分黏质粉土（粉粒>0.05mm 不到 50%，$I_P<10$）、砂质粉土（粉粒>0.05mm 占 50% 以上，$I_P<10$）。

6. 干湿土应如何划分？

干、湿土的划分首先以地质勘探资料为准，含水率≥25% 为湿土，或以地下常水位为准，常水位以上为干土，以下为湿土。挖运湿土时，人工和机械乘以系数 1.18，干、湿土工程量分别计算，但机械运湿土时不得乘以系数 1.18。采用井点降水的土方应按干土计算。

7. 什么是土的天然密度？

土在天然状态下单位体积的质量，称为土的天然密度（单位为 g/cm^3、t/m^3）。一般黏性土的天然密度约 1.8~2.0t/m^3，砂土的天然密度约为 1.6~2.0t/m^3。

8. 什么是放坡？在什么情况下需要放坡？

在土方开挖过程中，为了防止土壁崩塌，保持边壁稳定和施工安全，需要加大挖土上口宽度，使挖土面保持一定坡度，称为放坡。

当地质条件良好，土质均匀且地下水位低于基坑（槽）时，在一定挖土深度内可以不放坡，也可以不加支撑，但挖土深度超过表 3-7 规定时必须放坡或加支撑。

表 3-7　　　　　　　基坑（槽）允许直立边坡的最大挖深

土的类别	最大挖深/m
密实、中密的砂土和碎石土类	1.00
硬塑、可塑的轻粉质黏土及粉质黏土	1.25
硬塑、可塑的黏土和碎石类土	1.50
坚硬的黏土	2.00

9. 怎样确定边坡坡度大小?

挖方的边坡坡度大小,应根据土的种类、物理力学性质(质量密度、含水量、内摩擦角及内聚力等)、工程地质情况、边坡高度及使用期确定。在土质具有天然湿度、构造均匀、水文地质良好且无地下水时,深度在 5m 以内的基坑边坡大小可按表 3-8 采用。

表 3-8　　深度在 5m 以内的基坑边坡的最大坡度

土名称	人工挖土土抛坑边	机械在坑底挖土	机械在坑上边挖土
砂土	1:1.0	1:0.75	1:1.0
粉质砂土	1:0.67	1:0.50	1:0.75
粉质黏土	1:0.50	1:0.33	1:0.75
黏　土	1:0.33	1:0.25	1:0.67
干黄土	1:0.25	1:0.10	1:0.33

10. 土方边坡有哪几种形式?

一般而言,边坡的形式有直坡、斜坡和踏步坡三种,如图 3-1 所示。

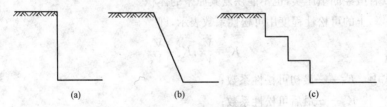

图 3-1　土方边坡的三种形式
(a)直坡;(b)斜坡;(c)踏步坡

此外,土质情况好且无地下水的基坑和基槽挖土时可以做成直坡式,不必放坡也不必设支撑,但深度要有以下限度要求,见表 3-9。

表 3-9　　　　　　　不设坡度的限度要求

土 质 情 况	深度限值/m
密实、中密的砂土和碎石土类	1.00
硬塑、可塑的粉土、粉质黏土	1.25

(续)

土质情况	深度限值/m
硬塑、可塑的黏土、碎石土类	1.50
坚硬的黏土	2.00

11. 什么是挡土板?

挡土板是指需要放坡的土方工程由于工程设计需要或受场地限制不便放坡时,用以支撑阻止土方崩塌的挡土木板。

12. 什么是场地平整?

场地平整是指在地面上挖填,使建筑物场地平整为符合设计标高要求的平面(一般还有一定的泄水坡度的要求)。

13. 什么是土的可松性?

土的可松性是指在自然状态下的土经开挖后,其体积因松散而增大,以后虽经回填压实,也不能恢复其原来的体积。

土的可松性程度用可松性系数表示,即

$$K_s = \frac{V_2}{V_1}; K'_s = \frac{V_3}{V_1}$$

式中 K_s——最初可松性系数;

K'_s——最后可松性系数;

V_1——土在天然状态下的体积(m^3);

V_2——土经开挖后的松散体积(m^3);

V_3——土经回填压实后的体积(m^3)。

在土方工程中,K_s 是计算土方施工机械及运土车辆等的重要参数,K'_s 是计算场地平整标高及填方时所需挖土量等的重要参数。不同类型土的可松性系数可参照表 3-10。

表 3-10　　　　　　　　不同类型土的可松性系数

土的分类	可松性系数	
	K_s	K'_s
一类土(松软土)	1.08～1.80	1.01～1.04
二类土(普通土)	1.14～1.28	1.02～1.05
三类土(坚土)	1.24～1.30	1.04～1.07
四类土(砂砾坚土)	1.26～1.37	1.06～1.15
五类土(软石)	1.30～1.45	1.10～1.20
六类土(次坚石)	1.30～1.45	1.10～1.20
七类土(坚石)	1.30～1.45	1.10～1.20
八类土(特坚石)	1.45～1.50	1.20～1.30

注：K_s 为最初可松性系数。

　　K'_s 为最后可松性系数。

14. 土方调配的目的是什么？

土方调配的目的是在使土方总运输量($m^3 \cdot m$)最小或土方运输成本(元)最小的条件下，达到在施工区域内，挖方、填方或借、弃土的综合协调。

15. 如何进行土方调配时设计标高的调整？

(1)考虑土的最终可松性，需相应提高设计标高，以达到土方量的实际平衡。

(2)考虑工程余土或工程用土，相应提高或降低设计标高。

(3)根据经济比较结果，如采用场外取土或弃土的施工方案，则应考虑因此引起的土方量的变化，需将设计标高进行调整。

16. 怎样计算大型土石方工程工程量？

大型土石方工程又叫独立土石方工程，它是指单独编制施工图预算的土石方工程，如场地平整、水池、运动场和堤坎、沟渠等；或是指一个单位工程的全部挖方或填方量超过 $5000m^3$ 的土石方工程。当土石方挖、填量超过 $2000m^3$ 时，称大规模土石方工程。大型土石方工程一般属于建设前期工程，即建设工程正式开工前在施工区域内进行的土石方挖、填及建筑场地的平整工程。

大型土石方工程工程量的计算方法：
(1)对于地形起伏变化较大,地面复杂的地区,采用横断面计算法。
(2)对于地形比较平坦,变化不大的工程,采用方格网计算法。

17. 怎样运用方格网法计算挖土方量?

方格网法常用计算公式见表3-11。

表3-11　　　　方格网点常用计算公式

序号	图示	计算方式
1		方格内四角全为挖方或填方 $V=\dfrac{a^2}{4}(h_1+h_2+h_3+h_4)$
2		三角锥体,当三角锥体全为挖方或填方 $F=\dfrac{a^2}{2}$;$V=\dfrac{a^2}{6}(h_1+h_2+h_3)$
3		方格网内,一对角线为零线,另两角点一为挖方一为填方 $F_{挖}=F_{填}=\dfrac{a^2}{2}$ $V_{挖}=\dfrac{a^2}{6}h_1$;$V_{填}=\dfrac{a^2}{6}h_2$
4		方格网内,三角为挖(填)方,一角为填(挖)方 $b=\dfrac{ah_4}{h_1+h_4}$;$c=\dfrac{ah_4}{h_3+h_4}$ $F_{填}=\dfrac{1}{2}bc$;$F_{挖}=a^2-\dfrac{1}{2}bc$ $V_{填}=\dfrac{h_4}{6}bc=\dfrac{a^2 h_4^3}{6(h_1+h_4)(h_3+h_4)}$ $V_{挖}=\dfrac{a^2}{6}-(2h_1+h_2+2h_3-h_4)+V_{填}$

(续)

序号	图 示	计算方式
5	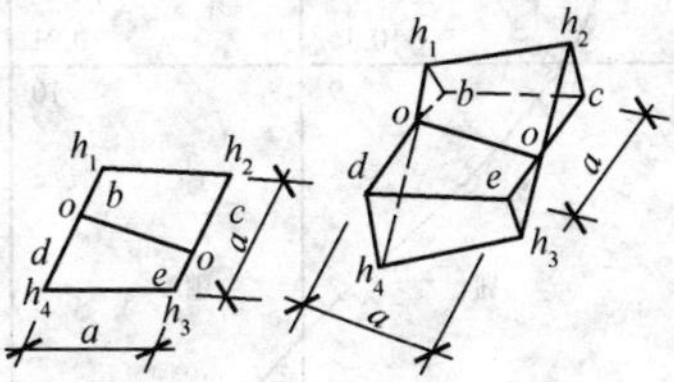	方格网内，两角为挖，两角为填 $b=\dfrac{ah_1}{h_1+h_4}; c=\dfrac{ah_2}{h_2+h_3}$ $d=a-b; e=a-d$ $F_{挖}=\dfrac{1}{2}(b+c)a; \quad F_{填}=\dfrac{1}{2}(d+e)a$ $V_{挖}=\dfrac{a}{4}(h_1+h_2)\dfrac{b+c}{2}$ $=\dfrac{a}{8}(b+c)(h_1+h_2)$ $V_{填}=\dfrac{a}{4}(h_3+h_4)\dfrac{d+e}{2}$ $=\dfrac{a}{8}(d+e)(h_3+h_4)$

【例 3-1】 某建筑物施工场地的地形方格网如图 3-2 所示，方格网边长为 20m，试计算土方量。

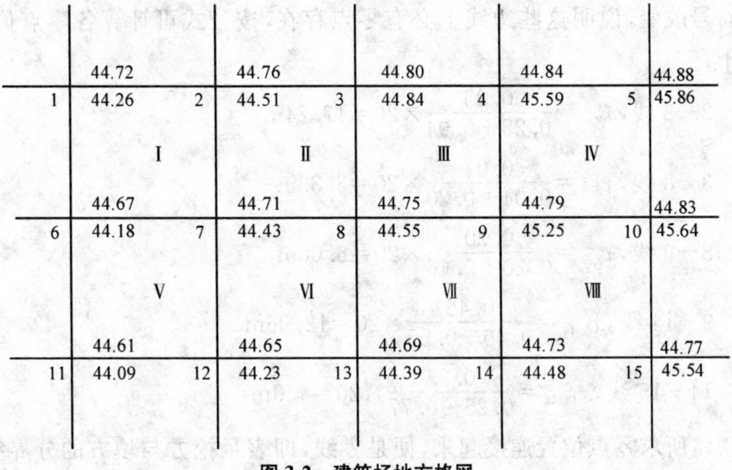

	44.72		44.76		44.80		44.84		44.88
1	44.26	2	44.51	3	44.84	4	45.59	5	45.86
	Ⅰ		Ⅱ		Ⅲ		Ⅳ		
	44.67		44.71		44.75		44.79		44.83
6	44.18	7	44.43	8	44.55	9	45.25	10	45.64
	Ⅴ		Ⅵ		Ⅶ		Ⅷ		
	44.61		44.65		44.69		44.73		44.77
11	44.09	12	44.23	13	44.39	14	44.48	15	45.54

图 3-2 建筑场地方格网

【解】 (1)根据方格网各角点地面标高和设计标高，计算施工高度，如图 3-3 所示。

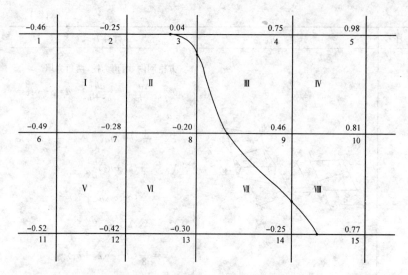

图 3-3 方格网各角点的施工高度及零线

(2)计算零点,求零线。

由图 3-3 可见,边线 2—3,3—8,8—9,9—14,14—15 上,角点的施工高度符号改变,说明这些边线上必有零点存在,按公式可计算各零点位置如下:

2—3 线,$x_{2.3} = \dfrac{0.25}{0.25+0.04} \times 20 = 17.24 \text{m}$

3—8 线,$x_{3.8} = \dfrac{0.04}{0.04+0.20} \times 20 = 3.33 \text{m}$

8—9 线,$x_{8.9} = \dfrac{0.20}{0.20+0.46} \times 20 = 6.06 \text{m}$

9—14 线,$x_{9.14} = \dfrac{0.46}{0.46+0.25} \times 20 = 12.96 \text{m}$

14—15 线,$x_{14.15} = \dfrac{0.25}{0.25+0.77} \times 20 = 4.9 \text{m}$

将所求零点位置连接起来,便是零线,即表示挖方与填方的分界线,如图 3-5 所示。

(3)计算各方格网的土方量。

1)方格网Ⅰ、Ⅴ、Ⅵ均为四点填方,则:

方格 $I: V_I^{(-)} = \frac{a^2}{4} \sum h = \frac{20^2}{4} \times (0.46 + 0.25 + 0.49 + 0.28) = 148 \text{m}^3$

方格 $V: V_V^{(-)} = \frac{20^2}{4} \times (0.49 + 0.28 + 0.52 + 0.42) = 171 \text{m}^3$

方格 $VI: V_{VI}^{(-)} = \frac{20^2}{4} \times (0.28 + 0.2 + 0.42 + 0.30) = 120 \text{m}^3$

2）方格Ⅳ为四点挖方，则：

$V_{IV}^{(+)} = \frac{20^2}{4} \times (0.75 + 0.98 + 0.46 + 0.81) = 300 \text{m}^3$

3）方格Ⅱ、Ⅶ为三点填方一点挖方，计算图形如图 3-4 所示。

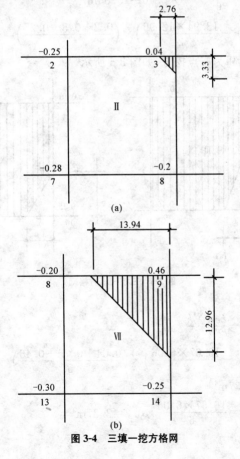

图 3-4 三填一挖方格网

方格Ⅱ：

$$V_{Ⅱ}^{(+)} = \frac{bc}{6}\sum h = \frac{2.76 \times 3.33}{6} \times 0.04 = 0.06 \text{m}^3$$

$$V_{Ⅱ}^{(-)} = \left(a^2 - \frac{bc}{2}\right)\frac{\sum h}{5}$$

$$= \left(20^2 - \frac{2.76 \times 3.33}{2}\right) \times \left(\frac{0.25 + 0.28 + 0.20}{5}\right)$$

$$= 57.73 \text{m}^3$$

方格Ⅶ：

$$V_{Ⅶ}^{(+)} = \frac{13.94 \times 12.96}{6} \times 0.46 = 13.85 \text{m}^3$$

$$V_{Ⅶ}^{(-)} = \left(20^2 - \frac{13.94 \times 12.96}{2}\right) \times \left(\frac{0.2 + 0.3 + 0.25}{5}\right) = 46.45 \text{m}^3$$

4) 方格Ⅲ，Ⅷ为三点挖方，如图 3-5 所示。

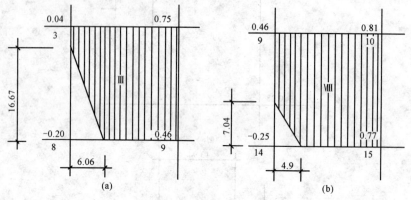

图 3-5　三挖一填方格网

方格Ⅲ：

$$V_{Ⅲ}^{(+)} = \left(a^2 - \frac{bc}{2}\right)\frac{\sum h}{5}$$

$$= \left(20^2 - \frac{16.67 \times 6.06}{2}\right) \times \left(\frac{0.04 + 0.75 + 0.46}{5}\right)$$

$$= 87.37 \text{m}^3$$

$$V_{Ⅲ}^{(-)} = \frac{bc}{6}h = \frac{16.67 \times 6.06}{6} \times 0.2 = 3.37 \text{m}^3$$

方格Ⅷ：

$$V_{\text{VIII}}^{(+)} = \left(20^2 - \frac{7.04 \times 4.9}{2}\right) \times \left(\frac{0.46 + 0.81 + 0.77}{5}\right) = 156.16 \text{m}^3$$

$$V_{\text{VIII}}^{(-)} = \frac{7.04 \times 4.9}{6} \times 0.25 = 1.44 \text{m}^3$$

(4)将以上计算结果汇总在表3-12,并求余(缺)土外运(内运)量。

表 3-12 土方工程量汇总表 m³

方格网号	Ⅰ	Ⅱ	Ⅲ	Ⅳ	Ⅴ	Ⅵ	Ⅶ	Ⅷ	合计
挖方		0.06	87.37	300			13.85	156.16	557.44
填方	148	57.73	3.37		171	120	46.45	1.44	547.99
土方外运	\multicolumn{9}{c}{$V = 557.44 - 547.99 = +9.45$}

18. 什么是场内运输?

场内运输是指施工现场的运输工作,包括石方运输和土方运输。

(1)石方运输。石方运输是指施工现场用手推车运石方。手推车是施工工地上普遍使用的水平运输工具,其种类有单轮、双轮、三轮等多种,手推车具有小巧、轻便等特点,不仅适用于一般的地平面水平运输,还能在脚手架、施工栈道上使用,也可与塔吊、井架等配合使用,解决垂直运输的需要。

(2)土方运输。土方运输包括余土外运和取土,余土外运是指单位工程总挖方量大于总填方量时的多余土方运至堆土场;取土是指单位工程总填方量大于总挖方量时,不足土方从堆土场取回运至填土地点。

19. 什么是余土?

余土是指土方工程在经过挖土、砌筑基础及各种回填土之后,尚有剩余的土方,需要运出场外。人工土方运输距离,按单位工程施工中心点至卸土场地中心点的距离计算。

20. 什么是弃土运距?如何计算弃土运距?

当用铲运机或推土机挖土时,挖土方到弃土方重心之间的距离,叫弃土运距。

(1)推土机推土运距:按挖方区重心至回填区重心之间的直线距离计算。

(2)铲土机运土距离:按挖方区重心至卸土区重心之间距离,再加转向距离 45m 计算。

(3)自卸汽车运土距离:按挖方区重心至填土区(或堆放地点)重点的最短距离计算。

(4)推土机推土、推石渣,铲运机铲运土重车上坡时,如果坡度大于 5%时,其运距按坡度区段斜长乘以系数计算,增加运距系数见表 3-13。

表 3-13　　　　机械运土按坡度增加运距系数

坡度(%)	5~10	15 以内	20 以内	25 以内
系数	1.75	2.0	2.25	2.50

21. 滑坡区域的排水系统应怎样设置?

(1)做好泄洪系统,在滑坡的范围外设置多道环形截水沟,以拦截附近地面的地表水。

(2)在滑坡区域内,修设排水系统,疏导地表、地下水,阻止其大量渗入滑坡段内冲刷地基。

(3)处理好滑坡区域附近的生产及生活用水,防止浸入滑坡塌方地段。

22. 什么是流砂现象? 怎样进行防治?

当基坑(槽)开挖至地下水位 0.5m 以下,采取地坑内抽水时,坑(槽)底下面的土产生流动状态随地下水一起涌进坑内,边挖边冒,无法挖深,这就是"流砂"现象。

流砂防治的主要途径是减小或平衡动水压力或改变其方向。常用的处理措施有:

(1)抢挖法。即组织分段抢挖,使挖土速度超过冒砂速度,挖到标高后立即铺席并抛大石块以平衡动水压力,压住流砂,此法仅能解决轻微流砂现象。

(2)打钢板桩法。即将板桩打入坑底下面一定深度,增加地下水流入坑内的渗流长度,以减小水力坡度,从而减小动水压力。

(3)井点降水法。用井点法降低地下水位,改变动水压力的方向。

(4)水下挖土法。就是不排水施工,使坑内水压与坑外地下水压相平衡,消除动水压力。

(5)枯水季节施工法。在枯水季节开挖基坑,此时地下水位下降,动水压力减小或基坑中无地下水。

(6)地下连续墙法。沿基坑四周筑起一道连续的钢筋混凝土墙,用来截住流向基坑的地下水。

23. 什么是井点降水法？采用的井点类型有哪些？

井点降水法就是在基坑开挖之前,在基坑四周埋设一定数量的滤水管(井),利用抽水设备抽水,使地下水位降落至基坑底以下,并在基坑开挖过程中仍不断抽水,使所挖的土始终保持干燥状态。

井点降水法所采用的井点类型有：轻型井点、喷射井点、电渗井点、管井井点和深井井点。各类井点的适用范围见表3-14。

表3-14　　　　　　　　各类井点的适用范围

井点类别	土层渗透系数/(m/d)	降低水位深度/m
单层轻型井点	0.1～50	3～6
多级轻型井点	0.1～50	6～12(由井点层数而定)
喷射井点	0.1～2	8～20
电渗井点	<0.1	根据选用的井点确定
管井井点	20～200	3～5
深井井点	10～250	>15

24. 市政工程常见的沟槽断面形式有哪几种？

市政工程常见的构漕断面形式有直槽、梯形槽、混合槽等,当有两条或多条管道共同埋设时,还需采用联合槽。

(1)直槽。直槽即沟槽的边坡基本为直坡,一般情况下,开挖断面的边坡小于0.05,直槽断面常用于工期短、深度浅的小管径工程,如地下水位低于槽底,且直槽深度不超过1.5 m,如图3-6(a)所示。

(2)梯形槽。梯形槽即大开槽,是槽帮具有一定坡度的开挖断面。开挖断面槽帮放坡,不需支撑。当地质条件良好时,纵使槽底在地下水以下,也可以在槽底挖成排水沟,进行表面排水,保证其槽帮土壤的稳定。大开槽断面是应用较多的一种形式,尤其适用于机械开挖的施工方法,如

图 3-6(b)所示。

(3)混合槽。混合槽是由直槽与大开槽组合而成的多层开挖断面,较深的沟槽宜采用此种混合槽分层开挖断面。混合槽一般多为深槽施工。采取混合槽施工时上部槽尽可能采用机械施工开挖,下部槽的开挖常需同时考虑采用排水及支撑的施工措施,如图 3-6(c)所示。

(4)联合槽。联合槽是由两条或多条管道共同埋设的沟槽,其断面形式要根据沟槽内埋设管道的位置、数量和各自的特点而定,多是由直槽或大开槽按照一定的形式组合而成的开挖断面,如图 3-6(d)所示。

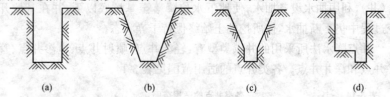

图 3-6 沟槽断面形式
(a)直槽;(b)梯形槽;(c)混合槽;(d)联合槽

25. 沟槽土方开挖有哪几种方式?

沟槽土方开挖的方式有人工开挖和机械开挖两种。

(1)人工开挖。人工开挖主要适用于管径小、土方量少或施工现场狭窄,地下障碍物多,不易采用机械挖土或深槽作业的场所。如果底槽需支撑无法采用机械挖土时,通常也采用人工挖土,常用的工具是铁锹和镐。

开挖深 2m 以内的沟槽,人工挖土与沟槽内出土宜结合在一起进行。较深的沟槽,宜分层开挖,每层开挖深度一般在 2~3m 为宜,利用层间留台人工倒土出土。在开挖过程中应控制开挖断面将槽帮边坡挖出,槽帮边坡应不陡于规定坡度。

沟槽底部的土壤严禁扰动,在接近槽底时,要加强测量,注意清底,不要超挖。如果发生超挖,应按规定要求进行回填,槽底保持平整,槽底高程及槽底中心每侧宽度均应符合设计要求。

(2)机械开挖。为了减轻繁重的体力劳动,加快沟槽施工速度,提高劳动生产效率,目前多采用机械开挖、人工清底的施工方法。为了充分发挥机械施工的特点,提高机械利用率,保证安全生产,施工前的准备工作应做细,并合理选择施工机械。常用的挖土机械主要有推土机、单斗挖土机、多斗挖土机、装载机等。

26. 如何确定地槽或管沟的填土深度?

地槽或管沟的填土深度,均按自然地坪平均标高减去地槽或沟槽底面平均标高,以高差计算。自然地坪标高是指工程开挖前施工场地的原有地坪。

27. 什么是增加工作面?如何确定增加工作面的宽度?

当所挖地槽或地坑深而狭窄,基础施工的操作人员无法施展手脚,或某些施工机具在下面工作受阻,或基础需支模板时,就需要适当增加施工区域空间,这种为施工需要而增加的面积叫增加工作面。

增加工作面的宽度一般由施工组织设计文件规定。若无规定时,可按下列情况增加工作面:

(1)基础施工所需工作面按表 3-15 规定计算。

表 3-15　　基础施工所需工作面宽度计算表

基础材料	每边各增加工作面宽度/mm	基础材料	每边各增加工作面宽度/mm
砖基础	200	混凝土基础支撑板	300
浆砌毛石、条石基础	150	基础垂直面做防水层	800(防水层面)
混凝土基础垫层支模板	300		

(2)管沟工作面,应从管道结构外皮起,每侧工作面宽度应符合表 3-16 的规定。管道结构宽度无管座按管身外皮计,有管座按管座外皮计;砖沟或混凝土管沟按管沟外皮计;沟底需增设排水沟时。工作面宽度可适当增加;有外防水的砖沟或混凝土沟时,每侧工作面宽度宜取 300mm。

表 3-16　　管沟结构每侧工作面宽度

管沟结构宽度/mm	非金属管道的工作面/mm	金属管道或砖沟的工作面/mm
200~500	400	300
600~1000	500	400
1100~1500	600	600
1600~2500	800	800

28. 支撑有什么作用？

支撑的作用是在基槽(坑)挖土期间挡土、挡水，保证基槽开挖和基础结构施工能安全、顺利地进行，并在基础施工期间不对相邻的建筑物、道路和地下管线等产生危害。

29. 什么是撑板？如何分类？

撑板指同沟壁接触的支撑板件。撑板按安设方法不同，分水平撑板和垂直撑板；按材料不同分为木撑板和钢制撑板。

30. 坑壁支撑有哪几种形式？

(1)衬板式支撑。通常采用水平衬板挡土，以方木或钢管等与木板组成横撑结构，并加木楔使其靠紧坑的土壁。

(2)护坡桩支撑。通常用于城市深基础施工、大型基坑垂直下挖而不放坡的土方工程。护坡桩的桩身可采用现浇灌注桩、预制钢筋混凝土桩或钢管桩。桩的间距一般设置在 1~1.5m 之间，根据土质、深度、地下水的具体情况确定。

(3)高压喷射混凝土护壁支撑。通常用于城市深基础、大型基坑垂直下挖而不放坡的土方工程。每下挖一段，用机械钻孔或用洛阳铲人工钻孔或掏孔到一定要求的深度。然后置入螺纹钢筋，注入水泥浆做成水泥浆锚杆。在土壁表面以横竖的钢筋做成网状，并与锚杆钢筋焊接，然后用高压喷枪喷射混凝土达到 10~12mm 厚度。再往下进行第二段挖土，依次挖到设计要求的深度。

31. 什么是修整底边及修整边坡？

修整底边是指在槽坑被挖之后，底面不是足够平整，对底面整平的过程叫修整底边。

修整边坡是对土方边坡修理整平，压实、清除石渣，防止塌方，保证土坡稳定。

32. 土方基槽验槽时观察的内容有哪些？

土方基槽开挖后验槽时观察的内容见表 3-17。

表 3-17 验槽观察内容

	观察项目	观察内容
	槽壁土层	土层分布变化情况及其走向
	重点部位	柱基、墙角、承重墙下及其他受力较大部位
整个槽底	槽底土质	是否挖到原土层(地基持力层)
	土的颜色	是否均匀一致,有无异常或过干、过湿现象
	土的软硬	是否软硬一致
	土的虚实	有无震颤现象和空洞声音

33. 什么是暗挖土方?常用的施工方法有哪些?

暗挖土方是指市政隧道工程中的土方开挖以及市政管网采用不开槽方式埋设而进行的土方开挖。常用的施工方法有顶管法和盾构法两种。

(1)顶管法。顶管施工的基本程序是:在敷设管道前,应事先在管端的一端建造一个工作坑(也称竖井)。在工作坑内的顶进轴线后方布置后背墙、千斤顶,将敷设的管道放在千斤顶前面的导轨上,管道的最前端安装工具管。当管道高程、中心位置调整准确后,开启千斤顶使工具管的刃角切入土层,此时,工人可进入工作面挖掘刃角切入土层的泥土,并随时将弃土通过运土设备从顶进坑吊运至地面。

当千斤顶达到最大行程后缩回,放入顶铁,继续顶进。如此不断加入顶铁,管道不断向土中延伸。当坑内导轨上的管道几乎全部顶入土中后,缩回千斤顶,吊去全部顶铁,将下一节管段吊下坑,安装在管段的后面,接着继续顶进。

随着顶进管段的加长,所需顶力也逐渐加大,为了减小顶力,在管道的外围可注入润滑剂或在管道中间设置中继间,以使顶力始终控制在顶进单元长度所需的顶力范围内。

(2)盾构法。盾构是集地下掘进和衬砌为一体的施工设备,广泛应用于地下给水排水管沟、地下隧道、水下隧道、水工隧洞、城市地下综合管廊等工程。

盾构形式应根据盾构推进沿线的工程地质和水文地质条件,地上与地下建筑物、构筑物情况,出土条件及地表沉降要求,经综合考虑后决定。不论选用何种类型,均应确保开挖面的土体稳定。

34. 什么是竖井挖土方?

竖井挖土方一般指市政管网中各种井的井位挖方,如雨水井、检查井等。因为管沟挖方的长度按管网铺设的管道中心线的长度计算,所以管网中的各种井的井位挖方清单工程量必须扣除与管沟重叠部分的方量,如图 3-7 所示只计算斜线部分的土石方量。

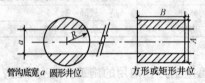

图 3-7 井位挖方示意图

35. 什么是爆破?有哪些类型?

在凿完的炮眼内(或在指定的部位上)装放炸药、起爆材料,将指定部位的岩石或其他爆破对象崩塌或松动叫做爆破。

按爆破的规模、凿岩情况、要求等不同可进行以下分类:

(1)按爆破规模可分为小爆破、中爆破、大爆破。

(2)按凿岩情况可分为浅孔爆破、深孔爆破、药壶爆破、洞室爆破、工次爆破。

(3)按爆破要求可分为压缩爆破($n<0.75$)、松动爆破($n\approx0.75$)、标准抛掷爆破($n=1.0$)、加强抛掷爆破及定向爆破($n>1.0$)、光面爆破、预裂爆破、特殊物爆破。

36. 石方开挖爆破每 1m³ 所耗的炸药量是多少?

石方开挖爆破每 1m³ 耗炸药量见表 3-18。

表 3-18 石方开挖爆破每 1m³ 耗炸药量表

炮眼种类		炮眼耗药量				平眼及隧洞耗药量			
炮眼深度		1~1.5m		1.5~2.5m		1~1.5m		1.5~2.5m	
岩石种类		软石	坚石	软石	坚石	软石	坚石	软石	坚石
炸药种类	梯恩梯	0.30	0.25	0.35	0.30	0.35	0.30	0.40	0.35
	露天铵梯	0.40	0.35	0.45	0.40	0.45	0.40	0.50	0.45
	岩石铵梯	0.45	0.40	0.48	0.45	0.48	0.45	0.53	0.50
	黑炸药	0.50	0.55	0.55	0.60	0.55	0.60	0.65	0.68

37. 什么是土方回填？

将所挖沟槽、基坑等经砌筑、浇筑后的空隙部分，以原挖土或外购土予以填充，叫土方回填。

38. 土方回填前应做好哪些准备工作？

(1)清除填方基底上的树根及坑穴中的积水、淤泥和杂物等。基底为耕植土或松土时，应碾压密实。

(2)在房屋和建筑物地面下的填方或厚度小于 0.5m 的填方，应清除基底上的草皮、垃圾和软弱土层。在土质较好、较平坦场地填方，可不清除基底上的草皮，但应清除长草。

(3)填方基底坡度陡于1/5时，应修筑1：2阶梯形边坡，阶宽不小于1m。

(4)对地下设施工程(如地下结构物、沟渠、管道、电缆管线等)两侧、四周及上部的回填，应先对地下工程进行各项检查，办理验收手续后方可回填。

39. 土(石)方回填对土质有哪些要求？

填方土料应符合设计要求，保证填方的强度和稳定性，如设计无要求时，应符合以下规定：

(1)碎石类土、砂土和爆破石渣(粒径不大于每层铺土厚的 2/3)，可用于表层下的填料。

(2)含水率符合压实要求的黏性土，可作各层填料。

(3)淤泥和淤泥质土，一般不能用作填料，但在软土地区，经过处理，含水率符合压实要求的，可用于填方中的次要部位。

(4)碎块草皮和有机质含量大于 5% 的土，只能用在无压实要求的填方中。

(5)含有盐分的盐渍土中，仅中、弱两类盐渍土一般可以使用，但填料中不得含有盐晶、盐块或含盐植物的根茎。

(6)不得使用冻土、膨胀性土作填料。

40. 回填土压实的方法有哪几种？

回填土压实的方法有振动压实法、夯实法和碾压法。

(1)振动压实法。振动压实法是指振动碾借助机械的振动使基土层的表面达到密实。

(2)碾压法。碾压法是靠机械的滚轮在土表面反复滚压，靠机械自重将土压实。

(3)夯实法。夯实法是利用夯锤的冲击来达到使基土密实的目的。

41. 什么是回填土沉陷现象？产生的原因有哪些？

回填土沉陷现象是指填土沉陷,造成室外散水坡空鼓下沉,建筑物基础积水,甚至导致建筑物结构下沉。回填土沉陷产生的原因：

(1)夯填之前未认真处理,回填土后受到水的浸湿出现沉陷。

(2)回填土不进行分层填夯,使回填质量得不到保证。

(3)回填土干土颗粒较大较多,回填不够密实。

42. 挖基础土方的定额工作内容包括哪些？

挖基础土方的定额工作内容包括排地表水、土方开挖、挡土板支拆、基底钎深、运输。

43. 全统市政定额中是否包括现场障碍物清理费？

全统市政定额不包括现场障碍物清理,障碍物清理费用另行计算。

44. 土、石方体积如何计算？如何计算回填土的体积？

土、石方工程中土、石方体积均以天然密实体积(自然方)计算,回填土按碾压后的体积(实方)计算。土方体积换算见表 3-19。

表 3-19　　　　　　　　土方体积换算表

虚方体积	天然密实度体积	夯实后体积	松填体积
1.00	0.77	0.67	0.83
1.30	1.00	0.87	1.08
1.50	1.15	1.00	1.25
1.20	0.92	0.80	1.00

45. 如何计算管道沟挖土定额工程量？

管道沟挖土按下式计算其工程量：

$$V=(a+KH)HL$$

式中　V——管沟挖土工程量(m^3)；

　　　a——管沟底宽度(m)；

K——放坡系数;

H——管沟挖土深度(m);

L——管沟长度(m)。

46. 如何计算人工挖沟槽基坑定额工程量?

人工挖沟槽基坑工程量,按挖掘前土的天然密实体积计算。不同土壤类别、深度应分别计算。

沟槽土的体积等于沟槽断面面积乘以沟槽长度。外墙沟槽长度按图示中心线长度计算;内墙沟槽按图示基础底面之间净长计算。内外突出部分(剁、附墙烟囱等)体积并入沟槽土方工程量内。

【例 3-2】 某构筑物基础为满堂基础,基础垫层为无筋混凝土,长宽方向的外边线尺寸为 8.04m 和 5.64m,垫层厚 20cm,垫层顶面标高为 -4.55m,室外地面标高为 -0.65m,地下常水位标高为 -3.50m,该处土壤类别为黏土,人工挖土,试计算挖土方定额工程量。

【解】 基坑如图 3-8 所示,基础埋至地下常水位以下,坑内有干、湿土,应分别计算:

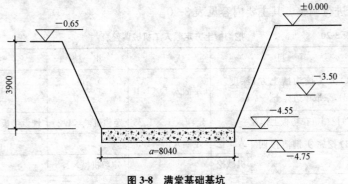

图 3-8 满堂基础基坑

(1)挖干湿土总量。设垫层部分的土方量为 V_1,垫层以上的土方量为 V_2,总土方量为 V_0,则:

$$V_0 = V_1 + V_2 = 0.2ab + (a+kh)(b+kh)h + \frac{1}{3}k^2h^3$$

$$= 0.2 \times 8.04 \times 5.64 + (8.04 + 0.33 \times 3.9) \times (5.64 + 0.33 \times 3.9)$$

$$\times 3.9 + 2.15 = 263.19 \text{m}^3$$

(2)挖湿土量。按图 3-8 所示,放坡部分挖湿土深度为 1.05m,则 $\frac{1}{3}k^2h^3=0.042$,设湿土量为 V_3,则:

$$V_3 = V_1 + (8.04 + 0.33 \times 1.05) \times (5.64 + 0.33 \times 1.05) \times 1.05 + 0.042$$
$$= 61.84 \text{m}^3$$

(3)挖干土量 V_4:
$$V_4 = V_1 - V_3 = 263.19 - 61.84 = 201.35 \text{m}^3$$

47. 如何计算管道沟槽回填土定额工程量?

管道沟槽回填土按下式计算其工程量:

管沟回填土工程量=挖方量-管长×每米管道所占体积

式中,每米管道所占体积可按预算定额中工程量计算规则规定计算,当管道直径小于 500mm 时,不扣除管道所占体积。

48. 管线土方工程定额对人工和机械调整有哪些规定?

管线土方工程定额,根据不同的施工项目和施工条件,规定对人工和机械进行调整。其主要内容见表 3-20。

表 3-20　　挖沟槽土方定额人工机械调整表

项目		人　工	机　械	备　注
(1)人工挖沟槽土方(深度≥1.3m),采取单边弃土		定额人工×1.1		
(2)挖掘机在垫板上作业		定额人工×1.25	定额机械×1.25	铺设垫板另计
(3)挖密实钢渣按四类土	人工挖	定额人工×2.5		
	机械挖		定额机械×1.5	
(4)场地狭窄、机侧、机后只能停一放台运输车运输时,机械挖土定额		定额人工×1.11	定额机械×1.11	
(5)沟槽土方放坡开挖		定额人工×0.9	定额机械×0.9	

49. 人工挖运淤泥、流砂定额工作内容包括哪些?如何套用定额?

人工挖运淤泥、流砂的定额工作内容包括:挖淤泥、流砂,装、运、卸淤泥、流砂,1.5m 内垂直运输。

人工挖沟槽、基坑内淤泥、流砂,按土石方工程定额执行,但挖土深度 1.5m 时,超过部分工程量按垂直深度每 1m 折合成水平距离 7m 增加工日,深度按全高计算。

50. 如何计算人工挖土方、淤泥、流砂定额工程量?

人工挖土方、淤泥、流砂工程量均按挖掘前的天然密实体积计算。如无法用天然密实体积计算时,可根据虚方体积、夯实后体积或松填体积按表 3-19 所列数值换算。

挖土一律以设计室外地坪标高为准计算。

挖土方应按不同土壤类别分别计算工程量。

51. 如何计算人工挖冻土定额工程量?

人工挖冻土工程量按挖掘前的冻土密实体积计算,不同冻土厚度应分别计算其工程量。

52. 如何计算挖掘机挖土定额工程量?

挖掘机挖土工程量,按所挖掘土的天然密实体积的 90% 计算(其余 10% 体积按人工挖土工程量)。不同挖掘机类型及挖土深度应分别计算其工程量。

53. 如何计算 $0.2m^3$ 抓斗挖土机挖土、淤泥、流砂的定额消耗量?

$0.2m^3$ 抓斗挖土机挖土、淤泥、流砂按 $0.5m^3$ 抓铲挖掘机挖土、淤泥、流砂定额消耗量乘以系数 2.50 计算。

54. 反铲挖掘机装车和拉铲挖掘机装车,如何计算自卸汽车运土台班量?

采用反铲挖掘机装车,自卸汽车运土时,自卸汽车运土的台班数量应乘以 1.10,即增加 10% 的费用,原因是由于反铲挖掘机装车时装的土较满。采用拉铲挖掘机装车,自卸汽车运土时,自卸汽车运土的台班数量应乘以系数 1.20。

55. 铲运机铲运土方定额工作内容包括哪些?

(1)铲土、弃土、平整、空回。
(2)推土机配合助铲、整平。

(3)修理边坡,工作面内排水。

56. 如何计算挖一般石方清单工程量?

挖一般石方清单工程量按设计图示开挖线以体积计算。

57. 如何计算挖沟槽土方清单工程量?

挖沟槽土方清单工程量原地面线以下按构筑物最大水平投影面积乘以挖土深度(原地面平均标高至槽坑底高度)以体积计算。

58. 如何计算挖淤泥清单工程量?

挖淤泥清单工程量按设计图示的位置及界限以体积计算。

59. 如何计算填方清单工程量?

(1)按设计图示尺寸以体积计算。

(2)按挖方清单项目工程量减基础、构筑物埋入体积加原地面线至设计要求标高间的体积计算。

60. 如何计算缺方内运清单工程量?

缺方内运清单工程量按挖方清单项目工程量减利用回填方体积(负数)计算。

第四章 道路工程

1. 全统市政定额第二册"道路工程"包括哪些项目？其适用范围是什么？

全统市政定额第二册"道路工程"（以下简称道路工程定额）包括路床（槽）整形、道路基层、道路面层、人行道侧缘石及其他，共四章350个子目，其适用于城镇基础设施中的新建和扩建工程。

2. 道路工程定额的编制依据有哪些？

(1)新编《全国统一建筑工程基础定额》、《全国统一安装工程基础定额》及《全国统一市政工程劳动定额》。

(2)现行的市政工程设计、施工验收规范、安全操作规程、质量评定标准等。

(3)现行的市政工程标准图集和具有代表性工程的设计图纸。

(4)各省、自治区、直辖市现行的市政工程单位估价表及基础资料。

(5)已被广泛采用的市政工程新技术、新结构、新材料、新设备和已被检验确定成熟的资料。

3. 道路工程定额中有关人工的数据如何取定？

(1)定额中人工量以综合工日数表示，不分工种及技术等级。内容包括：基本用工和其他用工。其他用工包括：人工幅度差、超运距用工和辅助用工。

(2)综合工日＝基本用工×(1＋人工幅度差)＋超运距用工＋辅助用工，人工幅度差综合取定10%。人工是随机械产量计算的，人工幅度差率按机械幅度差率计算。定额中基本运距为50m，超运距综合取定为100m。

4. 道路工程定额中有关材料的数据如何取定？

(1)主要材料、辅助材料凡能计量的均应按品种、规格、数量，并按材料损耗率规定增加损耗量后列出。其他材料以占材料费的百分比表示，不再计入定额材料消耗量。其他材料费道路工程综合取定为0.50%。

(2)主要材料的压实干密度、松方干密度、压实系数详见表4-1。

表4-1　　　　　　材料压实干密度、松方干密度、压实系数表

项目	压实密度/(t/m³)	压实系数	松方干密度/(t/m³)												
			生石灰	土	炉渣	砂	粉煤灰	碎石	砂砾	卵石	块石	混石	矿渣	山皮石	石屑	水泥
石灰土基	1.65	—	1.00	1.15	—	—	—	—	—	—	—	—	—	—	—	—
改换炉渣	1.65	—	—	—	1.40	—	—	—	—	—	—	—	—	—	—	—
改换片石	1.30	—	—	—	—	—	—	—	—	—	—	—	—	—	—	—
石灰炉渣土基	1.46	—	1.00	1.15	1.40	—	—	—	—	—	—	—	—	—	—	—
石灰炉(煤)渣	1.25	—	—	—	1.40	—	—	—	—	—	—	—	—	—	—	—
石灰、粉煤灰土基	1.43	—	1.00	1.15	—	—	0.75	—	—	—	—	—	—	—	—	—
石灰、粉煤灰碎石	1.92	—	1.00	—	—	—	0.75	1.45	—	—	—	—	—	—	—	—
石灰、粉煤灰砂砾	1.92	—	1.00	—	—	—	0.75	—	1.60	—	—	—	—	—	—	—
石灰、土、碎石	2.05	—	1.00	1.15	—	—	—	1.45	—	—	—	—	—	—	—	—
砂底(垫)层	—	1.25	—	—	—	1.43	—	—	—	—	—	—	—	—	—	—
砂砾底层	—	1.20	—	—	—	—	—	—	1.60	—	—	—	—	—	—	—
卵石底层	—	1.70	—	—	—	—	—	—	—	1.65	—	—	—	—	—	—
碎石底层	—	1.30	—	—	—	—	—	1.45	—	—	—	—	—	—	—	—
块石底层	—	1.30	—	—	—	—	—	—	—	—	1.60	—	—	—	—	—
混石底层	—	1.30	—	—	—	—	—	—	—	—	—	1.54	—	—	—	—
矿渣底层	—	1.30	—	—	—	—	—	—	—	—	—	—	1.40	—	—	—
炉渣底(垫)层	—	1.65	—	—	1.40	—	—	—	—	—	—	—	—	—	—	—
山皮石底层	—	1.30	—	—	—	—	—	—	—	—	—	—	—	1.54	—	—
石屑垫层	—	1.30	—	—	—	—	—	—	—	—	—	—	—	—	1.45	—

(续)

项目	压实密度/(t/m³)	压实系数	松方干密度/(t/m³)												
			生石灰	土	炉渣	砂	粉煤灰	碎石	砂砾	卵石	块石	混石	矿渣	山皮石	石屑	水泥
石屑土封面	—	1.90	—	1.10	—	—	—	—	—	—	—	—	—	—	—	—
碎石级配路面	2.20	—	—	—	—	—	—	1.45	—	—	—	—	—	—	—	—
厂拌粉煤灰三渣基	2.13	—	—	—	—	—	0.75	—	—	—	—	—	—	—	—	—
水泥稳定土	1.68	—	—	—	—	—	—	—	—	—	—	—	—	—	—	1.20
沥青砂加工	2.30	—	—	—	—	—	—	—	—	—	—	—	—	—	—	—
细粒式沥青混凝土	2.30	—	—	—	—	—	—	—	—	—	—	—	—	—	—	—
粗、中粒式沥青混凝土	2.37	—	—	—	—	—	—	—	—	—	—	—	—	—	—	—
黑色碎石	2.25	—	—	—	—	—	—	—	—	—	—	—	—	—	—	—

(3)各种材料消耗均按统一规定计算(材料损耗率及损耗系数详见表4-2),另根据混合料配比不同,其用水量如下:

1)弹软土基处理(人工、机械掺石灰、水泥稳定土壤)均按15%水量计入材料消耗量,砂底层铺入垫层料均按8%用水量计入材料消耗量。

2)石灰土基、多合土基均按15%用水量计入材料消耗量,其他类型基层均按8%用水量计入材料消耗量。

3)水泥混凝土路面均按20%用水量计入材料消耗量,水泥混凝土路面层养护、简易路面按5%用水量计入材料消耗量。

4)人行道、侧缘石铺装均按8%用水量计入材料消耗量。

表4-2 材料损耗率及损耗系数表

材料名称	损耗率(%)	损耗系数	材料名称	损耗率(%)	损耗系数	材料名称	损耗率(%)	损耗系数
生石灰	3	1.031	混石	2	1.02	石质块	1	1.01
水泥	2	1.02	山皮土	2	1.02	结合油	4	1.042

(续)

材料名称	损耗率(%)	损耗系数	材料名称	损耗率(%)	损耗系数	材料名称	损耗率(%)	损耗系数
土	4	1.042	沥青混凝土	1	1.01	透层油	4	1.042
粗、中砂	3	1.031	黑色碎石	2	1.02	滤管	5	1.053
炉(焦)渣	3	1.031	水泥混凝土	2	1.02	煤	8	1.087
煤渣	2	1.02	混凝土侧、缘石	1.5	1.015	木材	5	1.053
碎石	2	1.02	石质侧、缘石	1	1.01	柴油	5	1.053
水	5	1.053	各种厂拌沥青混合物	4	1.04	机砖	3	1.031
粉煤灰	3	1.031	矿渣	2	1.02	混凝土方砖	2	1.02
砂砾	2	1.02	石屑	3	1.031	块料人行道板	3	1.031
厂拌粉煤灰三渣	2	1.02	石粉	3	1.031	钢筋	2	1.02
水泥砂浆	2.5	1.025	石棉	2	1.02	条石块	2	1.02
混凝土块	1.5	1.015	石油沥青	3	1.031	草袋	4	1.042
铁件	1	1.01	乳化沥青	4	1.042	片石	2	1.02
卵石	2	1.02	石灰下脚	3	1.031	石灰膏	1	1.01
块石	2	1.02	混合砂浆	2.5	1.025	各种厂拌稳定土	2	1.02

5. 道路工程定额中有关机械的数据如何取定?

定额中所列机械,综合考虑了目前市政行业普遍使用的机型、规格,对原定额中道路基层、面层中的机械配置进行了调整,以满足目前高等级路面技术质量的要求及现场实际施工水平的需要。定额中在确定机械台班使用量时,均计入了机械幅度差。机械幅度差系数见表4-3。

表 4-3　　　　　　　　　　　机械幅度差

序号	机械名称	机械幅度差	序号	机械名称	机械幅度差
1	推土机	1.33	10	混凝土及砂浆机械	1.33
2	灰土拌合机	1.33	11	履带式拖拉机	1.33
3	沥青洒布机	1.33	12	水平运输机械	1.25
4	手泵喷油机	1.33	13	加工机械	1.30
5	机泵喷油机	1.33	14	焊接机械	1.30
6	压路机	1.33	15	起重及垂直运输机械	1.30
7	平地机	1.33	16	打桩机械	1.33
8	洒布机	1.33	17	动力机械	1.25
9	沥青混凝土摊铺机	1.33	18	泵类机械	1.30

6. 道路工程定额说明中应注意哪些事项？

(1)定额均按照合理的施工组织设计,合理的劳动组织与机械配备以及正常的施工条件,根据现行和有关质量检验评定标准及操作规程编制的。

(2)定额中的工作内容以简明的方法,说明了主要施工工序,对次要工序未加叙述,但在编制预算定额时均已考虑。

(3)定额中施工用水均考虑以自来水为供水水源,如需采用其他水源时,其定额允许调整换算。

(4)半成品材料规格、重量不同时可以换算,但人工、机械消耗量不得进行调整。

(5)各种材料配合比不同时可调整换算,但人工、机械消耗量不得进行调整。

(6)定额中半成品材料均不包括其运费(拌合场至施工现场),在编制预算时,各地区可根据本地区的运输价格另行计算。

(7)由于各省市、地区情况不同,定额没有考虑商品混凝土。若各地区使用商品混凝土时,采用定额,应减除搅拌机台班数量和90%的人工量。如实际中采用集中搅拌站拌合混凝土、搅拌车运输时,其运费应另行计算。

(8)定额中未编制混凝土搅拌站项目,各地区在施工中需设立搅拌站时可参考其他专业预算定额。

7. 什么是道路？有哪些分类？

道路是指城市、厂矿供各种车辆（指无轨车辆）和行人通行的工程设施的总称。一般而言，城市道路可分为以下几类：

(1)快速路。快速路应为城市中大量、长距离、快速交通服务。快速路对向车行道之间应设置中间分车带，其进出口应采用全控制或部分控制。

(2)主干路。主干路应为连接城市各主要分区的干路，以交通功能为主。自行车交通量大时，宜采用机动车与非机动车分隔的形式，如三幅路或四幅路。

(3)次干路。次干路应与主干路组成道路网，起集散交通的作用，兼有服务功能。

(4)支路。支路应为次干路与街坊路的连接线，解决局部地区交通，以服务功能为主。

8. 什么是路基？常见路基横断面形式有哪些？

路基是按照路线位置和一定的技术要求修筑的作为路面基础的带状构造物。路基是路面的基础，它与路面共同承担汽车荷载的作用，路面靠路基来支承，没有稳固的路基就没有稳固的路面。

路基的横断面如图 4-1 所示。由于地形的变化，道路设计标高与天然地面标高的相互关系不同，一般常见的路基横断面形式有路堤和路堑两种，高于天然地面的填方路基称为路堤，如图 4-1(a)所示，低于天然地面的挖方路基称为路堑，如图 4-1(b)所示。部分为填方，部分为挖方的路基称为半填半挖路基，如图 4-1(c)所示，没有填、挖方的称为零填路基。

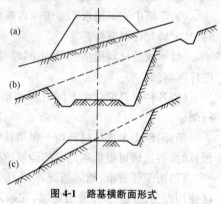

图 4-1 路基横断面形式
(a)路堤；(b)路堑；(c)半填半挖路基

9. 道路路基应具备哪些要求？

(1)路基的上层与路面共同作用来抵抗路基路面自重和行车荷载产

生的变形,因此要具备足够的强度。

(2)路基是直接在天然地面上建筑或挖除部分地面而建成的,因此要具有足够的整体稳定性。

(3)路基在地面水和地下水的共同作用下,其强度将发生显著降低,因此应具备足够的水稳定性。

10. 什么是路基强夯土方?

强夯土方是用起重机械(起重机或起重机配三脚架、龙门架)将大吨位(一般 8～30t)夯锤起吊到 6～30m 高度后,自由落下,给路基土以强大的冲击能量的夯击,使土中出现冲击波和很大的冲击应力,迫使土层孔隙压缩,土体局部液化,在夯击点周围产生裂隙,形成良好的排水通道,孔隙水和气体逸出,使土料重新排列,经时效压密达到固结,从而提高路基承载力,降低其压缩性的一种有效的路基加固方法,也是我国目前最为常用和最经济的深层路基处理方法之一。

11. 什么是夯实?什么是重夯?

夯实是为了提高地基承载力和强度,降低地基的压缩性,使地基在构筑物荷载的作用下,满足允许沉降量和容纳承载力要求,采取地基夯实措施,对地基土进行加固处理的一种方法。

重夯是指重锤表面夯实,适用于一般地下水位低于有效夯实深度,处理饱和度不大于 60% 的湿陷性黄土地基、黏性土、砂类土和杂填土。重锤夯实法是利用重锤的夯击作用,使土壤产生竖向压实变形,减小了孔隙比,增加了干容重,提高了密实度,减少了土壤的压缩变形,提高了地基的承载能力。重锤表面夯实的效果与夯锤的重量,底面积直径和落距有关。夯锤重一般为 1.5～3.0t,锤底直径为 1.0～1.5m,落距一般可采用 2.5～4.5m。锤重与底面积的关系应符合锤重在底面积上的单位静压力为 $0.15～0.2kg/cm^2$。夯实影响深度相当于夯锤直径的 1.5 倍,一般为 1.1～1.2m。

12. 什么是抛石挤淤?

抛石挤淤是指在湖塘、河流或积水洼地、常年积水且不易抽干,软土厚度薄等地方,抛填片石,且片石不宜小于 30cm。抛填时自中线向两侧展开,当横坡陡于 1:10 时,应按照从高到低的顺序展开抛填。从两边挤出淤泥,片石抛出水面后应用小石块填塞垫平,以重型压路机碾压,其上铺反滤层,再进行填土。

13. 袋装砂井的特点及适用范围是什么？其主要材料应符合哪些要求？

袋装砂井主要机具为导管式振动打桩机。采用袋装砂井基本解决了大直径砂井堆载预压存在的问题,是一种比较理想的竖向排水体系。其特点及适用范围:能保证砂井的连续性,不易混入泥砂,使透水性减弱;打设砂井设备实现了轻型化,比较适于在软弱地基上施工;采用小截面砂井,用砂量大为减少;施工速度快,每班能完成70根以上;工程造价降低,每 $1m^2$ 地基的袋装砂井费用仅为普通砂井的50%左右。

袋装砂井的主要材料要求如下:

(1)装砂袋。应具有良好的透水、透气性,一定的耐腐蚀、抗老化性能,并有足够的抗拉强度,从而能承受袋内装砂自重和弯曲所产生的拉力。一般多采用聚丙烯编织布或玻璃丝纤维布、黄麻片、再生布等,其技术性能见表4-4。

表 4-4 砂袋材料技术性能

砂袋材料	渗透性 /(cm/s)	抗拉试验			弯曲180°试验		
		标距 /cm	伸长率 (%)	抗拉强度 /kPa	弯心直径 /cm	伸长率 (%)	破坏情况
聚丙烯编织袋	$>1\times10^{-2}$	20	25.0	1700	7.5	23	完整
玻璃丝纤维布	—	20	3.1	940	7.5	—	未到180°折断
黄麻片	$>1\times10^{-2}$	20	5.5	1920	7.5	4	完整
再生白布	—	20	15.5	450	7.5	10	完整

(2)砂。用中、细砂,含泥量不大于3%。袋装砂井要有较好的垂直度,以确保排水距离与理论计算一致。确定袋装砂井施工长度时,应考虑袋内砂体体积减小、袋装砂井在井内的弯曲、超深以及伸入水平排水垫层内长度等因素,防止砂井全部沉入孔内,造成顶部与排水垫层不连接,影响排水效果。

14. 什么是渗井？

渗井是一种立式地下排水设施。在多层含水的地基上，如果影响路基的地下含水层较薄，且平式渗沟排水不易布置时，可考虑设置立式渗水井，向地下穿过不透水层，将上层含水引入下层渗水层，以利地下水扩散排除。必要时还可配合渗沟而设置渗井，平竖结合以排除地下水。

15. 什么是塑料排水板？

塑料排水板是带有孔道的板状物体，即由芯体和滤套组成的复合体，或由单一材料制成的多孔管道板带，插入土中形成竖向排水通道。施工时用插板机将塑料排水板插入土中。

塑料排水板的宽度一般为100mm，厚度3.5～5.5mm，施工时，一般按正三角形或正四方形布置，排水板的间距一般为1.0～2.0m。

16. 什么是碎石桩？

碎石桩是指用振动、冲击或水冲等方式在软弱路基中成孔后，再将碎石挤压入土孔中，形成大直径的碎石所构成的密实桩体，它是处理软弱地基的一种常用方法。碎石桩桩径由振动沉桩机管径大小决定，一般为350～400mm；桩距由土质、布桩形式、场地情况等决定；桩长由需挤密加固的深度决定，一般为6～12m。碎石用粒径20～50mm，松散密度$1.39t/m^3$，杂质含量小于5%。粉煤灰用Ⅲ级粉煤灰。石屑用粒径2.5～10mm，松散密度$1.47t/m^3$，杂质含量小于5%。水泥用强度等级为42.5的通用硅酸盐水泥，而且新鲜无结块。混合料配合比由拟加固场地的土质情况及加固后要求达到的承载力大小来决定。

17. 什么是喷粉桩？其直径主要取决于哪些因素？

喷粉桩是指用化学加固法进行软土地基处理方法之一。是指用钻机打孔将石灰、水泥（或其他材料）用粉体发送器和空压机压送到土壤中，形成加固柱体，实现地基的固结。

喷粉桩的直径大小取决于注浆方法，土的类别、密度、施工条件等。

18. 什么是坡面防护？

坡面防护主要是指保护路基边坡表面，免受雨水冲刷，减缓温度及湿度变化的影响，防止和延缓软弱岩土表面的风化、剥落等演变过程，从而保护路基边坡的整体稳定性,并且还可兼顾到公路与环境的美化。常用的坡面防护设施有植物防护和材料防护。

19. 什么是冲刷防护？其主要形式有哪些？

沿河道路路基直接受到水流侵害,冲刷防护就是为了防止水流直接危害岸坡而设置的结构。冲刷防护主要有直接防护与间接防护两种形式。

20. 什么是路基盲沟？

路基盲沟是为路基设置的充填碎石、砾石等粗粒材料并铺以过滤层(有的其中埋设透水管)的排水截水暗沟。在城区、近郊区道路下的盲沟多用大孔隙填料包裹的粒石混凝土滤水管、水泥混凝土管等;在郊区或远郊区,设置盲沟时,常用大孔隙填料或用片石砌筑排水孔道。

从盲沟的构造特点出发,沟内分层填以大小不同的颗粒材料,利用渗水材料透水性将地下水汇集于沟内,并沿沟排泄至指定地点,习惯上称这种构造为盲沟,在水力特性上属于紊流。

21. 常用的路基地面排水设施有哪些？其主要功能是什么？

常用的路基地面排水设施有边沟、截水沟、排水沟、跌水与急流槽等,其主要功能如下:

(1)边沟的主要功能在于排除路基用地范围内的地面水。
(2)截水沟是多雨地区、山岭和丘陵地区路基排水的重要设施之一。
(3)当路线受到多段沟渠或水道影响时,为保证路基不受水害,可以设置排水沟或改移渠道,以调节水流,整治水道。
(4)跌水与急流槽的主要功能是山区公路路基排水。

22. 什么是边沟及排水沟？常用断面形式有哪些？

挖方路基以及填土高度较低的路堤,在路肩外缘均应设置纵向人工沟渠,称之为边沟。常用的边沟断面形式有梯形、矩形、三角形或流线型等。

排水沟主要是指用于排除来自边沟、截水沟或其他水源的水流,并将其引至路基范围以外的指定地点的沟渠。排水沟的平面布置,取决于排水要求与当地地形,灵活性很大,通常要求进行专门设计。排水沟的断面形式,一般采用梯形,尺寸大小应经过水力水文计算而定。

23. 什么是跌水与急流槽？

跌水与急流槽均为人工排水沟渠的特殊形式，用于陡坡地段，沟底纵坡可达 100%，是山区公路路基排水常见的结构物。由于纵坡大、水流湍急、冲刷作用严重，所以跌水与急流槽必须用浆砌石块或水泥混凝土砌筑，且应埋设牢固。

24. 什么是截水沟？常用断面形式有哪些？

设置在挖方路基边坡坡顶以外，或山坡路堤上方的适当位置，用以拦截路基上方流向路基的地面水，减轻边沟的水流负担，保护挖方边坡和填方坡脚不受流水冲刷和损害的人工沟渠，称截水沟（又称天沟）。

截水沟的横断面形式，一般为梯形，沟的边坡坡度，因岩土条件而定，一般采用 $1:1 \sim 1:1.5$。沟底宽度 b 不小于 0.5m，沟深 h 按设计流量经计算而定，且不小于 0.5m。

25. 常用的沟渠加固类型有哪些？

排水沟渠的加固，应就地取材，简易有效。常用的加固类型与厚度，可参考表 4-5。选择加固类型，与沟渠的土质、水流速度、沟底纵坡和使用年限等条件有关。

表 4-5　　　　沟渠加固类型

型　式	名　称	铺砌厚度/cm
简易式	平铺草皮	单层
	竖铺草皮	叠铺
	水泥砂浆抹平层	2～3
	石灰三合土抹平层	3～5
	黏土碎(砾)石加固层	10～15
	石灰三合土碎(砾)石加固层	10～15
干砌式	干砌片石	15～25
	干砌片石砂浆勾缝	15～25
	干砌片石砂浆抹平	20～25
浆砌式	浆砌片石	20～25
	混凝土预制块	6～10

26. 什么是稳定土及石灰稳定土？

稳定土是指掺加各种结合料，通过物理、化学作用，使各种土、碎（砾）石混合料或工业废渣的工程性质得到改善，在合适的条件下经拌合、压实和养生后，成为具有较高强度和稳定性的路面结构层。

在粉碎或原来松散的土中，掺入足量的石灰和水，经拌合、压实及养生后得到的混合料，当其抗压强度符合规定的要求时，称为石灰稳定土。

27. 如何计算石灰和土的摊铺厚度？

石灰土的石灰剂量以石灰质量占全部粗细土颗粒（即砾石、砂料、粉粒和黏粒）的干质量的百分率表示，即石灰剂量＝石灰质量/干土质量。但在施工中，常用的是体积比和摊铺厚度。

(1) 消石灰与土由质量比换算成体积比的计算公式：

$$V_{\text{灰}} : V_{\text{土}} = \frac{P_2}{\gamma_2} : \frac{P_1}{\gamma_1} = 1 : \frac{P_1 \gamma_2}{\gamma_1 P_2}$$

式中 $V_{\text{灰}}, V_{\text{土}}$——分别为消石灰及土的体积；

P_2, P_1——分别为消石灰及土的重量百分比（$P_1 = 100\%$）；

γ_1, γ_2——消石灰及土的天然松方干密度，计算公式为 $\gamma = \dfrac{\text{天然松方密度}}{1+W}$；

W——自然含水量。

(2) 根据设计厚度计算每延米体积用量计算公式：

$$V_2 = \frac{1}{\gamma_2} b h_0 \times 1 \gamma_0 P_2'$$

$$V_1 = \frac{1}{\gamma_1} b h_0 \times 1 \gamma_0 P_1'$$

式中 V_2, V_1——分别为消石灰及土的每延米体积用量（m^3/m）；

P_2', P_1'——石灰、土分别占混合料的重量百分比，$P_2' = \dfrac{P_2}{P_1 + P_2}(\%)$，$P_1' = \dfrac{P_1}{P_1 + P_2}(\%)$；

b——摊铺厚度（m）；

h_0——设计（压实）厚度（m）；

γ_0——混合料最大干密度（kg/m^3）。

(3) 每延米材料的松铺厚度计算公式：

$$h_{土}=\frac{h_0 \gamma_0 P'_1}{\gamma_1}$$

$$h_{灰}=\frac{h_0 \gamma_0 P'_2}{\gamma_2}$$

式中 $h_{灰}$，$h_{土}$——分别为消石灰及土每延米的松铺厚度(m/m或cm/m)。

常用的石灰摊铺参考厚度与石灰体积和质量换算分别见表4-6、表4-7。

表4-6　　　　　　　　　石灰摊铺厚度参考表

石灰土厚度	15cm			20cm		
摊铺厚度 配合比	土的厚度/cm		石灰厚度 /cm	土的厚度/cm		石灰厚度 /cm
	机械上土	人工上土		机械上土	人工上土	
10%石灰土	15～16	22～24	5	20～21	30～32	7
12%石灰土	15～16	22～24	6	20～21	30～32	8
14%石灰土	15～16	21～23	7.8	20～21	28～31	10.5

表4-7　　　　　　　　　石灰体积和质量换算表

石灰组成 (块∶末)	密实状态下每立 方米石灰质量/kg	每立方米熟石灰 用生石灰数量/kg	每1000kg生石灰 熟化后的体积/m³	每立方米石灰膏用 生石灰数量/kg
10∶0	1470	355.4	2.814	—
9∶1	1453	369.6	2.706	—
8∶2	1439	382.7	2.613	571
7∶3	1426	399.2	2.505	602
6∶4	1412	417.3	2.396	636
5∶5	1395	434.0	2.304	674
4∶6	1379	455.6	2.195	716
3∶7	1367	457.5	2.103	736
2∶8	1354	501.5	1.994	820
1∶9	1335	526.0	1.902	—
0∶10	1320	557.7	1.793	—

28. 什么是翻拌及筛拌？

翻拌是指在水泥混凝土路面拌合混合料时，采用人工对其进行筛拌后的灰土和石灰进行再次筛拌，将再次筛过的石灰和土先干拌 1~2 遍，然后再洒以适量的水进行拌合，如此反复 2~3 遍，直到均匀为止。为使混合料的水分充分均匀，可在当天拌合后堆放焖料，第二天再摊铺。

筛拌就是将土和石灰混合或交替过孔径为 15mm 的筛，筛余土块打碎后再筛。如此反复的拌合直到全部分筛、拌合均匀为止，然后配以适当的水，浇注后均匀配制而成。

29. 什么是石灰稳定类基层及水泥稳定土？

石灰稳定类基层是在粉碎的或原来松散的集料或土中掺入适量的石灰和水，经拌合、压实及养护，当其抗压强度符合规定时得到的路面结构层。可用石灰稳定的材料包括细粒土、天然砂砾土、天然碎石土、级配砂砾、级配碎石和矿渣等。同时用石灰和水泥稳定某种集料或土时，称为石灰水泥综合稳定类基层。石灰稳定类混合料适用于各级公路路面底基层，也可用作二级公路的基层。与水泥稳定细粒土一样，石灰稳定细粒土（石灰土）不能作为薄沥青混凝土面层的基层，在冰冻地区的潮湿路段及其他地区的过湿路段也不宜采用石灰土做基层或底基层。

水泥稳定土是指在原状松散的或粉碎的土（包括各种粗、中、细粒土）中，掺入适当水泥和水，按照技术要求经拌合摊铺，在最佳含水量时压实及养护成形，其抗压强度符合规定要求，以此修建的路面基层称水泥稳定类基层。当用水泥稳定细粒土（砂性土、粉性土或黏性土）时，简称水泥土。

30. 什么是水泥稳定碎(砾)石及沥青稳定碎石基层？

水泥稳定碎(砾)石是近几年新兴的高等级公路底基层、基层施工中的一种半刚性路面结构型式。水泥稳定碎石基层的原材料质量不合格不予使用，防止出现拌合不均匀、摊铺不平整、粗集料离析、碾压不密实、接缝不平整等现象，以确保路面基层施工质量。

沥青稳定碎石基层是在摊铺好的碎石层上用热沥青洒布法固结形成的基层。沥青稳定碎石是沥青混合料的一种，用沥青和碎石拌制而成，碎石颗粒可尺寸均一,亦可适当级配。在碎石中还可加入少量矿粉,经压实后具有一定强度,其稳定性大大增强,所以称为沥青稳定碎石,但是孔隙率较大。

31. 路基掺石灰时应注意哪些问题?

(1)在施工掺拌过程中,注意石灰掺拌均匀,土块破碎,掺用的石灰最好采用土壤重量5%的生石灰粉或较干的熟石灰粉,具体掺灰量的多少,可根据土壤含水量大小确定用灰量。

(2)如果掺石灰面积不大,可用人力翻拌,也可用推土机将土壤推出,按体积掺加石灰后拌合均匀,然后分层回填压实,每层压实厚度不大于20cm,压后不得有弹软现象。

(3)对路基大面积弹软,根据设计确定采用灰土加固处理,一般采用8%~10%的灰土处理,处理深度一般为60cm。也可根据实际情况确定处理深度,先将表层40cm摊开,下层20cm可加土壤重量8%~10%的石灰进行拌合,整平压实后,再将上层40cm分两层,每层为20cm,加灰拌合均匀后压实。

(4)对于下水道沟槽处的土压实度达不到质量要求时,可用水沉石屑或填料压实后,方可进行灰土处理,以防出现较大沉陷折裂。

32. 什么是土的压实度? 路基压实应符合什么标准?

土的压实度 K 是现场压实后土的干密度 γ 与室内用重型压实标准仪测定的土的最大干密度 γ_{max} 的比值百分数:

$$K=\frac{\gamma}{\gamma_{max}}\times 100\%$$

式中 γ —— $\gamma=\dfrac{\gamma_w}{1+\dfrac{w}{100}}$;

w——现场土基实测含水量百分数。

由于车轮对路基作用的应力随深度而减小,因此对不同深度的土基的压实度要求也不同。路基压实标准见表 4-8。

表 4-8　　　　　　　　　　　路基压实度

填挖类型		路面底层以下深度/m	压实度(%)	
			高速公路、一级公路	其他等级公路
填方路基	上路床	0～30	≥95	≥93
	下路床	30～80	≥95	≥93
	上路堤	80～150	≥93	≥90
	下路堤	150 以下	≥90	≥90
零填及路堑路床		0～30	≥95	≥93

33. 常见路堤、路堑横断面的基本形式有哪些？

按路堤填土高度可划分为矮路堤、高路堤和一般路堤。填土高度低于 1.0m 者，属于矮路堤；填土高度大于规范规定的数值，即填方总高度超过 18m(土质)或 20m(石质)的路堤，属于高路堤；介于两者之间的为一般路堤。随其所处的条件和加固类型不同，还有浸水路堤、陡坡路堤及挖沟填筑路堤等形式。

路堑横断面的基本形式，有全挖式路基、台口式路基及半山洞路基。

全挖式路基为典型路堑，路基两侧均需设置边沟。为防止山坡水流向路堑，在路堑边坡的上方应设置截水沟，要求其位置距坡顶大于 5m。

陡峻山坡上的半路堑，为避免路基外侧的少量填方不易稳定，路中宜向内移，尽量采用台口式路基。在坚硬的岩层，为节省石方工程，在确保安全可靠的条件下，有时也可采用半山洞路基。

34. 如何确定路堤边坡坡度？

路堤边坡坡度，当路堤基底的情况良好时，可参考表 4-9 所列数值，如边坡高度超过表中所列的总高度，应按高度路堤另行设计。

表 4-9　　　　　　　　　　　路堤边坡坡度

填料种类	边坡最大高度/m			边坡的坡度		
	全部高度	上部高度	下部高度	全部坡度	上部坡度	下部坡度
黏性土、粉性土、砂性土	20	8	12	—	1∶1.5	1∶1.7
砾石土、粗砂、中砂	12			1∶1.5	—	—
碎(块)石土、卵石土	20	12	8	—	1∶1.5	1∶1.7
不易风化的石块	20	8	12	—	1∶1.3	1∶1.5

35. 如何确定路堑边坡坡度？

路堑边坡坡度，应根据当地的自然条件、土石种类及其结构、边坡高度和施工方法等确定。当地质条件良好且土质均匀或岩石无不利的层理时，可参照表 4-10 所列数值范围。

表 4-10　　　　　　　　　　路堑边坡坡度

土石种类		边坡高度	
		<20m	20～30m
一般土	较松	1:1.0～1:1.5	1:1.0～1:1.75
	中密密实	1:0.5～1:1.0	1:0.75～1:1.15
	胶结	1:0.3～1:0.5	1:0.5～1:0.75
	黄土	1:0.1～1:1.25	1:0.1～1:1.25
岩石	岩浆层、厚层灰岩或硅、钙质砂砾层、片麻岩	1:0.1～1:0.75	1:0.1～1:1.0
	中薄砂层、砾岩、中薄层灰岩	1:0.1～1:1.10	1:0.2～1:1.25
	薄层岩、页岩、云母、绿泥	1:0.2～1:1.25	1:0.3～1:1.5

注：非均质土层中，路堑边坡采用适应于各该土层稳定的折线形状。

36. 如何计算道路基层定额工程量？其定额说明包括哪些内容？

道路基层的定额工程量计算规则，见表 4-11。

表 4-11　　　　　　　　　道路基层定额工程量计算规则

序号	项目	说明
1	道路基层宽度	道路工程路基应按设计车行道宽度另计两侧加宽值，加宽值的宽度由各省、自治区、直辖市自行确定
2	道路基层石灰土、多合土养护面积	道路工程石灰土、多合土养护面积计算，按设计基层、顶层的面积计算
3	道路基层面积	道路基层计算不扣除各种井位所占的面积
4	侧缘（平）石、树池等	道路工程的侧缘（平）石、树池等项目以延长米计算，包括各转弯处的弧形长度

道路工程定额中基层定额说明，见表 4-12。

表 4-12　　　　　　　　　道路基层定额说明

序号	项 目	说 明
1	石灰土基、多合土基、多层次铺筑	石灰土基、多合土基、多层次铺筑时,其基础顶层需进行养护。养护期按 7d 考虑。其用水量已综合在顶层多合土养护定额内,使用时不得重复计算用水量
2	各种材料的底基层材料	各种材料的底基层材料消耗中不包括水的使用量,当作为面层封顶时如需加水碾压,加水量由各省、自治区、直辖市自行确定
3	多合土基层中各种材料	多合土基层中各种材料是按常用的配合比编制的,当设计配合比与定额不符时,有关的材料消耗量可由各省、自治区、直辖市另行调整,但人工和机械台班的消耗不得调整
4	石灰土基层	石灰土基层中的石灰均为生石灰的消耗量。土为松方用量
5	"每增减"的子目	道路基层中设有"每增减"的子目,适用于压实厚度 20cm 以内。压实厚度在 20cm 以上应按两层结构层铺筑

37. 石灰炉渣土基层定额工作内容包括哪些?

(1)人工拌合:放样,清理路床,运料,上料,铺石灰,焖水,配料拌合,找平,碾压,人工处理碾压不到之处,清除杂物。

(2)拖拉机拌合(带犁耙):放样,清理路床,运料,上料,机械整平土方,铺石灰,焖水,拌合,排压,找平,碾压,人工处理碾压不到之处,清理杂物。

(3)拌合机拌合:放样,清理路床,运料,上料,机械平整土方,铺石灰,焖水,拌合机拌合,排压,找平,碾压,人工拌合处理碾压不到之处,清理杂物。

38. 如何计算路床(槽)碾压宽度?

道路工程路床(槽)碾压宽度计算应按设计车行道宽度另计两侧加宽值,加宽值的宽度由各省、自治区、直辖市自行确定,以利路基的压实。

39. 道路炉渣底层、矿渣底层、坡石底层、沥青稳定碎石定额工作内容包括哪些?

道路工程中炉渣底层、矿渣底层、坡石底层、沥青稳定碎石定额工作内容见表 4-13。

表 4-13　　　　　　　　　　定额工作内容

序号	项目名称	工作内容
1	炉渣底层	放样,清理路床,取料,运料,上料,摊铺,找平,洒水,碾压
2	矿渣底层	放样,清理路床,取料,运料,上料,摊铺,找平,洒水,碾压
3	山坡石底层	放样,清理路床,取料,运料,上料,摊铺,找平,洒水,碾压
4	沥青稳定碎石	放样,清扫路基,人工摊铺,洒水,喷洒机喷油,嵌缝,碾压,侧缘石保护,清理

40. 道路路面有哪些类型?

(1)按材料和施工方法分类。路面按材料和施工方法可分为碎(砾)石类、结合料稳定类、沥青类、水泥混凝土类、块料类五大类型:

1)碎(砾)石类。用碎(砾)石按嵌挤原理或最佳级配原理配料铺压而成的路面。一般用作面层、基层。

2)结合料稳定类。掺加各种结合料,使各种土、碎(砾)石混合料或工业废渣的性质改善,成为具有较高强度和稳定性的材料,经铺压而成的路面。

3)沥青类。在矿质材料中,以各种方式掺入沥青材料修筑而成的路面。

4)水泥混凝土类。以水泥与水合成水泥浆为结合料、碎(砾)石为骨料、砂为填充料,经拌合、摊铺、振捣和养护而成的路面。

5)块料类。用整齐、半整齐块石或预制水泥混凝土块铺砌,并用砂嵌缝后碾压而成的路面。

(2)按路面力学特性分类。路面按力学特性通常分为柔性路面与刚性路面两种类型:

1)柔性路面。柔性路面主要包括用各种基层(水泥混凝土除外)和各类沥青面层、碎(砾)石面层、块料面层所组成的路面结构。

2)刚性路面。刚性路面主要指用水泥混凝土作面层或基层的路面结构。

41. 我国路面分为哪几个等级?

目前,我国路面分为高级路面、次高级路面、中级路面与低级路面四个等级。

(1)高级路面。它包括由沥青混凝土、水泥混凝土、厂拌沥青碎石、整齐石或条石等材料所组成的路面。这类路面的结构强度高,使用寿命长,适应的交通量大,能保证行车的平稳和较高的车速,路面建成后,养护费用较省,运输成本低。

(2)次高级路面。它包括由沥青贯入式、路拌沥青碎(砾)石、沥青表面处治和半整齐块石等材料所组成的路面,与高级路面相比,其使用品质稍差,使用寿命较短,造价较低。

(3)中级路面。它包括泥结或级配碎砾石、不整齐块石和其他粒料等材料所组成的路面,它的强度低,使用期限短,平整度差,易扬尘,行车速度不高,适应的交通量较小,且维修工作量大,运输成本也较高。

(4)低级路面。它包括由各种粒料或当地材料将土稍加改善后所形成的路面,如煤渣土、砾石土、砂砾土等。它的强度低,水稳定性和平整度均较差,易扬尘,交通量小,车速低,行车条件差,养护工作量大,运输成本很高。

42. 什么是路幅?

路幅是指公路路基顶面两路肩外侧边缘之间的部分。

43. 什么是路肩?什么是路床?

路肩是位于行车道外缘至路基边缘,具有一定宽度的带状结构部分。路肩通常包括路缘带(高速公路和一级公路才设置)、硬路肩、土路肩三部分。

路床,又叫路面,是用筑路材料铺在路基顶面,供车辆直接在其表面行驶的一层或多层的道路结构层,路面起着车辆载重的负载,抵抗车轮磨耗,保持表面平整的作用。

44. 什么是路缘石?什么是隔离带?

路缘石(道牙、侧石)是区分车行道、人行道、绿地、隔离带的分界线,作为车行道(路面)两侧的支撑,分隔行人和车辆交通的道路设施。

隔离带是指为分隔机动车道的上、下行车道或分隔机动车和非机动车道而设置的绿地或安装交通工程设施和地下埋设公用管线的预留地。

45. 什么是路缘带？什么是两侧带？

路缘带是路肩或中间带的组成部分，与行车道连接，用行车道的外侧标线或不同的路面颜色来表示。路缘带主要起诱导驾驶员视线和分担侧向余宽的作用，以利于行车安全。

布置在横断面两侧的分车带叫两侧带，其作用与中间带相同，只是设置的位置不同而已。两侧带常用于城市道路的横断面设计中，它可以分隔快车道与慢车道、机动车道与非机动车道、车行道与人行道等。

46. 什么是路侧带？

位于城市道路行车道两侧的人行道、绿带、公用设施带等统称为路侧带。路侧带的宽度应根据道路类别、功能、行人流量、绿化、沿街建筑性质及布设公用设施要求等确定。

47. 什么是沥青表面处治路面？

沥青表面处治路面是层厚不超过 3cm 的沥青路面面层，用尺寸较均匀的碎(砾)石，与稠度较低的沥青材料，按拌合法或层铺法铺筑而成的路面，其具有防水、提高路面粗糙度、保护路面下层等功能。沥青表面处治材料规格和用量见表 4-14。

表 4-14 沥青表面处治材料规格和用量

沥青种类	类型	厚度/cm	骨料/($m^3/1000m^2$)						沥青或乳液用量/(kg/m^2)			合计用量
			第一层		第二层		第三层		第一次	第二次	第三次	
			粒径规格	用量	粒径规格	用量	粒径规格	用量				
石油沥青	单层	1.0	S12	7~9					1.0~1.2			1.0~1.2
		1.5	S10	12~14					1.4~1.6			1.4~1.6
	双层	1.5	S10	12~14	S12	7~8			1.4~1.6	1.0~1.2		2.4~2.8
		2.0	S9	16~18	S12	7~8			1.6~1.8	1.0~1.2		2.6~3.0
		2.5	S8	18~20	S12	7~8			1.8~2.0	1.0~1.2		2.8~3.2
	三层	2.5	S8	18~20	S10	12~14	S12	7~8	1.6~1.8	1.2~1.4	1.0~1.2	3.8~4.4
		3.0	S6	20~22	S10	12~14	S12	7~8	1.8~2.0	1.2~1.4	1.0~1.2	4.0~4.6

(续)

沥青种类	类型	厚度/cm	骨料(m³/1000m²)						沥青或乳液用量/(kg/m²)			
			第一层		第二层		第三层		第一次	第二次	第三次	合计用量
			粒径规格	用量	粒径规格	用量	粒径规格	用量				
乳化沥青	单层	0.5	S14	7~9					0.9~1.0			0.9~1.0
	双层	1.0	S12	9~11	S14	4~6			1.8~2.0	1.0~1.2		2.8~3.2
	三层	3.0	S6	20~22	S10	9~11	S12 S14	4~6 3.5~4.5	2.0~2.2	1.8~2.0	1.0~1.2	4.8~5.4

注:1. 煤沥青表面处治的沥青用量可比石油沥青用量增加 15%~20%。

2. 表中乳化沥青的乳液用量适用于乳液中沥青用量约为 60%的情况。

3. 在高寒地区及干旱风沙大的地区,可超出高限 5%~10%。

48. 什么是沥青贯入式路面?

沥青贯入式路面是在初步压实的碎石(砾石)层上,分层浇洒沥青、撒布嵌缝料后经压实而成的路面。沥青贯入式路面适用于二级及二级以下公路的面层,还可用作热拌沥青混凝土路面的基层,厚度一般为 4~8cm,但用乳化沥青时,厚度不宜超过 5cm。沥青贯入式路面上部加铺热拌沥青混合料面层时,总厚度宜为 6~10cm,其中拌合层厚度为 2~4cm。沥青贯入式路面宜在较干燥或气温较高时施工,在雨季前或日照气温低于 15℃到来前半个月结束,通过开放交通靠行车碾压来进一步成形。沥青贯入式面层材料规格和用量见表 4-15。

表 4-15 沥青贯入式面层材料规格和用量

(用量单位:骨料为 m³/1000m²,沥青及沥青乳液为 kg/m²)

沥青品种	石油沥青					
厚度/cm	4		5		6	
规格和用量	规格	用量	规格	用量	规格	用量
封层料	S14	3~5	S14	3~5	S13(S14)	4~6
第三遍沥青		1.0~1.2		1.0~1.2		1.0~1.2
第二遍嵌缝料	S12	6~7	S11(S10)	10~12	S11(S10)	10~12
第二遍沥青		1.6~1.8		1.8~2.0		2.0~2.2
第一遍嵌缝料	S10(S9)	12~14	S8	12~14	S8(S6)	16~18
第一遍沥青		1.8~2.1		1.6~1.8		2.8~3.0
主层石料	S5	45~50	S4	55~60	S3(S4)	66~76
沥青总用量		4.4~5.1		5.2~5.8		5.8~6.4

(续)

沥青品种	石油沥青				乳化沥青			
厚度/cm	7		8		4		5	
规格和用量	规格	用量	规格	用量	规格	用量	规格	用量
封层料	S13(S14)	4~6	S13(S14)	4~6	S13(S14)	4~6	S14	4~6
第五遍沥青								0.8~1.0
第四遍嵌缝料							S14	5~6
第四遍沥青						0.8~1.0		1.2~1.4
第三遍嵌缝料					S14	5~6	S12	7~9
第三遍沥青		1.0~1.2		1.0~1.2		1.4~1.6		1.5~1.7
第二遍嵌缝料	S10(S11)	11~13	S10(S11)	11~13	S12	7~8	S10	9~11
第二遍沥青		2.4~2.6		2.6~2.8		1.6~1.8		1.6~1.8
第一遍嵌缝料	S6(S8)	18~20	S6(S8)	20~22	S9	12~14	S8	10~12
第一遍沥青		3.3~3.5		4.0~4.2		2.2~2.4		2.6~2.8
主层石料	S3	80~90	S1(S2)	95~100	S5	40~45	S4	50~55
沥青总用量		6.7~7.3		7.6~8.2		6.0~6.8		7.4~8.5

注:1. 煤沥青贯入式的沥青用量可比石油沥青用量增加15%~20%。

2. 表中乳化沥青用量是指液的用量,并适用于乳液浓度约为60%的情况。

3. 在高寒地区及干旱风沙大的地区,可超出高限5%~10%。

49. 常用的沥青改性剂有哪些?

(1)填充剂,如炭黑、天然沥青、纤维、硫磺等,其具有提高稳定性、耐久性,减少车辙、鼓包、裂纹和剥落等特点。

(2)有机表面活性化合物,如聚胺、聚乙烯基醋酸酯(EVA)、苯乙烯—丁二烯粘结剂、聚乙烯等,其具有提高刚度和韧性,降低温度敏感性,提高抗滑性等特点。

(3)热塑性聚合物,如聚乙烯基醋酸酯、聚苯乙烯—丁二烯等,其具有提高耐久性、抗裂纹及永久变形能力。

(4)液态热致聚合物,如苯乙烯基聚合物等。其具有改善老化前后延伸性能及低温柔韧性等特点。

(5)助粘剂,如铵基化合物、金属铵基化合物、石灰等。其具有加强石料和沥青的粘结力和防水性,减少水的破坏的特点。

(6)氧化剂。氧化剂是一种熔于烃类的含锰可溶性油基皂。其具有提高耐受车辙及其他变形能力的特点。

(7)抗老化剂,如沥青质胶溶剂、石灰等。其具有增进沥青质胶溶、减缓沥青氧化、减轻聚合物改性沥青的硬化的特点。

50. 沥青贯入式面层的厚度是多少?其施工程序是怎样的?

沥青贯入式面层的厚度一般为10cm,采用碎砾石时可适当减薄至7~8cm,各种沥青贯入式面层施工程序见表4-16。

表4-16　　　各种沥青贯入式面层施工程序表

施工程序			深 贯 入			浅 贯 入		
工序	碾重/t	细小工序	编号	碾压遍数	材料规格/mm	编号	碾压遍数	材料规格/mm
摊铺石料	—	摊铺石料	1	—	30~70(碎石或碎砾石)	1	—	30~70
碾压石料	稳定6~8	初压	2	1~2		2	1~2	
		修整路型局部找补	3	—		3	—	
		泼水	4	—		4	—	
		碾压	5	3~4		5	3~4	
	压实≥10	碾压、泼水、点补	6	6~8		6	6~8	
嵌缝	>10	嵌缝				7	—	15~25
		碾压				8	3~5	
第一遍沥青及嵌缝	>10	泼油	7			9		
		嵌缝	8		15~25(碎石)	10		10~15
		碾压	9	4~6		11	4~6	
第二遍沥青及嵌缝	>10	泼油	10			12		
		嵌缝	11		10~15(碎石)	13		5~10
		碾压	12	6~8		14	6~8	
罩面	8~10	泼油	13			15		
		撒细骨料	14		石屑、米砾石或粗砂	16		石屑、米砾石或粗砂
		碾压	15	2~4		17	2~4	
总碾压遍数				22~32			25~37	

51. 如何试拌沥青混合料?

沥青混合料宜在拌合厂制备。在拌制一种新配合比的混合料之前,或生产中断了一段时间后,应根据室内配合比进行试拌。通过试拌及抽样试验确定施工质量的控制指标。

(1)对间歇式拌合设备,应确定每盘热料仓的配合比,对连续式拌合设备,应确定各矿料送料口的大小及沥青、矿料的进料速度。

(2)沥青混合料应按设计沥青用量进行试拌,试拌后取样进行马歇尔试验,并将其试验值与室内配合比试验结果进行比较,验证沥青用量的合理性,必要时可作适当调整。

(3)确定适宜的拌合时间。间歇式拌合设备每盘拌合时间宜为30~60s,以沥青混合料拌合均匀为准。

(4)确定适宜的拌合与出厂温度。沥青(指石油沥青)的加热温度宜为130~160℃,加热不宜超过6h,且当天用完,不宜多次加热,以免老化。砂石加热温度为140~170℃,矿粉不加热。沥青混合料(指石油沥青混合料)出厂温度宜控制在130~160℃。

52. 如何计算沥青混合料的抗弯拉强度?

沥青混合料的抗弯拉强度,取决于所用材料的性质(沥青的性质、沥青的用量、矿料的性质、混合料的均匀性)及结构破坏过程的加荷状况(重复次数、应力增长速度等)。此外,计算时期的温度状况对抗弯拉强度也有很大的影响。

沥青混合料的抗弯拉强度计算公式:

$$\sigma_t = \frac{PL}{bh^2}$$

式中 P——最大荷载(kN);
b——试件宽度(mm);
h——试件高度(mm);
L——跨径(mm)。

53. 什么是封层? 其适用范围是什么?

封层是修筑在面层或基层上的沥青混合料薄层。铺筑在面层表面上的称为上封层,铺筑在面层下面的称为下封层。上封层适用于空隙较大、透水严重的沥青面层;有裂缝或已修补的旧的沥青路面,需要铺耗层或保护层的新建沥青路面。下封层适用于位于多雨地区且沥青面层空隙较大、渗水严重的沥青路面。

54. 什么是粘层及联结层?

粘层是为加强在路面的沥青层及沥青层之间,沥青层与水泥混凝土路面之间的粘结而洒布的沥青材料薄层。

联结层是路面的结构层之一,设于面层与基层之间,也可作为面层的下层。各国较多采用沥青稳定碎石联结层和碎石联结层两种,前者多设计于石灰土基层上与半刚性基层之间,以加强两者的联结,防止行车时面层沿基层表面推移;后者多设于石灰土基层上,以防止石灰土冻胀裂缝影响沥青面层。

55. 什么是水泥混凝土路面?其分为哪几类?

水泥混凝土路面是指以水泥混凝土面板和基(垫)层所组成的路面。包括钢筋混凝土路面、连续配筋混凝土路面、预应力混凝土路面、钢纤维混凝土和装配式混凝土路面等。

(1)钢筋混凝土路面是指为防止可能产生的裂缝缝隙张开,板内配置纵、横向钢筋或钢筋网的水泥混凝土路面。钢筋混凝土板的缩缝间距一般为 10～20m,最大不宜超过 30m,缩缝内必须设置传力杆。

(2)连续配筋混凝土路面是指沿纵向配置连续的钢筋,除了在与其他路面交接处或邻接构造物处设置胀缝以及视施工需要设置施工缝外,不设横向缩缝的水泥混凝土路面。一般适用于高速公路、一级公路和机场混凝土路面。

(3)预应力混凝土路面是指对混凝土施加预应力的路面,其板厚一般为 15cm 左右。

(4)钢纤维混凝土路面是指在混凝土掺入钢纤维的水泥混凝土路面。纤维掺量一般在 1‰～2‰,纤维长度宜为 25～60mm,直径 0.4～0.7mm,长径比以 50～70 为好。钢纤维混凝土路面的板厚可比无筋混凝土路面的板厚减薄 35%～45%,缩缝间距可增至 15～20m,胀缝与纵缝可以不设。

56. 钢筋混凝土路面设置钢筋网的主要目的是什么?

钢筋混凝土路面是指为防止可能产生的裂缝缝隙张开,板内配置有纵、横向钢筋(或钢丝)网的混凝土路面。

设置钢筋网的主要目的是控制裂缝缝隙的张开量,把开裂的板拉在一起,使板依靠断裂面上的骨料嵌锁作用而保证结构强度,并非增加板的抗弯强度。因而,钢筋混凝土面层所需的厚度与素(无筋)混凝土面层的厚度相同。配筋是按混凝土收缩时将板块拉在一起所需的拉力确定。最大的拉力出现在板中央开裂时,它等于由该处到最近的板边缘范围内面层和基层之间的摩阻力。

57. 滑模式混凝土摊铺的常见问题有哪些?

(1)塌边。塌边的主要形式有边缘出现塌落、倒边和松散无边等。

1)边缘塌落。边缘塌落影响路面的平整度和横坡。对双幅施工的整体路面,往往表现为中间积水。造成边缘塌落的主要原因有:模板边缘调整角度不正确,正确的调整应根据混凝土的坍落度调整一定的预抛高度,使塌落定型时恰好符合设计的边缘要求;摊铺速度过慢(当摊铺工作速度在 0.5~0.8m/min 时),由于 L 型振动器强有力的振动影响到滑模板已摊铺好的边缘,引起边缘塌落,滑模机的理想速度为 2~4m/min。

2)倒边和松散无边。造成这种现象的主要原因有:拌合料出现离析现象,使用立轴式混凝土拌合设备时离析尤为严重。因为它的出料靠拌叶将混凝土拌合料刮出,由于混合料所含成分的密度不一,在刮出力的作用下抛出距离不同,大骨料常被抛在一起,使骨料和砂浆离析。这种现象若处在边缘,就不可避免地出现倒边。若处在中间,就会出现麻面。布料器布料往往将振捣的混凝土稀浆分到两边而导致倒边;扁平状成圆粒骨料成形差,边缘在脱离滑模板后失去支承就会发生倒边。

(2)麻面。混凝土的坍落度值低是形成麻面的主要原因,其次是拌合不匀。

58. 什么情况下水泥混凝土路面施工时需设置接缝?

为减少伸缩变形和翘曲变形受到约束而产生内应力以及为满足施工需要,水泥混凝土路面施工时需设置各种类型的接缝,包括纵缝和横缝两大类。按功能分为缩缝、胀缝和施工缝三种。胀缝一般宽 2.0～2.5cm，缝隙上部 3～4cm 深度内浇灌填缝料，下部则设置富有弹性的接缝板。缩缝在板的上部设缝隙，宽 3～8mm，深度约为板厚为 1/5～1/4。

59. 什么是传力杆？

传力杆是指在两相邻混凝土路面板之间传递行车荷载和防止错台、减小板内应力的传力杆件。在特重交通的公路上，横向缩缝宜设传力杆。传力杆应采用光圆钢筋，其一端固定在一侧板内，另一端可以在邻侧板内滑动，滑动一侧的杆件再加 5cm 长度，应涂以沥青或加塑料套。胀缝处的传力杆，尚应在涂沥青一端加一套子，内留 3cm 的空隙，填以纱头或泡沫塑料，套子端宜在相邻板中交错布置。传力杆一般长 30～50cm，直径 20～30mm，间距 30～60cm，最外边的传力杆距接缝或自由边的距离一般为 15～25cm。

60. 什么是伸缩缝？其定额工作内容包括哪些？

伸缩缝是适应混凝土路面板伸缩变形的预留缝。伸缩缝的定额工作内容主要包括以下几方面：

（1）切缝：放样、缝板制作、备料、熬制沥青、浸泡木板、拌合、嵌缝、烫平缝面。

（2）PG 道路嵌缝胶：清理缝道、嵌入泡沫背衬带、配制搅料、PG 胶、上料灌缝。

61. 黑色碎石路面的构造是怎样的？如何计算其定额工程量？

黑色碎石路面一般分为两层铺筑：下层为沥青碎石，压实厚度为 3.5～5cm；上层采用沥青石屑时，厚度控制在 1～1.5cm，采用沥青砂时厚度为 1cm。也可在下层沥青碎石上面洒沥青（0.5～1.0kg/m²），用 7mm 以下小砾石（碎石）封面碾压平整。

黑色碎石路面定额工程量应按设计图示面积以"m²"计算，并根据摊铺方法与摊铺厚度套相应定额。

62. 什么是块料路面？

块料路面指用块状石料或混凝土预制块铺筑的路面。按照其使用材料性质、形状、尺寸、修琢程度的不同,分为条石、小方石、拳石、粗琢石及混凝土块料路面。块石铺好并经检验合格后,用填缝料填缝,填缝深度应与块石厚度相同,然后加以夯打或碾压,达到坚实稳定为止。

块料路面的强度,主要借基础的承载力和石块与石块之间的摩擦力所构成。

预制块料路面的厚度可用 8~20cm,块料可用(15~30cm)×(12~15cm)的矩形块,也可用 15~30cm 大角形块。

63. 什么是企口?

企口是指两块平板相接,板边分别起半边通槽口,一上一下搭合拼接,可防止透缝的构造。

64. 什么是防滑槽?什么是真空吸水?

防滑槽是指在水泥混凝土路面中,为保证车辆和行人正常行驶时所设置的一种防止路面由于下雨或洪水冲洗后的潮湿地面出现交通事故的措施。

真空吸水是混凝土的一种机械脱水方法,可有效地防治表面缩裂,提高抗冻性,降低水胶比,缩短整平、抹面、拉毛、拆模工序的间隙时间,加速模板周转,提高施工效率,减轻劳动强度,为混凝土机械施工创造条件。

在水泥混凝土路面定额中,均不含真空吸水和路面刻防滑槽。真空吸水和路面刻防滑槽等按厚度计算。

65. 如何计算道路面层定额工程量?其定额说明包括哪些内容?

(1)道路面层工程量计算规则如下:

1)道路工程沥青混凝土、水泥混凝土及其他类型路面工程量以设计长乘以设计宽计算(包括转弯面积),不扣除各类井所占面积。

2)伸缩缝以面积为计量单位。此面积为缝的断面积,即设计宽乘以设计厚。

3)道路面层按设计图所示面积(带平石的面层应扣除平石面积)以 m^2 计算。

(2)道路面层定额说明见表 4-17。

表 4-17　　　　　　　　道路面层定额说明

序号	项目	说明
1	沥青混凝土路面、黑色碎石路面	沥青混凝土路面、黑色碎石路面所需要的面层熟料实行定点搅拌时，其运至作业面所需的运费不包括在该项目中，需另行计算
2	水泥混凝土路面	(1)水泥混凝土路面，综合考虑了前台的运输工具不同所影响的工效及有筋无筋等不同的工效。施工中无论有筋无筋及出料机具如何均不换算。水泥混凝土路面中未包括钢筋用量。如设计有筋时，套用水泥混凝土路面钢筋制作项目。 (2)水泥混凝土路面均按现场搅拌机搅拌。如实际施工与定额不符时，由各省、自治区、直辖市另行调整。 (3)水泥混凝土路面定额中，不含真空吸水和路面刻防滑槽
3	喷洒沥青油料	喷洒沥青油料定额中，分别列有石油沥青和乳化沥青两种油料，应根据设计要求套用相应项目

66. 路面洒水汽车取水平均运距超过 5km 时应怎样计取费用？

平均运距是指运输工具在进行运输过程中所行驶距离的平均值。洒水汽车取水的平均运距若超过 5km，则可按路基工程的洒水汽车洒水定额中的增运定额增列洒水汽车台班，增加的洒水汽车台班不得再计水费。

67. 什么是人行道？

人行道是城市道路的附属工程之一。根据面层使用材料可分为沥青面层人行道、水泥混凝土人行道和预制块人行道等。

68. 什么是预制块人行道？常用预制块规格和适用范围是什么？

预制块人行道是用预制人行道板块铺筑而成的人行道面，是一种最常见的铺筑形式。一般由人工挂线铺筑，常在车行道铺筑完毕后进行。人行道基层多采用石灰稳定土，在其上铺砌预制块。常用的预制块规格和适用范围见表 4-18 和表 4-19。

表 4-18　　预制水泥混凝土大方砖常用规格与适用范围

品　种	规　格 长×宽×厚/cm×cm×cm	混凝土强度/MPa	用　途
大方砖	40×40×10	25	广场与路面
大方砖	40×40×7.5	20~25	庭院、广场、路面
大方砖	49.5×49.5×10	20~25	庭院、广场、路面

表 4-19　　预制混凝土小方砖常用规格与适用范围

品种	规格(长×宽×厚)/cm×cm×cm	混凝土强度/MPa	用　途
9格小方砖	25×25×5	25	人行道(步道)
16格小方砖	25×25×5	25	人行道(步道)
格方砖	20×20×5	20~25	人行步道、庭院步道
格方砖	23×23×4	20~25	人行步道、庭院步道
水泥花砖	20×20×1.8 单色、多色图案	20~25	人行步道、庭院步道、人行通道

69. 什么是现浇水泥混凝土人行道？

现浇水泥混凝土人行道是用混凝土浇制而成的人行道路面，其构造与施工方法和水泥混凝土路面的构造与施工基本相同，混凝土的砂率应按碎(砾)石和砂的用量、种类、规格及混凝土的水灰比确定，并应按表4-20规定选用。

表 4-20　　　　　　　　　　混凝土砂率

水胶比 \ 砂率(%) \ 碎(砾)石	碎石最大粒径 40mm	砾石最大粒径 40mm
0.40	27~32	24~30
0.50	30~35	28~33

70. 什么是沥青类人行道？

沥青类人行道是利用沥青混合料铺设而成的人行道路面，其构造与施工方法和沥青类路面基本相同。沥青混凝土路面配合比见表4-21。

表4-21　　　　　　　　沥青混凝土路面配合比

编号	名称	规格	矿料配合比(%)					沥青用量(%)外加
			碎石10~30mm	碎石5~20mm	碎石2~10mm	粗砂	矿粉	
1	粗粒式沥青碎石	LS-30	58	—	25	17	—	3.2±5
2	粗粒式沥青混凝土	LH-30	35	—	24	36	5	4.2±5
3	中粒式沥青混凝土	LH-20	—	38	29	28	5	4.3±5
4	细粒式沥青混凝土	LH-10	—	—	48	44	8	5.1±5

71. 人行道块料包括哪些种类？

人行道块料包括异型彩色花砖和普通型砖等。

(1)异型彩色花砖是一种装饰材料，由水泥混凝土浇灌成形，利用各种模板可做成D形、S形、T形等不同形状。

(2)普通型砖是砖砌体中的一种，其主要原料为黏土、页岩、煤矸石、粉煤灰等，并加入少量添加料，经配料、混合匀化、制坯、干燥、预热、焙烧而成。

72. 什么是水泥花砖？如何计算其定额工程量？

水泥花砖，也叫水泥花阶砖，是以白水泥、普通硅酸盐或矿渣硅酸盐水泥、铝酸盐水泥、砂、矿物颜料按一定比例经机械压制成形，养护后罩面而成。

水泥花砖定额工程量按图纸设计尺寸的实铺面积以"100m²"为单位计算，并根据花砖规格和不同材料砂浆的比例套相应的定额项目。

73. 缸砖、陶砖常用规格和适用范围是什么？

缸砖、陶砖常用规格和适用范围见表4-22，可根据不同的使用要求选择。

表 4-22　　　　　缸砖、陶瓷砖常用规格适用范围

品种	规格(长×宽×厚)/ cm×cm×cm	混凝土强度 /MPa	适用范围
方缸砖	25×25×5 15×15×1.3 10×10×1.0	>15	人行步道,庭院步道
陶瓷砖	15×15×1.3 10×10×1.0	>15	庭院步道,通道面砖

74. 人行道侧缘石及其他定额工作内容有哪些?

人行道侧缘石及其他定额工作内容,见表 4-23。

表 4-23　　　　　人行道侧缘石及其他定额工作内容

序号	项目名称	工　作　内　容
1	人行道板安砌	放样、运料、配料拌合、找平、夯实、安砌、灌缝、扫缝
2	异型彩色花砖安砌	放样、运料、配料拌合、找平、夯实、安砌、灌缝、扫缝
3	侧缘石垫层	运料、备料、拌合、摊铺、找平、洒水、夯实
4	侧缘石安砌	放样、开槽、运料、调配砂浆、安砌、勾缝、养护、清理
5	侧平石安砌	放样、开槽、运料、调配砂浆、安砌、勾缝、养护
6	砌筑树池	放样、开槽、配料、运料、安砌、灌缝、找平、夯实、清理
7	消解石灰	集中消解石灰、推土机配合、小堆沿线消解、人工闷翻

75. 什么是侧缘石?如何计算其定额工程量?

侧缘石是指路面边缘与其他构造物分界处的标界石,一般用石块或混凝土块砌筑。侧缘石安砌是将缘石沿路边高出路面砌筑,平缘石安砌将缘石沿路边与路面水平砌筑。

侧缘石安砌定额工程量按实砌长度以"100m"为单位计算,并根据材质以及规格长度和结构类型分别套相应的定额项目。

76. 路缘石安砌主要要求有哪些?

(1)路缘石按用途不同可分为:

1)立缘石:安设在高级路面边缘,一般高出路面 15cm,在外侧铺装步道。

2)平缘石:安设在路面和路肩之间,其顶面应与路面齐平。

3)弯缘石:安设在弯道或路口。

(2)道牙基础施工。道牙基础宜与路床同时填挖和碾压,以保证有整体的均匀密实度。灰土基础施工时,应先将槽底夯实。

(3)测量放线。先校核道路中线并重新钉立边桩,在直线部分桩距为 10～15m,在弯道上为 5～10m,路口圆弧为 1～5m。按新钉桩放线,在直线部分可用小线放线,在曲线部分应用白灰粉画线。在刨槽后安装前再复核一次,并应测出道牙顶面高程标志。

(4)安砌。

1)钉桩挂线后,把路缘石沿基础一侧依次排好。

2)立缘石、平缘石的垫层用 1∶3 石灰砂浆,勾缝用 M10 水泥砂浆。

3)砂浆拌好后匀铺在基础上,虚厚约 2cm,按放线位置安砌路缘石。

4)砌完的路缘石顶面应平整,缝宽为 1cm,线条直顺,弯道圆滑。

(5)还土。

1)路缘石背后应用石灰土还土夯实,夯实宽度不小于 50cm,高度不小于 15cm,压实度在 90％以上。如发现路缘石倾斜或移动现象,应即时修整。

2)平石砌完后,内侧应铺石渣,外侧填土仔细夯实,避免平石倾斜或移动。

(6)勾缝。勾缝前,先修整路缘石,使其位置及高程符合设计要求。沥青路面的路缘石勾缝宜在路面铺筑完成后进行。

(7)养护。道牙的养护期不得少于 3d,在此期间内应严防碰撞。

(8)雨水口处道牙的砌筑,应与雨水口施工配合。

77. 什么是树池砌筑?

树池砌筑是用各种砌筑材料沿树围砌的构筑物。砌筑材料包括混凝土块、石质块、条石块、单双层立砖等。混凝土块是指混凝土砌块,由水泥、粗细骨料加水搅拌,经装模、振动成形并经养护而成。石质块是指石质砌块,常用石质块有片石、块石、毛石等,均要求石料质地均匀、无裂缝、不易风化、无脱皮、强度不小于 30MPa。条石块指长方形整形块石。单层立砖是墙砌体中的一种,按材料来源分为两种,一种是以1:3的水泥砂浆为原料,一种是以M5的混合砂浆为原料。双层立砖按材料来源分两种(同单层立砖)。

78. 什么是异形彩色花砖?其安砌的定额工作内容有哪些?

异形彩色花砖是一种装饰材料,由水泥混凝土浇灌成型,利用各种模板可做成D形、S形、T形等不同形状,其具体材料由42.5级水泥、生石灰、中粗砂,按照一定的配合比拌合而成。

异形彩色花砖安砌的工作内容主要包括:放样、运料、配料拌合、扒平、夯实、安砌、灌缝、扫缝。

79. 人行道板安砌的定额工作内容有哪些?怎样计算其定额工程量?

人行道板安砌的工作内容包括:放样、运料、配料拌合、找平、夯实、安砌、灌缝、扫缝。

人行道板安砌工程量,按不同垫层材料、人行道板规格,以人行道板安砌的面积计算,计量单位为"100m^2"。

80. 什么是接线工作井?

接线工作井是指人可以出入安置电缆接头等附属部件或供牵拉电缆作业所需的小型构筑物。

81. 电缆保护管有哪些种类?其主要要求有哪些?

目前,使用的电缆保护管种类包括钢管、铸铁管、硬质聚氯乙烯管、陶土管、混凝土管、石棉水泥管等。电缆保护管一般用金属管者较多,其中镀锌钢管防腐性能好,因而被普遍用作电缆保护管。

(1)电缆保护钢管或硬质聚氯乙烯管的内径与电缆外径之比不得小于1.5倍。

(2)电缆保护管不应有穿孔、裂缝和显著的凸凹不平,内壁应光滑。金属电缆保护管不应有严重锈蚀。

(3)采用普通钢管作电缆保护管时,应在外表涂防腐漆或沥青(埋入混凝土内的管子可不涂)防腐层;采用镀锌管而锌层有剥落时,亦应在剥落处涂漆防腐。

(4)硬质聚氯乙烯管因质地较脆,不应用在温度过低或过高的场所。敷设时,温度不宜低于 0℃,最高使用温度不应超过 50～60℃。在易受机械碰撞的地方也不宜使用。如因条件限制必须使用,则应采用有足够强度的管材。

(5)无塑料护套电缆尽可能少用钢保护管,当电缆金属护套和钢管之间有电位差时,容易因腐蚀导致电缆发生故障。

82. 什么是标志板？交通标志如何分类？

标志板是指用图形符号、颜色和文字向交通参与者传递特定信息,用于交通管理的设施。其形状、图案、尺寸、设置、构造、反光、照明和道路交通标志的颜色范围以及制作,必须按规定执行。

交通标志按作用和功能的不同分为主标志和辅助标志两大类。主标志又可分为警告标志、禁令标志、指示标志、指路标志、旅游区标志和道路施工安全标志六种;辅助标志附设在主标志下,起辅助说明作用。交通标志按使用材料的不同分为钢筋混凝土标志和金属标志两大类,金属标志又可分为铝合金标志和钢板标志两种。交通标志按设置形式的不同可分为单柱式、双柱式、单悬臂、双悬臂、门架式和附着式六种。

83. 视线诱导设施主要包括哪些？其作用是什么？

视线诱导设施主要包括分合流标志、线形诱导标、轮廓标等,主要作用是在夜间通过对车灯光的反射,使司机能够了解前方道路的线形及走向,使其提前做好准备。分合流标志、线形诱导标的结构与交通标志相同,轮廓标主要包括附着式、柱式等形式。

84. 标记使用的油漆一般包括哪几种？

(1)按照涂料形态分:粉末、液体。

(2)按成膜机理分:转化型、非转化型。

(3)按施工方法分:刷、辊、喷、浸、淋、电泳。

(4)按干燥方式分:常温干燥、烘干、湿气固化、蒸汽固化、辐射能固化。

(5)按使用层次分:底漆、中层漆、面漆、腻子等。

(6)按涂膜外观分:清漆、色漆;无光、平光、亚光、高光;锤纹漆、浮雕漆等。

(7)按使用对象分:汽车漆、船舶漆、集装箱漆、飞机漆、家电漆等。
(8)按漆膜性能分:防腐漆、绝缘漆、导电漆、耐热漆等。
(9)按成膜物质分:醇酸、环氧、氯化橡胶、丙烯酸、聚氨酯、乙烯。

85. 什么是交通信号灯?如何设置?

交通信号灯是指在道路上设置的一般用绿、黄、红色显示的指挥交通的信号灯。交通信号灯应按《道路交通信号灯设置与安装规范》(GB 14886)规定设置。有转弯专用车道且用多相位信号控制的干道上,按各流向车道分别设置车道信号灯。

信号灯的设置应包括机动车信号灯、行人信号灯、自行车信号灯。当自行车交通流可与行人交通流同样处理时,可装自行车、行人共用信号灯。

86. 什么是环形检测线及值警亭?

环形检测线是设置在城市主干道用于收集交通信息和车辆信息的装置。

值警亭是指市政道路工程中设置的方便报警和便于警察站岗值班的岗亭。

87. 什么是护栏?如何分类?

护栏是指设置在道路边缘用于防止失控车辆驶出路道或越过中央分隔带而设置的交通安全设施,它兼有诱导驾驶人员的视线,引起其警惕性或限制行人任意横穿等目的,一般在路基填土较高而边坡较陡处或路线急弯处设置。护栏按结构形式的不同可分为柱式护栏、墙式护栏、波形钢板护栏等。

(1)柱式护栏是指将预制的钢筋混凝土柱(一般长度在 1~2m)埋置于路肩上事先挖出的洞中,并在柱脚填石固定和夯实,或埋置于挡土墙上事先预留的孔洞中,并在柱脚填砂浆固定而构成的防止车辆驶出路道的交通安全设施。柱式护栏一般用于山区低等级公路的高填路堤、悬崖、急弯的外侧等路段,其设置间距一般为 2~4m,并在混凝土柱上涂上红、白相间的油漆。

(2)墙式护栏是刚性护栏主要形式,是指以一定外观形状连续设置的墙式圬工结构物,利用失控车辆碰撞其后爬高并转身来吸收碰撞能量。

分石砌护栏和混凝土护栏两种。

1)石砌墙式护栏一般多用于低等级公路高填路堤、悬崖、急弯的外侧等路段,通常采用天然石料砌成,并用水泥砂浆进行抹面,在迎车行道一侧的墙上和两端涂以红、白相间的油漆。其截面一般为40cm×60cm(宽×高,其高度不包括埋入路肩内的深度),有整体式和间断式两种,间断式一般以长20m、空隔20m的形式进行布置。全统市政定额中已综合考虑了砌筑及抹面的砂浆消耗以及护栏挖基和油漆等消耗,使用定额时不应再另行计算。石砌墙式护栏定额工程量按设计石砌护栏的圬工体积进行计算。

2)钢筋混凝土防撞护栏由墙体和铸铁柱及栏杆两部分组成。按其设置位置不同,分中央分隔带护栏和路侧护栏两种,护栏高度一般为80cm左右。中央分隔带式护栏的墙顶一般不设置栏杆,而是设置防眩设施。中央分隔带式护栏一般用于中央分隔带宽度较窄的路段,路侧式护栏一般用于构造物或半径较小的弯道、行驶条件较差以及危险陡坡的路段。

(3)波形钢板护栏属半刚性护栏,是一种以波纹状钢板相互拼接并由钢立柱支撑而组成的连续梁柱式的护栏结构,具有一定的刚度和柔性,故又称为波形梁护栏。其特点是利用土基、立柱、波形梁的变形来吸收失控车辆的碰撞能量,并使其改变方向,回复到正常的行驶方向,避免越出路外或穿越中央分隔带闯入对面行车道。波形钢板护栏由立柱、波形钢板、坚固件以及防阻块和横隔梁等组成。

88. 什么是信号机箱及信号灯架?

信号机箱是指用于安装道路交通信号控制器和道路监控设备的箱框设备。

信号灯架是指道路工程中用于安装各种信号灯具的装置。

89. 电杆分为哪几类?各自代号是什么?

一般按电杆在配电线路中的作用和所处位置可将电杆分为直线杆、耐张杆、转角杆、终端杆、分支杆和跨越杆等几种基本形式,其代号表示如下:

(1)直线杆(代号Z);

(2)耐张杆(代号N);

(3)转角杆(代号J);
(4)终端杆(代号D);
(5)分支杆(代号F);
(6)跨越杆(代号K)。

90. 什么是立电杆?

立电杆是指将电杆按设计图纸要求埋立于杆路内,由沿线规定的位置上(如长途杆路杆距为50m,市话杆路杆距为40m)。立电杆包括打杆洞、清坑、立杆、装H杆腰木梁、回填土分层夯实、号杆等工作内容。

91. 市政道路清单工程量计算应注意哪些问题?

市政道路工程清单计价工程量计算说明见表4-24。

表4-24　　市政道路工程清单计价工程量计算说明

项目	说明
道路各层厚度	道路各层厚度均以压实后的厚度为准
工程量计算	(1)道路的基层和面层的清单工程量均以设计图示尺寸以面积计算,不扣除各种井所占面积。 (2)道路基层和面层均按不同结构分别分层设立清单项目。 (3)路基处理、人行道及其他、交通管理设施等的不同项目分别按《建设工程工程量清单计价规范》规定的计量单位和计算规则计算清单工程量

92. 如何计算排水沟、截水沟清单工程量?其清单工程内容包括哪些?

排水沟、截水沟的清单工程量计算应按设计图示以长度计算。

排水沟的清单工程内容如下:①垫层铺筑;②混凝土浇筑;③砌筑;④勾缝;⑤抹面;⑥盖板。

截水沟的清单工程内容:盲沟铺筑。

93. 如何计算水泥混凝土路面清单工程量?其清单工程内容有哪些?

水泥混凝土路面的工程量应按设计图示尺寸以面积计算,不扣除各种井所占面积。水泥混凝土的清单工程内容如下:①传力杆及套筒制作、安装；②混凝土浇筑；③拉毛或压痕；④伸缝；⑤缩缝；⑥锯缝；⑦嵌缝；⑧路面养护。

94. 如何计算卵石道路基层清单工程量？

卵石为一种岩石的风化物，其质地坚硬，不容易被风化，表面圆滑光洁，一般呈扁平状，且大小基本相同，是一种良好的砌筑材料。

卵石是指由岩石经水流搬运冲刷而成的，粒径为 2~60mm 的无棱角的天然粒料。

卵石道路基层清单工程量计算应按设计图示尺寸以面积计算，不扣除各种井所占面积。

95. 如何计算检查井升降清单工程量？

检查井升降清单工程量应按设计图示路面标高与原有的检查井发生正负高差的检查井的数量计算。

第五章

桥涵护岸工程

1. 全统市政定额第三册"桥涵工程"包括哪些项目？其适用范围是什么？

全统市政定额第三册"桥涵工程"（以下简称桥涵工程定额），包括打桩工程、钻孔灌注桩工程、砌筑工程、钢筋工程、现浇混凝土工程、预制混凝土工程、立交箱涵工程、安装工程、临时工程及装饰工程，共10章591个子目。

桥涵工程定额适用范围如下：

(1)单跨100m以内的城镇桥梁工程。

(2)单跨5m以内的各种板涵、拱涵工程（圆管涵套用第六册"排水工程"定额，其中管道铺设及基础项目人工、机械费乘以1.25系数）。

(3)穿越城市道路及铁路的立交箱涵工程。

2. 桥涵工程定额的编制依据有哪些？

(1)现行的设计、施工及验收技术规范。

(2)《全国市政工程统一劳动定额》。

(3)《全国统一建筑工程基础定额》。

(4)《公路工程预算定额》。

(5)《上海市市政工程预算定额》。

3. 桥涵工程定额使用时应注意哪些事项？

(1)预制混凝土及钢筋混凝土构件均属现场预制，不适用于独立核算、执行产品出厂价格的构件厂所生产的构配件。

(2)定额中提升高度按原地面标高至梁底标高8m为界，若超过8m时，超过部分可另行计算超高费；定额河道水深取定为3m，若水深大于3m时，应另行计算。当超高以及水深大于3m时，超过部分增加费用的具体计算办法按各省、自治区、直辖市规定执行。

(3)定额中均未包括各类操作脚手架，发生时按全统市政定额第一册

"通用项目"相应定额执行。

(4)定额未包括的预制构件场内、场外运输,可按各省、自治区、直辖市的有关规定计算。

4. 桥涵工程定额中有关人工的数据如何取定?

定额人工的工日不分工种、技术等级,一律以综合工日表示。内容包括基本用工、超运距用工、人工幅度差和辅助用工。

综合工日＝基本用工＋超运距用工＋人工幅度差＋辅助用工

(1)基本用工:以《全国统一劳动定额》或《全国统一建筑工程基础定额》和《全国统一安装工程基础定额》为基础计算。

(2)人工幅度差＝∑(基本用工＋超运距用工)×人工幅度差率,人工幅度差率取定 15%。

(3)以《全国统一劳动定额》为基础计算基本用工,可计人工幅度差。

(4)以交通部《公路预算定额》为基础,计算基本用工时,应先扣除 8%,再计人工幅度差。

(5)以《全国统一建筑工程基础定额》为基础计算基本用工以及根据实际需要采用估工增加的辅助用工,不再计人工幅度差。

5. 桥涵工程定额中钢材焊接与切割单位材料用量的数据如何取定?

钢材焊接与切割单位材料消耗用量见表 5-1～表 5-4。

表 5-1　　　　　　　　　　钢筋焊接焊条用量

项目	单位	钢筋直径/mm													
		12	14	16	18	19	20	22	24	25	26	28	30	32	36
拼接焊	m	0.28	0.33	0.38	0.42	0.44	0.46	0.52	0.59	0.62	0.66	0.75	0.85	0.94	1.14
搭接焊	m	0.28	0.33	0.38	0.44	0.47	0.50	0.61	0.74	0.81	0.88	1.03	1.19	1.36	1.67
与钢板搭接	焊缝	0.24	0.28	0.33	0.38	0.41	0.44	0.54	0.67	0.73	0.80	0.95	1.10	1.27	1.56
电弧焊对接	100 个接头	—	—	—	—	—	0.78	0.99	1.25	1.40	1.55	2.01	2.42	2.83	3.95
总焊	100 点														

第五章 桥涵护岸工程

表 5-2　　　　　　钢板搭接焊焊条用量(每 1m 焊缝)

焊缝高/mm	4	6	8	10	12	13	14	15	16
焊条/kg	0.24	0.44	0.71	1.04	1.43	1.65	1.88	2.13	2.37

表 5-3　　　　　　钢板对接焊焊条用量(每 1m 焊缝)

方式	不开坡口				开坡口						
钢板厚/mm	4	5	6	8	4	5	6	8	10	12	16	20
焊条/kg	0.30	0.35	0.40	0.67	0.45	0.58	0.73	1.04	1.46	2.00	3.28	4.80

表 5-4　　　　　钢板切割氧气和乙炔气用量(每 1m 割缝)

钢板焊/mm	3~4	5~6	7~8	9~10	11~12	13~14	15~16	17~18	19~20
氧气/m³	0.11	0.13	0.16	0.18	0.20	0.22	0.24	0.26	0.28
乙炔气/m³	0.048	0.057	0.070	0.078	0.087	0.096	0.104	0.113	0.122

6. 桥涵工程定额中对有关材料损耗的数据如何取定？

桥梁工程各种材料损耗率见表 5-5。

(1)钢筋。定额中钢筋按直径分为 $\phi 10$ 以下、$\phi 10$ 以上两种，比例按结构部位来确定。

(2)钢筋的搭接、接头。钢筋的搭接、接头用量计算见表 5-6。

表 5-5　　　　　　　　　材料损耗率表

序号	材料名称	说明、规格	计量单位	损耗率(%)	序号	材料名称	说明、规格	计量单位	损耗率(%)
1	钢筋	$\phi 10$ 以内	t	2	8	钢管	—	t	2
2	钢筋	$\phi 10$ 以外	t	4	9	钢板卷管	钢管桩	t	12
3	预应力钢筋	后张法	t	6	10	镀锌铁丝		kg	3
4	高强钢丝钢绞线	后张法	t	4	11	圆钉		kg	2
5	中厚钢板	4.5~15mm	t	6	12	螺栓		kg	2
6	中厚钢板	连接板	t	20	13	钢丝绳		kg	2.5
7	型钢	—	t	6	14	铁件		kg	1

(续)

序号	材料名称	说明、规格	计量单位	损耗率(%)	序号	材料名称	说明、规格	计量单位	损耗率(%)
15	钢钎	—	kg	20	35	橡胶支座	—	cm³	2
16	焊条	—	kg	10	36	油毡	—	m²	2
17	水泥	—	t	2	37	沥青	—	kg	2
18	水泥	接口	t	10	38	煤	—	t	8
19	黄砂	—	m³	3	39	水	—	m³	5
20	碎石	—	m³	2	40	水泥混凝土管	—	m³	2.5
21	预应力钢筋	先张法	t	11	41	钢筋混凝土管	—	m³	1
22	高强钢丝、钢绞线	先张法	t	14	42	混凝土小型预制构件	—	m³	1
23	料石	—	m³	1	43	普通砂浆	勾缝	m³	4
24	黏土	—	m³	4	44	普通砂浆	砌筑	m³	2.5
25	机砖	—	千块	3	45	普通砂浆	压浆	m³	5
26	锯材	—	m³	5	46	水泥混凝土	现浇	m³	1.5
27	桩木	—	m³	5	47	水泥混凝土	预制	m³	1.5
28	枕木	—	m³	5	48	预制桩	运输	m³	1.5
29	木模板	—	m³	5	49	预制梁	运输	m³	1.5
30	环氧树脂	—	kg	2	50	块石	—	m³	2
31	氧气	工业用	m³	10	51	橡胶止水带	—	m	1
32	油麻	—	kg	5	52	棕绳	—	kg	3
33	草袋	—	只	4	53	钢模板、支撑管	—	kg	2
34	沥青伸缩缝	—	m	2	54	卡具	—	kg	3

表 5-6　　每 1t 钢筋接头及焊接个数与长度

钢筋直径 /mm	长度 /m	阻焊接头 /只	搭接焊缝 /m	搭接焊每 1m 焊缝电焊条用量/kg
10	1620.7	202.6	20.3	—
12	1126.1	140.8	16.9	0.28
14	827.8	103.4	14.5	0.33
16	633.7	79.2	12.7	0.38
18	500.5	62.6	11.3	0.44

(续)

钢筋直径/mm	长度/m	阻焊接头/只	搭接焊缝/m	搭接焊每1m焊缝电焊条用量/kg
20	405.5	50.7	10.1	0.50
22	335.1	41.9	9.2	0.61
24	281.6	35.2	8.4	0.74
25	259.7	32.4	8.1	0.81
26	240.0	30.0	7.8	0.88
28	207.0	25.9	7.2	1.03
30	180.2	22.5	6.8	1.19
32	158.4	19.8	6.3	1.36
34	140.3	17.5	6.0	—
36	125.2	15.7	5.6	1.67

说明:1. 钢筋每根长度取定为 8m。

2. 计算公式:

① 长度 $=\dfrac{1t\text{ 钢筋重量}}{\text{每 1m 钢筋重量}}(m)$

② 阻焊接头 $=\dfrac{\text{钢筋总长度}}{\text{每 1 根钢筋长度(取定 8m)}}(\text{个})$

③ 搭接焊缝 = 阻焊接头 × 10 倍钢筋直径(m)

搭接焊缝为单面焊缝。

7. 桥涵工程定额中对有关机械的数据如何取定?

机械台班耗用量指按照施工作业,取用合理的机械,完成单位产品耗用的机械台班消耗量。

(1)属于按施工机械技术性能直接计取台班产量的机械,则直接按台班产量计算。

(2)按劳动定额计算定额台班量:

$$\text{定额台班量} = \dfrac{1}{\text{产量定额} \times \text{小组成员}} \times \text{定额单位量}$$

分项工程量指单位定额中需要加工的分项工程量,产量定额指按劳动定额取定的每工日完成的产量。

(3)桥涵机械幅度差见表 5-7。

表5-7　　　　　　　　　桥涵机械幅度表

序号	机械名称	幅度差	序号	机械名称	幅度差
1	单斗挖掘机	1.25	16	电焊机	1.50
2	装载机	1.33	17	点焊机	1.50
3	载重汽车	1.25	18	对焊机	1.50
4	自卸汽车	1.25	19	自动弧焊机	1.50
5	机动翻斗车	1.43	20	木工机械	1.50
6	轨道平车	2.20	21	空气压缩机	1.50
7	各式起重机	1.60	22	离心式水泵	1.30
8	卷扬机	1.33	23	多级离心泵	1.30
9	打桩机	1.33	24	泥浆泵	1.30
10	混凝土搅拌机	1.33	25	打夯机	1.33
11	灰浆搅拌机	1.33	26	钢筋加工机械	1.50
12	振动机	1.33	27	潜水设备	1.60
13	拉伸机	1.60	28	驳船	3.00
14	喷浆机	2.00	29	气焊设备	1.50
15	油压千斤顶	2.30	30	回旋钻机	1.60

8. 什么是桥梁？其由哪几部分组成？

一般将单孔跨径大于5m或多孔跨径之和大于8m的构造物称为桥梁。桥梁主要由上部构造、下部构造、基础和调治构造物四大部分组成。

(1)上部构造。上部构造主要包括承重结构、桥面铺装和人行道三大部分。由于桥梁有梁式、拱式等不同的基本结构体系，故其承重结构的组成各不相同。

1)承重结构。承重结构主要指梁和拱圈及其组合体系部分。它是在路线中断时跨越障碍的承载结构。当需要跨越的幅度较大，并且除恒载外要求安全地承受车辆荷载的情况下，承重结构的构造就比较复杂，施工也相当困难。

2)桥面铺装。桥面铺装包括混凝土三角垫层，防水混凝土或沥青混凝土面层，泄水管和伸缩缝等。当拱桥且拱上又有土石填料时，还应包括与路线同样的路面结构的垫层和基层。在实际工作中,通常实腹式拱桥上的桥面铺装不计入桥内而归在路面工程中计算。

3)人行道。行道系包括人行道板和缘石或安全带,以及栏杆、扶手等。高等级公路上的桥梁,如设有防撞护栏,也属上部构造范围。

(2)下部构造。桥梁的下部工程包括桥台和桥墩或索塔,它是支撑桥跨结构并将恒载和车辆等活载传至地基的结构物。

(3)基础。基础是将桥梁墩、台所承受的各种荷载传递到地基上的结构物,是确保桥梁安全使用的关键部位,有扩大基础(明挖浅基础)、桩基础和沉井基础等不同的结构形式。随着桥梁技术的不断发展,一些新的基础形式(如地下连续墙基础、组合式基础等)也逐渐在桥梁工程中得到应用。

(4)调治构造物。指为引导和改变水流方向,使水流平顺通过桥孔并减缓水流对桥位附近河床、河岸的冲刷而修建的水工构造物。如桥台的锥形护坡、台前护坡、导流堤、护岸墙、丁坝、顺坝等,对保证河道流水顺畅和防止破坏生态环境有着极其重要的作用。

9. 桥梁一般可分为哪几类?

(1)按桥梁结构类型划分。

1)梁式桥。它的主要承重构件是梁,属于受弯构件。一般需要用抗弯能力较强的钢筋混凝土或预应力混凝土等材料来修建。梁式桥按其受力特点,可分为简支梁、连续梁和悬臂梁。若就其构造形式而言,则有矩形板、空心板、T形梁、工形梁、箱形梁、桁架梁等不同构造形式。其中T形梁和工形梁又称为肋形梁。

2)拱式桥。其主要承重结构是拱圈或拱肋,在竖向荷载作用下,拱的支承处会产生水平推力(桥墩或桥台将承受这种推力)。属于受压构件,通常利用抗压性能较好的圬工(砖、石、混凝土)和钢筋混凝土等建筑材料来修建。

3)刚架桥。其主要承重结构是梁或板和立柱或竖墙整体在一起的刚架结构,梁和柱的连接处具有很大的刚性。刚架桥的缺点是施工比较困难,且梁柱刚结处容易开裂。

4)悬索桥。又称吊桥。桥梁的主要承重结构由桥塔和悬挂在塔上的缆索及吊索、加劲梁和锚定结构组成。荷载由加劲梁承受,并通过吊索将其传至主缆。主缆是主要承重结构。这种桥型充分发挥了高强钢缆的抗拉性能,其结构自重较轻,能以较小的建筑高度跨越特大跨度。

5)组合体系桥。根据结构受力特点,由几个不同体系的结构组合而成的桥梁称为组合体系桥。

(2)按用途分类。有公路桥、铁路桥、公路铁路两用桥、城市桥、渡水桥(渡槽)、人行天桥和马桥,以及其他专用桥梁(如通过管道、电缆)等。

(3)按承重结构所用建筑材料分类有圬工桥(包括砖、石、混凝土桥)、钢筋混凝土桥、预应力混凝土桥、钢桥和木桥等。

(4)按跨越障碍物的性质分类。有跨河桥、跨线桥(立体交叉)和高架桥等。高架桥一般是指跨越深沟峡谷以代替高填路堤的桥梁或在大城市中的原有道路之上另行修建快速车行道的桥梁,以解决交通拥挤的矛盾。

(5)按上部结构行车道的位置分类。有上承式、下承式和中承式三种。桥面布置在主要承重结构之上者,称为上承式桥;桥面布置在承重结构之下的为下承式桥;桥面布置在桥跨结构高度中间的称为中承式桥。

10. 什么是桥梁净空?

桥梁净空包含有两个方面的内容,一方面指桥面净空,即桥面的宽度和桥上的净空高度,我国公路桥面行车道净宽为车道数乘以车道宽度,并计入所设置的加(减)速车道、紧急停车道、爬车道、慢车道或错车道的宽度;桥上的净空高度,对于高速公路、一级公路和二级公路应为5.0m,三、四级公路应为4.5m。另一方面指桥下净空,即设计洪水位至上部结构最下缘之间的净空高度。

11. 什么是矢跨比?

矢跨比是指拱顶下缘至起拱线之间的垂直距离与标准跨径之比,它是反映拱桥特性的一个重要指标。

12. 什么是净跨径及标准跨径?

净跨径是指设支座的桥涵为相邻两墩台身顶内缘之间的水平距离。不设支座的桥涵为上下部结构相交处内缘间的水平距离。

标准跨径是梁式桥、板式桥涵两个桥(涵)墩中线之间的距离或桥(涵)墩中线与台背前缘之间的距离;拱式桥涵、箱涵、圆管涵则是指净跨径。

13. 什么是涵洞？

涵洞是道路路基通过洼地或跨越水沟(渠)时设置的，或为把汇集在路基上方的水流宣泄到下方而设置的横穿路基的小型地面排水结构物。

14. 涵洞一般由哪几部分组成？

涵洞一般由洞身、洞口建筑、基础和附属工程组成。

(1)洞身。洞身是涵洞的主要部分，其截面形式有圆形、拱形、箱形等。

(2)洞口建筑。洞口建筑设置在涵洞的两端，有一字式和八字式两种结构形式。

(3)基础。基础的形式分为整体式和非整体式两种。

(4)附属工程。涵洞的附属工程包括锥形护坡、河床铺砌、路基边坡铺砌及人工水道等。

15. 涵洞主要有哪些类别？

(1)根据涵洞中线与路线中线的关系，可分为正交涵洞和斜交涵洞。正交涵洞中线与路线中线垂直，斜交涵洞中线与路线中线有一定夹角。

(2)根据涵洞洞身截面形状的不同，可分为圆管涵、盖板涵、拱涵和箱涵等。

(3)按建筑材料的不同，可分为砖涵、石涵、混凝土涵、钢筋混凝土涵和其他材料涵等。

(4)按涵洞水利特性的不同，可分为无压力式、半压力式、压力式涵等。

(5)根据涵洞洞顶填土情况的不同，可分为明涵和暗涵。明涵洞顶不填土，适用于低路堤或浅沟渠；洞顶填土厚度大于 50cm 的称为暗涵，适用于高路堤和深沟渠。

16. 什么是桩及桩架？

桩是沉入(打入)或浇筑于地基中的柱状支承构件，如木桩、钢桩、混凝土桩等。

桩架是吊装桩锤、打桩、控制桩锤的上下方向而搭设的支架。它包括导杆(又称龙门，控制锤和桩在打桩时的上下及打入方向)、起吊设备(滑轮、绞车、动力设备等)、撑架(支撑导杆)及底盘(承托以上设备)等。

17. 打桩机械锤重应如何选择？

打桩机械锤重的选择见表 5-8。

表 5-8　　　　　　　　打桩机械锤重选择

桩类别	桩长度 /m	桩截面积 S/m^2 或管径 ϕ/mm	柴油桩机锤重 /kg
钢筋混凝土方桩及板桩	$L \leqslant 8.00$	$S \leqslant 0.05$	600
	$L \leqslant 8.00$	$0.05 < S \leqslant 0.105$	1200
	$8.00 < L \leqslant 16.00$	$0.105 < S \leqslant 0.125$	1800
	$16.00 < L \leqslant 24.00$	$0.125 < S \leqslant 0.160$	2500
	$24.00 < L \leqslant 28.00$	$0.160 < S \leqslant 0.225$	4000
	$28.00 < L \leqslant 32.00$	$0.225 < S \leqslant 0.250$	5000
	$32.00 < L \leqslant 40.00$	$0.250 < S \leqslant 0.300$	7000
钢筋混凝土管桩	$L \leqslant 25.00$	$\phi 400$	2500
	$L \leqslant 25.00$	$\phi 550$	4000
	$L \leqslant 25.00$	$\phi 600$	5000
	$L \leqslant 25.00$	$\phi 600$	7000
	$L \leqslant 25.00$	$\phi 800$	5000
	$L \leqslant 25.00$	$\phi 800$	7000
	$L \leqslant 25.00$	$\phi 1000$	7000
	$L \leqslant 25.00$	$\phi 1000$	8000

注：钻孔灌注桩工作平台按孔径 $\phi \leqslant 1000$，套用锤重 1800kg 打桩工作平台；$\phi > 1000$，套用锤重 2500kg 打桩工作平台。

18. 什么是陆上打桩？什么是船上打桩？

陆上打桩指在自然地面上直接安置打桩机打桩，不需要安装打桩架或其他设备，此种打桩方式比较简单，且费用较低。

船上打桩是将两只船拼搭，用钢绳或铁链捆绑，且要用下水锚固定船只，以免在打桩过程中，船的移动而导致打桩桩位的偏移。另外，将桩架放在船上施工时，必须用 30% 的船载压仓。

19. 什么是打圆木桩？其清单工程内容有哪些？

打圆木桩是指用打桩机械将长 6m、直径为 0.2m 的一头为尖状的圆木，按照设计要求，通过锤打钢桩帽将圆木打入桥基指定位置（入土按 5.5m 考虑）的操作过程。

木桩常用松木、杉木做成，其桩径（小头直径）一般为 160~260mm，桩长为 4~6m。木桩自重小，具有一定的弹性和韧性，又便于加工、运输和施工。

打圆木桩清单工程内容为：①工作平台搭拆；②桩机竖拆；③运桩；④桩靴安装；⑤沉桩；⑥截桩头；⑦废料弃置。

20. 什么是打钢筋混凝土方桩？

打钢筋混凝土方桩是指用柴油打桩机械将按设计要求的长度和断面一头为尖状的钢筋混凝土方桩，打入桥基指定位置的操作过程。

21. 什么是钢管桩及灌注桩？

钢管桩，又称钢桩，是指由钢管、企口榫槽、企口榫销构成的桩。钢管桩可根据荷载特征制成各种有利于提高承载力的断面。管形和箱形断面桩的桩端常作成敞口式，以减小沉桩过程中的挤土效应。当桩壁轴向抗压强度不足时，可将挤入管、箱中的土挖除，灌注混凝土。

灌注桩是在现场地基中钻、挖桩孔，然后浇筑钢筋混凝土或混凝土而成的桩。

22. 什么是钢管成孔灌注桩？其清单工程内容包括哪些？

钢管成孔灌注桩是指利用钢管在地基的土石中造成一个直径为圆形的孔，达到设计高程后将钢筋骨架吊入孔中，然后通过安放在孔中的导管，直接在水中进行混凝土灌注作业，从而形成一个较粗糙的圆柱式桩基础。铜管成孔灌注施工中钻孔场地的平面尺寸应按桩基设计的平面尺寸、钻机数量、钻机移位要求以及施工方法等情况决定，钻孔场地或工作平台高度应考虑期间可能出现的高水位或潮水位，并比其高出 0.5~1.0m。

钢管成孔灌注桩清单工程内容为：①工作平台搭拆；②桩机竖拆；③沉桩及灌注、拔管；④凿除桩头；⑤废料弃置。

23. 预制桩应怎样沉桩？

预制桩用锤击沉桩施工，又称打入桩。它是利用桩锤下落产生的冲击动能使桩沉入土中的一种打桩方法。

24. 钻孔灌注桩常用钻机有哪些类型？

常用钻机有三种类型，即冲击式、冲抓式与旋转式。

25. 如何计算灌注桩水下混凝土清单工程量？

灌注桩水下混凝土工程量按设计桩长增加 1.0m 乘以设计横断面面积计算。

26. 接桩的方式有哪几种？

接桩的方式有三种，即焊接桩、法兰接桩和硫磺胶泥锚接。前两种适用于各类土层，后一种适用于软弱土层。

27. 什么是硫磺胶泥接桩？

硫磺胶泥接桩也称浆锚接桩，是用硫磺粉、石英粉、聚硫胶按一定配合比合成的胶泥材料涂在接头上粘结的一种方式。

28. 钢桩的制作与堆放应符合哪些规定？

(1) 钢桩制作应符合以下规定：

1) 钢桩制作应在工厂进行，所使用的材料应符合设计要求，并应有出厂合格证。

2) 钢桩制作的场地应坚实平整，并应有挡风防雨措施。

3) 钢桩的分段长度应符合下列规定：

① 应满足桩架的有效高度和钢桩的运输吊装能力。

② 应避免钢桩的桩端接近或处于持力层中接桩。

③ 桩的单节长度不宜大于 15m。

(2) 钢桩的堆放应符合下列规定：

1) 堆放场地应平整坚实。

2) 钢桩应按不同规格、长度及施工流水顺序分别堆放。

3) 当场地条件许可时，宜单层堆放；叠层堆放时，对钢管桩，外径 800~1000mm 时不超过 3 层，外径 500~800mm 时不超过 4 层，外径

300~500mm时不超过5层,对H型钢桩最多6层。支点设置应合理,钢管桩的两侧应用木楔塞紧,防止滚动。

4)垫木宜选用耐压的长方木或枕木,不得用带有棱角的金属构件代替。

29. 什么是混凝土承台？其清单工程内容包括哪些？

承台是把群柱基础所有基桩桩顶联成一体并传递荷载的结构。它是群桩基础一个重要组成部分,应有足够的强度和刚度。承台分为高桩承台和低桩承台两类。高桩承台是指承台的底面高于河床面(地面),低桩承台是指承台的底面低于或紧贴于河床面(或地面)。

混凝土承台清单工程内容为:①垫层铺筑;②混凝土浇筑;③养护。

30. 如何计算打桩工程定额工程量？

(1)钢筋混凝土方桩、板桩按桩长度(包括桩尖长度)乘以桩横断面面积计算。

(2)钢筋混凝土管桩按桩长度(包括桩尖长度)乘以桩横断面面积,减去空心部分体积计算。

(3)钢管桩按成品桩考虑,以吨计算。

31. 定额中对打制木桩、钢筋混凝土板方桩、管桩的土质如何取定？

定额中对打制木桩、钢筋混凝土板方桩、管桩土质取定见表5-9。

表5-9　　　　　　　　土质取定(%)

名　　称	打桩			送桩	
	甲级土	乙级土	丙级土	乙级土	丙级土
圆木桩,稍径ϕ20　$L=6$m	90	10			
木板桩,宽0.20m,厚0.06m,$L=6$m	100				
混凝土桩$L \leqslant 8$m,$S \leqslant 0.05$m^2	80	20		100	
$L \leqslant 8$m,0.05m$^2 < S \leqslant 0.105$m^2	80	20		100	
8m$< L \leqslant 16$m,0.105m$^2 < S \leqslant 0.125$m^2	50	50		100	
16m$< L \leqslant 24$m,0.125m$^2 < S \leqslant 0.16$m^2	40	60		100	
24m$< L \leqslant 28$m,0.16m$^2 < S \leqslant 0.225$m^2	10	90		100	

(续)

名 称	打桩			送桩	
	甲级土	乙级土	丙级土	乙级土	丙级土
28m<L≤32m,0.225m²<S≤0.25m²		50	50		100
32m<L≤40m,0.25m²<S≤0.30m²		40	60		100
混凝土板桩 L≤8m	80	20			
L≤12m	70	30			
L≤16m	60	40			
管桩 ϕ400,L≤24m	40	60		100	
ϕ550,L≤24m	30	70		100	
PHC管桩 ϕ600,L≤25m	20	80		100	
L≤50m		50	50		100
ϕ800,L≤25m	20	80		100	
L≤50m		50	50		100
ϕ1000,L≤25m	20	80		100	
L≤50m		50	50		100

32. 钻孔灌注桩工程定额工作内容有哪些？

钻孔灌注桩工程定额工作内容，见表 5-10。

表 5-10　　　　　钻孔灌注桩工程定额工作内容

序号	项目名称	工 作 内 容
1	埋设钢护筒	准备工作；挖土，吊装，就位，埋设，接护筒；定位下沉；还土，夯实；材料运输；拆除；清洗堆放等
2	人工挖桩孔	人工挖土，装土，清理；小量排水；护壁安装；卷扬机吊运土等
3	回旋钻机钻孔	准备工作；装拆钻架，就位，移动；钻进，提钻，出渣，清孔；测量孔径、孔深等
4	冲击或钻机钻孔	准备工作；装拆钻架，就位，移动；钻进，提钻，出渣，清孔；测量孔径、孔深等

(续)

序号	项目名称	工作内容
5	卷扬机带冲抓锥冲孔	装、拆、移钻架,安卷扬机,串钢丝绳;准备抓具,冲抓,提钻,出碴,清孔等
6	泥浆制作	搭、拆溜槽和工作台,拌合泥浆;倒运护壁泥浆等
7	灌注桩混凝土	安装、拆除导管、漏斗;混凝土配制、拌合、浇捣;材料运输等

33. 定额钻孔土质分为哪几类?

定额钻孔土质分为以下八类:

(1)砂土:粒径不大于2mm的砂类土,包括淤泥、轻粉质黏土。

(2)黏土:粉质黏土、黏土、黄土,包括土状风化。

(3)砂砾:粒径2～20mm的角砾、圆砾含量不大于50%,包括礓石黏土及粒状风化。

(4)砾石:粒径2～20mm的角砾、圆砾含量大于50%,有时还包括粒径为20～200mm的碎石、卵石,其含量在50%以内,包括块状风化。

(5)卵石:粒径20～200mm的碎石、卵石含量大于10%,有时还包括块石、漂石,其含量在10%以内,包括块状风化。

(6)软石:各种松软、胶结不紧、节理较多的岩石及较坚硬的块石土、漂石土。

(7)次坚石:硬的各类岩石,包括粒径大于500mm、含量大于10%的较坚硬的块石、漂石。

(8)坚石:坚硬的各类岩石,包括粒径大于1000mm、含量大于10%的坚硬的块石、漂石。

34. 什么是钢护筒?如何计算钢护筒定额摊销量?

钢护筒是位于孔口且其中心线与桩孔一致的筒状物。也有用木材、薄钢板或钢筋混凝土制成。若基坑易于开挖且地下水埋深大于1.5m,也可以采用砖砌护筒。护筒内径应比钻头直径稍大,旋转钻进时增大0.1～0.3m,冲击或冲抓钻进时增大0.2～0.4m。

埋设钢护筒定额中钢护筒按摊销量计算,若在深水作业时,钢护筒无法拔出时,经建设单位签证后,可按钢护筒实际用量(或参考表 5-11 重量)减去定额数量一次增列计算,但该部分不得计取除税金外的其他费用。

表 5-11　　　　　　　　钢护筒摊销量计算参考值

桩径/mm	800	1000	1200	1500	2000
每米护筒重量/(kg/m)	155.06	184.87	285.93	345.09	554.6

35. 如何计算现场打孔灌注桩定额工程量?

现场打孔灌注桩工程量包括单桩体积、灌注桩钢筋、桩尖工程量以及截桩工程量计算等。

(1)单桩体积:
$$V = L(设计桩长) \times F(管箍外径截面积)$$

(2)灌注桩钢筋:桩身钢筋为现浇钢筋,桩尖部分钢筋视为预制,按图示尺度以重量(t)计算。

(3)灌注桩桩尖:可按下列公式以实体积计算,套相应桩尖定额。
$$V_{尖} = (\pi r^2 h_1 + 1/3 \pi R^2 h_2)N$$
$$= 1.0472(3r^2 h_1 + R^2 h_2)N$$

式中　r, h_1——桩尖芯的半径和高度(m);
　　　R, h_2——桩尖的半径及高度(m);
　　　N——桩尖数。

(4)截桩:现场灌注桩截桩工程量按定额说明以根计算。

36. 如何计算就地灌注混凝土桩的钢筋笼的定额工程量?

钢筋笼是灌注桩的一种加固措施,使中心混凝土不易开裂,增加混凝土的延性。就地灌注混凝土桩如设计采用钢筋笼时可按设计图纸要求计算重量,套用钻孔灌注混凝土桩的钢筋笼子目。

37. 桥涵工程定额中对钢筋混凝土板、方桩及管桩的打桩帽和送桩帽如何取定?

钢筋混凝土板、方桩及管桩的打桩帽和送桩帽取定见表 5-12。

表 5-12 桩帽取定

名称		单位	打桩帽	送桩帽
方桩	$L\leqslant 8m, S\leqslant 0.05m^2$	kg/只	100	200
	$L\leqslant 8m, 0.05m^2<S\leqslant 0.105m^2$	kg/只	200	400
	$8m<L\leqslant 16m, 0.105m^2<S\leqslant 0.125m^2$	kg/只	300	600
	$16m<L\leqslant 24m, 0.125m^2<S\leqslant 0.16m^2$	kg/只	400	800
	$24m<L\leqslant 28m, 0.16m^2<S\leqslant 0.225m^2$	kg/只	500	1000
	$28m<L\leqslant 32m, 0.225m^2<S\leqslant 0.25m^2$	kg/只	700	1400
	$32m<L\leqslant 40m, 0.25m^2<S\leqslant 0.30m^2$	kg/只	900	1800
板桩	$L\leqslant 8m$	kg/只	200	—
	$L\leqslant 12m$	kg/只	300	—
	$L\leqslant 16m$	kg/只	400	—
管桩	$\phi 400$ 壁厚 9cm	kg/只	400	800
	$\phi 550$ 壁厚 9cm	kg/只	500	1000
	$\phi 600$ 壁厚 10cm	kg/只	600	1200
	$\phi 800$ 壁厚 11cm	kg/只	800	1600
	$\phi 1000$ 壁厚 12cm	kg/只	1000	2000

38. 如何计算钢管桩定额工程量？

钢管桩定额工程量按设计长度 L(设计桩顶至桩底标高)、管径 D、壁厚 t 以重量进行计算。计算公式如下：

$$W=(D-t)\times 0.0246\times L$$

式中 　W——钢管桩重量(t/根)；

L——钢管桩长度(cm)；

D——钢管桩外径(cm)；

t——钢管桩壁厚(cm)。

39. 如何计算送桩定额工程量？

(1)陆上打桩时,以原地面平均标高增加 1m 为界线,界线以下至设计桩顶标高之间的打桩实体积为送桩工程量。

(2)支架上打桩时,以当地施工期间的最高潮水位增加0.5m为界线,界线以下至设计桩顶标高之间的打桩实体积为送桩工程量。

(3)船上打桩时,以当地施工期间的平均水位增加1m为界线,界线以下至设计桩顶标高之间的打桩实体积为送桩工程量。

40. 定额未包括打桩工程中哪些内容?其费用如何计取?

定额中未包括:钻机场外运输、截除余桩、废泥浆处理及外运,其费用可另行计算。

(1)场外运输。预制桩从预制场至施工现场的运输称为场外运输,常用大型平板车、驳船或火车运至桥位现场。钻机场外运输常用平板汽车运至施工现场。场内运输:预制梁在施工现场内运输称为场内运输,常用龙门轨道运输、平车轨道运输、平板汽车运输,也可采用纵向滚移法运输。

(2)截除余桩。截除余桩指在钻孔灌注桩浇筑混凝土后,其将桩浇至设计桩长之外,这些桩头露出地面过高,应截除掉,方便在上面浇筑梁或承台。截除余桩可用铁凿及铁锤将桩头打破露出钢筋。

(3)废泥浆处理及外运。泥浆由水、黏土(膨润土)和添加剂组成,具有浮悬钻渣,冷却钻头,润滑钻具,增大静水压力,并在孔壁形成泥皮,隔断孔内外渗流,防止坍孔的作用。废泥浆可用泥浆泵抽吸排除。

41. 如何计算方砖柱的用料量?

(1)每米柱高需用砖数用量:

$$A = \frac{a}{z + j_2}$$

(2)每立方米柱砌体需用砖数用量:

$$A' = \frac{A}{S}$$

式中 A——每米柱高需要用砖数(块);

A'——每立方米柱砌体需用砖数(块);

S——柱断面面积(m^2);

a——每皮需用砖数(块);

z——砖厚度(m);

j_2——横灰缝宽(m)。

(3)砂浆用量计算公式:

第五章 桥涵护岸工程

$$砂浆体积(m^3) = 1m^3 \text{ 砌体} - \text{砖体积}$$

42. 砖砌体对砌筑材料主要有哪些要求？

(1)水泥。水泥的强度等级应根据设计要求进行选择。

(2)砂。砂宜用中砂，其中毛石砌体宜用粗砂。

(3)石灰膏。生石灰熟化成石灰膏时，应用孔径不大于 3mm×3mm 的网过滤，熟化时间不得少于 7d；磨细生石灰粉的熟化时间不得小于 2d。

(4)黏土膏。采用黏土或粉质黏土制备黏土膏时，宜用搅拌机加水搅拌，通过孔径不大于 3mm×3mm 的网过筛。

(5)粉煤灰。粉煤灰的品质指标应符合表 5-13 的要求。

表 5-13 粉煤灰品质指标

序	指 标	级 别		
		Ⅰ	Ⅱ	Ⅲ
1	细度(0.045mm 方孔筛筛余)(%)(不大于)	12	20	45
2	需水量比(%)(不大于)	95	105	115
3	烧失量(%)(不大于)	5	8	15
4	含水量(%)(不大于)	1	1	不规定
5	三氧化硫(%)(不大于)	3	3	3

(6)磨细生石灰粉。磨细生石灰粉的品质指标应符合表 5-14 的规定。

(7)水及外加剂。凡在砂浆中掺入有机塑化剂、早强剂、缓凝剂、防冻剂等，应经检验和试配符合要求后，方可使用。

表 5-14 建筑生石灰粉品质指标

序	指 标		钙质生石灰粉			镁质生石灰粉		
			优等品	一等品	合格品	优等品	一等品	合格品
1	$CaO+MgO$ 含量(%)(不小于)		85	80	75	80	75	75
2	CO_2 含量(%)(不大于)		7	9	11	8	10	12
3	细度	0.90mm 筛筛余(%)(不大于)	0.2	0.5	1.5	0.2	0.5	1.5
		0.125mm 筛筛余(%)(不大于)	7.0	12.0	18.0	7.0	12.0	18.0

43. 各种砌体的材料损耗率如何取定?

各种砌体的材料损耗率见表 5-15。

表 5-15　　　　　　　　砌体材料损耗率表

材料名称	使用项目	损耗率	材料名称	使用项目	损耗率
普通黏土砖	空斗墙	1.5%	混凝土砌块	墙体	2%
	基础	0.5%	煤渣砌块	墙体	2%
	实砖墙	2%	硅酸盐砌块	墙体	2%
	方砖柱	3%	毛石	墙体	2%
	圆砖柱	7%	砌筑砂浆	砖砌体	1%
	烟囱、水塔	3%		空斗墙	5%
多孔砖	墙体	2%		多孔砖墙	10%
煤渣空心砌块	墙体	3%		砌块墙	2%
加气混凝土块	墙体	7%		毛石、料石砌体	1%

44. 怎样计算浆砌块石用量?

将块石比重取定 2700kg/m³,容重取定 1950kg/m³。

(1) 孔隙率 $= \dfrac{比重-容重}{比重} \times 100\% = \dfrac{2700-1950}{2700} \times 100\% = 27.78\%$

(2) 砂浆用量 (m³) $= \dfrac{比重-容重 \times 损耗率系数}{比重} = \dfrac{2700-1950 \times 1.02}{2700}$

$\qquad = 0.263 \mathrm{m}^3$

(3) 块石用量 (m³) $= \dfrac{比重}{容重} \times (1-砂浆用量 \times 压实系数 \times 损耗率)$

$\qquad = \dfrac{2700}{1950} \times (1-0.263 \times 0.9 \times 1.02) = 1.051 \mathrm{m}^3$

45. 怎样计算砌体预制块、料石用量?

(1) 预制块、料石取定 300mm×300mm×600mm=0.054m³/块。

(2) 砂浆灰缝横、直均取定 1cm。

(3) 砂浆计算。

$(0.30+0.01)×(0.3+0.01)×(0.6+0.01)=0.058\,621\text{m}^3$

$0.058\,621-0.054=0.004\,621\text{m}^3$

$\dfrac{0.004\,621}{0.054}×100\%=9\%$

(4)预制块、料石计算。

$1-砂浆用量=1-0.09=0.91\text{m}^3$

46. 怎样计算砌体用砖数量?

(1)选用标准砖。

每块砖的体积$=240×115×53=0.001\,462\,8\text{m}^3$

灰缝横、直均考虑1cm。

(2)一砖墙计算砖及砂浆。

考虑二面灰缝(包括灰缝体积):

$(240+10)×(115+5)×(53+10)=250×120×63=0.001\,89\text{m}^3$

砂浆:$0.001\,89-0.001\,462\,8=0.000\,427\,2\text{m}^3$

砂浆:$\dfrac{0.000\,427\,2}{0.001\,89}×100=22.60\%$

砖:$\dfrac{0.001\,462\,8}{0.001\,968\,75}×100=74.40\%$

(3)一砖以上墙计算砖及砂浆。

考虑三面灰缝(包括灰缝体积):

$(210+10)×(115+10)×(53+10)=220×125×63=0.001\,732\,5\text{m}^3$

砂浆:$0.001\,968\,75-0.001\,462\,8=0.000\,505\,95\text{m}^3$

砂浆:$\dfrac{0.000\,505\,95}{0.001\,968\,75}×100\%=25.70\%$

砖:$\dfrac{0.001\,462\,8}{0.001\,968\,75}×100\%=74.30\%$

(4)浸砖用水量按使用砖体积的50%计算。

47. 如何选用砌筑砂浆配合比?

砌筑砂浆配合比见表5-16。

表 5-16　　砌筑砂浆配合比

项 目	单 位	水泥砂浆		
		砂浆强度等级		
		M10	M7.5	M5.0
42.5级水泥	kg	286	237	188
中 砂	kg	1515	1515	1515
水	kg	220	220	220

项 目	单 位	混合砂浆		
		砂浆强度等级		
		M10	M7.5	M5.0
42.5级水泥	kg	265	212	156
中 砂	kg	1515	1515	1515
石灰膏	m³	0.06	0.07	0.08
水	kg	400	400	400

48. 桥涵工程定额中砌筑项目的适用范围是什么？对未列的砌筑项目如何处理？

桥涵工程定额中的砌筑项目适用于砌筑高度在 8m 以内的桥涵砌筑工程。桥涵工程定额中未列的砌筑项目，按全统市政定额第一册《通用项目》相应项目执行。

49. 如何计算砌筑工程定额工程量？

砌筑工程定额工程量计算规则，见表 5-17。

表 5-17　　砌筑工程定额工程量计算规则

序号	项 目	说 明
1	砌筑	砌筑工程量按设计砌体尺寸以立方米体积计算，嵌入砌体中的钢管、沉降缝、伸缩缝以及单孔面积 0.3m² 以内的预留孔所占体积不予扣除
2	拱圈底模	拱圈底模工程量按模板接触砌体的面积计算

50. 桥墩一般分为哪几类?

桥墩按其构造可分为实体墩、空心墩、柱式墩、框架墩等;按其受力特点可分为刚性墩和柔性墩;按施工工艺可分为就地砌筑或浇筑桥墩、预制安装桥墩;按其截面形状可分为矩形、圆形、圆端形、尖端形及各种截面组合而成的空心桥墩。墩身侧面可竖直,也可以是斜坡式或台阶式。

51. 什么是墩帽？其具有哪些作用?

墩帽是桥墩的一部分,也是桥墩顶端的传力部分,它通过支座承托上部结构的荷载并传递给墩身。墩帽的主要作用是把桥梁支座传来的相当大的较为集中的力,分散均匀地传给墩身。

52. 什么是空心桥墩？有什么不足之处?

在一些高大的桥墩中,为了减少圬工体积,节约用料,降低工程造价,或者为了减轻重量,降低地基的承受力而用混凝土或钢筋混凝土将墩身内部作成空腔结构,故称为空心桥墩,其自重较实体式桥墩要轻,介于实体重力式和轻型桥墩之间,高度可达 70m。

空心桥墩的不足之处,是抵抗碰撞的能力较差,因此,在夹有大量泥砂等撞击磨损物质或通航,以及有流冰、排筏等河流中不宜采用。

53. 什么是吊索及索鞍?

吊索也称吊杆,是将加劲梁等恒载和桥面活载传递到主缆索的主要构件。吊索可布置成垂直形式的直吊索或倾斜形式的斜吊索,其上端通过索夹与主缆索相连,下端与加劲梁连接。

索鞍是支承主缆索的重要构件,其作用是保证主缆索平顺转折;将主缆索中的拉力在索鞍处分解为垂直力和不平衡水平力,并均匀地传至塔顶或锚碇的支架处。索鞍可分为塔顶索鞍和锚固索鞍。

54. 什么是束道长度?

束道长度是指张拉钢丝或钢筋的台座之间的距离。因束道长度不等,故定额中未列锚具数量,但已包括锚具安装的人工费。

55. 什么是钢筋冷加工?

将钢筋采用冷拉、冷扎、冷拔等方法使之有控制性的伸长,从而提高钢筋屈服点应力的一种工艺称为冷加工。

56. 如何计算先张法预应力钢筋重量?

先张法预应力钢筋重量计算方法用计算式表达如下:

$$G=Lj$$

式中 G——钢筋重量;

L——钢筋总长度(构件外形尺寸长度);

j——钢筋每米单重 kg/m。

57. 钢筋弯钩的作用是什么? 有哪几种形式?

如果受力筋用光圆钢筋,则两端要做弯钩,以增强钢筋与混凝土的粘结力,避免钢筋在受拉时滑动。螺纹钢筋及人字纹钢筋与混凝土的黏结力强,两端不必做弯钩。弯钩的形式有半圆钩、直角钩和斜弯钩三种,如图 5-1 所示。

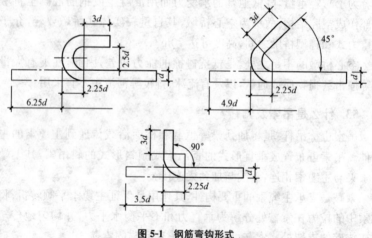

图 5-1 钢筋弯钩形式
(a)半圆钩;(b)斜弯钩;(c)直角钩

58. 钢筋弯起的作用是什么?

受力钢筋中有一部分需要在构件内部弯起,弯起的作用是除在跨中承受正弯矩产生的拉力外,在靠近支座的弯起段则用来承受弯矩和剪力共同产生的主拉应力,如图 5-2 所示。

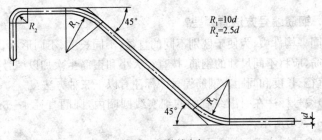

图 5-2 钢筋的弯起

59. 钢筋弯钩及搭接增加的长度如何确定?

钢筋弯钩及搭接增加的长度按规范要求查表计算,见表 5-18。

表 5-18 钢筋弯钩、搭接增加长度表

钢筋直径/mm	6.25d 钩/m	12.5d 钩/m	搭接 30d/m	搭接 20d/m	焊接 5d/m	对头焊 2d/m	截面积/cm²	理论重量/(kg/m)
5	0.031	0.063	0.15	0.1	0.025	0.01	0.196	0.154
6	0.038	0.075	0.18	0.12	0.03	0.012	0.283	0.222
8	0.05	0.1	0.24	0.16	0.04	0.016	0.503	0.395
9	0.056	0.113	0.27	0.18	0.045	0.018	0.636	0.499
10	0.063	0.125	0.3	0.2	0.05	0.02	0.785	0.617
12	0.075	0.15	0.36	0.24	0.06	0.024	1.131	0.888
15	0.094	0.188	0.45	0.3	0.075	0.03	1.767	1.39
16	0.1	0.2	0.48	0.32	0.08	0.032	2.011	1.58
19	0.119	0.238	0.57	0.38	0.095	0.038	2.835	2.23
20	0.125	0.25	0.6	0.4	0.1	0.04	3.142	2.47
22	0.138	0.275	0.66	0.44	0.11	0.044	3.801	2.98
25	0.156	0.313	0.75	0.5	0.125	0.05	4.909	3.85
28	0.175	0.35	0.84	0.56	0.14	0.056	6.158	4.83
30	0.188	0.375	0.9	0.6	0.15	0.06	7.069	5.55
32	0.2	0.4	0.96	0.64	0.16	0.064	8.042	6.31
34	0.213	0.425	1.02	0.68	0.17	0.068	9.079	7.13
36	0.225	0.45	1.08	0.72	0.18	0.072	10.18	7.99
38	0.238	0.475	1.14	0.76	0.19	0.076	11.34	8.9
40	0.25	0.5	1.2	0.8	0.2	0.08	12.57	9.87

60. 钢筋编号方法有哪些？

在同一构件中，为便于区别不同的直径、不同长度、不同形状、不同尺寸的钢筋，应将不同尺寸的钢筋，按直径大小和钢筋主次加以编号并注明数量、直径、长度和间距。钢筋编号的标注有以下三种方法：

(1)编号标注在引出线右侧的细实线圆圈内，圆圈直径 4~8mm，如图 5-3(a)、(b)所示。

(2)编号标注于钢筋断面图对应的细实线方格内，如图 5-3(c)所示。

(3)以 N 字编号，注写在钢筋的侧面，根数标注在 N 字之前，编号注写在 N 字之后，如图 5-3(c)所示。

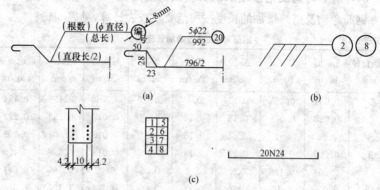

图 5-3 钢筋编号的标注

61. 施工图中钢筋数量表一般包括哪些内容？

钢筋数量表的内容一般包括钢筋的编号、直径、每根长度、根数、总长及重量等，必要时可加画略图。

62. 桥梁工程中混凝土连续板与混凝土板梁分为哪些类别？

连续板的截面形状一般为矩形，在顺桥向为连续结构，即在墩顶处上部结构是连续的，根据板内有无孔洞，分为实体连续板和空心连续板。连续板一般也为钢筋混凝土结构，空心连续板也可做成预应力混凝土结构。连续板的跨径一般在 16m 以内。

混凝土板梁一般分为实心板梁和空心板梁。实心板梁由钢筋混凝土或预应力混凝土制成。常用在桥孔结构的顶底面平行、横截面为矩形的板状桥梁。空心板桥系由实心板桥挖孔而成。

63. 什么是滑板？其清单工程内容包括哪些？

滑板是指滑升模板，即可上下滑动的模板。常用滑板结构包括铁轨滑板和混凝土地梁滑板。

滑板清单工程内容包括：①透水管材料品种；②垫层铺筑；③混凝土浇筑；④养护。

64. 现浇混凝土挡墙墙身的清单工程内容有哪些？

(1) 混凝土浇筑。
(2) 养护。
(3) 抹灰。
(4) 泄水孔制作、安装。
(5) 滤水层铺筑。

65. 混凝土防撞护栏具有哪些特点？

混凝土防撞护栏是一种以一定的截面形状的混凝土块相连接而成的墙式结构。其特点是，当失控车辆与它碰撞时，在瞬间移动荷载的作用下，护栏基本上不会移动和变形，而碰撞过程中的能量主要是依靠汽车沿护栏坡面爬高的转向来吸收，使失控车辆恢复到正常的行驶方向，从而减少碰撞车辆的损失和保护车上乘员的安全。因此，混凝土护栏截面形状和尺寸（高度、宽度等）的合理确定，是直接影响碰撞作用效果的重要因素。

66. 什么是桥面铺装？

桥面铺装是指在主梁的翼缘板（即行车道板）上铺筑一层三角垫层的混凝土和沥青混凝土面层，以保护和防止主梁的行车道板不受车辆轮胎（或履带）的直接磨损和雨水的侵蚀，同时，还可使车辆轮重的集中荷载起到一定的分布作用。故三角垫层内一般要设置用直径 $6\sim 8mm$ 作成 $20mm\times 20mm$ 的钢筋网。三角垫层是指为了迅速排除桥面雨水，在进行桥面铺装时根据不同类型桥面沿横桥设置的 $1.5\%\sim 3\%$ 的双向横坡。三角垫层一段采用不低于主梁混凝土强度等级的混凝土做成。

67. 什么是桥台搭板？

桥头搭板是指一端搭在桥头或悬臂梁端,另一端部分长度置于引道路面底基层或垫层上的混凝土或钢筋混凝土板。桥头搭板是用于防止桥端连接部分的沉降而采取的措施,搁置在桥台或悬壁梁板端部和填土之间,随养填土的沉降而能够转动,车辆行驶时可起到缓冲作用。即使台背填土沉降也不至于产生凹凸不平。

68. 什么是索塔？由哪几部分组成？

索塔是指斜拉桥或悬索桥、吊桥中用于支承拉索或主缆的塔状构造物,有钢筋混凝土索塔、钢索塔、钢—混凝土混合索塔和钢管混凝土索塔等。公路桥梁工程一般采用钢筋混凝土索塔,且多采用现浇施工工艺。索塔一般由塔座、塔柱、横梁、塔冠等组成。

69. 什么是连续梁和连系梁？

连续梁是具有三个或三个以上支座的梁,但连系梁不一定是三个或多个。宜在两桩桩基的承台短向设置连系梁,当短向的柱底剪力和弯矩较小时可不设连系梁;连系梁顶面宜与承台顶位于同一标高。连系梁宽度不宜小于 200mm,其高度可取承台中心距的 1/10~1/15。

70. 什么是支撑梁、横梁？

支撑梁、横梁指横跨在桥梁上部结构中的起承重作用的条形钢筋混凝土构筑物。支撑梁也称主梁,是指起支撑两桥墩相对位移的大梁。横梁起承担横梁(次梁)上部的荷载,一般是搁在支撑梁上,其相对于支撑梁来说,跨度要小得多,一般为 3~20m。

71. 什么是预制构件的出坑与运输？

预制构件从预制场底座上移出来,称为"出坑"。钢筋混凝土构件在混凝土强度达到设计强度 70% 以上,预应力混凝土构件在预应力张拉以后才可出坑。

预制梁从预制场至施工现场的运输称为场外运输,常用大型平板车、驳船或火车运至桥位现场。

72. 什么是预制混凝土构件？

预制混凝土构件指工厂或施工现场根据合同约定和设计要求,预期加工的各类构件。预制混凝土小型构件包括桥涵缘(帽)石、漫水桥标志、栏杆柱及栏杆扶手等。

预制构件中的钢筋混凝土桩、梁及小型构件,可按混凝土定额基价的2%计算其运输、堆放、安装损耗,但该部分不计材料用量。

73. 什么是预制混凝土挡墙墙身?

预制混凝土挡墙墙身是指在预制工厂或在运输方便的施工现场附近进行构件预制,待构件达到一定龄期后采用一定架设方法在现场安装的预制混凝土构件。

74. 什么是护坡?铺砌护坡应注意哪些事项?

护坡是指在河岸或路旁用石块、水泥等筑成的斜坡,以防止河流或雨水冲刷。铺砌前,应由测量人员放出锥坡坡脚边线。按设计要求先铺砌护坡坡脚,然后再根据坡长,坡度自下向上按设计尺寸分层铺砌。铺砌前应首先进行基底的检验及验收,符合质量要求后进行试砌,将片石在基面或按砌面上试砌。找出不平稳部位及其大小,再用手锤敲去尖凸部位。填槽塞缝用大小适宜的石块,以手锤填实缝隙,必须使砌石稳固,当下层砌完后,再砌上层。

75. 什么是混凝土箱梁?

箱梁是指梁式桥上部结构采用的箱形截面梁。箱梁的抗扭刚度大,可以承受正弯矩,且易于布置钢筋,适用于大跨度预应力钢筋混凝土桥和弯桥。

箱梁由底板、腹板(梁肋)和顶板(桥面板)组成,其横截面是一个封闭箱,图5-4所示为单箱单室截面,梁的底部由于有扩展的底板,因此,它提供了有足够的能承受正、负弯矩的混凝土受压区。箱梁的另一个特点,是它的横向刚度和抗刚度特别大,在偏心的活载作用下各梁肋的受力比较均匀。所以箱梁适用于较大跨径的悬臂梁桥(T形刚构)和连续梁桥,还易于作成与曲线、斜交等复杂线形相适应的桥型结构,斜拉桥、悬索桥也常采用这种截面。

箱梁有单箱、多箱和组合箱梁等多种形式,如图5-5所示。一般设计为等截面的C40钢筋混凝土和预应力混凝土结构,其梁的高度常为跨径的1/20~1/18,它具有截面挖空率高,材料用量少,结构简单,施工方便等

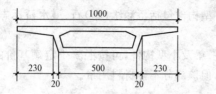
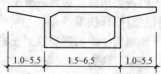

图 5-4 单箱单室横截面

优点。其中单箱单室结构,由于底板较窄,与之相配合的下部构造和基础工程的圬工数量也相应会减少,高等级公路的跨线桥梁常用单室结构。

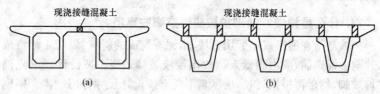

图 5-5 多箱室结构截面
(a)双箱截面;(b)预应力混凝土组合箱梁截面图

76. 什么是箱涵侧墙?

箱涵侧墙指涵洞开挖后,在涵洞两侧砌筑的墙体,用来防止两侧的土体坍塌。可以用砖砌侧墙,也可以用混凝土浇筑。

77. 箱涵外壁面与滑板面处理定额工作内容有哪些?

(1)外壁面处理:外壁面清洗;拌制水泥砂浆,熬制沥青,配料;墙面涂刷。

(2)滑板面处理:石蜡加热;涂刷;铺塑料薄膜层。

78. 什么是箱涵顶板?

箱涵顶板是指箱涵的顶部,其厚度及其抗压强度要通过上部土压力的计算来确定。顶板上面应抹一层防水砂浆及涂沥青防水层,从而防止上部地下水的渗透。

79. 什么是箱涵顶进?顶进方法有哪些?

箱涵顶进是用高压油泵、千斤顶、顶铁或顶柱等设备工具将预制箱涵顶推到指定位置的过程。顶进设备包括液压系统及顶力传递部分、顶力传递设备应按传力要求进行结构设计，并应按最大顶力和顶程确定所需规格及数量。

箱涵顶进方法主要有一次顶入法、分次顶进法、气垫法、顶拉法和中继间法等。

80. 什么是箱涵接缝处理？

箱涵接缝处理指为防止箱涵漏水，在箱涵的接缝处及顶部喷沥青油，涂抹石棉水泥、防水膏或铺装石棉木丝板等。

81. 立交桥设置应注意哪些问题？其桥面铺装具有什么作用？

一般在交通比较繁忙的路段或桥梁，常设置立交桥的形式，立交桥可以为两层或多层，可以为斜交或正交。由于立交桥上层桥面离地面较高，必须设置引道或引桥。其坡度视车流量而定，一般为 1∶20～1∶5，或者更长。

桥面铺筑也称车行道铺装，其功用是保护属于主梁整体部分的行车道板不受车辆轮胎（或履带）的直接磨耗，防止主梁遭受雨水的侵蚀，并能使车辆轮重的集中荷载起一定的分布作用。

82. 什么是滑板面层？

滑板面层是指可上下滑动模板的上部表面。它是箱涵混凝土施工的模板。为了使混凝土与滑板面层有很好的脱模性，可在滑板面层涂石蜡，或垫一层塑料薄膜。

83. 什么是石棉水泥嵌缝？

石棉水泥是石棉在填料中主要起骨架作用，改善刚性接口的脆性，有利于接口的操作。所用石棉应有较好的柔性，其纤维有一定长度。

石棉水泥嵌缝是指用石棉水泥作防水材料来嵌涵管的接缝。

84. 桥梁支座包括哪些种类？

目前国内桥梁上使用较多的是橡胶支座，有板式橡胶支座、聚四氟乙烯板式橡胶支座和盆式橡胶支座三种。

85. 钢桁梁的结构形式有哪些？适用范围是什么？

钢桁梁包括上承式与下承式。一般在河川的大跨度主梁上均采用下承式。钢桁梁主要由桥面、主桁架、桥面系、联结系及支座等部分组成。当跨度增大时,梁的高度也要增大,如仍用板梁,则腹板、盖板、加劲角钢及接头等就显得尺寸巨大而笨重,如果采用腹杆代替腹板组成桁梁,那么重量大为减轻。

钢桁梁构造比较复杂,一般适用于48m以上的跨度。

86. 采用预加应力钢拱承托法加固双曲拱桥有哪些特点?

采用预加应力钢拱承托法加固双曲拱桥,可以有效地减小原桥结构中混凝土的应力水平,较大地提高原桥的承载能力,避免了常规加固方法中的自重增加较大,新、旧混凝土之间粘结不好,加固结构在使用中应力水平低不能发挥自身强度的问题。

87. 什么是无钢梁劲性钢结构?

无钢梁劲性钢结构是综合普通混凝土结构、核心筒体钢结构、纯钢结构而发展起来的民用超高层结构,由于无钢梁劲性钢结构在空间上为独立柱,间距较大,无法悬挂安全网,为确保操作方便、施工安全,设计了钢柱接头安装操作平台。由于无钢梁劲性钢结构柱上牛腿设置不对称和负载不对称,钢柱存在较大的偏重和偏载现象。

88. 什么是叠合梁?

叠合梁是分两次浇捣混凝土的梁,第一次在预制场做成预制梁;第二次在施工现场进行,当预制梁吊装安放完成后,再浇捣上部的混凝土使其连成整体。叠合梁按受力性能又可为"一阶段受力叠合梁"和"二阶段受力叠合梁"两类。

89. 钢拉杆的一般要求有哪些?

钢拉杆连接铰的转动轴线应呈水平。钢拉杆应顺直、无明显折角,拉杆下宜设垫块。当设计无具体要求时,垫块间距5.0m。钢拉杆的拉紧,应在锚旋结构回填完成和板桩胸墙锚旋梁混凝土强度达到设计要求进行。张紧拉杆时,宜先调整初始拉力,大致相等后再紧张到设计的拉力,拉杆的螺母应满扣拧紧,并不少于2~3个丝扣外露。钢拉杆拉紧后,应对拉杆的连接铰、紧张器、螺母等未作防护处理的部位进行防护。在安装过程损坏防护层的部位应予修补。

90. 什么是拱盔？什么是起拱线？

拱盔又称拱圈，是拱桥的主要承重结构物，用以承受拱上建筑物传来的各种荷载到桥台或桥墩上。

拱脚与拱腹相交的直线称为起拱线。

91. 什么是挂篮？

挂篮是一个能沿着轨道行走的活动脚手架，挂篮悬挂在已经张拉锚固的箱梁梁段上，悬臂浇筑时箱梁梁段的模板安装、钢筋绑扎、管道安装、混凝土浇筑、预应力张拉、压浆等工作均在挂篮上进行。

92. 如何计算桥涵拱盔、支架的体积？

(1) 桥涵拱盔体积按起拱线以上弓形侧面积乘以(桥宽+2m)计算；

(2) 桥涵支架体积为结构底至原地面(水上支架为水上支架平台顶面)平均标高乘以纵向距离再乘以(桥宽+2m)计算。

93. 什么是涂料？其由哪些基本成分组成？

涂料是敷于物体表面能与基体材料很好粘结并形成完整而坚韧保护膜的物料。涂料一般由三种基本成分所组成，分别为成膜基料、分散介质、颜料和填料。

(1) 成膜基料。成膜基料主要由油料或树脂组成，是使涂料牢固附着于被涂物表面上形成完整薄膜的主要物质，决定着涂料的基本性质。

(2) 分散介质。分散介质指挥发性有机溶剂或水，使成膜基料分散而形成黏稠液体。它本身不构成涂层，但在涂料制造和施工过程中必不可少。

(3) 颜料和填料。颜料和填料本身不能单独成膜，主要用于着色和改善涂膜性能，增强涂膜的装饰和保护作用。

94. 什么是栏杆？安装金属栏杆应符合哪些要求？

栏杆是桥上的安全设施，要求坚固。栏杆的高度一般为 80~120cm，标准设计为 100cm，栏杆的间距一般为 160~270cm，标准设计为 250cm。安装金属栏杆应符合下列要求：

(1) 对焊接的栏杆，所有外露的接头，在焊后均应对焊缝作补焊缺陷及磨光的清面工作。

(2)对栏杆的线型应在就位固定以前,按设计及实际情况,精心制作,以保证接头准确配合,安装后栏杆线型和弯曲度要准确。

(3)对栏杆构件需要在现场连接的孔眼,应将构件精确组装就位后,再进行打孔。

(4)金属栏杆应在厂内除锈,并涂防锈漆一道,在安装以后,校验线型与位置均无误后,再涂2~3道油漆,漆后栏杆表面光滑,色泽一致。

95. 桥梁伸缩装置包括哪些?

桥梁伸缩装置包括梳形钢板伸缩装置、橡胶伸缩装置、模数式伸缩装置、弹塑体材料填充式伸缩装置、复合改性沥青填冲式伸缩装置。

(1)梳形钢板伸缩装置。梳形钢板伸缩装置具有耐久性好,不易变形腐蚀,行车也比较平稳的优点,但也存在缺点,如钢板不易焊牢,锚固不强,有较大漏水现象,钢板松动后,车辆行驶发出较大噪声,缝内夹进杂物时活动异常等。要锚固得当,增加锚固板和锚固环,在齿板底部设置止水橡胶带,既增强锚固,又达到了止水效果。齿缝填充延伸率较大的阳离子乳化沥青,效果更好。

(2)橡胶伸缩装置。橡胶伸缩装置在安装前应做全面检查和材料性能检验,包括长、宽、厚、硬度(邵氏)、成品解剖检验证明等。与橡胶支座胶料相比,增加了耐水性、耐油性能要求,因伸缩装置处于桥梁表面,对水、油、尘土污染与橡胶相比更严重。

1)采用橡胶伸缩装置时,材料的规格、性能应符合设计要求。根据桥梁跨径大小或连续梁(包括桥面连续的简支梁)的每联长度,可分别选用纯橡胶式、板式、组合式橡胶伸缩装置。对于板式橡胶伸缩装置,应有成品解剖检验证明。

对于板式橡胶伸缩装置的成品解剖检验,以检测生产过程中钢板和角钢等预埋位置是否按照设计图纸位置安放准确。

安装时,应根据气温高低,对橡胶伸缩体进行必要的预压缩。伸缩装置应在工厂组装,并按照施工单位提供施工安装温度定位,固定后出厂,若施工安装时温度有变化,一定要重新调整定位后安装就位。气温在5℃以下时,不得进行橡胶伸缩装置施工。

2)采用后嵌式橡胶伸缩体时,应在桥面混凝土干燥收缩完成且徐变也大部完成后再进行安装。

(3)模数式伸缩装置。伸缩装置由异形钢梁与单元橡胶密封带组合而成的称为模数式伸缩装置。它适用于伸缩量为80～1200mm的桥梁工程。模数式伸缩装置的橡胶件,一般起防水、防尘、密封等作用。模数式伸缩装置必须在工厂组装,按照用户提供施工安装温度定位,固定后出厂,若施工安装时温度有变化,一定要重新调整定位后再安装就位。

伸缩装置中所用异形钢梁沿长度方向的直线度应满足1.5mm/m,全长应满足10mm/10m的要求。伸缩装置钢构件外观应光洁、平整,不允许变形扭曲。伸缩装置必须在工厂进行组装。组装钢构件应进行有效的防护处理。吊装位置应用明显颜色标明。出厂时应附有效的产品质量合格证明文件。伸缩装置在运输中应避免阳光直接曝晒,雨淋雪浸,并应保持清洁,防止变形,且不能与其他物质相接触,注意防火。

(4)弹塑体材料填充式伸缩装置。填充式伸缩装置,TST类粘弹性结合材料的特点是在高频的作用下(如冲击、振动)呈现的是高弹性,在低频作用下(如温度作用下的伸缩、自然状态下的徐变)则呈现的是可塑性,就物理性能而言其优于沥青。主要用于伸缩量小于50mm的各种桥梁接缝,对中小桥、立交通道桥等均适用,对多孔大桥可划分多联,铺设多道接缝或采用多孔简支梁,不做桥面连续,每墩顶接缝均做成弹性接缝也是可行的。

(5)复合改性沥青填充式伸缩装置。

1)伸缩体由复合改性沥青及碎石混合而成。适用于伸缩量小于50mm的中小跨径桥梁工程,适用温度－30～70℃。应按设计要求设置。

2)复合改性沥青应符合产品有关规定,其加热熔化温度要控制在170℃以内。

3)嵌入桥梁伸缩缝空隙中的T形钢板厚度3～5mm,长度约为1m左右。

96. 什么是桥面防水层?

桥面防水层是指用于防止桥面雨水、地下水及其他水流向主梁等构件渗透的隔水设施。桥面防水层一般设在行车道铺装层和三角垫层之间,将透过铺装层的渗入水隔绝,可采用防水卷材和粘结材料组成的贴式防水层,也可采用树脂焦油做成的涂层式防水层。

(1)桥面防水涂料防水层。

1)在箱形梁顶面,用防水涂料做防水层时,要求在浇筑箱梁顶面混凝土时,应严格控制高程,纵、横坡应符合设计要求,混凝土表面应平整。面层混凝土养达到设计要求强度后,用钢丝刷将表面浮浆及油污刷去,再用高压水冲洗桥面,待桥面干燥后,于面层上刷一层防水涂料,一般可用环氧沥青漆或树脂焦油,以此作为桥面防水层。

2)为了保护防水层在施工和运营中完整无损,在涂层以上应铺设4cm以上厚的钢丝网水泥砂浆保护层,铺筑时应用平面振捣器逐点振实,并用抹子找平,但不应抹光。在砂浆层达到预计强度后,可作桥面铺装层再铺筑沥青混凝土或铺筑水泥混凝土。

(2)桥面防水卷材防水层。

1)防水卷材防水层施工,包括垫层、隔水层及保护层三部分。

2)垫层根据桥面横坡做成三角形。当厚度超过5cm时,宜用小石料混凝土铺筑;厚度在5cm以下时可用1:3或1:4水泥砂浆抹平。水泥砂浆厚度不宜小于2cm。垫层表面须抹平、压实,不得有毛刺。

3)隔水层:隔水层可采用1~2层防水卷材及1~3层胶粘剂(防水卷材可用石油沥青油毡、玻璃纤维防水布或无纺布),在混凝土垫层养护6~8d后,使混凝土表面干燥即可涂刷胶粘剂(胶粘剂可用石油沥青材料或沥青环氧胶)。

97. 什么是隔声屏障?其清单工程内容有哪些?

隔声屏障是指通过反射声波、改变能量传播方向来减小噪声的装置。隔声屏障清单工程内容包括:制作、安装;除锈、刷油漆。

98. 桥涵工程定额中钢筋工程如何分类?

定额中钢筋按 $\phi 10$ 以内及 $\phi 10$ 以外两种分列。预应力筋采用HRB500级钢筋、钢绞线和高强钢丝。因设计要求采用钢材与定额不符时,可予调整。

99. 桥涵工程定额中钢筋项目的工作内容包括哪些?

钢筋工程定额工作内容见表5-19。

第五章 桥涵护岸工程

表 5-19　　　　　　　钢筋工程定额工作内容

序号	项目名称	工作内容
1	钢筋制作、安装	钢筋解捆、除锈;调直、下料、弯曲;焊接、除渣;绑扎成型;运输入模
2	铁件、拉杆制作安装	(1)铁件制作安装:制作、除锈;钢板画线、切割;钢筋调直、下料、弯曲;安装、焊接、固定。 (2)拉杆制作安装:下料、挑扣、焊接;除防锈漆;涂沥青;缠麻布;安装
3	预应力钢筋制作、安装	(1)先张法:调直、下料;进入台座、按夹具;张拉、切断;整修等。 (2)后张法:调直、切断,编束,穿束;安装锚具、张拉、锚固;拆除、切割钢丝(束)、封锚。
4	安装压浆管道和压浆	铁皮管、波纹管、三通管安装,定位固定;胶管,管内塞钢筋或充气,安放定位,缠裹接头,抽拔,清洗胶管,清孔等;管道压浆,砂浆配制,拌合,运输,压浆等

100. 如何计算钢筋工程定额工程量？

钢筋工程定额工程量计算规则,见表 5-20。

表 5-20　　　　　　钢筋工程定额工程量计算规则

序号	项目	说明
1	钢筋	钢筋按设计数量套用相应定额计算(损耗已包括在定额中)。设计未包括施工用筋经建设单位同意后可另计
2	T形梁连接钢板	T形梁连接钢板项目按设计图纸,以 t 为单位计算
3	锚具	锚具工程量按设计用量乘以下列系数计算:锥形锚:1.05;OVM 锚:1.05;墩头锚:1.00
4	管道压浆	管道压浆不扣除钢筋体积

101. 桥梁工程定额对各种规格钢筋的单位重量如何取定？

定额中所列各种规格钢筋的单位重量见表 5-21。

表 5-21　　　　　　　　　常用钢筋单位重量

钢筋直径 φ/mm	单重/(kg/m)	钢筋直径 φ/mm	单重/(kg/m)
4	0.099	25	3.853
6	0.222	26	4.170
8	0.395	28	4.834
16	1.578	30	5.549
10	0.617	32	6.313
12	0.888	34	7.130
14	1.208	35	7.552
18	1.998	36	7.990
20	2.467	38	8.900
22	2.984	40	9.870

102. 桥涵工程定额对钢筋切断弯曲工序的工日如何取定？

钢筋切断弯曲工序定额按表 5-22 综合取定。

表 5-22　　　　　　　现浇构件圆钢"制作工序定额"工日表

钢筋规格	切断/(工日/t)	弯曲/(工日/t)	钢筋规格	切断/(工日/t)	弯曲/(工日/t)
φ5 内	0.485	1.386	φ20	0.222	0.530
φ6	0.352	0.922	φ22	0.229	0.615
φ8	0.340	0.759	φ25	0.240	0.542
φ10	0.301	0.649	φ28	0.228	0.581
φ12	0.262	0.539	φ30	0.228	0.538
φ14	0.272	0.623	φ32	0.227	0.495
φ16	0.281	0.707	φ38	0.233	0.567
φ18	0.252	0.619	螺纹钢切断×1.1 系数		

注：预制构件按上表×0.9 系数。

103. 定额对预制构件中钢筋权数如何取定？

预制构件 φ10 以内，φ10 以上取定见表 5-23。

表 5-23　　　　　　　　预制构件钢筋权数取定

钢筋规格	权数取定	钢筋规格	权数取定
φ6.5	50	φ16	25
φ8	40	φ18	15
φ10	10	φ20	10
φ12	10	φ22	10
φ14	25	φ25	5

104. 定额对现浇结构中钢筋权数如何取定？

现浇结构钢筋 φ10 以内，φ10 以上钢筋权数取定见表 5-24。

表 5-24　　　　　　　　现浇结构钢筋权数取定

钢筋规格	权数取定	钢筋规格	权数取定
φ6.5	10	φ16	5
φ8	40	φ18	30
φ10	20	φ20	25
φ8(箍筋)	30	φ22	5
φ12	20	φ25	5
φ14	10	—	—

105. 现浇混凝土工程定额包括哪些项目？适用范围是什么？

定额包括基础、墩、台、柱、梁、桥面、接缝等项目共 14 节 76 个子目。定额适用于桥涵工程现浇各种混凝土构筑物。

106. 定额对构筑物混凝土模板面积如何取定？

各类构筑物每 $10m^3$ 混凝土模板接触面积见表 5-25 及表 5-26。

表 5-25　　　　定额对每 $10m^3$ 现浇混凝土模板接触面积

构筑物名称		模板面积/m^2	构筑物名称		模板面积/m^2
基础		7.62	实体式桥台		14.99
承台	有底模	25.13	拱桥	墩身	9.98
	无底模	12.07		台身	7.55
支撑梁		100.00	挂式墩台		42.95

(续)

构筑物名称		模板面积/m²	构筑物名称		模板面积/m²
横梁		68.33	墩帽		24.52
轻型桥台		42.00	台帽		37.99
板梁	实心板梁	15.18	墩盖梁		30.31
板梁	空心板梁	55.07	台盖梁		32.96
板拱		38.41	拱座		17.76
挡墙		16.08	拱肋		53.11
接头	梁与梁	67.40	箱形梁板	拱上构件	123.66
接头	柱与柱	100.00	箱形梁板	0号块件	48.79
接头	肋与肋	163.88	箱形梁板	悬浇箱梁	51.08
接头	拱上构件	133.33	箱形梁板	支架上浇箱梁	53.87
防撞栏杆		48.10	箱形梁板	矩形连续板	32.09
地梁、侧石、缘石		68.33	箱形梁板	矩形空心板	108.11

表 5-26　　每 10m³ 预制混凝土模板接触面积

构筑物名称		模板面积/m²	构筑物名称	模板面积/m²
方桩		62.87	工形梁	115.97
板桩		50.58	槽形梁	79.23
立柱	矩形	36.19	箱形块件	63.15
立柱	异形	44.99	箱形梁	66.41
板	矩形	24.03	拱肋	150.34
板	空心	110.23	拱上构件	273.28
板	微弯	92.63	桁架及拱片	169.32
T形梁		120.11	桁架拱联系梁	162.50
实心板梁		21.87	缘石、人行道板	27.40
空心板梁	10m以内	37.97	栏杆、端柱	368.30
空心板梁	25m以内	64.17	板拱	38.41

注：表中含模量仅供参考，编制预算时按工程量计算规则执行。

107. 预制混凝土工程定额包括哪些项目？适用范围是什么？

定额包括预制桩、柱、板、梁及小型构件等项目共 8 节 44 个子目。定额适用于桥涵工程现场制作的预制构件。

108. 定额对现浇混凝土模板、钢筋含量如何取定？

现浇混凝土模板、钢筋含量（每 10m³ 混凝土）见表 5-27。

表 5-27　　　现浇混凝土模板、钢筋含量（每 10m³ 混凝土）

构筑物名称		模板面积/m²	钢筋含量/kg	
			$\phi 10$ 以内	$\phi 10$ 以外
基础		7.62	8	77
承台	有底模	25.13	87	774
	无底模	12.07	87	774
支撑梁		100.00	95	885
横梁		68.33	87	774
轻型桥台		42.00	0	65
实体式桥台		14.99	0	61
拱桥	墩身	9.98	0	50
	台身	7.55	0	45
柱式墩台		42.95	300	700
墩帽		24.52	151	254
台帽		37.99	151	254
墩盖梁		30.31	235	865
台盖梁		32.96	144	781
拱座		17.76	30	530
拱肋		53.11	340	1300
拱上构件		123.66	170	10
箱形梁	0 号块件	48.79	202	508
	悬浇箱梁	51.08	314	1516
	支架上浇箱梁	53.87	314	1516

(续)

构筑物名称		模板面积/m²	钢筋含量/kg	
			φ10 以内	φ10 以外
板	矩形连续板	32.09	600	0
	矩形空心板	108.11	1500	0
板梁	实心板梁	15.18	100	300
	空心板梁	55.07	236	1077
	板拱	38.41	450	350
	挡墙	16.08	0	620
接头	梁与梁	67.4	—	—
	柱与柱	100.00	—	—
	肋与肋	163.88	—	—
	拱上构件	133.33	—	—
	防撞护栏	48.10	550	750
	地梁、侧石、缘石	68.33	120	810

109. 如何计算桥涵工程中混凝土定额工程量?

(1) 预制桩工程量按桩长度(包括桩尖长度)乘以桩横断面面积计算。

(2) 预制空心构件按设计图尺寸扣除空心体积,以实体积计算。空心板梁的堵头板体积不计入工程量内,其消耗量已在定额中考虑。

(3) 预制空心板梁,凡采用橡胶囊做内模的,考虑其压缩变形因素,可增加混凝土数量,当梁长在 16m 以内时,可按设计计算体积增加 7%,若梁长大于 16m 时,则增加 9% 计算。如设计图已注明考虑橡胶囊变形时,不得再增加计算。

(4) 预应力混凝土构件的封锚混凝土数量并入构件混凝土工程量计算。

110. 如何计算桥涵工程中模板定额工程量?

(1) 预制构件中预应力混凝土构件及 T 形梁、工形梁、双曲拱、桁架拱等构件均按模板接触混凝土的面积(包括侧模、底模)计算。

(2) 灯柱、端柱、栏杆等小型构件按平面投影面积计算。

(3) 预制构件中非预应力构件按模板接触混凝土的面积计算,不包括胎、地模。

(4)空心板梁中空心部分,本定额均采用橡胶囊抽拔,其摊销量已包括在定额中,不再计算空心部分模板工程量。

(5)空心板中空心部分,可按模板接触混凝土的面积计算工程量。

111. 什么是拱圈底模？如何计算其工程量？

拱圈底模是模板的一种制作形式,常用作拱圈的底部起支托和使拱圈成形的模板,常用于现浇拱桥的拱圈部位。

拱圈底模工程量按模板接触砌体的面积计算。多余或外伸的模板不应计入模板费用和总工程量的费用。

112. 什么是地模、胎模？如何计算其定额费用？

地模指用砖或混凝土在表面用水泥砂浆抹平做成的底模。砖地模指按构件大小的平面,用砖砌、表面用水泥浆抹来做成的底模。长线台混凝土地模指利用露天场地,用混凝土做成大面积生产场地做底模,并用长线法施工的方法,设立台座,露天生产常用的预制构件。

胎模是指用砖或混凝土等材料筑成物件外形的底模。由于胎模能大量节约木材及圆钉,就地取材,便于养护,因而在现场预制构件支模中广泛用同一规格尺寸较多的构件。

定额不包括地模、胎模费用,需要时可按全统市政定额《桥涵工程》第九章有关项目计算。胎、地模的占用面积可由各省、自治区、直辖市另行规定。

113. 后张法预应力钢筋工程量计算的规定有哪些？

(1)低合金钢筋两端采用螺杆锚具时,预应力的钢筋按预留孔道减0.35m,螺杆另行计算。

(2)低合金钢筋一端采用镦头插片,另一端螺杆锚具时,预应力钢筋长度按预留孔道长度计算,螺杆另行计算。

(3)低合金钢筋一端采用镦头插片,另一端采用帮条锚具时,预应力钢筋增加0.15m,两端均采用帮条锚具时预应力钢筋共增加0.3m计算。

(4)低合金钢筋采用后张混凝土自锚时,预应力钢筋增加0.35m计算。

(5)低合金钢筋或钢绞线采用JM、XM、QM型锚具,孔道长度在20m以内时,预应力钢筋长度增加1m;孔道长度20m以上时,预应力钢筋长度增加1.8m计算。

(6)碳素钢丝采用锥形锚具,孔道长在20m以内时,预应力钢筋长度增加1m;孔道长度在20m以上时,预应力钢筋长度增加1.8m计算。

(7)碳素钢丝两端采用镦粗头时,预应力钢丝长度增加0.35m计算。

114. 定额对预制混凝土模板、钢筋含量如何取定?

预制混凝土模板、钢筋含量(每 $10m^3$ 混凝土)见表 5-28。

表 5-28　　　预制混凝土模板、钢筋含量(每 $10m^3$ 混凝土)

构筑物名称		模板面积/m^2	钢筋含量/kg	
			$\phi 10$ 以内	$\phi 10$ 以外
方桩		62.87	290	1210
板桩		50.58	375	2051
立柱	矩形	36.19	290	1210
	异形	44.99	290	1210
	矩形	24.03	290	1210
板	空心	110.23	600	0
	微弯	92.63	500	0
T形梁		120.11	646	366
实心板梁		21.87	100	300
空心板梁	10m以内	37.97	236	1077
	25m以内	64.17	202	775
I形梁		115.97	290	1339
槽形梁		79.23	314	1556
槽形块件		63.15	202	508
箱形梁		66.41	314	1556
拱肋		150.34	340	1300
拱上构件		273.28	400	0
桁架及拱片		169.32	400	0
桁架拱联系梁		162.5	328	2180
缘石、人行道板		27.4	250	0
栏杆、端柱		368.30	231	1190
板拱		38.41	450	300

115. 立交箱涵工程定额包括哪些项目？适用范围是什么？

定额包括箱涵制作、顶进、箱涵内挖土等项目共 7 节 36 个子目。

箱涵是指洞身为钢筋混凝土箱形截面的涵洞。

顶进是一种桥涵工程中的施工方法，其作业为二次连续或多次连续，其一次连续作业叫一次顶进，多次连续作业叫多次连续顶进。

一般箱涵内挖土采用箱底超挖法，将底刃角前的挖土平面降至箱涵底面以下 1~2cm，当箱涵行进到开始超挖点附近时，箱涵高程逐渐发生变化。

立交箱涵工程定额适用于穿越城市道路及铁路的立交箱涵顶进工程及现浇箱涵工程。

116. 立交箱涵工程定额中未包括的项目应如何处理？

(1)定额中未包括箱涵顶进的后靠背设施等，其发生费用另行计算。

(2)定额中未包括深基坑开挖、支撑及井点降水的工作内容，可套用有关定额计算。

117. 透水管材料分为哪些种类？其定额工作内容包括哪些？

(1)钢透水管，定额工作内容包括：钢管钻孔；涂防锈漆；钢管埋设；碎石充填。

(2)混凝土透水管，定额工作内容包括：浇捣管道垫层；透水管铺设；接口坞砂浆；填砂。

118. 箱涵制作定额工作内容有哪些？

(1)混凝土：混凝土配、拌、运输、浇筑、捣固、抹平、养护。

(2)模板：模板制作、安装、涂脱模剂；模板拆除、修理、整堆。

119. 箱涵内挖土定额工作内容有哪些？

(1)人工挖土：安、拆挖土支架；铺钢轨，挖土，运土；机械配合吊土、出坑、堆放、清理。

(2)机械挖土工配合修底边；吊土、出坑、堆放、清理。

120. 如何计算立交箱涵工程定额工程量？

立交箱涵工程定额工程量计算规则，见表 5-29。

表 5-29　　　　　立交箱涵工程定额工程量计算规则

序号	项目	说明
1	箱涵滑板下的肋楞	箱涵滑板下的肋楞，其工程量并入滑板内计算
2	箱涵混凝土	箱涵混凝土工程量，不扣除单孔面积 $0.3m^2$ 以下的预留孔洞体积
3	顶柱、中继间护套及挖土支架	顶柱、中继间护套及挖土支架均属专用周转性金属构件，定额中已按摊销量计列，不得重复计算
4	箱涵顶进	箱涵顶进定额分空顶、无中继间实土顶和有中继间实土顶三类，其工程量计算如下： (1)空顶工程量按空顶的单节箱涵重量乘以箱涵位移距离计算。 (2)实土顶工程量按被顶箱涵的重量乘以箱涵位移距离分段累计计算
5	气垫	气垫只考虑在预制箱涵底板上使用，按箱涵底面积计算。气垫的使用天数由施工组织设计确定

121. 立交桥引道与路面铺筑如何套用定额？

立交桥引道的结构及路面铺筑工程，根据施工方法套用有关定额计算。

122. 定额对安装空心板梁数据如何取定？

安装空心板梁数据取定见表 5-30。

表 5-30　　　　　空心板梁安装数据取定

梁长/mm	10	13	16	20	25
取定长度/m	8	10	13	18	21
梁重/t	6	7.5	14	21	26
汽车式起重机	20	25	50	75	80

注：此表内系陆上安装板梁。

123. 定额对 T 梁数据如何取定？

T 梁数据取定见表 5-31。

表 5-31　　　　　　　　　　T 梁数据取定

陆上安装 T 梁,梁长/m	10	20	30
每片梁重取定/t	13.5	24	40
汽车式起重机取定/t	40	75	125

124. 定额对工形梁数据如何取定？

工形梁数据取定见表 5-32。

表 5-32　　　　　　　　　　工形梁数据取定

陆上安装工梁,梁长/m	10	20	30
每片梁重取定/t	5	14.73	26
汽车式起重机取定/t	16	40	75

125. 桥涵混凝土构件安装定额包括哪些项目？适用范围是什么？

桥涵工程混凝土构件的安装包括预制梁的安装,板的安装,缘石、侧石的安装及栏杆扶手的安装。

安装工程定额适用于桥涵工程混凝土构件的安装等项目。

126. 桥涵工程安装预制构件时,如何套用定额？

(1)安装预制构件定额中,均未包括脚手架,如需要用脚手架时,可套用全统市政定额第一册《通用项目》相应定额项目。

(2)安装预制构件,应根据施工现场具体情况,采用合理的施工方法,套用相应定额。

127. 桥涵支座安装定额包括哪些工作内容？

支座安装定额的工作内容包括:安装、定位、固定、焊接等。

128. 桥梁工程梁安装定额包括哪些工作内容？

梁安装定额的工作内容包括:安、拆地锚;竖、拆及移动;搭、拆木垛;

组装、拆卸船排；打、拔缆风桩；组装、拆卸万能杆件，装卸、运、移动；安拆轨道、枕木、平车、卷场机及索具；安装就位，固定；调制环氧树脂等。

129. 双曲拱构件安装定额工作内容包括哪些？

双曲拱构件安装定额工作内容包括：安、拆地锚；竖、拆扒杆及移动；起吊设备就位；整修构件；起吊、拼装，定位；座浆，固定；混凝土及砂装配、拌、运料、填塞、捣固、抹缝、养护等。

130. 排架立柱安装定额工作内容包括哪些？

排架立柱有陆上排架立柱安装和水上排架立柱安装等方法。陆上排架立柱可用履带式起重机将立柱运至施工桩位，然后用起重机吊装安装。水上排架立柱的安装可用驳船将预制立柱运至施工桩位，然后用吊船或浮吊式起重机吊至施工高度进行对接。

排架立柱安装定额工作内容包括：安拆地锚；竖、拆及移动扒杆；起吊设备就位；整修构件；吊装，定位，固定；配、运、填细石混凝土。

131. 柱式墩、台管节安装定额工作内容包括哪些？

墩台管节安装属于水上构件安装，可用浮吊式起重机将管节吊至基桩处通过接管工艺将管节逐次焊接。

柱式墩、台管节安装定额工作内容包括：安、拆地锚；竖、拆及移动扒杆；起吊设备就位；冲洗管节，整修构件；吊装，定位，固定；砂浆配、拌、运；勾缝，坐浆等。

132. 执行钢网架拼装定额时应注意哪些事项？

(1)钢网架拼装与安装定额考虑的是球节点形式，其他形式定额应作调整。

(2)钢网架拼装定额不包括拼装后所用材料，使用本定额时，可按实施施工方案进行补充或调整。

(3)钢网架定额是按焊接考虑的，安装是按分体吊装考虑的，若施工方法与定额不同时，可另行补充。

(4)钢网架拼装与安装工程量均以 t 计算。

133. 桥梁工程小型构件安装定额工作内容包括哪些？

在桥梁工程中，小型构件的安装包括各种梁、板、栏杆、灯柱、下水管的安装等。小型构件安装已包括150m场内运输,其他构件均未包括场内运输。

小型构件安装定额工作内容包括:起吊设备就位;整修构件;起吊,安装,就位,校正,固定;砂浆及混凝土配、拌、运、捣固;焊接等。

134. 什么是空顶？怎样计算其定额工程量？

空顶是箱涵施工的一种支撑工艺。其箱涵中间为空的作业场地,没有支撑柱,支撑柱在箱涵的两侧布置,此种支撑形式为空顶。空顶工程量按空顶的单节箱涵重量以箱涵位移距离计算。

135. 如何计算桥梁工程预制构件安装定额工程量？

桥梁预制构件安装定额工程量计算规则,见表5-33。

表5-33　　　桥梁预制构件安装定额工程量计算规则

序号	项　目	说　　　明
1	安装预制构件	定额中安装预制构件以 m^3 为计量单位的,均按构件混凝土实体积(不包括空心部分)计算
2	驳船	驳船不包括进出场费,其每吨单价由各省、自治区、直辖市确定

136. 伸缩缝、沉降缝安装定额工作内容包括哪些？

伸缩缝安装定额工作内容包括:焊接、安装;切割临时接头;熬涂沥青及油浸;混凝土配、拌、运;沥青玛琋脂嵌缝;铁皮加工;固定等。

沉降缝安装定额工作内容包括:截、铺油毡或甘蔗板;熬、涂沥青,安装整修等。

137. 钢管栏杆定额工作内容包括哪些？

钢管栏杆是指栏杆的材料为钢管,采用焊接的方式连接。钢管栏杆的下部与预埋在柱内的钢板或铸件焊接,钢管栏杆易于制成各种图案和铸成富于艺术性的花板,但金属材料耗费量大,只在特殊要求下才采用。

钢管栏杆定额工作内容包括:选料,切口,挖孔,切割;安装、焊接、校正固定等(不包括混凝土捣脚)。

138. 临时工程定额包括哪些项目？其适用范围是什么？

临时定额内容包括桩基础支架平台、木垛、支架的搭拆，打桩机械、船排、万能杆件的组拆，挂篮的安装和推移，胎地模的筑拆及桩顶混凝土凿除等项目共 10 节 40 个子目。

临时工程定额中支架平台适用于陆上、支架上打桩及钻孔灌注桩。支架平台分陆上平台与水上平台两类，其划分范围由各省、自治区、直辖市根据当地的地形条件和特点确定。

139. 什么是支架平台？支架平台套用定额有哪些规定？

支架平台是指在支架上搭设的工作平台。大多在道路和桥梁施工时采用。

(1) 水上工作平台。凡从河道原有河岸线向陆地延伸 2.5m 范围，均属水上工作平台。

(2) 陆上工作平台。水上工作平台范围之外的陆地部分，均属陆上工作平台，但不包括河塘坑洼地段。

140. 桥梁支架定额工作内容包括哪些？

(1) 木支架：支架制作、安装、拆除；桁架式包括踏步，工作平台的制作，搭设，拆除，地锚埋设、拆除，缆风架设、拆除等。

(2) 钢支架：平整场地；搭、拆钢管支架；材料堆放等。

(3) 防撞墙悬挑支架：准备工作；焊接、固定；搭、拆支架，铺脚手板、安全网等。

141. 挂篮安装、拆除、推移定额包括哪些工作内容？

(1) 安装：安装；定位、校正；焊接、固定（不包括制作）。

(2) 拆除：拆除；气割；整理。

(3) 推移：推移；定位、校正；固定。

142. 镶贴面层工程定额工作内容包括哪些？

镶贴面层是指未经任何艺术处理的建筑构件表层。镶贴面层定额工作内容包括：清理及修补基层表面；刮底；砂浆配、拌、抹平；砍、打及磨光块料边缘；镶贴；修嵌缝隙；除污；打蜡擦亮；材料运输及清场等。

143. 水质涂料工程定额工作内容包括哪些?

水质涂料是指以水为介质的涂料。涂层具有优良的耐候性、耐碱性、耐冷热循环性、耐沾污性、粘结强度高等特性。水质涂料工程定额工作内容包括:清理基底;砂浆配、拌;抹面;抹腻子;涂刷;清场等。

144. 如何计算搭拆打桩工作平台面积?

(1) 桥梁打桩: $F = N_1 F_1 + N_2 F_2$

每座桥台(桥墩): $F_1 = (5.5 + A + 2.5) \times (6.5 + D)$

每条通道: $F_2 = 6.5 \times [L - (6.5 + D)]$

(2) 钻孔灌注桩: $F = N_1 F_1 + N_2 F_2$

每座桥台(桥墩): $F_1 = (A + 6.5) \times (6.5 + D)$

每条通道: $F_2 = 6.5 \times [L - (6.5 + D)]$

式中 F——工作平台总面积;

F_1——每座桥台(桥墩)工作平台面积;

F_2——桥台至桥墩间或桥墩至桥墩间通道工作平台面积;

N_1——桥台和桥墩总数量;

N_2——通道总数量;

D——两排桩之间距离(m);

L——桥梁跨径或护岸的第一根桩中心至最后一根桩中心之间的距离(m);

A——桥台(桥墩)每排桩的第一根桩中心至最后一根桩中心之间的距离(m)。

145. 墩台不能连续施工时应怎样计费?

凡台与墩或墩与墩之间不能连续施工时(如不能断航、断交通或拆迁工作不能配合),每个墩、台可计一次组装、拆卸柴油打桩架及设备运输费。

第六章

·隧道工程·

1. 全统市政定额第四册"隧道工程"包括哪些项目？其适用范围是什么？

全统市政定额第四册"隧道工程"(以下简称隧道工程定额)，由岩石隧道(第一章～第三章)和软土隧道(第四章～第十章)两大部分组成，包括隧道开挖与出渣、临时工程、隧道内衬、隧道沉井、盾构法掘进、垂直顶升、地下连续墙、地下混凝土结构、地基加固、监测及金属构件制作，共10章544个子目。

岩石隧道适用于城镇管辖范围内新建和扩建的各种车行隧道、人行隧道、给排水隧道及电缆(公用事业)隧道等工程。软土隧道适用于城镇管辖范围内新建和扩建的各种车行隧道、人行隧道、越江隧道、地铁隧道、给排水隧道及电缆(公用事业)隧道等工程。

2. 隧道工程定额的编制依据有哪些？

(1)《市政工程劳动定额》(1997年)。
(2)《全国统一建筑工程基础定额》(GJD—101—1995)。
(3)《上海市市政工程预算定额》。
(4)《重庆市市政工程预算定额》。
(5)现行的设计、施工及验收技术规范等。

3. 岩石层隧道定额适用范围是什么？

岩石层隧道定额适用于城镇管辖范围内，新建和扩建的各种车行隧道、人行隧道、给排水隧道及电缆隧道等隧道工程，但不适用于岩石层的地铁隧道工程。本岩石层隧道定额属于岩石层不含站台的区间性的隧道定额。属于有站台的、大断面的岩石层隧道工程，在开挖与内衬等施工过程中，将要出现诸多比区间隧道更为复杂的困难因素，定额未考虑，所以岩石层地铁隧道工程不宜直接采用。

4. 岩石层隧道定额适用的岩石类别范围有哪些？

岩石层隧道定额适用的岩石类别范围见表 6-1。

表 6-1　　　　　　　　　　　　岩石类别

定额岩石类别	岩石按 16 级分类	岩石按紧固系数(f)分类
次坚石	Ⅵ～Ⅷ	$f=4\sim8$
普坚石	Ⅸ～Ⅹ	$f=8\sim12$
特坚石	Ⅺ～Ⅻ	$f=12\sim18$

凡岩石层隧道工程的岩石类别，不在此岩石类别范围内的应另编补充定额。

岩石层隧道采用的岩石分类标准，与全统市政定额第一册"通用项目"的岩石分类标准是一致的。

5. 岩石层隧道定额未列项目应怎样处理？

岩石层隧道定额所列子目包括的范围，只考虑了隧道内（以隧道洞口断面为界）的岩石开挖、运输和衬砌成型，以及在开挖、运输和衬砌成型的施工过程中必需的临时工程子目。而进出隧道洞口的土石方开挖与运输（含仰坡），进出隧道口两侧（不含洞门衬砌）的护坡、挡墙等应执行全统市政定额中"通用项目"册的相应子目；岩石层隧道内的道路路面、各种照明（不含施工照明），通过隧道的各种给排水管（不含施工用水管）等，均应执行全统市政定额有关分册的相应子目。

6. 岩石层隧道定额对有关人工工日数据如何取定？

（1）岩石层隧道的定额人工工日，是以（1988年）全国市政工程预算定额岩石层隧道的定额工日（该工日是按有关劳动定额规定计算得出的）为基础，按规定调整后确定的。工日中，包括基本用工、超运距用工、人工幅度差和辅助用工。

（2）岩石层隧道定额人工工日，比（1988年）岩石层隧道定额新增加了原定额机械栏中原值2000元以下的机械，按规定不再列入机械内；而是将其费用列入其他直接费的工具用具费内，将原机械的机上人工工日增列到定额相应子目的人工工日内。

(3) 岩石层隧道定额的人工工日,均为不分技术等级的综合工日。

(4) 岩石层隧道定额的人工工资单价,按规定包括:基本工资、辅助工资、工资性补贴、职工福利费及劳动保护费等。定额的工资单价采用的是北京市 1996 年的工资标准。定额工资标准中,不包括岩石层隧道施工的下井津贴,各地区可根据定额用工和当地劳动保护部门规定的标准,另行计算。

(5) 岩石层隧道井下掘进,是按每工日 7h 工作制编制的。

7. 隧道工程定额对有关材料的损耗率如何取定?

定额有关材料的损耗率,按表 6-2 所列标准计算。

表 6-2　　　　　　　　　定额材料损耗率

材料名称	损耗率/(%)	材料名称	损耗率/(%)
雷管	3.0	现浇混凝土	1.5
炸药	1.0	喷射混凝土	2.0
合金钻头	0.1	锚杆	2.0
六角空心钢	6.0	锚杆砂浆	3.0
木材	5.0	料石	1.0
铁件	1.0	水	5.0

8. 隧道工程定额对合金钻头的基本耗量如何取定?

合金钻头的基本耗量,按每个合金钻头钻不同类别岩石的不同延长米,来确定合金钻头的报废量。每开挖 100m³ 不同类别岩石需要钻孔的总延长米数,按劳动定额规定计算。每个合金钻头钻不同类别岩石报废的延长米取定数见表 6-3。

表 6-3　　　　　　钻不同类别岩石报废延长米的取定

岩石类别	次坚石	普坚石	特坚石
一个钻头报废钻孔延长米	39.5	32.0	24.5

9. 隧道工程定额对六角空心钢的基本耗量如何取定?

六角空心钢的基本耗量(含六角空心钢加工损耗和不够使用长度的

报废量);平洞、斜井和竖井,按每消耗一个合金钻头,消耗 1.5kg 六角空心钢取定;地沟按每消耗一个合金钻头,消耗 1.2kg 六角空心钢取定。

10. 隧道工程定额对临时工程各种材料年摊销率如何取定?

临时工程各种材料年摊销率见表 6-4。

表 6-4　　　　　　　临时工程各种材料年摊销率表

材料名称	年摊销率/(%)	材料名称	年摊销率/(%)
粘胶布轻便软管	33.0	铁皮风管	20.0
钢管	17.5	法兰	15.0
阀门	30.0	电缆	26.0
轻轨 15kg/m	14.5	轻轨 18kg/m	12.5
轻轨 24kg/m	10.5	鱼尾板	19.0
鱼尾螺栓	27.0	道钉	32.0
垫板	16.0	枕木	35.0

11. 定额对岩石层隧道混凝土及钢筋混凝土衬砌混凝土与模板的接触面积如何取定?

各种衬砌形式的模板与混凝土接触面积取定数详见表 6-5。

表 6-5　　　　岩石层隧道混凝土及钢筋混凝土衬砌
每 10m³ 混凝土与模板接触面积

序号	项目	混凝土衬砌厚度/cm	接触面积/m²
1	平洞拱跨跨径 10m 内	30~50	23.81
2	平洞拱跨跨径 10m 内	50~80	15.51
3	平洞拱跨跨径 10m 内	80 以上	9.99
4	平洞拱跨跨径 10m 以上	30~50	24.09
5	平洞拱跨跨径 10m 以上	50~80	15.82
6	平洞拱跨跨径 10m 以上	80 以上	10.32
7	平洞边墙	30~50	24.55
8	平洞边墙	50~80	17.33

(续)

序号	项目	混凝土衬砌厚度/cm	接触面积/m²
9	平洞边墙	80以上	12.01
10	斜井拱跨跨径10m内	30～50	26.19
11	斜井拱跨跨径10m内	50～80	17.06
12	斜井边墙	30～50	27.01
13	斜井边墙	50～80	18.84
14	竖井	15～25	46.69
15	竖井	25～35	30.22
16	竖井	35～45	23.12

12. 如何计算空气压缩机台班？

(1)空气压缩机由凿岩机用空气压缩机和锻钎机用空气压缩机两类组成。

(2)定额选用的空气压缩机产风量为 10m³/min 的电动空气压缩机。凿岩机(气腿式)的耗风量取定为 3.6m³/min，锻钎机耗风量取定为 6m³/min。

(3)空气压缩机定额台班 = [3.6m³/min × 凿岩机台班 + 6m³/min × 锻钎机台班] ÷ 10m³/min。

13. 如何计算锻钎机(风动)台班？

锻钎机(风动)台班，按定额每消耗10kg六角空心钢需要0.2锻钎机台班计算。

14. 如何计算开挖用轴流式通风机台班？

开挖用轴流式通风机台班按以下公式计算：

$$轴流式通风机台班 = \frac{a}{b} \times 100$$

式中　a——各种开挖断面每放一次炮需要通风机台班数；

　　　b——各种开挖断面每放一次炮计算得出的爆破石方工程量(为 m³)。

爆破工程量＝平均炮孔深度×炮孔利用率×设计断面积。

隧道内地沟开挖,未单独考虑通风机。

15. 隧道工程定额对挖掘机、自卸汽车的综合比例如何取定?

定额的挖掘机和自卸汽车采用的是综合台班,其各自的综合比例如下：

(1)挖掘机综合比例：

1)机械、单斗挖掘机　　$1m^3$　　占20%。
2)液压、单斗挖掘机　　$0.6m^3$　　占15%。
3)液压、单斗挖掘机　　$1m^3$　　占30%。
4)液压、单斗挖掘机　　$2m^3$　　占35%。

(2)自卸汽车综合比例：

1)自卸汽车　　4t　　占30%。
2)自卸汽车　　6t　　占20%。
3)自卸汽车　　8t　　占15%。
4)自卸汽车　　10t　　占15%。
5)自卸汽车　　15t　　占20%。

16. 如何确定隧道开挖定额步距?

隧道开挖定额步距的确定是依据劳动定额的步距和收集的实际施工的多个工程资料得出的,隧道最小断面 $3.98m^2$、最大断面 $100m^2$ 左右,经过比较、测算确定的。

17. 岩石开挖定额中各类岩石的劳动定额按哪些标准综合编制?

开挖定额的岩石分为：次坚石、普坚石和特坚石三类,每类岩石劳动定额还包括有不同的标准,定额的各类岩石分别按下述标准综合编制。

(1)次坚石,包括 $f=4\sim8$ 标准,定额按 $f=4\sim6$ 标准占40%,$f=6\sim8$ 标准占60%。

(2)普坚石,包括 $f=8\sim12$ 标准,定额按 $f=8\sim10$ 标准占40%,$f=10\sim12$ 标准占60%。

(3)特坚石,包括 $f=12\sim18$ 标准,定额按 $f=12\sim14$ 标准占30%,$f=14\sim16$ 标准占35%,$f=16\sim18$ 标准占35%。

18. 软土隧道工程预算定额适用范围是怎样的?

软土隧道工程预算定额,适用于城镇管辖范围内,新建和扩建的各种人行车行隧道、越江隧道、地铁隧道、给排水隧道和电缆隧道等工程。

19. 软土隧道工程定额对有关材料数据如何取定?

(1)混凝土。软土层隧道施工目前主要集中在沿海城市。由于城市施工场地窄小,隧道主体结构混凝土工程量大、连续性强。因此,定额中除预制构件外均采用商品混凝土计价,商品混凝土价格包括 10km 内的运输费,定额中只采用一种常用的混凝土强度等级,设计强度等级与定额不允许同时调整。

(2)护壁泥浆。地下连续墙施工中的护壁泥浆,定额中列的一种常用普通泥浆,并考虑部分重复使用。当地质和槽深不同需要采用重晶石泥浆时允许调整。

(3)触变泥浆。沉井助沉触变泥浆和隧道管片外衬砌压浆,定额中按常用的配合比计划,定额执行中一般不作调整。

(4)钢筋。混凝土结构中的钢筋单列项目,以重量为计量单位。施工用筋量按不同部位取定,一般控制在 2% 以内,钢筋不考虑除锈。设计图纸已注明的钢筋接头按图纸规定计算,设计图纸未说明的通长钢筋,$\phi 25$ 以内的按 8m 长计算一个接头,$\phi 25$ 以上的按 6m 长计算一个接头。每 1t 钢筋接头个数按表 6-6 取定。

表 6-6　　　　　每 1t 钢筋接头个数取定

钢筋直径 /mm	长度 /(m/t)	阻焊接头 /个	钢筋直径 /mm	长度 /(m/t)	阻焊接头 /个
12	1126.10	140.77	25	259.70	43.28
14	827.81	103.48	28	207.00	34.50
16	633.70	79.21	30	180.20	30.03
18	500.50	62.56	32	158.40	26.40
20	405.50	50.69	36	125.40	20.87
22	335.10	41.89	—	—	—

(5)模板。定额采用工具式定型钢模板为主,少量木模结合为辅。

(6)脚手架。脚手架耐用期限见表6-7。

表6-7　　　　　　　　　脚手架耐用期限

材料名称	脚手板		钢管（附扣件）	安全网
	木	竹		
耐用期限月	42	24	180	48

(7)铁钉。木模板中铁钉用量:经测算,按概预算编制手册现浇构件模板工程次要材料表中15个项目综合取定,铁钉摊销量0.297kg/m²(木模)。

(8)铁丝。钢筋铁丝绑扎取用镀锌铁丝,直径10mm以下钢筋取2股22号铅丝,直径10mm以上钢筋取3股22号铅丝。每1000个接点钢筋绑扎铁丝用量按表6-8取定。

表6-8　　　　　　每1000个接点钢筋绑扎铁丝用量　　　　　　kg

钢筋直径/mm	6～8	10～12	14～16	18～20	22	25	28	32
6～8	0.91	1.03	2.84	3.29	3.74	4.04	4.34	4.64
10～12	1.03	2.84	3.29	3.74	4.04	4.34	4.64	4.94
14～16	2.84	3.29	3.74	4.04	4.34	4.64	4.94	5.24
18～20	3.29	3.74	4.04	4.34	4.64	4.94	5.24	5.54
22	3.74	4.04	4.34	4.64	4.94	5.24	5.54	5.84
25	4.04	4.34	4.64	4.94	5.24	5.54	5.84	6.14
28	4.34	4.64	4.94	5.24	5.54	5.84	6.14	6.44
32	4.64	4.94	5.24	5.54	5.84	6.14	6.44	6.89

(9)预埋铁件。预制构件中已包括预埋铁件,现浇混凝土中未考虑预埋铁件,现浇混凝土所需的预埋铁件者,套用铁件安装定额。

(10)氧气、乙炔。氧切槽钢、角钢、工字钢每切10个口的氧气、乙炔消耗量参见表6-9。

表 6-9　　氧切槽钢、角钢、工字钢的氧气、乙炔消耗量

槽钢规格	氧气/m³	乙炔/kg	角钢规格	氧气/m³	乙炔/kg	工字钢规格	氧气/m³	乙炔/kg
18A	0.72	0.24	130×10	0.50	0.17	18A	1.00	0.33
20A	0.83	0.28	150×150	0.80	0.27	20A	1.20	0.40
22A	0.95	0.32	200×200	1.11	0.37	22A	1.33	0.44
24A	1.09	0.36	—	—	—	24A	1.50	0.50
27A	1.20	0.40	—	—	—	27A	1.62	0.54
30A	1.33	0.44	—	—	—	30A	1.82	0.61
36A	1.70	0.57	—	—	—	36A	2.14	0.71
40A	2.00	0.67	—	—	—	40A	2.40	0.80

(11)其他材料费。

1)脱模油:按模板接触面积 $0.11 kg/m^2$,0.684 元/kg。

2)尼龙帽以 5 次摊销,0.58 元/只。

3)草包:按每平方米水平露面积 0.69 只/m^2,0.72 元/只。

20. 隧道工程定额对模板周转次数和一次补损率如何取定?

(1)钢模周转材料使用次数见表 6-10。

表 6-10　　钢模周转材料使用次数　　次

项目	钢模		钢模扣配件	钢管支撑
	现浇	预制		
周转使用次数	50	100	25	75

(2)木模板周转次数和一次补损率见表 6-11。

表 6-11　　木模板周转次数和一次补损率

项目及材料		周转次数	一次补损率(%)	木模回收折价率(%)	周转使用系数 K_1	摊销量系数 K_2
现浇木模	模板	7	15	50	0.2714	0.2107
	支撑	20	15	50	0.1925	0.1713
预制木模		15	15	50	0.2067	0.1784
以钢模为主木模		2.5	20	50	0.5200	0.3600

21. 隧道工程定额对钢模板重量、木模板的木材用量如何取定？

(1)钢模板重量取定。工具式钢模板由钢模板、零星卡具、支撑钢管和部分木模组成。现浇构件钢模板每 1m² 接触面积经过综合折算，钢模板重量为 38.65kg/m²。

(2)木模板的木材用量取定。

木枋 5cm×7cm：$0.1106m^3/10m^2$。

支撑：$0.248m^3/10m^2$。

22. 隧道工程定额对钢筋焊接焊条、钢板搭接焊条用量如何取定？

(1)钢筋焊接焊条用量见表 6-12(焊条用量中已包括操作损耗)。

表 6-12　　钢筋焊接焊条用量　　kg

钢筋直径/mm　焊条用量　项目	拼接焊	搭接焊	与钢板搭接	电弧焊对接
	1m 焊缝			10 个接头
12	0.28	0.28	0.24	—
14	0.33	0.33	0.28	—
16	0.38	0.38	0.33	—
18	0.42	0.44	0.38	—
20	0.46	0.50	0.44	0.78
22	0.52	0.61	0.54	0.99
25	0.62	0.81	0.73	1.40
28	0.75	1.03	0.95	2.01
30	0.85	1.19	1.10	2.42
32	0.94	1.36	1.27	2.88
36	1.14	1.67	1.58	3.95

(2)钢板搭接焊焊条用量(每 1m 焊缝)见表 6-13(焊条用量中已包括操作损耗)。

表 6-13　　钢板搭接焊焊条用量

焊缝高/mm	4	6	8	10	12	13
焊条/kg	0.24	0.44	0.71	1.04	1.43	1.65
焊缝高/mm	14	15	16	18	20	
焊条/kg	1.88	2.13	2.37	2.92	3.50	—

23. 隧道工程定额对堆角搭接焊缝的焊条消耗量如何取定?

堆角搭接每 100m 焊缝的焊条消耗参见表 6-14。

表 6-14　　　　堆角搭接每 100m 焊缝的焊条消耗量

用料	单位	堆角搭接焊缝,焊件厚度/mm							
		6	8	10	12	14	16	18	20
电焊条	kg	33	65	104	135	180	237	292	350

24. 隧道工程定额对盾构用油、用电、用水量如何取定?

(1)盾构用油量。根据平均日耗油量和平均日掘进量取定:

盾构用油量=平均日耗油量/平均日掘进量

(2)盾构用电量。根据盾构总功率、每班平均总功率使用时间及台班掘进进尺取定:

盾构用电量=盾构机总功率×每班总功率使用时间/台班掘进进尺

(3)盾构用水量。水力出土盾构考虑主要由水泵房供水,不再另计掘进中自来水量;干式出土盾构掘进按配用水管、直径流速、用水时间及班掘进进尺取定:

盾构用水量=水管断面×流速×每班用水时间/班掘进进尺

25. 隧道工程定额对机械台班幅度差如何取定?

机械台班幅度差按表 6-15 确定。

表 6-15　　　　　　　　机械台班幅度差

机械种类	台班幅度差	机械种类	台班幅度差	机械种类	台班幅度差
盾构掘进机	1.30	灰浆搅拌机	1.33	沉井钻吸机组	1.33
履带式推土机	1.25	混凝土输送泵车	1.33	反循环钻机	1.25
履带式挖掘机	1.33	混凝土输送泵	1.50	超声波测壁机	1.43
压路机	1.33	振动器	1.33	泥浆制作循环设备	1.33
夯实机	1.33	钢筋加工机	1.30	液压钻机	1.43
装载机	1.25	木工加工机	1.30	液压注浆泵	1.25

(续)

机械种类	台班幅度差	机械种类	台班幅度差	机械种类	台班幅度差
履带式起重机	1.30	金属加工机械	1.43	垂直顶升设备	1.25
汽车式起重机	1.25	电动离心泵	1.30	轴流风机	1.25
龙门式起重机	1.30	泥浆泵	1.30	电瓶车	1.25
桅杆式起重机	1.20	潜水泵	1.30	轨道平车	1.25
载重汽车	1.25	电焊机	1.30	整流充电机	1.25
自卸汽车	1.25	对焊机	1.30	工业锅炉	1.33
电动卷扬机	1.30	电动空压机	1.25	潜水设备	1.66
混凝土搅拌机	1.33	履带式液压成槽机	1.33	旋喷桩机	1.33

机械台班耗用量指按照施工作业,取用合理的机械,完成单位产品耗用的机械台班消耗量。

属于按施工机械技术性能直接计取台班产量的机械,按机械幅度差取定。

定额台班产量=分项工程量×1/(产量定额×小组成员)。

26. 隧道工程定额对机械台班量的数据如何取定?

(1)商品混凝土泵车台班量见表 6-16。

表 6-16   商品混凝土泵车台班量

部位		单位	台班产量	耗用台班(每 10m³)
垫层		m³	54.2	0.18
地梁		m³	47.7	0.21
刃脚		m³	51.1	0.20
墙	0.5m 内	m³	44.33	0.23
	0.5m 外	m³	49.26	0.21
衬墙		m³	39.12	0.25
底板	50 以内	m³	78.8	0.13
	50 以外	m³	94.5	0.11

(2)地下连续墙成槽机械台班产量见表 6-17。

表 6-17　　　　　地下连续墙成槽机械台班量

机械名称	履带式液压成槽机			钻机
挖槽深度/m	15	25	35	25
台班产量/m³	30.23	21.12	16.22	21.12

(3)部分加工机械小组成员的取定见表 6-18。

表 6-18　　　　　部分加工机械劳动组合

项目	钢筋切断机	钢筋弯曲机	钢筋碰焊机	电焊机	立式钻床	木圆锯	车床	剪板机
劳动组合	2	2	3	1	2	2	1	3

(4)插入式振动器台班。按 1 台搅拌机配 2 台振动器计算。

(5)木模板场内外运输,按 4t 载重汽车。每台班运 13m³ 木模计算。配备装卸工 4 人,木模运输量按 1 次使用量的 20% 计算。

(6)盾构掘进机械台班量取定。先把不同阶段的劳动定额中 6h 台班产量折算为 8h 台班产量,再根据机械配备量求出台班耗用量。

台班耗用量 = 1/(劳动定额台班产量×8/6)×配备数量×机械幅度差。

27. 什么是隧道？有哪些种类？

隧道通常指用于地下通道的工程建筑物。一般可分为岩石隧道与软土隧道两大类。修建在岩层中的,称为岩石隧道;修建在土层中的,称为软土隧道。岩石隧道修建在山体中的较多,故又称山岭隧道;软土隧道常常修建在水底和城市立交,故又称为水底隧道和城市道路隧道。

28. 什么是斜洞及竖井？

斜洞包括横洞、平行导坑和斜井。横洞是在隧道侧面修筑的与之相交的坑道;平行导坑是与隧道平行修筑的坑道;斜井是隧道设计轴线与水平线形成一个较大夹角的隧道。

竖井指设计轴线垂直于水平线的隧道。竖井深度一般不超过 150m,位置可设在隧道一侧,与隧道的距离一般情况下为 15~25m 之间,或设置在正上方。

29. 隧道开挖应遵循哪些基本原则？

隧道开挖的基本原则是：在保证围岩稳定或减少对围岩的扰动的前提条件下，选择恰当的开挖方法和掘进方式，并尽量提高掘进速度。即在选择开挖方法和掘进方式时，一方面应考虑隧道围岩地质条件及其变化情况，选择能很好地适应地质条件及其变化，并能保持围岩稳定的方法和方式；另一方面应考虑坑道范围内岩体的坚硬程度，选择能快速掘进，并能减少对围岩的扰动的方法和方式。

30. 什么是新奥法及矿山法？

新奥法是在利用围岩本身所具有的承载效能的前提下，采用毫秒爆破和光面爆破技术，进行全断面开挖施工，并以形成复合式内外两层衬砌来修建隧道的洞身，即以喷混凝土、锚杆、钢筋网、钢支撑等为外层支护形式，称为初次柔性支护，系在洞身开挖之后必须立即进行的支护工作。

矿山法是一种传统的施工方法。它的基本原理是隧道开挖后受爆破影响，造成岩体破裂形成松弛状态，随时都有可能坍落。

31. 什么是溶洞？隧道施工中的塌方及溶洞处理费用如何计算？

溶洞是以岩溶水的溶蚀作用为主，间有潜蚀和机械塌陷作用而造成的基本水平方向延伸的通道。溶洞是岩溶现象的一种。

溶洞一般有死、活、干、湿、大、小几种。死、干、小的溶洞比较容易处理，而活、湿、大的溶洞，处理方法则较为复杂。

隧道施工中的塌方及溶洞处理费用不包含在隧道工程定额之内，应另行计算。

32. 平洞开挖清单工程内容包括哪些？

平洞（平巷）是指隧道设计轴线与水平线平行，或与水平线形成一个较小夹角的隧道。岩石隧道定额平洞的设计轴线与水平线的夹角为0～5°。平洞开挖清单工程内容包括：①岩石类别；②开挖断面；③爆破要求。

33. 布置隧道混凝土沟道时应注意哪些事项？

布置混凝土沟道时应注意平面位置、断面尺寸满足工艺要求，与竖向布置协调一致，纵向有排水坡度，并有足够的排水口。地面水不应流入沟道,穿越道路的沟道有足够的强度,以保证行车安全,沟道布置在地下水位以上。沟道不做沟底,让沟内的雨水自行渗透,必须满足土壤的渗透性要好。不设沟底可以省去沟内因排水坡度增加的砌筑工作,经济上有一定效益。无底沟道需要在沟底做便于施工的措施,如铺砖或混凝土预制块、卵(碎)石等。为及时排除大雨在适当位置设集水井和下水管道。

34. 什么是隧道支撑？有哪几种形式？

坑道开挖后,为防止开挖以后因围岩松动而引起的坍塌,往往需要架设临时支护,临时支护也称为支撑。

支撑有木支撑、钢支撑、锚杆支撑、喷混凝土支撑等型式。支撑方式有先挖后支(适用地Ⅳ类以上围岩)、随挖随支(适用于Ⅱ、Ⅲ类围岩)及先支后挖(适宜于Ⅰ、Ⅱ类围岩)。

35. 什么是电力起爆法？

电力起爆法是指利用电雷管通电起爆后产生的爆炸能去引爆炸药的方法。电力起爆是目前工业爆破中最广泛采用的一种方法。由于在杂散电流较高的施工场地以及雷雨季节,危险性较大,所以隧道施工尤其当地下水较大时,不宜采用电力起爆。

36. 什么是火雷管？

用导火索引爆的雷管,称为火雷管。雷管的作用是通过其自身的爆炸引起炸药爆炸。雷管是极不安定的起爆器材,在储存、运输和操作过程中,要轻拿轻放,严禁冲击、震动和摩擦等,并应远离火种火源,避免受潮。雷管与炸药不能同车运输,不能共同储存。

37. 什么是导火索？如何分类？

导火索又称导火线,呈圆索状,外径 5.2～5.8mm,药芯为黑火药。有全棉线导火索、三层纸质导火索、塑料导火索三种。按燃烧速度分为正常与缓燃两种,正常燃速导火索燃速为 110～130s/m,缓燃导火索燃速为 180～210s/m 或 240～350s/m。

38. 隧道工程中常用爆破方法有哪几种？

在隧道工程中常用的爆破方法有炮孔爆破法、药壶爆破法、洞室爆破法等。

(1)炮孔爆破法。炮孔爆破是指装药孔径小于 300mm 的各种炮眼或深孔爆破(浅孔爆破,孔深 0.5～5m,炮眼直径 28～50mm;深孔爆破,孔深 8～12m,孔径 75～300mm)。爆破工程量大,开挖较深时,宜采用梯段爆破。炮孔爆破与洞室爆破相比,具有药量分布均匀,炸药能量充分利用和岩石块径均匀等优点,在平整场地、开挖沟槽等工程中广泛采用。

(2)药壶爆破法。药壶爆破法是在炮眼底部先用少量炸药爆扩成圆形药壶,然后装入炸药进行爆破。药壶一般需要分几次爆扩而成。这种方法的优点:减少钻眼工作量,能多装炸药,而且把延长药包变为集中药包,提高了爆破效果,工效高、进度快。但这种方法操作较复杂,不能用于坚硬岩石层的施工,适用于软岩和中等坚硬岩层施工。炮眼深度一般为3～8m。

(3)洞室爆破法。洞室爆破法是在被爆破的土石方内部开挖导洞(横洞或竖井)和药室,然后将炸药装入药室内进行爆破,这种方法适用于六至七级以上的岩石爆破。

39. 隧道工程常用起爆方法有哪几种？

常用的起爆方法有:火花起爆、电力起爆和导爆索起爆三种。

(1)火花起爆。火花起爆操作简单,容易掌握,但不能同时点燃多根导火线,因而不能一次使用大量药包同时爆炸。火花起爆的材料有火雷管、导火线及起爆药卷。

(2)电力起爆。电力起爆是通电使电雷管中电力引火剂发热燃烧使雷管爆炸,从而引起药包爆炸。电力起爆器材有:电雷管、电线、电源及测量仪表。

(3)导爆索起爆。导爆索起爆是利用导爆索的爆炸直接引起药包爆炸。导爆索起爆不需雷管,但导爆索本身要用雷管来引爆。

40. 常用的爆破材料有哪几种？

(1)电雷管。电雷管由普通雷管和电力引火装置组成。电雷管通电后,电阻丝发热,使发火剂点燃,引起正起爆炸药爆炸。常用电雷管有即发电雷管和迟发电雷管两种。在即发电雷管的电力点火装置与正起爆炸药之间放上一段缓燃剂即为迟发电雷管。

(2)硝铵炸药。硝铵炸药外观为淡黄色粉末,属于混合炸药中的硝铵类炸药。其组成成分主要是硝酸铵（NH_4NO_3）作为氧化剂；梯恩梯作为敏化剂，用以提高炸药的敏感度和威力；石蜡和沥青是抗水剂，只在抗水铵梯炸药中采用；木粉作为松散剂，延缓炸药结块；食盐是消焰剂，可阻滞地下瓦斯的爆炸反应，因此，在煤矿硝酸铵炸药中掺用。硝铵炸药是我国目前工业炸药中生产最多、使用最广的一种炸药。

（3）胶质炸药。加了硝化棉而成为可塑性胶体的硝酸甘油类炸药，称为胶质炸药。胶质炸药的主要成分是硝酸甘油（或硝酸甘油与二硝化乙二醇的混合物），是一种高猛度炸药，此类炸药加入硝酸钾（或硝酸钠、硝酸铵）作为氧化剂，硝化棉为胶化剂，木粉为可燃剂、吸收剂和疏松剂。胶质炸药透明呈淡棕黄色，威力大、抗水性强、密度高，因此适用于有水和坚硬岩石的爆破。

41. 如何计算隧道爆破中每循环爆破的总装药量？

隧道爆破中，每循环爆破的总装药量 Q 值通常按下式计算：

$$Q = kLS$$

式中 Q——每循环爆破总装药量（kg）；

k——爆破单位体积岩石的炸药平均消耗量，简称炸药的单耗量（kg/m^3）；

L——爆破掘进进尺（m）；

S——开挖断面面积（m^2）。

42. 隧道工程定额对雷管的基本耗量如何取定？

雷管的基本耗量，按劳动定额的有关说明规定，计算出炮孔个数，按每个炮孔一个雷管取定。

43. 隧道工程定额对炸药的基本耗量及炮孔长度如何取定？

炸药的基本耗量、炮孔长度，按劳动定额规定计算，炮孔的平均孔深综合取定。装药按每米炮孔装 1kg 取定，每孔装药量按占炮孔深度的比例取定。

44. 岩石层隧道开挖定额对电力起爆区域线及主导线用量计算有关参数如何取定？

岩石层隧道开挖爆破的起爆方法，已将原定额采用的火雷管起爆改为电力起爆,因此将火雷管改为电雷管(迟发雷管),导火索改为胶质线(两种规格分别称区域线和主导线)。平洞、斜井、竖井及各种不同断面爆破用胶质线计算参数,详见表6-19。

表6-19　　　　岩石层隧道开挖定额电力起爆区域线及
主导线用量计算有关参数

参数名称	定额开挖断面积	平洞开挖断面积 m² 以内						
		4	6	10	20	35	65	100
一次爆破进尺/m		1.2	1.3	1.4	1.5	1.55	1.6	1.65
一次爆破工程量/m³		4.8	7.8	14.0	30.0	54.25	104.0	165.0
每平方米爆破断面积用区域线/m		1.1	1.1	1.1	1.1	1.1	1.1	1.1
每完成100m³ 爆破量需放炮次数		20.83	12.82	7.14	3.33	1.84	0.96	0.61
每完成100m³ 爆破量用区域线/m		91.65	84.61	78.54	73.26	69.92	68.64	67.10
每次放炮用主导线/m		200	200	200	200	200	200	200
每放一次炮主导线损耗量/m		3	4	5	10	13	21	30
每完成100m³ 爆破量摊销主导线/m		62.49	51.28	35.70	33.30	23.92	20.16	18.30
一次爆破进尺/m		1.2	1.4	1.5	1.2	1.4	1.5	
一次爆破工程量/m³		6.0	14.0	30.0	6.0	14.0	37.51	
每平方米爆破断面积用区域线/m		1.1	1.1	1.1	1.1	1.1	1.1	
每完成100m³ 爆破量需放炮次数		16.67	7.14	3.33	16.67	7.14	2.67	
每完成100m³ 爆破量用区域线/m		91.65	78.54	72.26	91.65	78.54	73.26	
每次放炮用主导线/m		120	120	120	120	120	120	
每放一次炮主导线损耗量/m		2.4	3.6	5.4	3.75	7.18	13.4	
每完成100m³ 爆破量摊销主导线/m		40.01	25.70	17.98	40.01	25.70	17.98	

注:1. 区域线为定额中的BV—2.5mm胶质线;主导线为定额中的BV—4.0mm胶质线。

　　2. 地沟开挖:底宽0.5m内、1.0m内和1.5m内的区域线及主导线定额耗量,分别与平洞断面6m² 内、10m² 和20m² 内的耗量相同。

45. 通常出渣分为哪些环节?

出渣分为装渣、运渣、卸渣三环节。装渣就是把开挖下来的石渣装入运输车辆,装渣的方式有人工装渣和机械装渣两种。运渣是将装渣运出隧洞外,运输方式可以分为有轨运输和无轨运输两种。卸渣就是将运出隧洞的石渣卸下运输车辆。

46. 隧道施工中常用的装渣机有哪几种?

隧道施工中常用的装渣机有翻斗式装渣机、立爪式装渣机、蟹爪式装渣机、铲斗式装渣机、挖斗式装渣机。

(1)翻斗式装渣机。这种装渣机多采用轨道走行机构。它是利用前方的铲斗铲起石渣,然后后退并将铲斗后翻,把石渣倒入停在机后的运输车内。翻斗式装渣机构造简单,操作方便,采用风动或电动,对洞内无废气污染。但其工作宽度一般只有 1.7~3.5m,工作长度较短,须将轨道延伸到渣堆,且一进一退间歇装渣,工作效率较低,其斗容量小,工作能力较低,一般只有 30~120m^3/h(技术生产率),主要适用于小断面或规模较小的隧道中。

(2)立爪式装渣机。这种装渣机多采用轨道走行,也有采用轮胎走行或履带走行的。以采用电力驱动、液压控制的较好。装渣机前方装有一对扒渣立爪,可以将前方或左右两侧的石渣扒入受料盘,其他同蟹爪式装渣机。立爪扒渣的性能较蟹爪式的好,对石渣的块度大小适应性强,轨道走行时,其工作宽度可达到 3.8m,工作长度可达到轨端前方 3.0m,工作能力一般在 120~180m^3/h 之间。

(3)蟹爪式装渣机。这种装渣机多采用履带走行,电力驱动。它是一种连续装渣机,其前方倾斜的受料盘上装有一对由曲轴带动的扒渣蟹爪。装渣时,受料盘插入岩堆,同时两个蟹爪交替将岩渣扒入受料盘,并由刮板输送机将岩渣装入机后的运输车内。但因受蟹爪拨渣限制,岩渣块度较大时,其工作效果显著降低,故主要用于块度较小的岩渣及土的装渣作业。工作能力一般在 60~80m^3/h 之间。

(4)铲斗式装渣机。这种装渣机多采用轮胎走行,也有采用履带走行或轨道走行的。轮胎走行的铲斗式装渣机多采用铰接车身,燃油发动机驱动和液压控制系统。轮胎走行铲斗式装渣机转弯半径小、移动灵活、铲取力强、铲斗容量大(达 0.76~3.8m^3)、工作能力强、可侧卸也可前卸、卸渣准确,但燃油废气污染硐内空气,须配备净化器或加强隧道通风,常用于较大断面的隧道装渣作业。轨道走行装渣机一般只适用于断面较小的隧道中,履带走行的大型电铲则适用于断面较大的隧道。

(5)挖斗式装渣机。挖斗式装渣机的扒渣机构为自由臂式挖掘反铲,其他同蟹爪式装渣机,并采用电力驱动和全液压控制系统,配备有轨道走行和履带走行两套走行机构。立定时,工作宽度可达 3.5m,工作长度可达轨道前方 7.11m,且可以下挖 2.8m 和兼作高 8.34m 范围内清理工作面及找顶工作。生产能力为 250m³/h。

47. 隧道出渣有轨运输的轨道铺设有哪些要求?

(1)轨距常用的有 600mm、762mm、900mm 三种。双线线间净距不小于 20cm;单线会让站线间净距不小于 40cm;车辆距坑道壁支撑净距不小于 20cm;双线不另设人行道;单线须设人行道,其净宽不小于 70cm。

(2)轨道平面最小曲线半径,在洞内应不小于机车车辆轴距的 7 倍;洞外不小于 10 倍;使用有转向架的梭式矿车时,最小曲线半径不小于 12m,并应尽量使用较大的曲线半径。

(3)洞内轨道纵坡按隧道坡度设置。洞外轨道除卸线设置上坡外,其余尽量设置为平坡或 0.5% 以下的纵坡。

(4)钢轨重量有 15kg/m、24kg/m、30kg/m、38kg/m、43kg/m 几种,轨枕截面有 10cm×12cm、10cm×15cm、12cm×15cm、14cm×17cm(厚×宽)几种钢轨和枕木的选择,应根据各种机械的最大轴重来确定,轴重较大时应选用较重的钢轨和较粗的枕木。枕木间距一般不大于 70cm。

(5)轨道铺设可利用开挖下来的碎石渣作为道渣,并铺设平整、顺直、稳固。若有变形和位移,应及时养护和维修,保证线路处于良好的工作状态。

48. 如何计算出渣量?

出渣量应为开挖后的虚渣体积,可按下式计算:

$$Z = R\Delta LS$$

式中 Z——单循环爆破后石渣量(m^3);

R——岩体松胀系数,见表 6-20。

Δ——超挖系数,视爆破质量而定,一般可取 1.15~1.25;

L——设计循环进尺(m);

S——开挖断面面积(m^2)。

表 6-20　　　　　　　　岩体松胀系数 R 值

岩体类别	Ⅰ	Ⅱ		Ⅲ	Ⅳ	Ⅴ	Ⅵ
土石名称	砂砾	黏性土	砂夹卵石	硬黏土	石质	石质	石质	石质
松胀系数 R	1.15	1.25	1.30	1.35	1.6	1.7	1.8	1.85

49. 如何计算每一开挖循环松散石渣量？

每一开挖循环松散石渣量可按下式计算：

$$V_m = K_e(V_g + W) = K_e L_0(S + \Delta S)$$

式中　V_m——每一开挖循环松散石渣量(m^3)；

　　　K_e——石渣爆破松散系数，见表 6-21；

　　　V_g——设计断面开挖量实方(m^3)；

　　　W——允许超挖量实方(m^3)；

　　　S——设计断面面积(m^2)；

　　　ΔS——允许超挖断面面积(m^2)，可按有关规范要求确定；

　　　L_0——循环进尺(m)。

表 6-21　　　　　　　　石渣松散系数 K_e 参考值

不同装载方式	大断面大型装载设备	中小断面中小型装载设备
K_1	1.5～1.8	1.7～2.0

注：岩石密度大，破碎粒度小者取大值。

50. 如何计算轨道式铲斗装铲机的生产率？

轨道式铲斗装岩机的生产率可按下式计算：

$$P_m = \frac{46 K_1 P_j V_c}{54 V_c + K_1 P_j t_f}$$

式中　P_m——轨道式铲斗装岩机生产率(近似值，松方：m^3/h)；

　　　P_j——装岩机技术生产率(松方：m^3/h)，从产品说明查得；

　　　K_1——装渣技术熟练综合系数，见表 6-22；

　　　V_c——斗车容积(m^3)；

　　　t_f——平均每装一斗车因辅助作业而停止装渣的时间(包括调车、辅接临时道轨、调整机具等)，取 0.5～1.0min。

表 6-22　　　　　装渣技术熟练综合系数 K_1

熟练程度	熟　练	一　般	初　学
K_1	0.8	0.55	0.35

51. 如何计算装载机的生产率？

装载机的生产率可按下式计算：

$$P_c = \frac{3600 V_c k_f K_1}{T}$$

式中　P_c——装载机生产率（松方：m^3/h）；
　　　V_c——装载机额定斗容（m^3）；
　　　k_f——铲斗充盈系数，地下工程爆破石渣取 0.65～0.90；
　　　K_1——工时利用系数，一般取 0.8～0.9；
　　　T——装载一次的循环时间（s），见表 6-23。

表 6-23　　　　　一次装载循环时间 T

装载机类型	不同退距的循环时间/s			备　注
	0m	7.5m	50m	
三向卸或侧卸轮胎装载机	40～60			就地卸料
前卸轮胎式装载机		80	140	倒退转向及卸料，再向掌子面
前卸履带式装载机		100	160	

52. 如何计算在轨运输列车的斗车数量？

在轨运输列车，每组（列）斗车数量：

$$n_1 = \frac{1}{M-1} \cdot \frac{AT_c}{60 K_c V_c}$$

式中　n_1——每列斗车数量（辆）；
　　　A——要求出渣生产率（m^3/h）；
　　　T_c——列车往返循环时间（min），按洞内每 5～10km 车速确定；
　　　K_c——斗车充盈系数，取 0.70～0.95；
　　　V_c——斗车容积（m^3）；
　　　M——斗车组数，$M \geqslant 2$，即每工作面配两列式或两列以上斗车。

53. 如何计算出渣用斗车的台班数?

(1)平洞出渣用斗车,按劳动定额计算所得出的运渣工日数,分别按下述标准计算:

1)0.6m³ 斗车台班,按运渣工工日数的 1/2 计算。
2)1m³ 斗车台班,按运渣工工日数的 1/3 计算。
3)电瓶车用斗车,按每个电瓶车台班用 6 个斗车计算。

(2)斜井和竖井出渣用斗车,按每个卷扬机台班用 2 个斗车计算。

54. 如何计算自卸汽车的运输能力及需要数量?

(1)自卸汽车小时运输能力计算公式如下:

$$P_t = \frac{60 V_t K_t e_t}{T_c}$$

式中　P_t——自卸汽车小时运输能力(松方:m³/h);
　　　V_t——自卸汽车斗容(m³),从自卸汽车技术说明中查得;
　　　K_t——充盈系数,地下工程一般取 0.60~0.75;
　　　e_t——工作系数,视设备完好情况和操作水平在 0.3~0.85 之间选取;
　　　T_c——往返循环时间(min),按洞内运速 5~10km/h,洞外<20km/h计算和装载循环时间确定。

(2)自卸汽车需要量计算公式如下:

$$n_t = \frac{K_3 V_m}{P_t t_m}$$

式中　n_t——自卸汽车需要数量(辆);
　　　K_3——运输不均衡系数,取 1.1~1.15;
　　　V_m——每个开挖循环出渣量(松方:m³);
　　　t_m——计划出渣时间(h);
　　　P_t——自卸汽车小时运输能力(m³/h),按 $P_t = \frac{60 V_t K_t e_t}{T_c}$ 计算。

以上为单工作面所需车辆;几个工作面共用一套设备时须进行平衡后再计算所需总量。

55. 轻便轨道包括哪几种形式? 如何计算其定额工程量?

轻便轨道包括有单线轻轨和双线轻轨两种形式。单线运输能力较低,常用于地质条件较差或小断面开挖的隧道中。双线运输进出车辆分道行驶,提高了通过能力。

隧道工程定额中的轻便轨道是以单线为准计算的,在遇到双线轻轨时,应按定额的双倍计算。另外,双线运输为了调车方便,在两线间常布置了渡线,即道岔,每处道岔按30m轻轨计算。

56. 如何进行隧道施工通风计算？

隧道施工的通风计算,因施工方法、隧道断面、爆破器材、炸药种类、施工设备等不同而变化。

(1)按洞内同时工作的最多人数计算。

$$Q=kmq$$

式中 Q——所需风量(m^3/min);

k——风量备用系数,常取 $k=1.1\sim 1.2$;

m——洞内同时工作的最多人数;

q——洞内每人每分钟需要新鲜空气量,通常按 $3m^3/min$ 计算。

(2)按同时爆破的最多炸药量计算。

由于通风方式不同,计算方法也各不相同,以下分别介绍。

1)巷道式通风。

$$Q=5Ab/t$$

式中 A——同时爆破的炸药量(kg);

b——1kg 炸药折合成一氧化碳的体积,一般采用 $b=40L/kg$;

t——爆破后的通风时间(min)。

2)管道通风。

①压入式通风。

$$Q=7.8\sqrt[3]{AS^2L^2/t}$$

式中 S——坑道断面面积(m^2);

L——坑道长度(m)。

其他符号同前。

②吸出式通风。

$$Q=15\sqrt{ASL_{散}/t}$$

式中 $L_{散}$——爆破后炮烟的扩散长度(m);

非电起爆——$L_{散}=15+A$(m);

电雷管起爆——$L_{散}=15+A/5(m)$；
其他符号同前。

③混合式通风。

$$Q_{混压}=7.8\sqrt[3]{AS^2L_{入口}^2/t}$$
$$Q_{混吸}=1.3Q_{混压}$$

式中 $Q_{混压}$——压入风量；
$Q_{混吸}$——吸出风量；
$L_{入口}$——压入风口至工作面的距离,一般采用25m计算；
其他符号同前。

(3)按内燃机作业废气稀释的需要计算。

$$Q=n_t A$$

式中 n_t——洞内同时使用内燃机作业的总kW数；
A——洞内同时使用内燃机每kW所需的风量,一般用$3m^3/min$计算。

(4)按洞内允许最小风速计算。

$$Q=60VS$$

式中 V——洞内允许最小风速m/s,全断面开挖时为0.15m/s,其他坑道为0.25m/s；
S——坑道断面积(m^2)。

57. 什么是通风？通风方式的选择应注意哪些问题？

通风是在隧道开挖和营运中,为了排除和冲淡洞(坑)内有毒气体和粉尘,所采取的净化空气的措施。

通风方式的选择应注意下面几个方面的问题：

(1)自然通风因其影响因素较多,通风效果不稳定且不易控制,故除短直隧道外,应尽量避免采用。

(2)吸出式通风的风流方向与压入式相反,但其排烟速度慢,且易在工作面形成炮烟停滞区,故一般很少单独使用。

(3)压入式通风的风流方向与压入式相反,但其排烟速度慢,且易在工作面施工,但污浊空气将流经整个坑道。

(4)混合式通风集压入式和吸出式的优点于一身,但管路、风机等设施增多,在管径较小时可采用,若有大管径、大功率风机时,其经济性不如压入式。

(5)利用平行导坑作巷道通风是解决长隧道施工通风的方案之一,其通风效果主要取决于通风管理的好坏。

(6)选择通风方式时,一定要选用合适的设备——通风机和风管,同时要解决好风管的连接,尽量减少漏风率。

58. 通风施工用水与生活饮用水必须满足哪些要求?

施工用水和生活饮用水必须满足表 6-24 和表 6-25 的要求。

表 6-24　　　　　　　　　施工用水水质要求

用水范围	水质项目	允许最大值
混凝土作业	硫酸盐(SO_4^{2-})含量	不大于 1000mg/L
	pH 值	不得小于 4
	其他杂质	不含油、糖、酸等
湿式凿岩与防尘	细菌总数	在 37℃培养 24h 每毫升不超过 100 个
	大肠菌总数	每升水中不超过 3 个
	浑浊度	不大于 5mg/L,特殊情况不大于 10mg/L

表 6-25　　　　　　　　　生活饮用水标准

项　目	允许最大值
色度	不大于 20°,应保证透明和无沉淀
浑浊度	不大于 5mg/L,特殊情况(暴雨洪水)不大于 100mg/L
悬浮物	不得有用肉眼可见水生物及令人厌恶的物质
嗅和物	在原水或煮沸后饮用时不得有异臭和异味
细菌总数	在 37℃培养 24h,每毫升水中不超过 100 个
大肠菌总数	每升水中不得超过 3 个
总硬度	不大于 8.9mg~当量/L(25°)
铅含量	不大于 0.1mg/L
砷含量	不大于 0.05mg/L
氧化物含量	不大于 1.5mg/L
铜含量	不大于 3.0mg/L

(续)

项 目	允许最大值
锌含量	不大于 5.0mg/L
铁总含量	不大于 0.3mg/L
pH 值	6.5～9.5
酚类化合物	加氧消毒时,水中不得产生氯酚臭
余氯含量	水池附近游离,氯含量不小于 0.3mg/L,管路末端不小于 0.05mg/L

59. 什么是风、水钢管？如何计算其定额工程量？

风、水钢管是指供风、供水的钢管。此类钢管的长度应根据洞长来确定,其数值为洞长加上 100m 来计算。

60. 什么是动力线路？如何计算其定额工程量？

动力线路是指为施工动力机具提供电源的供电线路。动力线路的长度按洞长加上 50m 计算。当动力线路与照明线路安装在一起时,动力线路安装在上面,照明线路安装在下面。

61. 什么是接地？隧道施工中需要接地的设施有哪些？

接地是由高压电缆外皮和低压电缆的接地芯线以及所有明线架设的中性线连接成一个总的接地网络,在网络上分别连接需要接地的设施,构成一个具有多处接地装置的接地系统。

在隧道施工中需要接地的设施有：与电机连接的金属构架、变压器外壳、配电箱外壳、启动器外壳、高压电缆的金属外皮、低压橡套电缆的接地芯线、风水管路、轨道及硐内临时装设的金属托架等。

62. 什么是衬砌？其具有哪些作用？

衬砌常指将隧道的开挖面被覆起来的结构体,即隧洞内壁承受围岩压力的镶护结构。其作用是支护隧道、防止岩石风化、保证净空、防水排水等。根据地质条件的不同,隧道衬砌按功能分为承载衬砌、构造衬砌和装饰衬砌,按组成可分为整体式衬砌和复合式衬砌(图 6-1),就使用材料而言,有喷射混凝土、锚杆、钢筋网或铁丝网、模筑混凝土、石料及混凝土预制块衬砌等。

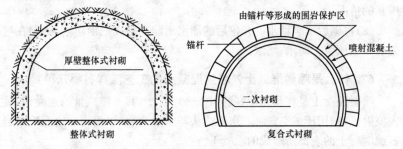

图 6-1 隧道衬砌

63. 混凝土边墙衬砌施工时应注意哪些事项？

(1) 浇筑混凝土前，必须将基底石渣、污物和基坑内积水排除干净，严禁向有积水的基坑内倾倒混凝土干拌合物。

(2) 先拱后墙施工时，边墙混凝土应早浇筑，以避免对拱圈产生不良影响。

(3) 立墙时应对墙基标高进行检查。

(4) 不得利用墙架兼做脚手架，防止模板走动变形。

64. 什么是隧道边墙？

隧道边墙是指隧道内两边的墙壁。隧道边墙有直墙和曲墙两种。

65. 什么是锚杆？分为哪几种形式？

锚杆是用金属或其他高抗拉性能的材料制作的一种杆状构件。按其与被支护体的锚固形式分为端头锚固式锚杆、全长粘结式锚杆、摩擦式锚杆和混合式锚杆。

66. 充填压浆分为哪几类？

充填压浆分为开挖前压浆和衬砌后压浆堵水。

(1) 开挖前压浆。

1) 地面钻孔预压浆。该方法适用于隧道埋藏较浅的情况。在隧道将要掘进地段用小型地质钻机钻孔，压注水泥砂浆以形成隔水帷幕，同时可将易坍塌的松散破碎地层胶结，以保证开挖顺利地进行。

2)洞内工作面钻孔预压浆。该方法适用于深埋隧道不便于地面钻孔压浆的情况。

(2)衬砌后压浆堵水。开挖后的涌水未能在衬砌之前防堵,必须在衬砌后采取压浆来防水、堵水。

67. 什么是喷射混凝土？喷射混凝土的工艺流程有哪几种？

喷射混凝土是将预先配好的水泥、砂、石子,和一定数量的速凝剂,装入喷射机,利用压缩空气将其送至喷头与水混合后,以很高的速度喷向岩石或混凝土的表面所形成的混凝土。

喷射混凝土既是一种新型的支护结构,又是一种新的施工工艺。喷射混凝土的工艺流程有干喷、潮喷、湿喷和混合喷四种。

(1)干喷。干喷是将骨料、水泥和速凝剂按一定比例干拌均匀,然后装入喷射机,用压缩空气使干集料在软管内呈悬浮状态压送到喷枪,再在喷嘴处与高压水混合,以较高速度喷射到岩面上。

(2)潮喷。潮喷是将骨料预加少量水,使之呈潮湿状,再加水泥拌合,从而降低上料、拌合和喷射时的粉尘,是目前施工现场使用较多的喷射工艺。

(3)湿喷。湿喷是将骨料、水泥和水按设计比例拌合均匀,用湿式喷射机压送到喷头处,再在喷头上添加速凝剂后喷出。湿喷混凝的质量容易控制。

(4)混合喷。混合喷射又称水泥裹砂造壳喷射法,它是将一部分砂加第一次水拌湿,再投入全部水泥强制搅拌造壳;然后加第二次水和减水剂拌合成 SEC 砂浆;将另一部分砂和石、速凝剂强制搅拌均匀;然后分别用砂浆泵和干式喷射机压送到混合管混合喷出。

68. 什么是喷射平台？

喷射平台是指为喷射混凝土而搭建的操作平台。喷射平台必须满足装拆方便、搬运方便且安全可靠、施工快捷等条件。

69. 混凝土搅拌机按照搅拌原理可分为哪几类？

混凝土搅拌机按照搅拌原理可分为自落式和强制式两类。

(1)自落式混凝土搅拌机。自落式混凝土搅拌机的主要工作机构为圆形鼓筒,筒内壁装有径向布置的叶片。其工作原理为交流掺合机理,搅拌时圆形鼓筒绕轴旋转,装入筒内的物料被叶片提升到一定高度自由下落,靠重力交流掺合,如此反复进行直至搅拌均匀。自落式搅拌机多用于搅拌塑性混凝土。

(2)强制式混凝土搅拌机。强制式混凝土搅拌机的主要工作机构是水平放置的固定的圆筒,圆管中央转轴臂架上装有叶片。其工作原理为剪切掺合机理,装入圆筒内的物料在叶片的强制搅动下被剪切和旋转,形成交叉的物流,直至搅拌均匀。强制式混凝土搅拌机适于搅拌干硬性混凝土及轻骨料混凝土。

70. 混凝土的运输工作应满足哪些要求？

为了保证混凝土工程质量,混凝土的运输工作应满足下列要求：

(1)混凝土在运输中不产生分层、离析现象,运至浇筑地点后,应具有表6-26所规定的坍落度。

(2)混凝土在运输中应以最少的转运次数,最短的时间,从搅拌地点运至浇筑地点。保证混凝土从搅拌机中卸出后到浇筑完毕的延续时间不超过表6-27的规定。

表6-26　　　　　　　　混凝土浇筑时的坍落度

结构种类	坍落度/cm
基础或地面等垫层无配筋的厚大结构(挡土墙基础或厚大的块体)或配筋稀疏的结构	1~3
板、梁和大型及中型截面的柱子等	3~5
配筋密列的结构(斗仓、筒仓等)	5~7
配筋特密的结构	7~9

表6-27　　　　　　普通混凝土从搅拌机中卸出到浇筑完毕的延续时间　　　　　　min

混凝土强度等级	气温(℃)	
	低于25	高于25
C30及C30以下	120	90
C30以上	90	60

(3)运输工作应保证混凝土的浇筑工作连续进行。

(4)运送混凝土的容器的内壁应平整光洁、不吸水。粘附的混凝土残渣应经常清除。

71. 钢筋混凝土工程按施工方法可分为哪几类？

钢筋混凝土工程按施工方法分为现浇钢筋混凝土工程和装配式钢筋混凝土工程。

(1)现浇钢筋混凝土工程。现浇钢筋混凝土工程是在施工现场,在结构构件的设计位置,架设模板、绑扎钢筋,浇灌混凝土,振捣成型,经过养护混凝土达到拆模强度后拆除模板,制成结构构件。现浇钢筋混凝土结构整体性好,抗震性好,节约钢材,而且不需要大型的起重机械。但模板消耗量大,现场运输量大,劳动强度高,施工受天气条件影响。

(2)装配式钢筋混凝土工程。装配式钢筋混凝土工程是在构件预制工厂或施工现场预先制作好钢筋混凝土构件,在施工现场用起重机械把预制构件安装到设计位置。预制构件的生产,除运输不便的大型物件现场预制外,大量的预制构件均在预制构件厂制作,实行工厂化、机械化、定型化生产,大量节约了模板材料。构件的预制和现场安装机械化程度高,能降低工程成本,减轻劳动强度,提高劳动效率,减少现场湿作业。但与现浇钢筋混凝土结构相比,耗钢量较大,而且施工时需要大型的起重设备。

72. 混凝土构件振捣成型的方法主要有哪几种？

混凝土构件振捣成型的方法主要有振动法、振动加压法、挤压法及离心法等。

(1)振动法。振动法使用的振捣设备有插入振动器、表面振动器和振动台。振动装置为带有偏心块的转轴,具有单根振动轴的振动台都是作非定向的圆周运动,台面振幅分布不均匀,影响振实效果。

(2)振动加压法。用振动台将构件混凝土振动成型的同时,在构件上面要施加压力,它可加速振实过程,提高混凝土硬化后的强度。加压的方法分为静态加压和动态加压。

(3)挤压法。挤压法是利用挤压机在长线台座上生产先张法预应力多孔板的一种工艺,这种方法由于实现了机械化连续生产,生产效率高,经济效果好。

(4)离心法。离心法是利用离心机制作薄壁空心构件的一种工艺。构件内部呈圆形空腔,外形可为圆形、方形或多角形。离心法生产过程:先将上、下两个半管模清理干净,将下模放在操作台上,铺放隔离层或涂刷隔离剂,放入钢筋骨架,然后浇入定量混凝土,盖上上模,拧紧螺栓,送至离心机上离心成型。

73. 混凝土养护有哪些方法?

混凝土的养护有蒸汽养护和蒸压养护。

(1)蒸汽养护。蒸汽养护是将混凝土放在温度低于100℃的常压蒸汽中进行养护。一般混凝土经过16~20h蒸汽养护后,其强度即可达到正常条件下养护28d强度的70%~80%,蒸汽养护的最适宜温度随水泥品种而不同。用普通水泥时,最适宜的养护温度为80℃左右;而用矿渣水泥及火山灰水泥时,则为90℃左右。

(2)蒸压养护。蒸压养护是将混凝土构件放在175℃的温度及8个大气压的压蒸锅内进行养护。在高温的条件下,水泥水化时析出的氢氧化钙,不仅能与活性的氧化硅结合,而且亦能与结晶状态的氧化硅相结合,生成含水硅酸盐结晶,使水泥的水化加速,硬化加快,而且混凝土的强度也大大提高。

74. 什么是石料衬砌?其定额工作内容有哪些?

石料衬砌是指用石材作内衬的砌筑工程。石料衬砌定额工作内容包括:运输、拌浆、表面修凿、搭拆简易脚手架、养护等(拱部包括钢拱架制作、安装及拆除)。

75. 怎样进行拱圈砌筑?如何计算其清单工程量?

拱圈跨径 $L < 10m$ 时可采用从两端拱脚开始,按拱圈的全厚和全宽同时向拱顶对称砌筑,一气呵成的连续砌筑。

拱圈砌筑工程量应按设计图示尺寸以体积计算。

76. 常用的脚手架有哪些类别?应满足哪些基本要求?

脚手架按常用材料分有木、竹脚手架及金属脚手架;按搭设位置分为外脚手架、里脚手脚及悬挂脚手架。脚手架一般应满足以下基本要求:

(1)有足够的面积,能满足工人操作、材料堆放及运输的需要。

(2)脚手架的宽度一般为 2m 左右,最小不得小于 1.5m。

(3)有足够的承载力、刚度及稳定性。

(4)在施工期间,在各种荷载作用下,脚手架不变形、不摇晃、不倾斜。

(5)脚手架的使用荷载,取脚手板上实际作用荷载,其控制值均布荷载不超过 $2700N/m^2$。

(6)脚手架应搭拆简单,搬动方便,能多次周转使用。

(7)因地制宜,就地取材,尽量节约材料。

77. 隧道沉井预算定额包括哪些项目?其适用范围是什么?

隧道沉井预算定额包括沉井制作、沉井下沉、封底、钢封门安拆等共 13 节 45 个子目。

隧道沉井预算定额适用于软土隧道工程中采用沉井方法施工的盾构工作井及暗埋段连续沉井。

78. 什么是沉井?什么是刃脚?

沉井是软土地层建造地下构筑物的一种方法。即先在地面上浇筑一个上无盖、下无底的筒状结构物,采用机械挖土或水力冲洗泥的方法将井内的土取出,借助其自重下沉。下沉到设计标高后,再封底板、加顶板,使之成为一个地下构筑物。

刃脚是沉井井壁底部一段有特殊形状和结构的混凝土墙体,主要起减小沉井下沉阻力的作用。其断面一般为斜梯形,为减少沉井下沉阻力,有些沉井还设有外凸口,即刃脚凸出井壁。

79. 沉井封底的方式有哪几种?

沉井封底有排水封底和不排水封底两种方式。前者系将井底水抽干进行封底混凝土浇筑,又称干封底。因其施工操作方便,质量易于控制,是应用较多的一种方法;后者多采用导管法在水中浇筑混凝土封底,施工较为复杂,只有在涌水量很大,难以排干且出现流砂现象时才应用。

(1)排水封底方法是将新老混凝土接触面冲刷干净或凿毛,并将井底修整成锅底形,由刃脚向中心挖放射形排水沟,填以卵石形成滤水暗沟,在中部设 2~3 个集水井,深 1~2m,井间用盲沟相互连通,插入 $\phi600$~$\phi800$ 四周带孔的钢管或无砂混凝土管,四周填以卵石,使井底的水流汇集于井中,再用潜水电泵排出,保持地下水位低于井底 0.5m 以上。封底时,井底先铺一层 150~500mm 厚卵石或碎石,再在其上浇一层 0.5~1.5m 厚的混凝土垫层,在刃脚下切实填严捣实,以保证沉井的最后稳定。垫层混凝土强度达到设计要求强度的 50% 后,在其上绑钢筋,钢筋两端应伸入刃脚凹槽内,再浇筑底板混凝土。混凝土养护期间应继续抽水,混凝土强度达到设计要求强度的 70% 后,将集水井中的水逐个抽干,在套管内迅速用干硬性混凝土进行堵塞捣实,盖上法兰盘,用螺栓拧紧或四周焊接封闭,上部用混凝土填实抹平。

(2)不排水封底方法是将井底浮泥用导管以泥浆置换,清除干净,新老混凝土接触面用水针冲刷净,并在井底抛毛石、铺碎石垫层。封底水下混凝土采用多组导管灌注,方法与一般灌注桩水下浇筑混凝土相同。混凝土养护 7~14d 后,方可从沉井内抽水,检查封底情况,进行检漏补修,按排水封底方法施工上部底板。

80. 什么是沉井填心？其清单工程内容有哪些？

沉井填心是指用砂石料填充沉井内部区域。按沉井下沉的方法不同其填心的过程亦有所差异。沉井填心清单工程内容包括:①排水沉井填心;②不排水沉井填心。

81. 盾构法掘进定额包括哪些项目？其适用范围是什么？

盾构法掘进定额包括盾构掘进、衬砌拼装、压浆、管片制作、防水涂料、柔性接缝环、施工管线路拆除以及负环管片拆除等共 33 节 139 个子目。

盾构法掘进定额适用于采用国产盾构掘进机,在地面沉降达到中等程度(盾构在砖砌建筑物下穿越时允许发生结构裂缝)的软土地区隧道施工。

82. 什么是盾构？如何分类？

盾构是一个既可以支承地层压力又可以在地层中推进的活动钢筒结构。钢筒的前端设置有支撑和开挖土体的装置,钢筒的中段安装有顶进所需千斤顶;钢筒尾部可以拼装预制或现浇隧道衬砌环。

按盾构断面形状不同可将盾构分为:圆形、拱形、矩形和马蹄形四种。圆形因其抵抗地层中的土压力和水压力较好,衬砌拼装简便,可采用通用构件,易于更换,因而应用较广泛;按开挖方式不同可将盾构分为:手工挖掘式、半机构挖掘式和机械挖掘式三种;按盾构前部构造不同可将盾构分为:敞胸式和闭胸式两种;按排除地下水与稳定开挖面的方式不同可将盾构分为:人工井点降水、泥水加压、土压平衡式的无气压盾构,局部气压盾构,全气压盾构等。

83. 什么是隧道盾构掘进?其清单工程内容有哪些?

盾构掘进是软土地区采用盾构机械建造地下隧道的一种暗挖式施工方法,有干式出土盾构掘进、水力出土盾构掘进、刀盘式土压平衡盾构掘进和刀盘式泥水平衡盾构掘进。隧道盾构的清单工程内容包括:①负环段掘进;②出洞段掘进;③洞段掘进;④正常段掘进;⑤负环管片拆除;⑥隧道内管线路拆除;⑦土方外运。

84. 衬砌压浆可分为哪几种?其定额工作内容有哪些?

衬砌压浆按压浆形式衬砌压浆可以分为同步压浆和分块压浆两类,同步压浆是指盾构推进中由盾尾安装1组同步压浆泵进行压浆,分块压浆是指盾构推进中进行分块压浆。按浆液的不同配合比衬砌压浆可以分为石膏煤灰浆、石膏黏土粉煤灰浆、水泥粉煤灰浆和水泥砂浆。

衬砌压浆定额工作内容包括制浆、运浆、压浆及补压浆材料,垂直及井下水平运输已在掘进定额的运输台班中考虑,故不再增列。

85. 什么是盾构拼装井?其具有哪些作用?

由于盾构施工是在地面以下一定深度进行暗挖施工,因此在盾构起始位置上要修建一竖井进行盾构的拼装,称为盾构拼装井。盾构竖井一般都修建在隧道中线上,当不能在隧道中线上修建竖井时,也可以在偏离隧道中线的地方建造竖井,然后用横通道或斜通道与竖井连接。

盾构拼装井,是为吊入和组装盾构运入衬砌材料和各种机具设备以及出渣、作业人员的进出而修建的。

86. 什么是车架安装?

车架安装是将车架通过竖井吊入井底,然后在井底将车架进行组合安装并进行适当调整,最后才与盾构连接起来,连接一定要牢固。

87. 车架拆卸应注意哪些事项？

车架的拆卸是在盾构施工完成以后，盾构达到施工终点时进行的。在盾构拆卸井内，先将盾构及盾构设备等从车架上拆卸下来，然后拆卸车架，并通过起重设备将其吊出竖井。

车架的拆卸要注意保护各种设备，起吊要准确，不能产生较大摆动而破坏竖井结构。

88. 管片接缝防水措施主要有哪些？

管片接缝防水措施主要有密封垫防水、嵌缝防水、螺栓孔防水和二次衬砌防水等。

(1) 密封垫防水。管片接缝分环缝和纵缝两种。采用密封垫防水是主要措施，如果防水效果良好，可以省去嵌缝防水工序或只进行部分嵌缝。密封垫要有足够的承压能力、弹性复原力和黏着力，使密封垫在盾构千斤顶顶力的往复作用下仍能保持良好的弹性变形性能。

(2) 嵌缝防水。嵌缝防水是以接缝密封垫防水作为主要防水措施的补充措施。即在管片环缝、纵缝中沿管片内侧设置嵌缝槽，用止水材料在槽内填嵌密实来达到防水目的，而不是靠弹性压密防水。

(3) 螺栓孔防水。管片拼装完之后，若在管片接缝螺栓孔外侧的防水密封垫止水效果好，一般就不会再从螺栓孔发生渗漏。但在密封垫失效和管片拼装精度差的部位上的螺栓孔处会发生漏水，因此必须对螺栓孔进行专门防水措施。

(4) 二次衬砌防水。以拼装管片作为单层衬砌，其接缝防水措施仍不能完全满足止水要求时，可在管片内侧再浇筑一层混凝土或钢筋混凝土二次衬砌，构成双层衬砌，以使隧道衬砌符合防水要求。

89. 预制钢筋混凝土管片分为哪些步骤？怎样计算其体积？

预制钢筋混凝土管片分为以下几个步骤：

(1) 配筋；

(2) 钢模安拆；

(3) 厂拌混凝土浇捣；

(4) 蒸养；

(5) 水养。

管片的体积按外形尺寸计算,模芯体积不作扣除。

90. 如何计算预制钢筋混凝土管片的养护池摊销费?

养护池摊销费,按日产管片量,养护6d计算,详细情况参见表6-28。

表6-28　　　　　　　不同管片型号的日产管片量

管片型号	池子尺寸/m			日产量/环	摊销量/(元/10m³)
	长	宽	高		
φ4000	12	4	0.9	4	14.56
φ5000	18	4	1.1	4	11.80
φ6000(7000)	18	4	1.2	4	7.50
φ12000(10000)	20	5	1.2	3	4.40

91. 垂直顶升定额包括哪些项目?其适用范围是什么?

垂直顶升预算定额包括顶升管节、复合管片制作、垂直顶升设备安拆、管节垂直顶升、阴极保护安装及滩地揭顶盖等共6节21个子目。

垂直顶升预算定额适用于管节外壁断面小于4m²、每座顶升高度小于10m的不出土垂直顶升。

92. 管节垂直顶升包括哪些过程?其各阶段清单项目如何划分?

管节垂直顶升包括首节预升、中间节预升和末节预升等过程,其施工流程及各阶段清单项目的划分如图6-2所示。

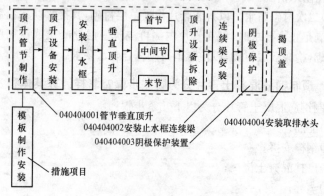

图6-2　管节垂直顶升施工流程图

93. 如何安装止水框架和连系梁?

止水框架和连系梁的安装是用起吊设备将止水框和连系梁吊运至所要安装的部位进行安装,安装时一般采用电焊方法将其固定,在安装的过程中,要对其进行校正。安装之前要搭脚手架,安装完毕后要把脚手架拆除。

94. 如何选定顶管工作坑位置?

顶管工作坑是顶管施工时在现场设置的临时性设施,工作坑包括后背、导轨和基础等。工作坑是人、机械、工作所需材料较集中的活动场所。因此选择工作坑的位置应考虑以下原则:

(1)有可利用的坑壁原状工作后背。

(2)尽量选择在管线的附属构筑物,如检查井处。

(3)工作坑应便于排水、出土和运输,并具备堆放少量管材及暂存土的场地。

(4)工作坑尽量远离建筑物。

(5)单向顶进时工作坑宜设在下游一侧。

95. 顶管工作坑通常有哪些种类?其尺寸与哪些因素有关?

从工作坑的使用功能上顶管工作坑可分为单向顶进坑、双向顶进坑、多向顶进坑、转角顶进坑和交汇顶进坑五类。

(1)单向顶进坑。单向顶进坑的特点是管道只朝一个方向顶进,工作坑利用率低,只适用于穿越障碍物。

(2)双向顶进坑。双向顶进坑的特点是在工作坑内顶完一个方向管道后,调过头来利用顶进管道作后背再顶进相对方向的管道,工作坑利用率高,适用于直线式长距离顶进。

(3)多向顶进坑。多向顶进坑,一般用于管道弯转处,或支管接干管处,在一个工作坑内,或向二至三个方向顶进,工作坑利用率较高。

(4)转角顶进坑。转角顶进坑类似于多向顶进坑。

(5)交汇顶进坑。交汇顶进坑是在其他两个工作坑内,从两个相对方向向交汇坑顶进,在交汇坑内对口相接,适用于顶进距离长,或一端顶进出现过大误差时使用,但工作坑利用率最低,一般情况下不用。

顶管工作坑的尺寸是指工作坑底的平面尺寸,它与管径大小、管节长度、覆土深度、顶进方式、施工方法有关,并受土质的性质、地下水等条件影响,还要考虑各种设备布置位置、操作空间、工期长短、垂直运输条件等多种因素。

96. 常用管道连接法兰有哪几种?

法兰是管道上起连接作用的一种部件。常用法兰有以下几种:平焊法兰、对焊法兰、管口翻边活动法兰、焊环活动法兰、螺纹法兰以及其他形式的法兰。

97. 顶升管节、复合管节制作定额工作内容包括哪些?

(1)顶升管节制作:钢模板制作、装拆、清扫、刷油、骨架入模;混凝土拌制;吊运、浇捣、蒸养;法兰打孔。

(2)复合管片制作:安放钢壳;钢模安拆、清理刷油;钢筋制作、焊接;混凝土拌制;吊运、浇捣、蒸养。

(3)管节试拼装:吊车配合;管节试拼、编号对螺孔、检验校正;搭平台、场地平整。

98. 垂直顶升设备安装、拆除定额工作内容包括哪些?

(1)顶升车架安装:清理修正轨道、车架组装、固定。

(2)顶升车架拆除:吊拆、运输、堆放、工作面清理。

(3)顶升设备安装:制作基座、设备吊运、就位。

(4)顶升设备拆除:油路、电路拆除,基座拆除、设备吊运、堆放。

99. 管节垂直顶升定额工作内容包括哪些?

(1)首节顶升:车架就位、转向法兰安装;管节吊运、拆除纵环向螺栓;安装闷头、盘根、压条、压板等操作设备;顶升到位等。

(2)中间节顶升:管节吊运;穿螺栓、粘贴橡胶板;填丁、抹平、填孔、放顶块;顶升到位。

(3)尾节顶升:管节吊运;穿螺栓、粘贴橡胶板;填丁、抹平、填孔、放顶块;顶升到位;安装压板;撑筋焊接并与管片连接。

100. 阴极保护安装定额工作内容包括哪些？

（1）恒电位仪安装：恒电位仪检查、安装；电器连接调试、接电缆。

（2）电极安装：支架制作、电极体安装、接通电缆、封环氧。

（3）隧道内电缆铺设：安装护套管、支架、电缆敷设、固定、接头、封口、挂牌等。

（4）过渡箱制作安装：箱体制作、安装就位、电缆接线。

101. 滩地揭顶盖定额工作内容包括哪些？

滩地揭顶盖的工作内容包括：安装卷扬机，搬运、清除杂物；拆除螺栓、揭去顶盖；安装取水头。

102. 什么是管道蜡覆顶进？

蜡覆顶进是延长顶距技术之一。蜡覆是用喷灯在管外壁熔蜡覆盖。蜡覆既减少管道顶进的摩擦力，又提高管表面平整度。该方法一般可减少 20% 的摩擦阻力，且设备简单，操作方便。

103. 复合管片应套用什么定额？

复合管片不分直径，管节不分大小，均执行隧道工程定额。

104. 顶升管节外壁压浆应怎样套用定额？

顶升管节外壁如需压浆时，应套用分块压浆定额计算。

105. 如何计算垂直顶升管节试拼装工程量？

垂直顶升管节试拼装工程量按所需顶升的管节数计算。

106. 什么是地下连续墙？其清单项目如何划分？

地下连续墙是软土地层建造地下构筑物或挡土墙的一种方法。地下连续墙是区别于传统施工方法的一种较为先进的地下工程结构形式和施工工艺。它是在地面用特殊的挖槽设备，沿着深开挖工程的周边，在泥浆护壁的情况下，开挖一条狭长的深槽，在槽内设置钢筋笼并浇灌水下混凝土，筑成一段钢筋混凝土墙段。然后将若干墙段连接成整体，形成一条连续的地下墙体。地下连续墙可供截水防渗和挡土、承重之用。

地下连续墙的施工流程及清单项目的划分如图 6-3 所示。

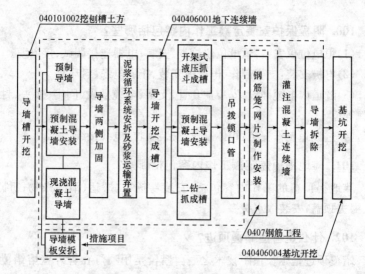

图 6-3 地下连续墙施工流程图

107. 地下混凝土结构定额包括哪些项目？其适用范围是什么？

地下混凝土结构定额包括护坡、地梁、底板、墙、柱、梁、平台、顶板、楼梯、电缆沟、侧石、弓形底板、支承墙、内衬侧墙及顶内衬、行车道槽形板以及隧道内车道等地下混凝土结构共 11 节 58 个子目。

地下混凝土结构定额适用于地下铁道车站、隧道暗埋段、引道段沉井内部结构、隧道内路面及现浇内衬混凝土工程。

108. 导墙具有哪些作用？其定额工作内容包括哪些？

(1) 导墙的作用是：在挖槽孔时起导向作用，提高槽孔垂直精度，储存泥浆，保持泥浆液面高度，稳定槽型，支挡表土，支承施工设备及固定钢筋笼、接头管，防止泥浆渗漏及地表水流入。

(2) 导墙的定额工作内容包括：

1) 导墙开挖：放样、机械挖土、装车、人工整修；浇捣混凝土基座；沟槽排水。

2) 现浇导墙：配模单边立模；钢筋制作；设置分隔板；浇捣混凝土、养护；拆模、清理堆放。

109. 挖土成槽定额工作内容有哪些?

挖土成槽的定额工作内容包括:机具定位;安放跑板导轨;制浆、输送、循环分离泥浆;钻孔、挖土成槽、护壁整修测量;场内运输、堆土。

110. 钢筋笼制作、吊运就位的定额工作内容包括哪些?

(1)钢筋笼制作:切断、成型、绑扎、点焊、安装;预埋铁件及泡沫塑料板;钢筋笼试拼装。

(2)钢筋笼吊运就位:钢筋笼驳运吊入槽;钢筋校正对接;安装护铁、就位、固定。

111. 什么是锁口管?其定额工作内容包括哪些?

锁口管是指用钢管制成的接头管。锁口管吊拔的工作内容包括:锁口管对接组装、入槽就位、浇捣混凝土工程中上下移动、拔除、拆卸、冲洗堆放。

112. 大型支撑基坑土方具有哪些特点?其定额工作内容包括哪些?

大型基坑开挖深可达15m,长、宽可在20m以上。大型支撑基坑开挖施工周期长,常遇场地狭窄、地下水、软土(粉细砂)等,施工难度大。

大型支撑基坑土方的工作内容包括:操作机械引斗挖土、装车;人工推铲、扣挖支撑下土体;挖引水沟、机械排水;人工整修底面。

113. 如何选用大型基坑坑壁支撑?

(1)深度在5m以内的直槽,宜用板撑支护,并按表6-29的规定选用。

表6-29 基坑槽的支撑

序号	土的情况	基坑深度	支撑
1	天然湿度的黏土类土、地下水很少	3m以内	不连续支撑
2	天然湿度的黏土类土、地下水很少	3~5m	连续支撑
3	松散的和湿度很高的土	不论深度如何	连续支撑
4	松散的和湿度很高的土 地下水位很多且有带走土粒的危险	不论深度如何	如未采用降低地下水位法,则用板桩支撑

(2)坑壁支撑必须坚实、牢固。要按规定将支撑或锚桩打至要求深度和实底。

(3)遇有土质变化等情况,应及时采取必要的加固措施。

114. 开挖较大基坑土方时常采用哪些支撑方法?

(1)锚固支撑:由挡土板、柱桩、锚桩、拉杆等构件组成。

(2)直挡板框架支撑:主要由直挡土板和框架支撑两部分组成。

(3)短桩横隔板支撑:当部分地段放坡不足时可采用此种方法。

(4)临时挡土墙护坡支撑:沿坡脚用砖、石或草袋叠砌,与挡土墙类似。

115. 钢板桩支撑应符合哪些要求?

当采用钢板桩支撑时,应符合下列要求:

(1)钢板桩支撑可采用槽钢、工字钢或定型钢板桩。

(2)钢板桩支撑按具体条件可设计为悬臂、单锚或多层横撑的钢板桩,并通过计算确定其入土深度和横撑的位置与断面。

(3)钢板桩的平面布置形式,宜根据土质和沟槽深度等情况确定。稳定土层,采用间隔排列。不稳定土层、无地下水时采用平排;有地下水时采用咬口排列。

116. 拆除支撑作业时有哪些基本要求?

(1)拆除支撑前应对沟槽两侧的建筑物、构筑物、沟槽槽壁及两侧地面沉降、裂缝、支撑的位移、松动等情况进行检查。如果需要应在拆除支撑前采取加固措施,防止发生事故。

(2)根据工程实际情况制定拆除支撑的具体方法、步骤及安全措施等实施细则。

(3)进行技术交底,确保施工顺利进行。

(4)横排撑板支撑拆除应按自下而上的顺序进行。

(5)立排撑板支撑和板桩的拆除,宜先填土夯实至下层横撑底面,再将下层横撑拆除,而后回填至半槽后再拆除上层横撑和撑板。最后用倒链或吊车将撑板或板桩间隔进行拔出,所遗留孔洞及时用砂灌实(可冲水助沉)。对控制地面沉降有要求时,宜采取边拔桩边注浆的措施。

(6)拆除支撑时,应继续排除地下水。

(7)尽量避免或减少材料的损耗。

117. 如何计算锁口管及清底置换定额工程量?

锁口管及清底置换以段为单位(段指槽壁单元槽段),锁口管吊拔按连续墙段数加1段计算,定额中已包括锁口管的摊销费用。

118. 隧道内衬侧墙及顶内衬具有哪些作用？其定额工作内容有哪些?

内衬侧墙是对建筑物起到内衬的墙体,主要是对建筑起固定作用。顶内衬是对支承顶板起到内部支承的作用。

内衬侧墙及顶内衬定额工作内容包括:牵引内衬滑模及操作平台;定位、上油、校正,脱卸清洗;混凝土泵送或集料斗电瓶车运至工作面浇捣养护;混凝土表面处理。

119. 什么是行车道槽形板？其定额工作内容有哪些?

行车道槽形板是为行车道提供的板材,其形状为槽形。

行车道槽形板定额工作内容包括:槽形板吊入隧道内驳运;行车安装;混凝土充填;焊接固定;槽形板下支撑搭拆。

120. 什么是隧道内车道？其定额工作内容有哪些?

隧道内车道是在隧道内设置的车道。

隧道内车道定额工作内容包括:配模、立模,拆模;钢筋制作,绑扎;混凝土浇捣、制缝、扫面;湿治,沥青灌缝。

121. 什么是滑模?

滑模是指沿着混凝土结构表面作一定方向滑动的模板。模板本身可以是小钢模、模数化钢模或其他形状的钢模,为了使模板能随着混凝土浇筑方向作一定速度的滑动,需要一整套设备和配件。

122. 如何计算现浇混凝土定额工程量?

现浇混凝土工程量按施工图计算,不扣除单孔面积 $0.3m^3$ 以内的孔洞所占体积。

123. 什么是预埋件？如何计算预埋件费用？

预埋件是指在混凝土浇筑之前预先埋设的构件，一般起连接作用。结构定额中未列预埋件费用，可另行计算。

124. 地基加固监测定额包括哪些项目？其适用范围是什么？

地基加固、监测定额分为地基加固和监测两部分共 7 节 59 个子目。地基加固包括分层注浆、压密注浆、双重管和三重管高压旋喷；监测包括地表和地下监测孔布置、监控测试等。

定额适用于建设单位确认需要监测的工程项目，包括监测点布置和监测两部分，监测单位需及时向建设单位提供可靠的测试数据，工程结束后监测数据立案成册。

125. 什么是地基加固及地基监测？

地基加固是指天然地基很软弱，不能满足地基承载力和变形的设计要求，而地基需经过人工处理后才能建造基础，这种处理就是对地基的加固。地基监测是地下构筑物建造时，反映施工对周围建筑群影响程度的测试手段。

126. 地基注浆可分为哪些过程？

(1)打管。采用机械设备把注浆管打到土中预定的位置，注浆管用内径 19~38mm 的钢管，下端为一段(约 0.5m)钻有孔眼直径 2~5mm 的花管，孔眼间距可取 50mm，浆液从花管向外流。如加固的土层较深，可先钻孔至所需加固区顶面以上 2~3m，然后再将管打入。注浆管与钻孔所成孔壁之间的孔隙应用土填实。

(2)冲洗管。为了清除打管时可能从花管孔进入管内的泥土，可用泵压水冲洗，直至管口流出的水变清为止，以保证浆液畅通灌入土中。

(3)试水。将水压入注浆管内，可以了解土的渗透系数，以便调整浆液的配合比，并检查泵及管路系统的工作状态。

(4)灌浆。灌浆的压力不能超过上面土覆盖层的压力过多(有建筑重量或筑有混凝土压板者除外)。

灌浆时要以压力来控制灌注速度,灌注速度也与土的渗透系数有关,可按表 6-30 采用。

表 6-30　　　　　　土的渗透系数和灌注速度的关系

土的名称	土的渗透系数/(mm/s)	浆液灌注速度/(m³/mm)
砂类土	<0.01	0.001~0.002
	0.01~0.05	0.002~0.005
	0.10~0.20	0.002~0.003
	0.20~0.50	0.003~0.005
湿陷性黄土	0.001~0.005	0.002~0.005
	0.005~0.020	0.003~0.005

(5)拔管。在灌浆后应即拔出注浆管,并进行清洗,保证管路畅通。

127. 软弱地基具有哪些工程特征?

(1)含水量较高,孔隙比较大。
(2)抗剪强度低。
(3)压缩性较高。
(4)渗透性很小。
(5)具有明显的结构性。

128. 什么是分层注浆? 其定额工作内容有哪些?

分层注浆是指轮流将水玻璃和氯化钙溶液灌入每个加固层的注浆方法。

分层注浆定额工作内容包括:定位,钻孔;注护壁泥浆;放置注浆阀管;配置浆液,插入注浆芯管;分层劈裂注浆,检测注浆效果等。

129. 什么是压密注浆? 其定额工作内容有哪些?

压密注浆是压密后用木桩或带有活动管靴的钢管打入松软土中,然后拔出再灌以浆液的加固方法。

压密注浆定额工作内容包括:定位,钻孔;泥浆护壁;配置浆液,安插注浆管;分段压密注浆;检测注浆效果等。

130. 什么是双重管高压旋喷法？其定额工作内容有哪些？

双重管高压旋喷法是指浆液和气体同轴喷射所能形成的加固体直径为 0.8~1.2m 的旋喷方法。

双重管高压旋喷定额工作内容包括：泥浆槽开挖；定位，钻孔；配置浆液；接管旋喷，提升成桩；泥浆沉淀处理；检测施工效果等。

131. 什么是三重管高压旋喷？其定额工作内容有哪些？

三重管高压旋喷是以水、气形成的复合同轴高压旋喷，破坏土体造成中空，然后注浆形成加固体，其直径为 2~4m。

三重管高压旋喷定额工作内容包括：泥浆槽开挖；定位，钻孔；配置浆液；接管旋喷，提升成桩；泥浆沉淀处理；检测施工效果等。

132. 土体变形观测主要有哪些内容？

(1) 地表变形观测。
(2) 地下土体沉降观测。
(3) 隧道各衬砌环脱出盾尾后的沉降观测。
(4) 盾尾空隙中坑道周边向内移动观测。
(5) 对附近建筑物的观测。

133. 地下水按其埋藏条件可分为哪几类？

地下水按其埋藏条件，可分为上层滞水、潜水和承压水三种类型。

(1) 上层滞水。上层滞水是指埋藏在地表浅处，局部隔水透镜体的上部，且具有自由水面的地下水。

(2) 潜水。潜水是指埋藏在地表以下第一个稳定隔水层以上的具有自由水面的地下水。

(3) 承压水。承压水是指充满于两个连续的稳定隔水层之间的含水层中的地下水。

134. 什么是地表桩？

地表桩是布置在地表进行建筑物沉降观测的桩。

135. 什么是水位观察孔？

水位观察孔是为观察地下水位变化所设计的孔。

136. 什么是建筑物倾斜？其定额工作内容有哪些？

建筑物倾斜是指建筑物荷载分布差别太大或地基的不均匀沉降使建筑物产生的倾斜。

建筑物侧斜定额工作内容包括：测点布置；手枪钻打孔；安装倾斜预埋件；测读初读数。

137. 什么是建筑物振动？其定额工作内容有哪些？

建筑物的振动是指在施工过程中，由于施工机械的动作，对周围建筑物造成的振动，所以施工应对建筑物作振动观测，观测附近建筑物在盾构穿越前后的高程变化、位移变化、裂缝变化等。

建筑物振动定额工作内容包括：测点布置；仪器标定；预埋传感器；测读初读数。

138. 地下管线沉降位移及混凝土构件钢筋应力应变定额工作内容有哪些？

(1)地下管线沉降位移：测点布置；开挖暴露管线；埋设抱箍标志头；回填；测读初读数。

(2)混凝土构件钢筋应力：测点布置；钢笼上安装钢筋应力计；排线固定；保护圈盖；测读初读数。

(3)混凝土构件混凝土应变：测点布置；钢笼上安装混凝土应变计；排线固定；保护圈盖；测读初读数。

139. 什么是混凝土结构界面土压力？其定额工作内容有哪些？

混凝土结构界面土压力是指混凝土结构界面上土所承受的压力。混凝土结构界面土压力（孔隙水压计）定额工作内容包括：测点布置；预埋件加工；预埋件埋设；拆除预埋件；安装土压计（孔隙水压计）、测读初读数。

140. 在声波测试时应注意哪些事项？

(1)探测区域的选择要有典型性和代表性。

(2)测点、测线、测孔的布置要根据实际工程地质情况、岩体力学特征及建筑形式等进行布设。

(3)声波测试一般以测纵波速度(V_p)为主,但根据实际要求,可测其横波速度(V_a),记录波幅,进行频谱分析。

141. 如何计算地基注浆加固定额工程量？

地基注浆加固以 m^3 为单位的子目,已按各种深度综合取定,工程量按加固土体的体积计算。

142. 如何计算地基监测定额工程量？

(1)监测点布置分为地表和地下两部分,其中地表测孔深度与定额不同时可内插计算。工程量由施工组织设计确定。

(2)监控测试以一个施工区域内监控 3 项或 6 项测定内容划分步距,以组日为计量单位,监测时间由施工组织设计确定。

143. 金属构件制作定额包括哪些项目？其适用范围是什么？

金属构件制作定额包括顶升管片钢壳、钢管片、顶升止水框、联系梁、车架、走道板、钢跑板、盾构基座、钢围令、钢闸墙、钢轨枕、钢支架、钢扶梯、钢栏杆、钢支撑、钢封门等金属构件的制作共 8 节 26 个子目。

金属构件制作定额适用于软土层隧道施工中的钢管片、复合管片钢壳及盾构工作井布置、隧道内施工用的金属支架、安全通道、钢闸墙、垂直顶升的金属构件以及隧道明挖法施工中大型支撑等加工制作。

144. 钢结构的焊接方法有哪几种？

钢结构的焊接方法可分为电弧焊、电阻焊和气焊三种。

(1)电弧焊。电弧焊是利用通电后焊条与焊件之间产生强大电弧,电弧提供热源,熔化焊条,滴落在焊件上被电弧吹成小凹槽的熔池内,并与焊件熔化部分结成焊缝,将两焊件连接成一个整体。

(2)电阻焊。电阻焊是在焊件组合后,通过电极施加压力和馈电,利用电流流经焊件的接触面及邻近区域产生的电阻热来熔化金属完成焊接的方法。

(3)气焊。气焊是利用乙炔在氧气中燃烧面形成的火焰和高温来熔化焊条和焊件,逐渐形成焊缝。

145. 什么是钢材的锈蚀？如何分类？

钢材的锈蚀指其表面与周围介质发生化学反应而遭到的破坏。锈蚀可发生于许多锈蚀的介质中,如湿润空气、土、工业废气等。温度提高,锈蚀加快。

根据钢材表面与周围介质的不同作用,锈蚀可分为下述两类:

(1)化学锈蚀。指钢材表面与周围介质直接发生化学反应而产生的锈蚀,如钢材在高温中氧化形成 Fe_3O_4 的现象。在常温下,钢材表面将形成一薄层钝化能力很弱的氧化保护膜 FeO。

(2)电化学锈蚀。钢材在存放和使用中发生的锈蚀主要属这一类。例如,存放于湿润空气中的钢材,表面为一层电解质水膜所覆盖。由于表面成分或者受力变形等的不均匀性,使邻近的局部产生电极电位的差别,因而建立许多微电池。在阳极区,铁被氧化成 Fe^{2+} 离子进入水膜。因为水中溶有来自空气的氧,故在阴极区氧将被还原为 OH^- 离子,两者结合成为不溶于水的 $Fe(OH)_2$,并进一步氧化成为疏松易剥落的红棕色铁锈 $Fe(OH)_3$。如水膜中溶有酸,则阴极被还原的将为 H^+ 离子。由于所形成的氢积存于阴极产生极化作用,将使锈蚀停止,但水中的溶氧与氢结合成水以除去积氢,故锈蚀能继续进行。

146. 通常情况下,螺栓可分为哪几类？

螺栓一般可分为普通螺栓和高强螺栓两类。

(1)普通螺栓。普通螺栓又分为粗制螺栓(即C级螺栓)和精制螺栓(即A级、B级螺栓)两种。普通螺栓的优点是装拆便利,不需要特殊设备。

粗制螺栓的杆径与孔径相差 $1\sim2.0mm$,精制螺栓的杆径与孔径相差 $0.3\sim0.5mm$,螺栓孔与螺栓杆的加工都有严格的要求,其受力性能较粗制螺栓好。

(2)高强螺栓。高强螺栓采用强度较高的钢材制作,安装时通过特制的扳手以较大的扭矩上紧螺母,使螺栓杆产生很大的预拉力把被连接的部件夹紧,使部件间产生强大的摩擦力,外力就可通过摩擦力来传递。

147. 什么是走道板、钢跑板？其定额工作内容有哪些？

走道板、钢跑板都是隧道施工中为施工方便而设置的通道。

走道板、钢跑板定额工作内容包括：画线，号料，切割，折方，拼装，校正；焊接成型；油漆；堆放。

148. 如何计算金属构件定额工程量？

金属构件的工程量按设计图纸的主材（型钢，钢板，方、圆钢等）的重量以 t 计算，不扣除孔眼、缺角、切肢、切边的重量。圆形和多边形的钢板按作方计算。

第七章

市政管网工程

1. 全统市政定额第五册"给水工程"包括哪些项目？其适用范围是什么？

(1)全统市政定额第五册"给水工程"(以下简称给水工程定额)，包括管道安装、管道内防腐、管件安装、管道附属构筑物、取水工程，共五章444个子目。

(2)给水工程定额适用于城镇范围内的新建、扩建市政给水工程。

2. 给水工程定额的编制依据有哪些？

(1)《给水排水标准图集》S1,S2,S3(1996年)。

(2)《室外给水设计规范》(GB 50013—2006)。

(3)《给水排水构筑物施工及验收规范》(GBJ 141—1990)。

(4)《供水管井设计施工及验收规范》(CJJ 10—1986)。

(5)《全国统一市政劳动定额》。

(6)《全国统一安装工程基础定额》。

3. 给水工程定额对有关人工的数据如何取定？

(1)定额人工工日不分工种、技术等级一律以综合工日表示。

综合工日＝基本用工＋超运距用工＋人工幅度差＋辅助用工

(2)水平运距综合取定150m，超运距150－50＝100m。

(3)人工幅度差＝(基本用工＋超运距用工)×10%。

4. 给水工程定额对有关材料的数据如何取定？

(1)主要材料净用量按现行规范、标准(通用)图集重新计算取定，对于影响不大，原定额的净用量比较合适的材料，未作变动。

(2)损耗率按原建设部(96)建标经字第47号文件的规定计算。

5. 给水工程定额对有关机械的数据如何取定？

(1)凡是以台班产量定额为基础计算台班消耗量，均计入了机械幅度差。

(2)凡是以班组产量计算的机械台班消耗量，均不考虑幅度差。

6. 全统市政定额第六册"排水工程"包括哪些项目？其适用范围是什么？

(1)全统市政定额第六册"排水工程"（以下简称排水工程定额），包括定型混凝土管道基础及铺设，定型井、非定型井、渠基础及砌筑，顶管，给排水构筑物，给排水机械设备安装，模板、钢筋（铁件）加工及井字架工程，共七章 1355 个子目。

(2)排水工程定额适用于城镇范围内新建、扩建的市政排水管渠工程。

7. 排水工程定额的编制依据有哪些？

(1)《全国统一建筑工程基础定额》。

(2)《全国市政工程统一劳动定额》。

(3)《市政工程预算定额》第六册"排水工程"(1989 年)。

(4)《给水排水标准图集》S1，S2，S3(1996 年)。

(5)《混凝土和钢筋混凝土排水管标准》(GB/T 11836—1999)。

(6)《铸铁检查井盖》(CJ/T 3012—1993)。

(7)《市政排水管渠工程质量检验评定标准》(CJJ 3—1990)。

(8)《给水排水构筑物施工及验收规范》(GBJ 141—1990)。

8. 排水工程定额与建筑、安装定额的界限如何划分？

(1)给排水构筑物工程中的泵站上部建筑工程以及定额中未包括的建筑工程，按《全国统一建筑工程基础定额》相应定额执行。

(2)给排水机械设备安装中的通用机械，执行《全国统一安装工程预算定额》相应定额。

(3)市政排水管道与厂、区室外排水管道以接入市政管道的检查井、接户井为界：凡市政管道检查井（接户井）以外的厂、区室外排水管道，均执行本定额。

(4)管道接口、检查井、给排水构筑物需做防腐处理的,分别执行《全国统一建筑工程基础定额》和《全国统一安装工程预算定额》。

9. 排水工程定额套用界限如何划分?

(1)市政排水管道与厂、区室外排水管道以接入市政管道的检查井、接户井为界;凡市政管道检查井(接户井)以外的厂、区室外排水管道,均执行建筑或安装定额。

(2)城市污水厂、净水厂内的雨水、污水混凝土管线及检查井、收水井均应执行市政定额。

(3)给排水构筑物工程中的泵站上部建筑工程以及排水工程定额中未包括的建筑工程均应执行当地的建筑工程预算定额。

(4)给排水机械设备安装中的通用机械应执行安装定额。

10. 排水工程定额对有关人工的数据如何取定?

(1)定额人工工日不分工种、技术等级一律以综合工日表示。

综合工日=基本用工+超运距用工+人工幅度差+辅助用工

(2)水平运输综合取定150m,超运距100m。

(3)人工幅度差=(基本用工+超运用工)×100%。

11. 排水工程定额对有关材料的数据如何取定?

(1)主要材料净用量按先行规范、标准(通用)图集重新计算取定,对影响不大的原定额净用量比较合适的材料,未作变动。

(2)材料损耗率按原建设部(96)建标经字第47号文件的规定取定。

12. 排水工程定额对有关机械的数据如何取定?

(1)凡以台班产量定额为基础计算的台班消耗量,均按原建设部的规定计入了幅度差。

(2)凡以班组产量计算的机械台班消耗量,均不考虑幅度差。

13. 全统市政定额第七册"燃气与集中供热工程"包括哪些项目? 其适用范围是什么?

(1)全统市政定额第七册"燃气与集中供热工程"(以下简称燃气与集中供热工程定额),包括燃气与集中供热工程的管道安装,管件制作、安装,法兰、阀门安装,燃气用设备安装,集中供热用容器具安装及管道试压、吹扫等,共六章837个子目。

(2)燃气与集中供热工程定额适用于市政工程新建和扩建的城镇燃气和集中供热等工程。

14. 燃气与集中供热工程定额的编制依据有哪些?

(1)《全国统一安装工程基础定额》。

(2)《全国统一安装工程劳动定额》。

(3)《全国统一市政工程劳动定额》。

(4)《市政工程施工手册》。

(5)《煤气规划设计手册》。

(6)《城镇燃气设计规范》(GB 50028—1993)。

(7)《城市热力网设计规范》(CJJ 34—1990)。

(8)《城市供热管网工程施工及验收规范》(CJJ 28—1989)。

(9)《城镇燃气输配工程施工及验收规范》(CJJ 33—1989)。

(10)《全国统一市政工程预算定额》。

(11)其他省、自治区、直辖市燃气和集中供热工程预算定额。

(12)《全国统一安装工程预算定额》。

(13)国家和有关专业部的现行施工验收技术规范、操作规程、质量评定标准、安全操作规程。

15. 燃气与集中供热工程定额未包括哪些项目?

(1)管道沟槽土、石方工程及搭、拆脚手架,按第一册"通用项目"相应定额执行。

(2)过街管沟的砌筑、顶管、管道基础及井室,按第六册"排水工程"相应定额执行。

(3)定额中煤气和集中供热的容器具、设备安装缺项部分,按《全国统一安装工程预算定额》相应定额执行。

(4)定额不包括管道穿跨越工程。

(5)刷油、防腐、保温和焊缝探伤按《全国统一安装工程预算定额》相应定额执行。

(6)铸铁管安装除机械接口外其他接口形式按第五册"给水工程"相应定额执行。

(7)异径管、三通制作,刚性套管和柔性套管制作、安装及管道支架制作、安装按《全国统一安装工程预算定额》相应定额执行。

16. 定额对燃气工程压力的划分范围如何规定?

燃气工程压力 P(MPa)划分范围为:
(1)高压 A 级,$0.8\text{MPa} < P \leqslant 1.6\text{MPa}$。
(2)高压 B 级,$0.4\text{MPa} < P \leqslant 0.8\text{MPa}$。
(3)中压 A 级,$0.2\text{MPa} < P \leqslant 0.4\text{MPa}$。
(4)中压 B 级,$0.005\text{MPa} < P \leqslant 0.2\text{MPa}$。
(5)低压,$P \leqslant 0.005\text{MPa}$。

17. 定额对集中供热工程压力划分范围如何规定?

(1)低压,$P \leqslant 1.6\text{MPa}$。
(2)中压,$1.6\text{MPa} < P \leqslant 2.5\text{MPa}$。
热力管道设计参数标准见表 7-1。

表 7-1　　　　　　　　　热力管道设计参数

介质名称	温度/℃	压力/MPa
蒸汽	$T \leqslant 350$	$P \leqslant 1.6$
热水	$T \leqslant 200$	$P \leqslant 2.5$

18. 燃气与集中供热工程定额套用界限如何划分?

与《全国统一安装工程预算定额》的界线划分,安装工程范围为厂区范围内的车间、装置、站、罐区及其相互之间各种生产用介质输送管道,厂区第一个连接点以内的生产用(包括生产与生活共用)给水、排水、蒸汽、煤气输送管道的安装工程。其中给水以入口水表井为界;排水以厂区围墙外第一个污水井为界;蒸汽和煤气以入口第一个计量表(阀门)为界;锅炉房、水泵房以墙皮为界。界线以外的为市政工程。

19. 燃气与集中供热工程定额对有关人工的数据如何取定?

(1)燃气与集中供热工程定额人工以《全国统一市政工程劳动定额》、《全国统一安装工程基础定额》为编制依据。人工工日包括基本用工和其他用工,定额人工工日不分工种、技术等级一律以综合工日表示。

(2)水平运距综合取定150m,超运距100m。

(3)人工幅度差=(基本用工+超运距用工)×10%。

20. 燃气与集中供热工程定额对有关材料的数据如何取定?

(1)主要材料净用量按先行规范、标准(通用)图集重新计算取定,对影响不大,原定额的净用量比较合适的材料未作变动。

(2)材料损耗率按原建设部(96)建标经字第47号文的规定不足部分意见作补充。

21. 燃气与集中供热工程定额对有关机械的数据如何取定?

(1)凡以台班产量定额为基础计算台班消耗量的,均计入了幅度差,套用基础定额的项目未加机械幅度差。幅度差的取定按原建设部47号文的规定。

(2)定额的施工机械台班是按正常合理机械配备和大多数施工企业的机械化程度综合取定的,实际与定额不一致时,除定额中另有说明外,均不得调整。

22. 市政管网工程清单项目如何划分?

市政管网工程分为管道铺设,管件、钢支架制作、安装及新旧管连接,阀门、水表、消火栓安装,井类设备基础及出水口、顶管、构筑物、设备安装等项目。

23. 市政管网工程清单工程量计算规则适用范围是什么?

(1)管道铺设项目设置中没有明确区分是排水、给水、燃气还是供热管道,它适用于市政管网管道工程。在列工程量清单时可冠以排水、给水、燃气、供热的专业名称以示区别。

(2)管道铺设中的管件、钢支架制作安装及新旧管连接,应分别列清单项目。

(3)管道法兰连接应单独列清单项目,内容包括法兰片的焊接和法兰的连接;法兰管件安装的清单项目包括法兰片的焊接和法兰管体的安装。

(4)管道铺设除管沟挖填方外,包括从垫层起至基础,管道防腐、铺设、保温、检验试验、冲洗消毒或吹扫等全部内容。

(5)设备基础的清单项目包括了地脚螺栓灌浆和设备底座与基础面之间的灌浆,即包括了一次灌浆和二次灌浆的内容。

(6)顶管的清单项目,除工作井的制作和工作井的挖、填方不包括外,包括了其他所有顶管过程的全部内容。

(7)设备安装只列了市政管网的专用设备安装,内容包括了设备无负荷试运转在内。标准、定型设备部分应按《建设工程工程量清单计价规范》附录C安装工程相关项目编列清单。

24. 市政管网工程清单工程量与定额工程量有什么区别?

清单工程量与定额工程量计算规则基本一致,只是排水管道与定额有区别。定额工程量计算时要扣除井内壁间的长度,而管道铺设的清单工程量计算规则是不扣除井内壁间的距离,也不扣除管体、阀门所占的长度。

25. 市政给水管网的布置形式有哪些?

市政给水管网的布置形式可分为以下两类:

(1)树枝状管网是由单独的干管上分出若干支线,好像树枝形状,如图7-1所示。

(2)环状管网,是干管前后贯通,连接成一个环状,如图7-2所示。

树枝状管网管线用料节省,但只能一个方向供水,安全可靠性较差;环状管网管线较长,费用较高,但安全可靠性好。

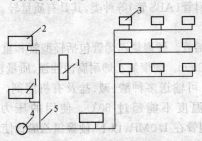

图7-1 树枝状管网
1—生产车间;2—办公楼;
3—居住房屋;4—水塔;5—给水管道

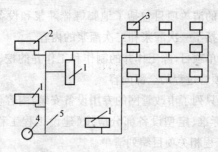

图 7-2 环状管网
1—生产车间；2—办公楼；
3—居住房屋；4—水塔；5—给水管道

26. 钢管有哪些类型？其具有哪些特点？

钢管包括纵向焊接钢管、螺旋焊接钢管和热轧无缝钢管等，作为给水管材的钢管一般为前两种。当直径较大时，通常在加工厂用钢板卷圆焊接而成，称为卷焊钢管。

钢管自重轻、强度高、抗应变性能比铸铁管及钢筋混凝土压力管好、接口操作方便、承受管内水压力较高、管内水流水力条件好，但钢管的耐腐蚀性能差，容易生锈，应做防腐处理。

27. 塑料管有哪些类型？其具有哪些特点？

塑料管按制造原料不同，可分为硬聚氯乙烯管（UPVC 管）、聚乙烯管（PE 管）和工程塑料管（ABS 管）等种类，其具有质量轻、耐腐蚀、加工容易等特点。

(1) 硬聚氯乙烯管。硬聚氯乙烯管包括轻型管和重型管两种，其直径规格范围为 8～200mm。硬聚氯乙烯耐腐蚀性强、质量轻、绝热、绝缘性能好和易加工安装。可输送多种酸、碱、盐及有机溶剂。使用温度范围为 −10～40℃，最高温度不能超过 60℃。使用的压力范围，轻型管在 0.6MPa 以下，重型管在 1.0MPa 以下，硬聚氯乙烯管使用寿命比较短。

硬聚氯乙烯管材的安装采用承插、法兰、丝扣及焊接等方法。管道弯制及零件除采用现成制品外，在现场加工通常采用热加工的办法制作。

(2) 软聚氯乙烯管。软聚氯乙烯管是聚氯乙烯树脂加入增塑剂、稳定剂及其他辅助剂挤压成形。可代替普通橡胶管输送有腐蚀性的液体，一般用于输送无机稀酸及稀碱液。

28. 什么是陶土管？其具有哪些优点？

陶土管是由塑性黏土制成的，一般制成圆形断面有承插式和平口式两种形式。陶土管也即缸瓦管，根据需要可制成无釉、单面釉或双面釉的陶土管。带釉管的表面比较光滑，且具有耐磨损、防腐蚀的性能。用耐酸黏土还可制成特种的耐酸陶土管。陶土管比铸铁下水管耐腐蚀能力更强，价格便宜，但不够结实，在装运时，需特别小心不要碰坏，即使装好后也需加强维护。

带釉陶土管的优点是内壁光滑、水流阻力小、不透水性好、抗酸碱，适用于排除腐蚀性工业废水或铺设在地下水侵蚀性较强的管线上。但陶土管质地较脆、运输易破损、抗弯抗拉强度低，不宜敷设在松土或埋深较大的地方。陶土管的管节较短，接口多，使施工费用增加。

29. 陶土管材的规格有哪些？

陶土管有普通陶土管和耐酸陶土管两种。普通陶土管的规格范围为内径100～300mm；耐酸陶土管的规格范围为内径25～800mm。

30. 铸铁管具有哪些优点？其铺设清单工程内容有哪些？

铸铁管是给水管网及运输水管道最常用的管材，其抗腐蚀性好、经久耐用，价格较钢管低，但是质脆、不耐震动和弯折。铸铁管属于压力流管道，即管道中的水是在压力的作用下进行流动的，故而其埋深只需满足冰冻线、地面荷载和跨越障碍物即可，对管道内部的水力要素没有影响。

铸铁管铺设清单工程内容包括：①管材材质；②管材规格；③埋设深度；④接口形式；⑤防腐、保温要求；⑥垫层厚度、材料品种、强度；⑦基础断面形式、混凝土强度、石料最大粒径。

31. 什么是混凝土渠道？其清单工程内容有哪些？

混凝土渠道指在施工现场支模浇筑的渠道。

混凝土渠道清单工程内容包括：①垫层铺筑；②渠道基础；③墙身浇筑；④止水带安装；⑤渠盖浇筑或盖板预制、安装；⑥抹面；⑦防腐；⑧渠道渗漏试验。

32. 混凝土管道接口应符合哪些要求？可分为哪几类？

管道接口应具有足够的强度和不透水性，能抵抗污水和地下水的侵蚀，并富有一定的弹性。按管道接口弹性大小的不同，可以将接口分为以下几类：

(1) 刚性接口。刚性接口形式主要有水泥砂浆抹带接口、钢丝网水泥砂浆抹带接口两种。

1) 水泥砂浆抹带接口。水泥砂浆抹带接口适用于地基土质较好的取水管道。图7-3为圆弧形水泥砂浆抹带接口。水泥砂浆抹带接口的制作方法是先将管口凿毛，除去灰粉，露出粗骨料，并用水洇湿；再用砂浆填入管缝并压实，使表面略低于管外皮，接着刷一道水泥素浆，宽8~15cm；然后用抹子抹第一层管箍，只压实，不压光。操作时可掺少许防水材料，以提高管道的抗渗能力。接着用弧形抹子自下而上抹第二层管箍，形成弧形接口。待初凝后，用抹子赶光压实，直至表面不露砂为止。

如果管径大于600mm，可进入管内操作。当在管内进行勾缝或做内箍时，宜采用三层做法，即刷水泥浆一道，抹水泥浆填管缝，再刷水泥浆一道并压光。如管子与平基接触的一段没有接口材料，应单独处理，称为做底箍，即在安装后的管内将管口底部凿毛，清理干净后填入砂浆压实。管箍抹完后，用湿纸覆盖，3~4h后加一层草袋片，设专人浇水养护。

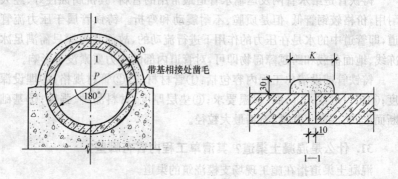

图7-3 水泥砂浆抹带接口

2) 钢丝网水泥砂浆抹带接口。钢丝网水泥砂浆抹带接口构造如图7-4所示，其是刚性接口的一种重要形式，其断面常为矩形或梯形，厚度为

25mm,钢丝网常用20号,其制作方法是先将管口外皮表面凿毛,除去渣粉露出粗骨粒,并用水润湿,再用砂浆填满管缝并压实,在管口再刷一道宽为20cm水泥浆。

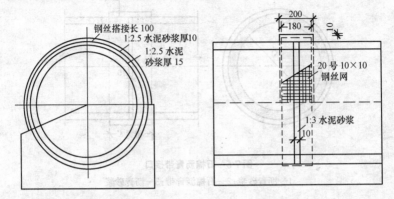

图7-4 钢丝网水泥砂浆抹带接口

用抹子抹的第一层砂浆应与管外壁粘牢、压实,厚度控制在15mm左右,再将两片钢丝网包拢并尽量挤入砂浆中,两张网片的搭接长度不小于100mm,并需用钢丝绑牢。埋入管座的钢丝长度为:管径小于或等于600mm,埋入长度不小于100mm;管径大于600mm,埋入长度不小于150mm。

待第一层砂浆初凝以后,开始抹第二层砂浆,按照抹带宽度和厚度要求,用抹子赶光压实,不允许钢丝和绑扎钢丝露在抹带外面。完成后,也应盖上一层草袋片,并设专人浇水养护。

(2)柔性接口。柔性接口适用于软弱地基地带和强震区。常用的柔性接口有以下几种:

1)石棉沥青带接口。石棉沥青带接口是以石棉沥青带为止水材料,以沥青砂浆为粘结剂的柔性接口,具有一定的抗弯性能、防腐性能和严密性能,适用于无地下水的地基上铺设无压管道,其结构形式如图7-5所示。

石棉沥青带接口的制作较为简单,先把管口清洗干净,涂上冷底子油,再涂一层约3mm厚的沥青砂浆,然后将石棉沥青带粘结在管口处,再涂上一层厚约3~5mm的沥青砂浆即可。

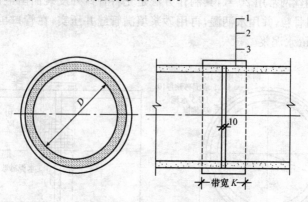

图 7-5 石棉沥青带接口
1—沥青砂浆；2—石棉沥青带；3—沥青砂浆

2) 沥青麻布接口。沥青麻布接口是由沥青、汽油和麻布构成的柔性接口，常用于无地下水或地基不均匀沉降不太严重的污水管道。

(3) 沥青砂浆灌口。沥青砂浆灌口时的配合比常由试验确定，施工时，常用的配合比为沥青：石棉粉：砂＝3：2：5。管道接口时，先在管口处涂上一层冷底子油，然后用模具定型。模具顶部灌口的宽度和厚度可根据管径的大小而确定，若管径不大于 900mm 时，灌口宽为 150mm，厚为 20mm；管径大于 900mm，则灌口宽为 200mm，厚为 25mm。将熬制好的沥青砂浆自灌口处一边缓缓注入，如图 7-6 所示。为保证沥青砂浆更好地流动，可用细竹片不停地加以搅动插捣，以助流动。接口应一次性浇筑完成，以免产生接缝。当沥青砂浆已经初凝，不再流动，能维持管带形状时，即可拆模。

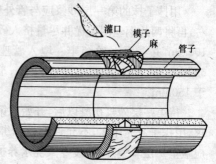

图 7-6 沥青砂浆接口操作示意图

33. 预应力钢筋混凝土管端面垂直度应符合哪些规定？

预应力钢筋混凝土管端面垂直度应符合表 7-2 的规定。

表 7-2　　　　　　　　　管端面垂直度

管内径 D_i/mm	管端面垂直度的允许偏差/mm
600～1200	6
1400～3000	9
3200～4000	13

34. 如何取定预应力钢筋混凝土管管口间的最大轴向间隙？

管口间的最大轴向间隙应符合表 7-3 规定的数值。

表 7-3　　　　　　　　管口间的最大轴向间隙

管内径 D_i/mm	内衬式管（衬筒管）		埋置式管（埋筒管）	
	单胶圈/mm	双胶圈/mm	单胶圈/mm	双胶圈/mm
600～1400	15	—	—	—
1200～1400	—	25	—	—
1200～4000	—	—	25	25

35. 钢管接口方法有哪几种？

钢管的接口方法有焊接、法兰接和各种柔性接口等。焊接以其强度高、密封性好等优点在埋地钢管中被广泛采用。其中焊接又分手工电弧焊、气焊和自动电弧焊、接触焊等方法。

36. 钢管在寒冷或恶劣环境下焊接应符合哪些规定？

在寒冷或恶劣环境下进行钢管焊接应符合下列规定：

(1) 清除管道上的冰、雪、霜等。

(2) 工作环境的风力大于 5 级、雪天或相对湿度大于 90% 时，应采取保护措施。

(3) 焊接时，应使焊缝可自由伸缩，并应使焊口缓慢降温。

(4) 冬期焊接时，应根据环境温度进行预热处理，并应符合表 7-4 的规定。

表 7-4　　　　　　　　　　冬期焊接预热的规定

钢号	环境温度/℃	预热宽度/mm	预热达到温度/℃
含碳量≤0.2%碳素钢	≤-20	焊口每侧不小于40	100～150
0.2%＜含碳量＜0.3%	≤-10		100～150
16Mn	≤0		100～200

37. 钢管定位焊接采用点焊时,应符合哪些规定?

钢管对口检查合格后,方可进行接口定位焊接。定位焊接采用点焊时,应符合下列规定:

(1)点焊焊条应采用与接口焊接相同的焊条。
(2)点焊时,应对称施焊,其焊缝厚度应与第一层焊接厚度一致。
(3)钢管的纵向焊缝及螺旋焊缝处不得点焊。
(4)点焊长度与间距应符合表 7-5 的规定。

表 7-5　　　　　　　　　　钢管点焊长度及点数

公称直径	点焊长度/mm	点数	公称直径	点焊长度/mm	点数
200～300	45～50	4	600～700	60～70	6
350～500	50～60	5	800 以上	80～100	间距 400mm 左右

38. 如何选择钢管手工电弧焊焊接的坡口及焊缝形式?

坡口形式及焊缝形式钢管焊接时,采用坡口的目的是为了保证焊缝质量。坡口形式如设计无规定,可参照表 7-6。为了提高管口的焊接强度,应根据管壁厚度选择焊缝形式(图 7-7)。

表 7-6　　　　　　　　　　电弧焊接坡口各种尺寸　　　　　　　　　　mm

坡口形式	壁厚 t	间隙 b	钝边 p	坡口角度 $\alpha(°)$
	4～9	1.5～2.0	1.0～1.5	60～70
	10～26	2～3	1.5～4	60±5

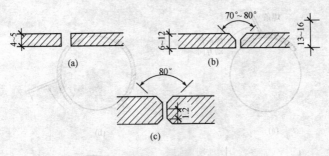

图 7-7 焊缝形式
(a)平口;(b)V 形坡口;(c)X 形坡口

管壁厚度 $\delta < 6mm$ 时,采用平口焊缝;$\delta = 6 \sim 12mm$ 时,采用 V 形焊缝;$\delta > 12mm$,而且管径尺寸允许焊工进入管内施焊时,应采用 X 形焊缝。

焊缝为多层焊接时,第一层焊缝根部必须均匀焊透,并不应烧穿,每层焊缝厚度一般为焊条直径的 0.8~1.2 倍。各层引弧点应错开。焊缝表面凸出管皮高度 1.5~3.0mm,但不大于管壁厚的 40%。

39. 如何计算焊接电流?

焊接电流的大小主要依据焊条直径和焊缝间隙。电流过小,电弧不稳定,易造成夹渣或未焊透等缺陷;电流过大,又容易咬边和烧穿,因此,必须合理选择焊接电流,可依据下式进行计算:

$$L = Kd$$

式中 L——焊接电流(A);

K——与焊条直径有关的系数,见表 7-7。

表 7-7　　　　　　　　不同焊条直径的 K 值

d/mm	1.6	2~2.5	3.2	4~6
K	15~25	20~30	30~40	40~50

注:d——焊条直径(mm)。

40. 手工电弧焊的焊接方法有哪几种?

在焊接中,依据电焊条与管子间的相对位置分为平焊、立焊、横焊与仰焊等,如图 7-8 所示。相对应的焊缝分别称为平焊缝、立焊缝、横焊缝及仰焊缝。

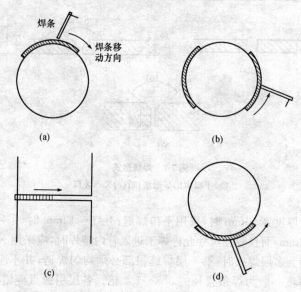

图 7-8 焊接方法
(a)平焊；(b)立焊；(c)横焊；(d)仰焊

41. 如何确定焊缝运条位置？

钢管转动焊在焊接过程中绕管纵轴转动，可避免仰焊。为了焊接时保证两管相对位置不变，先应在焊缝上点焊三、四处，其运条范围宜选择在平焊部位，即焊条在垂直中心线两边各 15～20mm 范围运条。而焊条与垂直中心线的夹角呈 30°角，如图 7-9 所示。

图 7-9 焊缝运条位置

42. 管道三层焊缝的焊接次序是什么？

若采用管道三层焊缝分段焊接时，其焊接次序如图 7-10 所示。

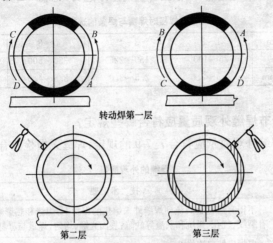

图 7-10　管道三层焊缝转动焊

43. 气焊的工作原理是什么？

气焊工作原理是气焊一般采用乙炔瓶或乙炔发生器里的乙炔与氧气瓶里的氧气通过调压阀后，由高压胶管输送到焊炬，并在焊炬的混合室里混合，然后从焊嘴喷出、点燃，利用乙炔气和氧气混合燃烧产生的高温火焰来达到熔化焊件接口及焊条实现焊接的目的，如图 7-11 所示。

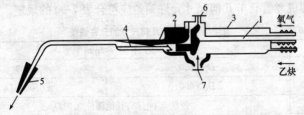

图 7-11　射吸式焊炬

1—乙炔管；2—混合室；3—氧气管；4—混合气管；
5—喷嘴；6—氧气调节阀；7—乙炔调节阀

44. 如何选择管道焊接时的焊嘴与焊条？

焊嘴和焊条的选择，可根据管壁的壁厚进行，见表7-8。

表7-8　　　　　　　　管道焊接时焊嘴与焊条的选择

管壁厚/mm	1~2	3~4	5~8	9~12
焊嘴/(L/h)	75~100	150~225	350~500	750~1250
焊条直径/mm	1.5~2.0	2.5~3.0	3.5~4.0	4.0~5.0

45. 管节焊缝外观质量应符合哪些规定？

管节焊缝外观质量应符合表7-9的规定，焊缝无损检验合格。

表7-9　　　　　　　　焊缝的外观质量

项　目	技　术　要　求
外观	不得有熔化金属流到焊缝外未熔化的母材上，焊缝和热影响区表面不得有裂纹、气孔、弧坑和灰渣等缺陷；表面光顺、均匀，焊道与母材应平缓过渡
宽度	应焊出坡口边缘2~3mm
表面余高	应小于或等于(1+0.2)倍坡口边缘宽度，且不大于4mm
咬边	深度应小于或等于0.5mm，焊缝两侧咬边总长不得超过焊缝长度的10%，且连续长不应大于100mm
错边	应小于或等于0.2t，且不应大于2mm
未焊满	不允许

注：t为壁厚(mm)。

46. 直焊缝卷管管节几何尺寸允许偏差应符合哪些规定？

直焊缝卷管管节几何尺寸允许偏差应符合表7-10的规定。

表7-10　　　　　　　　直焊缝卷管管节几何尺寸的允许偏差

项　目	允　许　偏　差/mm	
周长	$D_i \leqslant 600$	±2.0
	$D_i > 600$	±0.0035D_i
圆度	管端0.005D_i；其他部位0.01D_i	
端面垂直度	0.001D_i，且不大于1.5	
弧度	用弧长$\pi D_i/6$的弧形板量测于管内壁或外壁纵缝外形成的间隙，其间隙为0.1t+2，且不大于4，距管端200mm纵缝处的间隙不大于2	

注：D_i为管内径(mm)，t为壁厚(mm)。

47. 什么是管道焊口无损探伤？其清单工程内容有哪些？

管道焊口无损探伤是指用物理的方法，在不损害焊接接头完整性的条件下去发现焊缝内部缺陷。无损探伤方法包括射线法、超声波法和磁力探伤法。

管道焊口无损探伤工程内容包括管材外径、壁厚；探伤要求。

48. 管道采用法兰连接时，应符合哪些规定？

管道采用法兰连接时，应符合下列规定：

(1)法兰应与管道保持同心，两法兰间应平行。

(2)螺栓应使用相同规格，且安装方向应一致；螺栓应对称紧固，紧固好的螺栓应露出螺母之外。

(3)与法兰接口两侧相邻的第一至第二个刚性接口或焊接接口，待法兰螺栓紧固后方可施工。

(4)法兰接口埋入土中时，应采取防腐措施。

49. 钢制法兰主要有哪些类型？

根据法兰与管子的连接方式，钢制法兰主要有：

(1)平焊法兰。

(2)对焊法兰。

(3)铸钢法兰与铸铁螺纹法兰。

(4)翻边松套法兰。

(5)法兰盖。

50. 定额对平焊法兰安装用螺栓用量如何取定？

平焊法兰安装用螺栓用量参考表 7-11。

表 7-11　　　　　　　平焊法兰安装用螺栓用量表

外径×壁厚/mm	规格	重量/kg	外径×壁厚/mm	规格	重量/kg
57×4.0	M12×50	0.319	377×10.0	M20×75	3.906
76×4.0	M12×50	0.319	426×10.0	M20×80	5.42
89×4.0	M16×55	0.635	478×10.0	M20×80	5.42
108×5.0	M16×55	0.635	529×10.0	M20×85	5.84
133×5.0	M16×60	1.338	630×8.0	M22×85	8.89

(续)

外径×壁厚/mm	规格	重量/kg	外径×壁厚/mm	规格	重量/kg
159×6.0	M10×60	1.338	720×10.0	M22×90	10.668
219×6.0	M16×65	1.404	820×10.0	M27×95	19.962
273×8.0	M16×70	2.208	920×10.0	M27×100	19.962
325×8.0	M20×70	3.747	1020×10.0	M27×105	24.633

51. 定额对对焊法兰安装用螺栓用量如何取定？

对焊法兰安装用螺栓用量参考表 7-12。

表 7-12　　　　对焊法兰安装用螺栓用量表

外径×壁厚/mm	规格	重量/kg	外径×壁厚/mm	规格	重量/kg
57×3.5	M12×50	0.319	325×8.0	M20×75	3.906
76×4.0	M12×50	0.319	377×9.0	M20×75	3.906
89×4.0	M16×60	0.669	426×9.0	M20×75	5.208
108×4.0	M16×60	0.669	478×9.0	M20×75	5.208
133×4.5	M16×65	1.404	529×9.0	M20×80	5.42
159×5.0	M16×65	1.404	630×9.0	M22×80	8.25
219×6.0	M16×70	1.472	720×9.0	M22×80	9.9
273×8.0	M16×75	2.31	820×10.0	M27×85	18.804

52. 铸铁管接口可分为哪几类？

铸铁管的接口多为承插式，铸铁管承插式接口主要分为以下两类：

(1)承插式刚性接口。承插式刚性接口主要是由嵌缝材料和密封填料组成，如图 7-12 所示。嵌缝的材料有油麻、橡胶圈、粗麻绳和石棉绳等，其主要作用是使承插口缝隙均匀，增加接口的黏着力。保证密封填料击打密实，还能防止填料掉入管内。

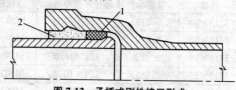

图 7-12　承插式刚性接口形式

1—嵌缝材料；2—密封填料

(2)承插式柔性接口。承插式柔性接口相较于刚性接口其抗弯性能较好,不易受外力作用影响,能减少漏水事故的发生。常用的柔性密封材料多用橡胶圈,由于铸铁管材的种类不同分为楔形橡胶圈接口、角唇形、圆形、螺栓压盖形和中缺形胶圈接口。

53. 什么是青铅接口？

青铅接口是铸铁管接口中最早使用的方法之一,是承插式刚性接口形式的一种,指在承插接头处使用铅作为密封材料。

54. 铸铁管新旧管连接接口方式有哪几种？

铸铁管新旧管连接接口方式包括青铅接口、石棉水泥接口和膨胀水泥接口三种。

55. 怎样对铸铁管安装质量进行检查？

(1)检查铸铁管材、管件有无裂纹及重皮脱层、夹砂、穿孔等缺陷。凡有破裂的管道不得使用。

(2)管材及管件在管前应清除承口内部的油污、飞刺、铸砂及凹凸不平的铸瘤。

(3)柔性接口铸铁管承口的内工作面、插口的外工作面应修整光滑,多余的沥青应剔除,不得有沟槽、凸脊等缺陷。

(4)承插口配合的环向间隙,应满足填料和打口的需要。

(5)检查管件、附件所用法兰盘、螺栓、垫片等材料,其规格应符合有关规定。

56. 玻璃钢管安装时应符合哪些要求？

玻璃钢管安装应符合下列要求：

(1)管节及管件的规格、性能应符合国家有关标准的规定和设计要求。

(2)接口连接、管道安装还应符合下列规定：

1)采用套筒式连接的,应清除套筒内侧和插口外侧的污渍和附着物；

2)管道安装就位后,套筒式或承插式接口周围不应有明显变形和胀破；

3)施工过程中应防止管节受损伤,避免内表层和外保护层剥落；

4)检查井、透气井、阀门井等附属构筑物或水平折角处的管节,应采取避免不均匀沉降造成接口转角过大的措施;

5)混凝土或砌筑结构等构筑物墙体内的管节,可采取设置橡胶圈或中介层法等措施,管外壁与构筑物墙体的交界面密实、不渗漏。

管道曲线铺设时,接口的允许转角不得大于表7-13的规定。

表7-13　　　　　　　　沿曲线安装的接口允许转角

管内径 D_i/mm	允许转角(°)	
	承插式接口	套筒式接口
400～500	1.5	3.0
500＜D_i≤1000	1.0	2.0
1000＜D_i≤1800	1.0	1.0
D_i＞1800	0.5	0.5

57. 什么是工艺管道?

工艺管道指凡是在工艺流程中,输送生产所需各种介质的管道,包括生产给排水循环水管、油管、压缩空气器氧气、氮气、煤气等管道都属于工艺管道,凡是为生活服务的采暖、给排水、煤气等管道不属于工艺管道。

58. 什么是管道支架?

管道支架是承托管道用的,当管道在室内沿墙、柱安装时,必须设置支、吊架。室外管道安装,无论是在地沟内还是在架空,也需要支架。其一般可分为滑动支架、固定支架和立管支架等三种形式。

59. 什么是PE管及PP管?

PE管是聚乙烯塑料管的代号,其是由塑料加聚乙烯单体化合加工而成的管材,多用于压力在0.6MPa以下的给水管道,以代替金属管,主要用于建筑内部给水。

PP管是聚丙烯管的代号,其是以石油炼制厂的丙烯气体为原料聚合而成的聚烃族热塑性管材。出于原料来源丰富,因此价格便宜。聚丙烯管呈白色蜡状,是热塑性管材中材质最轻的一种。

60. 给水用硬聚氯乙烯(UPVC)管材有哪几种形式?

给水用硬聚氯乙烯(UPVC)管材分以下几种形式:
(1)平头管材。
(2)胶接承口端管材。
(3)弹性密封圈承口端管材。

管材的额定工作压力分两个等级 0.63MPa 和 1.0MPa。给水用硬聚氯乙烯管规格见表 7-14。

表 7-14　　　　　　　　　给水用硬聚氯乙烯管规格

外径/mm		壁厚/mm			
		公称压力			
		0.63MPa		1.0MPa	
基本尺寸	允许误差	基本尺寸	允许误差	基本尺寸	允许误差
20	0.3	1.6	0.4	1.9	0.4
25	0.3	1.6	0.4	1.9	0.4
32	0.3	1.6	0.4	1.9	0.4
40	0.3	1.6	0.4	1.9	0.4
50	0.3	1.6	0.4	2.4	0.5
65	0.3	2.0	0.4	3.0	0.5
75	0.3	2.3	0.4	3.6	0.6
90	0.3	2.8	0.5	4.3	0.7
110	0.4	3.4	0.5	5.3	0.8
125	0.4	3.9	0.6	6.0	0.8
140	0.5	4.3	0.7	6.7	0.9
160	0.5	4.9	0.7	7.7	1.0
180	0.6	5.5	0.8	8.6	1.1
200	0.6	6.2	0.9	9.6	1.2
225	0.7	6.9	0.9	10.8	1.3
250	0.8	7.7	1.0	11.9	1.4
280	0.9	8.6	1.1	13.4	1.6
315	1.0	9.7	1.2	15.0	1.7

61. 管道除锈的方法有哪几种?

(1) 人工除锈。一般使用刮刀、锉刀、钢丝刷、砂布或砂轮片等摩擦外表面,将金属表面的锈层、氧化皮、铸砂等除掉。

(2) 机械除锈。采用金刚砂轮打磨或用压缩空气喷石英砂吹打金属表面,将金属表面的锈层、氧化皮、铸砂等污物除净。

(3) 化学除锈。用酸洗的方法清除金属表面的锈层、氧化皮。

(4) 旧涂料的处理。在旧涂料上重新刷漆时,可根据旧漆膜的附着情况,确定是否全部清除还是部分清除。

62. 常用的钢管防腐方法有哪些?

常用的防腐方法有涂裹防腐蚀法和阴极保护法。

(1) 涂裹防腐蚀法。涂裹防腐蚀法主要是除锈、涂底漆、刷包保护层。

(2) 阴极保护法。阴极保护法,是通过牺牲阳极法和强制电流保护法来实现。

1) 牺牲阳极法,是将被保护钢管和另一种可以提供阴极保护电流的金属或合金(即牺牲阳极)相连,使被保护体自然腐蚀电位发生变化,从而降低腐蚀效率。

2) 强制电流保护法,是将被保护钢管与外加直流电源负极相连,由外部电源提供保护电流,以降低腐蚀速率的方法。

63. 定额对给水管道的管材有效长度如何取定?

给水管道的管材有效长度计算参考表见表 7-15。

表 7-15　　　　给水管道的管材有效长度计算参考表

序号	公称口径/mm	有效长度/m	每 100m 计算接口数/个
承插铸铁管			
1	75~100	3	33.4
2	125~300	4	25
3	350~800	6	16.7
4	900~1000	4	25
法兰铸铁管			
5	75~150	3	33.4
6	200~1000	4	25

(续)

序号	公称口径/mm	有效长度/m	每100m计算接口数/个
预应力钢筋混凝土管			
7	400~1000	4	25
内压力钢筋混凝土管			
8	400~1000	2	50
石棉水泥管			
9	75~100	3	33.4
10	125~500	4	25

64. 如何计算给水管材的用料量？

各种给水的管材计算，均按每10m或每100m长度为基础，另加管材的损耗量，即为管材的总消耗量。其中碳素钢板卷管的接头零件所占长度，应在管道延长米中扣除，其每个零件的长度及每100m管道长度中的零件含量见表7-16。

表7-16 给水碳素钢板卷管每个零件长度计算参考表

管径/mm	219~273	325~426	478~720	820~1020
零件长度/mm	0.5	0.8	1.0	1.6

镀锌或不镀锌钢管(丝接)每100m管道长度中接头零件的含量一般可参考表7-17。

表7-17 镀锌或不镀锌钢管道每100m长度中零件含量参考表　mm

零件名称	管径/(mm以内)								
	15	20	25	32	40	50	70	80	100
弯头	13	10	10	7	7	6	6	4	3
三通	—	2	2	2	2	3	3	3	4
异径管箍	—	1	1	2	2	2	2	2	2
活接头	5	5	5	4	4	3	—	—	—
小计	18	18	18	15	15	14	11	9	9

65. 定额对钢筋混凝土管刚性接口规格如何取定？

钢筋混凝土管（预应力、内压力）刚性接口规格计算参考表分别见表 7-18 和表 7-19。

表 7-18　　　　预应力钢筋混凝土管刚性接口规格计算参考表

名　称	单位	公称口径/mm						
		400	500	600	700	800	900	1000
管壁厚度 t_1	mm	53	57	65	73	84	88	93
套管壁厚度 t_2	mm	75	85	91	99	107	120	128
打口间隙 t	mm	12.5	12.5	14	15	15	16.5	16.5
套管长度 l	mm	310	310	310	310	310	310	380

表 7-19　　　　内压力钢筋混凝土管刚性接口规格计算参考表

名　称	单位	公称口径/mm						
		400	500	600	700	800	900	1000
管壁厚度 t_1	mm	55	65	75	85	90	95	135
套管壁厚度 t_2	mm	55	65	75	85	90	95	135
打口间隙 t	mm	15	15	15	17	17	17	17
套管长度 l	mm	250	250	250	300	350	350	350

66. 定额对石棉水泥管刚性接口规格如何取定？

石棉水泥管刚性接口规格计算参考表见表 7-20。

表 7-20　　　　石棉水泥管刚性接口规格计算参考表

名　称	单位	公称口径/mm								
		75	100	125	150	200	250	300	400	500
管壁厚度 t_1	mm	9	11	12	14	16	19	23	30	38
套管壁厚度 t_2	mm	14	16	18	20	25	28	30	32	35
打口间隙 t	mm	15	15	16	16	16	17	17.5	18	18
套管长度 l	mm	180	200	250	300	300	350	350	400	400

67. 防水套管在制作与安装时应符合哪些要求?

防水套管应按设计要求设置,安装套管的位置、高度应准确,套管不能歪斜和偏位,套管口切割应平齐,不能有毛刺。

防水套管的管径 D 和所穿过管道直径 DN 符合表 7-21 所示的规格。

表 7-21　　防水套管管径 D 和所穿过管道直径 DN

DN	50	80	100	150	200	250	300
D	114×4	140×5	159×5	203×6	273×7	325×8	377×9

在焊接防水套管时,焊缝应饱满,不得有裂纹和砂眼,不得焊穿套管。翼环及钢套管加工完成后,在其外壁均匀刷一遍底漆。防水套管应一次性浇筑于墙内,浇混凝土前应校对套管的规格看其与设计是否相符。钢套管与穿过管的空隙中段先用油麻填充,套管两端再用石棉水泥填充。所有填料应紧密捣实。

68. 管道上开孔应符合哪些规定?

(1)不得在干管的纵向、环向焊缝处开孔。
(2)管道上任何位置不得开方孔。
(3)不得在短节上或管件上开孔。
(4)开孔处的加固补强应符合设计要求。

69. 稳管通常包括哪几个控制环节?

稳管通常包括对中和高程控制两个环节。

(1)对中。管道对中,即是使管道中心线与设计中心线在同一平面上重合。对中质量在排水管道中要求在±15mm 范围内,如果中心线偏离较大,则应调整管子,直至符合要求为止。通常可按下述两种方法进行。

1)中心线法。该法借助坡度板上的中心钉进行,如图 7-13 所示。在连接两块坡度板的中心钉之间的中线上挂一垂球,当垂球线通过水平尺中心时,表示管子已对中。这种对中方法较准确,采用较多。

2)边线法。采用边线法(图 7-14)进行对中作业时,就是将坡度板上的定位钉钉在管道外皮的垂直面上。操作时,只要管子向左或向右稍一移动,管道的外皮恰好碰到两坡度板间定位钉之间连线的垂线。

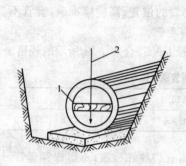
图7-13 中心线对中法
1—水平尺；2—中心垂线

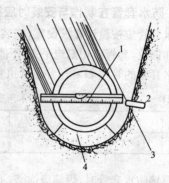
图7-14 边线法
1—水平尺；2—边桩；3—边线；4—砂垫弧基

(2)高程控制。高程控制，就是控制管道的高程，使其与设计高程相同，如图7-15所示。在坡度板上标出高程钉，相邻两块坡度板的高程钉到管内底的垂直距离相等，则两高程钉之间连线的坡度就等于管内底坡度。该连线称为坡度线。坡度线上任意一点到管内底的垂直距离为一个常数，称为对高数。一般利用高程板上的不同下反数，控制其各部分的高程。

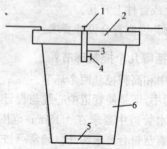
图7-15 高程控制作业示意图
1—中心钉；2—坡度板；3—高程板；
4—高程钉；5—管道基础；6—沟槽

70. 什么是下管？

所谓下管就是指将管道从沟槽上下放到沟槽内的过程。

71. 下管的方法有哪些?

下管方法分为人工下管和机械下管两类。应根据管材种类、单节重量和长度以及施工现场情况选用。在混凝土基础上安装管道时,混凝土强度必须达到设计强度的 50% 方可下管。

(1) 人工下管法。人工下管一般适用于管径较小,管重较轻的管道,如陶土管、塑料管、直径 400mm 以下的铸铁管、直径 600mm 以下钢筋混凝土管等;以及施工现场狭窄,不便于机械操作,工程量小,或机械供应有困难的条件下。

1) 压绳下管法。压绳下管法是一种最常用的人工下管方法,适用于管径为 400～800mm 的中小型管子,方法较为灵活且经济实用。铸铁管、预应力钢筋混凝土管,由于管长 4～6m,通常情况下也采用压绳下管法。

下管时,可在管子的两端各套一根大绳,把管子下面的半段绳用脚踩住,上半段用手拉住,两组大绳用力一致,将管子徐徐下入沟槽,直至将管节放至沟槽底部。为了节省人力,保证安全,有时也在槽边打入两根撬棍,利用大绳和撬棍的摩擦力,帮助下管,如图 7-16 所示。

图 7-16 撬棍压绳下管法

2) 贯绳下管法。贯绳下管法适用于管径小于 300mm,管节长度不超过 1m 的混凝土管。用一端带有铁钩的粗绳钩住管道一端,绳子的另一端从管道内部穿过后由人工徐徐放松直至将管道放入槽底。

3) 立管溜管法。立管溜管法是利用大绳及绳钩由管内钩住管端,人拉紧大绳的一端,管子立向顺槽边溜下的下管方法。其中,直径为150~200mm的混凝土管可用绳钩住管端直接顺槽边吊下;直径为400~600mm的混凝土管及钢筋混凝土管,可用绳钩住管端,沿靠于槽帮的杉木溜下,保护管子不受磕碰,如图7-17所示。

4)吊链下管法。吊链下管法适用于较大直径的管道集中下管。在沟槽上搭设三脚架或四脚架等塔架,在塔架上安设吊链,在沟槽上铺方木(或细钢管),将管道滚运至方木(或细钢管)上。用吊链将管道吊起,然后撤走所铺方木(或细钢管),操作吊链使管道徐徐放入槽底就位。

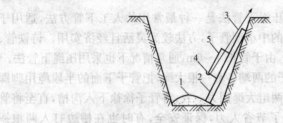

图 7-17　立管溜管法
1—草袋;2—杉木溜子;3—大绳;4—绳钩;5—管子

5)塔架下管法。先在沟槽上口铺设横跨沟槽的方木,然后将管节滚至方木上,利用塔架上的吊链将管节吊起,再撤去架设的方木,操作葫芦或卷扬机使管节徐徐下至沟槽底。为防止下管过猛,撞坏管节或平基,可在平基上先铺一层草垫子,再顺铺两块撑板。该方法适用于较大管径的集中下管。

使用该方法下管时,塔架各承脚应用木板支设牢固、平稳,较高的塔架,应有晃绳。塔架劈开程度较大时,塔架底脚应有绊绳。

(2)机械下管法。机械下管法适用于管径大、沟槽深、工程量大且便于机械操作的地段。机械下管速度快、安全,而且可以减轻工作的劳动强度。机械下管一般采用汽车式起重机、下管机或其他起重机械。按行走装置的不同,分为履带式起重机、轮胎式起重机和汽车式起重机(图7-18)。

下管时,机械沿沟槽移动,最好是单侧推土,另一侧作为下管机械的工作面。起重机距槽边至少应有1m以上的安全距离,以免槽壁坍塌。行走道路应平坦、畅通。当沟槽必须两侧堆土时,应将某一侧堆土与槽边的距离加大,以便起重机行走。

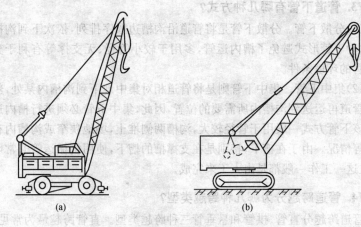

图 7-18　下管用起重机
(a)汽车式起重机;(b)履带式起重机

72. 机械下管时应注意哪些问题?

(1)轮胎式起重机作业前将支腿撑好,轮胎不应承担起吊重量。支腿或履带距槽边的距离一般不小于 2m,必要时承垫方木。

(2)严禁起重机吊着管子在斜坡地来回转动。

(3)吊装下管时不应采用一点起吊,应找好重心,两点起吊,平吊轻放。

(4)各点绳索规格应根据被吊管节的重量通过计算确定。绳索的受力大小不但和管节的重量有关,而且和绳索与管节的夹角 α 有关,α 越小,绳索受力越大,因此 α 角宜大于 $45°$,如图 7-19 所示。

(5)起吊时,速度应均匀,回转平稳,下落时低速轻放,不得忽快忽慢和突然制动。

(6)严禁在被吊管节上站人。槽下施工人员必须远离下管处,以免发生人员伤亡事故。

(7)起重臂回转半径范围内严禁站人和车辆通行,起重臂或绳索、吊钩以及被吊管节必须与架空线按规定保持一定安全距离。

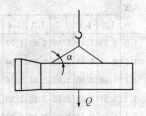

图 7-19　吊钩受力图

73. 管道下管有哪几种方式？

(1)分散下管。分散下管是将管道沿沟槽边顺序排列,依次下到沟槽内,这种下管形式避免了槽内运管,多用于较小管径、无支撑等有利于分散下管的环境条件。

(2)集中下管。集中下管则是将管道相对集中地下到沟槽内某处,然后将管道再运送到沟槽内所需要的位置,因此,集中下管必须进行槽内运管。该下管方式一般用于管径较大,沟槽两侧堆土,场地狭窄或沟槽内有支撑等情况。由于在槽下,特别是在支撑槽的槽下,使用机械运管非常困难,故这一工作一般都是由人工来完成。

74. 管道跨越分为哪几种跨越类型？

管道跨越分直管、拱管和悬垂管三种跨越类型。直管跨越最为常见,可有数根管道单层或多层平行敷设。管道通过固定管座或活动管座(不用管座时则直接搁置)与支承结构连接,形成多跨连续梁。当需跨越较大跨度时,可采用拱管或悬垂管。拱管的拱轴常为圆弧形,两端用固定管座固接在支承结构上,形成无铰拱。悬垂管比拱管能跨越更大的跨度,有自然成型(制作时为直管,安装后成悬垂线形)和预成型(制作时做成悬垂线形)两种,两端通过铰接的固定管座与支承结构连接。管道跨越的容许跨度视荷载、管道断面和材料设计强度以及允许垂度、拱轴高跨比与悬垂度等参数而定。

75. 怎样计算每米管道土方数量？

每米管道土方数量见表 7-22。

表 7-22　　　　　　　每米管道土方数量表　　　　　　　m^3

高度 /m	宽度/m															
	1.0	1.1	1.2	1.3	1.4	1.5	1.6	1.7	1.8	1.9	2.0	2.1	2.2	2.3	2.4	2.5
1.0	1.33	1.43	1.53	1.63	1.73	1.83	1.93	2.03	2.13	2.23	2.33	2.43	2.53	2.63	2.73	2.83
1.1	1.50	1.61	1.72	1.83	1.94	2.05	2.16	2.27	2.38	2.49	2.60	2.71	2.82	2.93	3.04	3.15
1.2	1.68	1.80	1.92	2.04	2.16	2.28	2.40	2.52	2.64	2.76	2.88	3.00	3.12	3.24	3.36	3.48
1.3	1.86	1.99	2.12	2.25	2.38	2.51	2.64	2.77	2.90	3.03	3.16	3.29	3.42	3.55	3.68	3.81
1.4	2.05	2.19	2.33	2.47	2.61	2.75	2.89	3.03	3.17	3.31	3.45	3.59	3.73	3.87	4.01	4.15
1.5	2.24	2.39	2.54	2.69	2.84	2.99	3.14	3.29	3.44	3.59	3.74	3.89	4.04	4.19	4.34	4.49

(续一)

高度/m	宽度/m															
	1.0	1.1	1.2	1.3	1.4	1.5	1.6	1.7	1.8	1.9	2.0	2.1	2.2	2.3	2.4	2.5
1.6	2.44	2.60	2.76	2.92	3.08	3.24	3.40	3.56	3.72	3.88	4.04	4.20	4.36	4.52	4.68	4.84
1.7	2.65	2.82	2.99	3.16	3.33	3.50	3.67	3.84	4.01	4.18	4.35	4.52	4.69	4.86	5.03	5.20
1.8	2.87	3.05	3.23	3.41	3.59	3.77	3.95	4.13	4.31	4.49	4.67	4.85	5.03	5.21	5.39	5.57
1.9	3.09	3.28	3.47	3.66	3.85	4.04	4.23	4.42	4.61	4.80	4.99	5.18	5.37	5.56	5.75	5.94
2.0	3.32	3.52	3.72	3.92	4.12	4.32	4.52	4.72	4.92	5.12	5.32	5.52	5.72	5.92	6.12	6.32
2.1	3.56	3.77	3.98	4.19	4.40	4.61	4.82	5.03	5.24	5.45	5.66	5.87	6.08	6.29	6.50	6.71
2.2	3.80	4.02	4.24	4.46	4.68	4.90	5.12	5.34	5.56	5.78	6.00	6.22	6.44	6.66	6.88	7.10
2.3	4.05	4.28	4.51	4.74	4.97	5.20	5.43	5.66	5.89	6.12	6.35	6.58	6.81	7.04	7.27	7.50
2.4	4.30	4.54	4.78	5.02	5.26	5.50	5.74	5.98	6.22	6.46	6.70	6.94	7.18	7.42	7.66	7.90
2.5	4.56	4.81	5.06	5.31	5.56	5.81	6.06	6.31	6.56	6.81	7.06	7.31	7.56	7.81	8.06	8.31
2.6	4.83	5.09	5.35	5.61	5.87	6.13	6.39	6.65	6.91	7.17	7.43	7.69	7.95	8.21	8.47	8.73
2.7	5.11	5.38	5.65	5.92	6.19	6.46	6.73	7.00	7.27	7.54	7.81	8.08	8.35	8.62	8.89	9.16
2.8	5.39	5.67	5.95	6.23	6.51	6.79	7.07	7.35	7.63	7.91	8.19	8.47	8.75	9.03	9.31	9.59
2.9	5.68	5.97	6.26	6.55	6.84	7.13	7.42	7.71	8.00	8.29	8.58	8.87	9.16	9.45	9.74	10.03
3.0	5.97	6.27	6.57	6.87	7.17	7.47	7.77	8.07	8.37	8.67	8.97	9.27	9.57	9.87	10.17	10.47
3.1	6.27	8.22	8.53	8.84	9.15	9.46	9.77	10.08	10.39	10.70	11.01	11.32	11.63	11.94	12.25	12.56
3.2	6.58	8.64	8.96	9.28	9.60	9.92	10.24	10.56	10.88	11.20	11.52	11.84	12.16	12.48	12.80	13.12
3.3	6.89	9.08	9.41	9.74	10.07	10.40	10.73	11.06	11.39	11.72	12.05	12.38	12.71	13.04	13.37	13.70
3.4	7.21	9.52	9.86	10.20	10.54	10.88	11.22	11.56	11.90	12.24	12.58	12.92	13.26	13.60	13.94	14.28
3.5	7.54	9.98	10.33	10.68	11.03	11.38	11.73	12.08	12.43	12.78	13.13	13.48	13.83	14.18	14.53	14.88
3.6	7.88	10.44	10.80	11.16	11.52	11.88	12.24	12.60	12.96	13.32	13.68	14.04	14.40	14.76	15.12	15.48
3.7	8.22	10.92	11.29	11.66	12.03	12.40	12.77	13.14	13.51	13.88	14.25	14.62	14.99	15.36	15.73	16.10
3.8	8.57	11.40	11.78	12.16	12.54	12.92	13.30	13.68	14.06	14.44	14.82	15.20	15.58	15.96	16.34	16.72
3.9	8.92	11.90	12.29	12.68	13.07	13.46	13.85	14.24	14.63	15.02	15.41	15.80	16.19	16.58	16.97	17.36
4.0	9.28	12.40	12.80	13.20	13.60	14.00	14.40	14.80	15.20	15.60	16.00	16.40	16.80	17.20	17.60	18.00
4.1	9.65	12.92	13.33	13.74	14.15	14.56	14.97	15.38	15.79	16.20	16.61	17.02	17.43	17.84	18.25	18.66
4.2	10.02	13.44	13.86	14.28	14.70	15.12	15.54	15.96	16.38	16.80	17.22	17.64	18.06	18.48	18.90	19.32
4.3	10.40	13.98	14.41	14.84	15.27	15.70	16.13	16.56	16.99	17.42	17.85	18.28	18.71	19.14	19.57	20.00
4.4	10.79	14.52	14.96	15.40	15.84	16.28	16.72	17.16	17.60	18.04	18.48	18.92	19.36	19.80	20.24	20.68
4.5	11.18	15.08	15.53	15.98	16.43	16.88	17.33	17.78	18.23	18.68	19.13	19.58	20.03	20.48	20.93	21.38

(续二)

高度 /m	宽度/m														
	1.0	1.1	1.2	1.3	1.4	1.5	1.6	1.7	1.8	1.9	2.0	2.1	2.2	2.3	2.4	2.5
4.6	11.58	15.64	16.10	16.56	17.02	17.48	17.94	18.40	18.86	19.32	19.78	20.24	20.70	21.16	21.62	22.08
4.7	11.99	16.22	16.69	17.16	17.63	18.10	18.57	19.04	19.51	19.98	20.45	20.92	21.39	21.86	22.33	22.80
4.8	12.40	16.80	17.28	17.76	18.24	18.72	19.20	19.68	20.16	20.64	21.12	21.60	22.08	22.56	23.04	23.52
4.9	12.82	17.40	17.89	18.38	18.87	19.36	19.85	20.34	20.83	21.32	21.81	22.30	22.79	23.28	23.77	24.26
5.0	13.25	18.00	18.50	19.00	19.50	20.00	20.50	21.00	21.50	22.00	22.5	23.00	23.50	24.00	24.50	25.00
5.1	13.68	18.62	19.13	19.64	20.15	20.66	21.17	21.68	22.19	22.70	23.21	23.72	24.23	24.74	25.25	25.76
5.2	14.12	19.24	19.76	20.28	20.80	21.32	21.84	22.36	22.88	23.40	23.92	24.44	24.96	25.48	26.00	26.52
5.3	14.57	19.88	20.41	20.94	21.47	22.00	22.53	23.06	23.59	24.12	24.65	25.18	25.71	26.24	26.77	27.30
5.4	15.02	20.52	21.06	21.60	22.14	2.68	23.22	23.76	24.30	24.84	25.38	25.92	26.46	27.00	27.54	28.08
5.5	15.48	21.18	21.73	22.28	22.83	23.38	23.93	24.48	25.03	25.58	26.13	26.68	27.23	27.78	28.33	28.88
5.6	15.95	21.84	22.40	22.96	23.52	24.08	24.64	25.20	25.76	26.32	26.88	27.44	28.00	28.56	29.12	29.68
5.7	16.42	22.52	23.09	23.66	24.23	24.80	25.37	25.94	26.51	27.08	27.65	28.22	28.79	29.36	29.93	30.50
5.8	16.90	23.20	23.78	24.36	24.94	25.52	26.10	26.68	27.26	27.84	28.42	29.00	29.58	30.16	30.74	31.32
5.9	17.39	23.90	24.49	25.08	25.67	26.26	26.85	27.44	28.03	28.62	29.21	29.80	30.39	30.98	31.57	32.16
6.0	17.88	24.60	25.20	25.80	26.40	27.00	27.60	28.20	28.80	29.40	30.00	30.60	31.20	31.80	32.40	33.00
6.1	34.10	34.71	35.32	35.93	36.54	37.15	37.76	38.37	38.98	39.59	40.20	40.81	41.42	42.03	42.64	43.25
6.2	34.61	35.23	35.85	36.47	37.09	37.71	38.33	38.95	39.57	40.19	40.81	41.43	42.05	42.67	43.29	43.91
6.3	35.12	35.75	36.38	37.01	37.64	38.27	38.90	39.53	40.16	40.79	41.42	42.05	42.68	43.31	43.94	44.57
6.4	35.64	36.28	36.92	37.56	38.20	38.84	39.48	40.12	40.76	41.40	42.04	42.68	43.32	43.96	44.60	45.24
6.5	36.16	36.81	37.46	38.11	38.76	39.41	40.06	40.71	41.36	42.01	42.66	43.31	43.96	44.61	45.26	45.91
6.6	36.69	37.35	38.01	38.67	39.33	39.99	40.65	41.31	41.97	42.63	43.29	43.95	44.61	45.27	45.93	46.59
6.7	37.23	37.90	38.57	39.24	39.91	40.58	41.25	41.92	42.59	43.26	43.93	44.60	45.27	45.94	46.61	47.28
6.8	37.78	38.46	39.14	39.82	40.50	41.18	41.86	42.54	43.22	43.90	44.58	45.26	45.94	46.62	47.30	47.98
6.9	38.33	39.02	39.71	40.40	41.09	41.78	42.47	43.16	43.85	44.54	45.23	45.92	46.61	47.30	47.99	48.68
7.0	38.89	39.59	40.29	40.99	41.69	42.39	43.09	43.79	44.49	45.19	45.89	46.59	47.29	47.99	48.69	49.39
7.1	39.46	40.17	40.88	41.59	42.30	43.01	43.72	44.43	45.14	45.85	46.56	47.27	47.98	48.69	49.40	50.11
7.2	40.03	40.75	41.47	42.19	42.91	43.63	44.35	45.07	45.79	46.51	47.23	47.95	48.67	49.39	50.11	50.83
7.3	40.61	41.34	42.07	42.80	43.53	44.26	44.99	45.72	46.45	47.18	47.91	48.64	49.37	50.10	50.83	51.56
7.4	41.19	41.93	42.67	43.41	44.15	44.89	45.63	46.37	47.11	47.85	48.59	49.33	50.07	50.81	51.55	52.29
7.5	41.78	42.53	43.28	44.03	44.78	45.53	46.28	47.03	47.78	48.53	49.28	50.03	50.78	51.53	52.28	53.03

第七章　市政管网工程

(续三)

高度/m	宽度/m															
	1.0	1.1	1.2	1.3	1.4	1.5	1.6	1.7	1.8	1.9	2.0	2.1	2.2	2.3	2.4	2.5
7.6	42.38	43.14	43.90	44.66	45.42	46.18	46.94	47.70	48.46	49.22	49.98	50.74	51.50	52.26	53.02	53.78
7.7	42.99	43.76	44.53	45.30	46.07	46.84	47.61	48.38	49.15	49.92	50.69	51.46	52.23	53.00	53.77	54.54
7.8	43.60	44.38	45.16	45.94	46.72	47.50	48.28	49.06	49.84	50.62	51.40	52.18	52.96	53.74	54.52	55.30
7.9	44.22	45.01	45.80	46.59	47.38	48.17	48.96	49.75	50.54	51.33	52.12	52.91	53.70	54.49	55.28	56.07
8.0	44.84	45.64	46.44	47.24	48.04	48.84	49.64	50.44	51.24	52.04	52.84	53.64	54.44	55.24	56.04	56.84
8.1	45.47	46.28	47.09	47.90	48.71	49.52	50.33	51.14	51.95	52.76	53.57	54.38	55.19	56.00	56.81	57.62
8.2	46.11	46.93	47.75	48.57	49.39	50.21	51.03	51.85	52.67	53.49	54.31	55.13	55.95	56.77	57.59	58.41
8.3	46.75	47.58	48.41	49.24	50.07	50.90	51.73	52.56	53.39	54.22	55.05	55.88	56.71	57.54	58.37	59.20
8.4	47.40	48.24	49.08	49.92	50.76	51.60	52.44	53.28	54.12	54.96	55.80	56.64	57.48	58.32	59.16	60.00
8.5	48.06	48.91	49.76	50.61	51.46	52.31	53.16	54.01	54.86	55.71	56.56	57.41	58.26	59.11	59.96	60.81
8.6	48.73	49.59	50.45	51.31	52.17	53.03	53.89	54.75	55.61	56.47	57.33	58.19	59.05	59.91	60.77	61.63
8.7	49.40	50.27	51.14	52.01	52.88	53.75	54.62	55.49	56.36	57.23	58.10	58.97	59.84	60.71	61.58	62.45
8.8	50.08	50.96	51.84	52.72	53.60	54.48	55.36	56.24	57.12	58.00	58.88	59.76	60.64	61.52	62.40	63.28
8.9	50.76	51.65	52.54	53.43	54.32	55.21	56.10	56.99	57.88	58.77	59.66	60.55	61.44	62.33	63.22	64.11
9.0	51.45	52.35	53.25	54.15	55.05	55.95	56.85	57.75	58.65	59.55	60.45	61.35	62.25	63.15	64.05	64.95

高度/m	宽度/m															
	2.6	2.7	2.8	2.9	3.0	3.1	3.2	3.3	3.4	3.5	3.6	3.7	3.8	3.9	4.0	4.1
1.0	2.93	3.03	3.13	3.23	3.33	3.43	3.53	3.63	3.73	3.83	3.93	4.03	4.13	4.23	4.33	4.43
1.1	3.26	3.37	3.48	3.59	3.70	3.81	3.92	4.03	4.14	4.25	4.36	4.47	4.58	4.69	4.80	4.91
1.2	3.60	3.72	3.84	3.96	4.08	4.20	4.32	4.44	4.56	4.68	4.80	4.92	5.04	5.16	5.28	5.40
1.3	3.94	4.07	4.20	4.33	4.46	4.59	4.72	4.85	4.98	5.11	5.24	5.37	5.50	5.63	5.76	5.89
1.4	4.29	4.43	4.57	4.71	4.85	4.99	5.13	5.27	5.41	5.55	5.69	5.83	5.97	6.11	6.25	6.39
1.5	4.64	4.79	4.94	5.09	5.24	5.39	5.54	5.69	5.84	5.99	6.14	6.29	6.44	6.59	6.74	6.89
1.6	5.00	5.16	5.32	5.48	5.64	5.80	5.96	6.12	6.28	6.44	6.60	6.76	6.92	7.08	7.24	7.40
1.7	5.37	5.54	5.71	5.88	6.05	6.22	6.39	6.56	6.73	6.90	7.07	7.24	7.41	7.58	7.75	7.92
1.8	5.75	5.93	6.11	6.29	6.47	6.65	6.83	7.01	7.19	7.37	7.55	7.73	7.91	8.09	8.27	8.45
1.9	6.13	6.32	6.51	6.70	6.89	7.08	7.27	7.46	7.65	7.84	8.03	8.22	8.41	8.60	8.79	8.98
2.0	6.52	6.72	6.92	7.12	7.32	7.52	7.72	7.92	8.12	8.32	8.52	8.72	8.92	9.12	9.32	9.52
2.1	6.92	7.13	7.34	7.55	7.76	7.97	8.18	8.39	8.60	8.81	9.02	9.23	9.44	9.65	9.86	10.07
2.2	7.32	7.54	7.76	7.98	8.20	8.42	8.64	8.86	9.08	9.30	9.52	9.74	9.96	10.18	10.40	10.62

(续四)

高度/m	宽度/m															
	2.6	2.7	2.8	2.9	3.0	3.1	3.2	3.3	3.4	3.5	3.6	3.7	3.8	3.9	4.0	4.1
2.3	7.73	7.96	8.19	8.42	8.65	8.88	9.11	9.34	9.57	9.80	10.03	10.26	10.49	10.72	10.95	11.18
2.4	8.14	8.38	8.62	8.86	9.10	9.34	9.58	9.82	10.06	10.30	10.54	10.78	11.02	11.26	11.50	11.74
2.5	8.56	8.81	9.06	9.31	9.56	9.81	10.06	10.31	10.56	10.81	11.06	11.31	11.56	11.81	12.06	12.31
2.6	8.99	9.25	9.51	9.77	10.03	10.29	10.55	10.81	11.07	11.33	11.59	11.85	12.11	12.37	12.63	12.89
2.7	9.43	9.70	9.97	10.24	10.51	10.78	11.05	11.32	11.59	11.86	12.13	12.40	12.67	12.94	13.21	13.48
2.8	9.87	10.15	10.43	10.71	10.99	11.27	11.55	11.83	12.11	12.39	12.67	12.95	13.23	13.51	13.79	14.07
2.9	10.32	10.61	10.90	11.19	11.48	11.77	12.06	12.35	12.64	12.93	13.22	13.51	13.80	14.09	14.38	14.67
3.0	10.77	11.07	11.37	11.67	11.97	12.27	12.57	12.87	13.17	13.47	13.77	14.07	14.37	14.67	14.97	15.27
3.1	12.87	13.18	13.49	13.80	14.11	14.42	14.73	15.04	15.35	15.66	15.97	16.28	16.59	16.90	17.21	17.52
3.2	13.44	13.76	14.08	14.40	14.72	15.04	15.36	15.68	16.00	16.32	16.64	16.96	17.28	17.60	17.92	18.24
3.3	14.03	14.36	14.69	15.02	15.35	15.68	16.01	16.34	16.67	17.00	17.33	17.66	17.99	18.32	18.65	18.98
3.4	14.62	14.96	15.30	15.64	15.98	16.32	16.66	17.00	17.34	17.68	18.02	18.36	18.70	19.04	19.38	19.72
3.5	15.23	15.58	15.93	16.28	16.63	16.98	17.33	17.68	18.03	18.38	18.73	19.08	19.43	19.78	20.13	20.48
3.6	15.84	16.20	16.56	16.92	17.28	17.64	18.00	18.36	18.72	19.08	19.44	19.80	20.16	20.52	20.88	21.24
3.7	16.47	16.84	17.21	17.58	17.95	18.32	18.69	19.06	19.43	19.80	20.17	20.54	20.91	21.28	21.65	22.02
3.8	17.10	17.48	17.86	18.24	18.62	19.00	19.38	19.76	20.14	20.52	20.90	21.28	21.66	22.04	22.42	22.80
3.9	17.75	18.14	18.53	18.92	19.31	19.70	20.09	20.48	20.87	21.26	21.65	22.04	22.43	22.82	23.21	23.60
4.0	18.40	18.80	19.20	19.60	20.00	20.40	20.80	21.20	21.60	22.00	22.40	22.80	23.20	23.60	24.00	24.40
4.1	19.07	19.48	19.89	20.30	20.71	21.12	21.53	21.94	22.35	22.76	23.17	23.58	23.99	24.40	24.81	25.22
4.2	19.74	20.16	20.58	21.00	21.42	21.84	22.26	22.68	23.10	23.52	23.94	24.36	24.78	25.20	25.62	26.04
4.3	20.43	20.86	21.29	21.72	22.15	22.58	23.01	23.44	23.87	24.30	24.73	25.16	25.59	26.02	26.45	26.88
4.4	21.12	21.56	22.00	22.44	22.88	23.32	23.76	24.20	24.64	25.08	25.52	25.96	26.40	26.84	27.28	27.72
4.5	21.83	22.28	22.73	23.18	23.63	24.08	24.53	24.98	25.43	25.88	26.33	26.78	27.23	27.68	28.13	28.58
4.6	22.54	23.00	23.46	23.92	24.38	24.84	25.30	25.76	26.22	26.68	27.14	27.60	28.06	28.52	28.98	29.44
4.7	23.27	23.74	24.21	24.68	25.15	25.62	26.09	26.56	27.03	27.50	27.97	28.44	28.91	29.38	29.85	30.32
4.8	24.00	24.48	24.96	25.44	25.92	26.40	26.88	27.36	27.84	28.32	28.80	29.28	29.76	30.24	30.72	31.20
4.9	24.75	25.24	25.73	26.22	26.71	27.20	27.69	28.18	28.67	29.16	29.65	30.14	30.63	31.12	31.61	32.10
5.0	25.50	26.00	26.50	27.00	27.50	28.00	28.50	29.00	29.50	30.00	30.50	31.00	31.50	32.00	32.50	33.00
5.1	26.27	26.78	27.29	27.80	28.31	28.82	29.33	29.84	30.35	30.86	31.37	31.88	32.39	32.90	33.41	33.92
5.2	27.04	27.56	28.08	28.60	29.12	29.64	30.16	30.68	31.20	31.72	32.24	32.76	33.28	33.80	34.32	34.84

(续五)

高度/m	宽度/m															
	2.6	2.7	2.8	2.9	3.0	3.1	3.2	3.3	3.4	3.5	3.6	3.7	3.8	3.9	4.0	4.1
5.3	27.83	28.36	28.89	29.42	29.95	30.48	31.01	31.54	32.07	32.60	33.13	33.66	34.19	34.72	35.25	35.78
5.4	28.62	29.16	29.70	30.24	30.78	31.32	31.86	32.40	32.94	33.48	34.02	34.56	35.10	35.64	36.18	36.72
5.5	29.43	29.98	30.53	31.08	31.63	32.18	32.73	33.28	33.83	34.38	34.93	35.48	36.03	36.58	37.13	37.68
5.6	30.24	30.80	31.36	31.92	32.48	33.04	33.60	34.16	34.72	35.28	35.84	36.40	36.96	37.52	38.08	38.64
5.7	31.07	31.64	32.21	32.78	33.35	33.92	34.49	35.06	35.63	36.20	36.77	37.34	37.91	38.48	39.05	39.62
5.8	31.90	32.48	33.06	33.64	34.22	34.80	35.38	35.96	36.54	37.12	37.70	38.28	38.86	39.44	40.02	40.60
5.9	32.75	33.34	33.93	34.52	35.11	35.70	36.29	36.88	37.47	38.06	38.65	39.24	39.83	40.42	41.01	41.60
6.0	33.60	34.20	34.80	35.40	36.00	36.60	37.20	37.80	38.40	39.00	39.60	40.20	40.80	41.40	42.00	42.60
6.1	43.86	44.47	45.08	45.69	46.30	46.91	47.52	48.13	48.74	49.35	49.96	50.57	51.18	51.79	52.40	53.01
6.2	44.53	45.15	45.77	46.39	47.01	47.63	48.25	48.87	49.49	50.11	50.73	51.35	51.97	52.59	53.21	53.83
6.3	45.20	45.83	46.46	47.09	47.72	48.35	48.98	49.61	50.24	50.87	51.50	52.13	52.76	53.39	54.02	54.65
6.4	45.88	46.52	47.16	47.80	48.44	49.08	49.72	50.36	51.00	51.64	52.28	52.92	53.56	54.20	54.84	55.48
6.5	46.56	47.21	47.86	48.51	49.16	49.81	50.46	51.11	51.76	52.41	53.06	53.71	54.36	55.01	55.66	56.31
6.6	47.25	47.91	48.57	49.23	49.89	50.55	51.21	51.87	52.53	53.19	53.85	54.51	55.17	55.83	56.49	57.15
6.7	47.95	48.62	49.29	49.96	50.63	51.30	51.97	52.64	53.31	53.98	54.65	55.32	55.99	56.66	57.33	58.00
6.8	48.66	49.34	50.02	50.70	51.38	52.06	52.74	53.42	54.10	54.78	55.46	56.14	56.82	57.50	58.18	58.86
6.9	49.37	50.06	50.75	51.44	52.13	52.82	53.51	54.20	54.89	55.58	56.27	56.96	57.65	58.34	59.03	59.72
7.0	50.09	50.79	51.49	52.19	52.89	53.59	54.29	54.99	55.69	56.39	57.09	57.79	58.49	59.19	59.89	60.59
7.1	50.82	51.53	52.24	52.95	53.66	54.37	55.08	55.79	56.50	57.21	57.92	58.63	59.34	60.05	60.76	61.47
7.2	51.55	52.27	52.99	53.71	54.43	55.15	55.87	56.59	57.31	58.03	58.75	59.47	60.19	60.91	61.63	62.35
7.3	52.29	53.02	53.75	54.48	55.21	55.94	56.67	57.40	58.13	58.86	59.59	60.32	61.05	61.78	62.51	63.24
7.4	53.03	53.77	54.51	55.25	55.99	56.73	57.47	58.21	58.95	59.69	60.43	61.17	61.91	62.65	63.39	64.13
7.5	53.78	54.53	55.28	56.03	56.78	57.53	58.28	59.03	59.78	60.53	61.28	62.03	62.78	63.53	64.28	65.03
7.6	54.54	55.30	56.06	56.82	57.58	58.34	59.10	59.86	60.62	61.38	62.14	62.90	63.66	64.42	65.18	65.94
7.7	55.31	56.08	56.85	57.62	58.39	59.16	59.93	60.70	61.47	62.24	63.01	63.78	64.55	65.32	66.09	66.86
7.8	56.08	56.86	57.64	58.42	59.20	59.98	60.76	61.54	62.32	63.10	63.88	64.66	65.44	66.22	67.00	67.78
7.9	56.86	57.65	58.44	59.23	60.02	60.81	61.60	62.39	63.18	63.97	64.76	65.55	66.34	67.13	67.92	68.71
8.0	57.64	58.44	59.24	60.04	60.84	61.64	62.44	63.24	64.04	64.84	65.64	66.44	67.24	68.04	68.84	69.64
8.1	58.43	59.24	60.05	60.86	61.67	62.48	63.29	64.10	64.91	65.72	66.53	67.34	68.15	68.96	69.77	70.58
8.2	59.23	60.05	60.87	61.69	62.51	63.33	64.15	64.97	65.79	66.61	67.43	68.25	69.07	69.89	70.71	71.53

(续六)

高度/m	宽度/m															
	2.6	2.7	2.8	2.9	3.0	3.1	3.2	3.3	3.4	3.5	3.6	3.7	3.8	3.9	4.0	4.1
8.3	60.03	60.86	61.69	62.52	63.35	64.18	65.01	65.84	66.67	67.50	68.33	69.16	69.99	70.82	71.65	72.48
8.4	60.84	61.68	62.52	63.36	64.20	65.04	65.88	66.72	67.56	68.40	69.24	70.08	70.92	71.76	72.60	73.44
8.5	61.66	62.51	63.36	64.21	65.06	65.91	66.76	67.61	68.46	69.31	70.16	71.01	71.86	72.71	73.56	74.41
8.6	62.49	63.35	64.21	65.07	65.93	66.79	67.65	68.51	69.37	70.23	71.09	71.95	72.81	73.67	74.53	75.39
8.7	63.32	64.19	65.06	65.93	66.80	67.67	68.54	69.41	70.28	71.15	72.02	72.89	73.76	74.63	75.50	76.37
8.8	64.16	65.04	65.92	66.80	67.68	68.56	69.44	70.32	71.20	72.08	72.96	73.84	74.72	75.60	76.48	77.36
8.9	65.00	65.89	66.78	67.67	68.56	69.45	70.34	71.23	72.12	73.01	73.90	74.79	75.68	76.57	77.46	78.35
9.0	65.85	66.75	67.65	68.55	69.45	70.35	71.25	72.15	73.05	73.95	74.85	75.75	76.65	77.55	78.45	79.35

高度/m	宽度/m															
	4.2	4.3	4.4	4.5	4.6	4.7	4.8	4.9	5.0	5.1	5.2	5.3	5.4	5.5	5.6	5.7
1.0	4.53	4.63	4.73	4.83	4.93	5.03	5.13	5.23	5.33	5.43	5.53	5.63	5.73	5.83	5.93	6.03
1.1	5.02	5.13	5.24	5.35	5.46	5.57	5.68	5.79	5.90	6.01	6.12	6.23	6.34	6.45	6.56	6.67
1.2	5.52	5.64	5.76	5.88	6.00	6.12	6.24	6.36	6.48	6.60	6.72	6.84	6.96	7.08	7.20	7.32
1.3	6.02	6.15	6.28	6.41	6.54	6.67	6.80	6.93	7.06	7.19	7.32	7.45	7.58	7.71	7.84	7.97
1.4	6.53	6.67	6.81	6.95	7.09	7.23	7.37	7.51	7.65	7.79	7.93	8.07	8.21	8.35	8.49	8.63
1.5	7.04	7.19	7.34	7.49	7.64	7.79	7.94	8.09	8.24	8.39	8.54	8.69	8.84	8.99	9.14	9.29
1.6	7.56	7.72	7.88	8.04	8.20	8.36	8.52	8.68	8.84	9.00	9.16	9.32	9.48	9.64	9.80	9.96
1.7	8.09	8.26	8.43	8.60	8.77	8.94	9.11	9.28	9.45	9.62	9.79	9.96	10.13	10.30	10.47	10.64
1.8	8.63	8.81	8.99	9.17	9.35	9.53	9.71	9.89	10.07	10.25	10.43	10.61	10.79	10.97	11.15	11.33
1.9	9.17	9.36	9.55	9.74	9.93	10.12	10.31	10.50	10.69	10.88	11.07	11.26	11.45	11.64	11.83	12.02
2.0	9.72	9.92	10.12	10.32	10.52	10.72	10.92	11.12	11.32	11.52	11.72	11.92	12.12	12.32	12.52	12.72
2.1	10.28	10.49	10.70	10.91	11.12	11.33	11.54	11.75	11.96	12.17	12.38	12.59	12.80	13.01	13.22	13.43
2.2	10.84	11.06	11.28	11.50	11.72	11.94	12.16	12.38	12.60	12.82	13.04	13.26	13.48	13.70	13.92	14.14
2.3	11.41	11.64	11.87	12.10	12.33	12.56	12.79	13.02	13.25	13.48	13.71	13.94	14.17	14.40	14.63	14.86
2.4	11.98	12.22	12.46	12.70	12.94	13.18	13.42	13.66	13.90	14.14	14.38	14.62	14.86	15.10	15.34	15.58
2.5	12.56	12.81	13.06	13.31	13.56	13.81	14.06	14.31	14.56	14.81	15.06	15.31	15.56	15.81	16.06	16.31
2.6	13.15	13.41	13.67	13.93	14.19	14.45	14.71	14.97	15.23	15.49	15.75	16.01	16.27	16.53	16.79	17.05
2.7	13.75	14.02	14.29	14.56	14.83	15.10	15.37	15.64	15.91	16.18	16.45	16.72	16.99	17.26	17.53	17.80
2.8	14.35	14.63	14.91	15.19	15.47	15.75	16.03	16.31	16.59	16.87	17.15	17.43	17.71	17.99	18.27	18.55
2.9	14.96	15.25	15.54	15.83	16.12	16.41	16.70	16.99	17.28	17.57	17.86	18.15	18.44	18.73	19.02	19.31

(续七)

高度/m	宽度/m															
	4.2	4.3	4.4	4.5	4.6	4.7	4.8	4.9	5.0	5.1	5.2	5.3	5.4	5.5	5.6	5.7
3.0	15.57	15.87	16.17	16.47	16.77	17.07	17.37	17.67	17.97	18.27	18.57	18.87	19.17	19.47	19.77	20.07
3.1	17.83	18.14	18.45	18.76	19.07	19.38	19.69	20.00	20.31	20.62	20.93	21.24	21.55	21.86	22.17	22.48
3.2	18.56	18.88	19.20	19.52	19.84	20.16	20.48	20.80	21.12	21.44	21.76	22.08	22.40	22.72	23.04	23.36
3.3	19.31	19.64	19.97	20.30	20.63	20.96	21.29	21.62	21.95	22.28	22.61	22.94	23.27	23.60	23.93	24.26
3.4	20.06	20.40	20.74	21.08	21.42	21.76	22.10	22.44	22.78	23.12	23.46	23.80	24.14	24.48	24.82	25.16
3.5	20.83	21.18	21.53	21.88	22.23	22.58	22.93	23.28	23.63	23.98	24.33	24.68	25.03	25.38	25.73	26.08
3.6	21.60	21.96	22.32	22.68	23.04	23.40	23.76	24.12	24.48	24.84	25.20	25.56	25.92	26.28	26.64	27.00
3.7	22.39	22.76	23.13	23.50	23.87	24.24	24.61	24.98	25.35	25.72	26.09	26.46	26.83	27.20	27.57	27.94
3.8	23.18	23.56	23.94	24.32	24.70	25.08	25.46	25.84	26.22	26.60	26.98	27.36	27.74	28.12	28.50	28.88
3.9	23.99	24.38	24.77	25.16	25.55	25.94	26.33	26.72	27.11	27.50	27.89	28.28	28.67	29.06	29.45	29.84
4.0	24.80	25.20	25.60	26.00	26.40	26.80	27.20	27.60	28.00	28.40	28.80	29.20	29.60	30.00	30.40	30.80
4.1	25.63	26.04	26.45	26.86	27.27	27.68	28.09	28.50	28.91	29.32	29.73	30.14	30.55	30.96	31.37	31.78
4.2	26.46	26.88	27.30	27.72	28.14	28.56	28.98	29.40	29.82	30.24	30.66	31.08	31.50	31.92	32.34	32.76
4.3	27.31	27.74	28.17	28.60	29.03	29.46	29.89	30.32	30.75	31.18	31.61	32.04	32.47	32.90	33.33	33.76
4.4	28.16	28.60	29.04	29.48	29.92	30.36	30.80	31.24	31.68	32.12	32.56	33.00	33.44	33.88	34.32	34.76
4.5	29.03	29.48	29.93	30.38	30.83	31.28	31.73	32.18	32.63	33.08	33.53	33.98	34.43	34.88	35.33	35.78
4.6	29.90	30.36	30.82	31.28	31.74	32.20	32.66	33.12	33.58	34.04	34.50	34.96	35.42	35.88	36.34	36.80
4.7	30.79	31.26	31.73	32.20	32.67	33.14	33.61	34.08	34.55	35.02	35.49	35.96	36.43	36.90	37.37	37.84
4.8	31.68	32.16	32.64	33.12	33.60	34.08	34.56	35.04	35.52	36.00	36.48	36.96	37.44	37.92	38.40	39.88
4.9	32.59	33.08	33.57	34.06	34.55	35.04	35.53	36.02	36.51	37.00	37.49	37.98	38.47	38.96	39.45	39.94
5.0	33.50	34.00	34.50	35.00	35.50	36.00	36.50	37.00	37.50	38.00	38.50	39.00	39.50	40.00	40.50	41.00
5.1	34.43	34.94	35.45	35.96	36.47	36.98	37.49	38.00	38.51	39.02	39.53	40.04	40.55	41.06	41.57	42.08
5.2	35.36	35.88	36.40	36.92	37.44	37.96	38.48	39.00	39.52	40.04	40.56	41.08	41.60	42.12	42.64	43.16
5.3	36.31	36.84	37.37	37.90	38.43	38.96	39.49	40.02	40.55	41.08	41.61	42.14	42.67	43.20	43.73	44.26
5.4	37.26	37.80	38.34	38.88	39.42	39.96	40.50	41.04	41.58	42.12	42.66	43.20	43.74	44.28	44.82	45.36
5.5	38.23	38.78	39.33	39.88	40.43	40.98	41.53	42.08	42.63	43.18	43.73	44.28	44.83	45.38	45.93	46.48
5.6	39.20	39.76	40.32	40.88	41.44	42.00	42.56	43.12	43.68	44.24	44.80	45.36	45.92	46.48	47.04	47.60
5.7	40.19	40.76	41.33	41.90	42.47	43.04	43.61	44.18	44.75	45.32	45.89	46.46	47.03	47.60	48.17	48.74
5.8	41.18	41.76	42.34	42.92	43.50	44.08	44.66	45.24	45.82	46.40	46.98	47.56	48.14	48.72	49.30	49.88
5.9	42.19	42.78	43.37	43.96	44.55	45.14	45.73	46.32	46.91	47.50	48.09	48.68	49.27	49.86	50.45	51.04

(续八)

高度/m	宽度/m														
	4.2	4.3	4.4	4.5	4.6	4.7	4.8	4.9	5.0	5.1	5.2	5.3	5.4	5.5	5.6	5.7
6.0	43.20	43.80	44.40	45.00	45.60	46.20	46.80	47.40	48.00	48.60	49.20	49.80	50.40	51.00	51.60	52.20
6.1	53.62	54.23	54.84	55.45	56.06	56.67	57.28	57.89	58.50	59.11	59.72	60.33	60.94	61.55	62.16	62.77
6.2	54.45	55.07	55.69	56.31	56.93	57.55	58.17	58.79	59.41	60.03	60.65	61.27	61.89	62.51	63.13	63.75
6.3	55.28	55.91	56.54	57.17	57.80	58.43	59.06	59.69	60.32	60.95	61.58	62.21	62.84	63.47	64.10	64.73
6.4	56.12	56.76	57.40	58.04	58.68	59.32	59.96	60.60	61.24	61.88	62.52	63.16	63.80	64.44	65.08	65.72
6.5	56.96	57.61	58.26	58.91	59.56	60.21	60.86	61.51	62.16	62.81	63.46	64.11	64.76	65.41	66.06	66.71
6.6	57.81	58.47	59.13	59.79	60.45	61.11	61.77	62.43	63.09	63.75	64.41	65.07	65.73	66.39	67.05	67.71
6.7	58.67	59.34	60.01	60.68	61.35	62.02	62.69	63.36	64.03	64.70	65.37	66.04	66.71	67.38	68.05	68.72
6.8	59.54	60.22	60.90	61.58	62.26	62.94	63.62	64.30	64.98	65.66	66.34	67.02	67.70	68.38	69.06	69.74
6.9	60.41	61.10	61.79	62.48	63.17	63.86	64.55	65.24	65.93	66.62	67.31	68.00	68.69	69.38	70.07	70.76
7.0	61.29	61.99	62.69	63.39	64.09	64.79	65.49	66.19	66.89	67.59	68.29	68.99	69.69	70.39	71.09	71.79
7.1	62.18	62.89	63.60	64.31	65.02	65.73	66.44	67.15	67.86	68.57	69.28	69.99	70.70	71.41	72.12	72.83
7.2	63.07	63.79	64.51	65.23	65.95	66.67	67.39	68.11	68.83	69.55	70.27	70.99	71.71	72.43	73.15	73.87
7.3	63.97	64.70	65.43	66.16	66.89	67.62	68.35	69.08	69.81	70.54	71.27	72.00	72.73	73.46	74.19	74.92
7.4	64.87	65.61	66.35	67.09	67.83	68.57	69.31	70.05	70.79	71.53	72.27	73.01	73.75	74.49	75.23	75.97
7.5	65.78	66.53	67.28	68.03	68.78	69.53	70.28	71.03	71.78	72.53	73.28	74.03	74.78	75.53	76.28	77.03
7.6	66.70	67.46	68.22	68.98	69.74	70.50	71.26	72.02	72.78	73.54	74.30	75.06	75.82	76.58	77.34	78.10
7.7	67.63	68.40	69.17	69.94	70.71	71.48	72.25	73.02	73.79	74.56	75.33	76.10	76.87	77.64	78.41	79.18
7.8	68.56	69.34	70.12	70.90	71.68	72.46	73.24	74.02	74.80	75.58	76.36	77.14	77.92	78.70	79.48	80.26
7.9	69.50	70.29	71.08	71.87	72.66	73.45	74.24	75.03	75.82	76.61	77.40	78.19	78.98	79.77	80.56	81.35
8.0	70.44	71.24	72.04	72.84	73.64	74.44	75.24	76.04	76.84	77.64	78.44	79.24	80.04	80.84	81.64	82.44
8.1	71.39	72.20	73.01	73.82	74.63	75.44	76.25	77.06	77.87	78.68	79.49	80.30	81.11	81.92	82.73	83.54
8.2	72.35	73.17	73.99	74.81	75.63	76.45	77.27	78.09	78.91	79.73	80.55	81.37	82.19	83.01	83.83	84.65
8.3	73.31	74.14	74.97	75.80	76.63	77.46	78.29	79.12	79.95	80.78	81.61	82.44	83.27	84.10	84.93	85.76
8.4	74.28	75.12	75.96	76.80	77.64	78.48	79.32	80.16	81.00	81.84	82.68	83.52	84.36	85.20	86.04	86.88
8.5	75.26	76.11	76.96	77.81	78.66	79.51	80.36	81.21	82.06	82.91	83.76	84.61	85.46	86.31	87.16	88.01
8.6	76.25	77.11	77.97	78.83	79.69	80.55	81.41	82.27	83.13	83.99	84.85	85.71	86.57	87.43	88.29	89.15
8.7	77.24	78.11	78.98	79.85	80.72	81.59	82.46	83.33	84.20	85.07	85.94	86.81	87.68	88.55	89.42	90.29
8.8	78.24	79.12	80.00	80.88	81.76	82.64	83.52	84.40	85.28	86.16	87.04	87.92	88.80	89.68	90.56	91.44
8.9	79.24	80.13	81.02	81.91	82.80	83.69	84.58	85.47	86.36	87.25	88.14	89.03	89.92	90.81	91.70	92.59
9.0	80.25	81.15	82.05	82.95	83.85	84.75	85.65	86.55	87.45	88.35	89.25	90.15	91.05	91.95	92.85	93.75

(续九)

高度/m	宽度/m															
	5.8	5.9	6.0	6.1	6.2	6.3	6.4	6.5	6.6	6.7	6.8	6.9	7.0	7.1	7.2	7.3
1.0	6.13	6.23	6.33	6.43	6.53	6.63	6.73	6.83	6.93	7.03	7.13	7.23	7.33	7.43	7.53	7.63
1.1	6.78	6.89	7.00	7.11	7.22	7.33	7.44	7.55	7.66	7.77	7.88	7.99	8.10	8.21	8.32	8.43
1.2	7.44	7.56	7.68	7.80	7.92	8.04	8.16	8.28	8.40	8.52	8.64	8.76	8.88	9.00	9.12	9.24
1.3	8.10	8.23	8.36	8.49	8.62	8.75	8.88	9.01	9.14	9.27	9.40	9.53	9.66	9.79	9.92	10.05
1.4	8.77	8.91	9.05	9.19	9.33	9.47	9.61	9.75	9.89	10.03	10.17	10.31	10.45	10.59	10.73	10.87
1.5	9.44	9.59	9.74	9.89	10.04	10.19	10.34	10.49	10.64	10.79	10.94	11.09	11.24	11.39	11.54	11.69
1.6	10.12	10.28	10.44	10.60	10.76	10.92	11.08	11.24	11.40	11.56	11.72	11.88	12.04	12.20	12.36	12.52
1.7	10.81	10.98	11.15	11.32	11.49	11.66	11.83	12.00	12.17	12.34	12.51	12.68	12.85	13.02	13.19	13.36
1.8	11.51	11.69	11.87	12.05	12.23	12.41	12.59	12.77	12.95	13.13	13.31	13.49	13.67	13.85	14.03	14.21
1.9	12.21	12.40	12.59	12.78	12.97	13.16	13.35	13.54	13.73	13.92	14.11	14.30	14.49	14.68	14.87	15.06
2.0	12.92	13.12	13.32	13.52	13.72	13.92	14.12	14.32	14.52	14.72	14.92	15.12	15.32	15.52	15.72	15.92
2.1	13.64	13.85	14.06	14.27	14.48	14.69	14.90	15.11	15.32	15.53	15.74	15.95	16.16	16.37	16.58	16.79
2.2	14.36	14.58	14.80	15.02	15.24	15.46	15.68	15.90	16.12	16.34	16.56	16.78	17.00	17.22	17.44	17.66
2.3	15.09	15.32	15.55	15.78	16.01	16.24	16.47	16.70	16.93	17.16	17.39	17.62	17.85	18.08	18.31	18.54
2.4	15.82	16.06	16.30	16.54	16.78	17.02	17.26	17.50	17.74	17.98	18.22	18.46	18.70	18.94	19.18	19.42
2.5	16.56	16.81	17.06	17.31	17.56	17.81	18.06	18.31	18.56	18.81	19.06	19.31	19.56	19.81	20.06	20.31
2.6	17.31	17.57	17.83	18.09	18.35	18.61	18.87	19.13	19.39	19.65	19.91	20.17	20.43	20.69	20.95	21.21
2.7	18.07	18.34	18.61	18.88	19.15	19.42	19.69	19.96	20.23	20.50	20.77	21.04	21.31	21.58	21.85	22.12
2.8	18.83	19.11	19.39	19.67	19.95	20.23	20.51	20.79	21.07	21.35	21.63	21.91	22.19	22.47	22.75	23.03
2.9	19.60	19.89	20.18	20.47	20.76	21.05	21.34	21.63	21.92	22.21	22.50	22.79	23.08	23.37	23.66	23.95
3.0	20.37	20.67	20.97	21.27	21.57	21.87	22.17	22.47	22.77	23.07	23.37	23.67	23.97	24.27	24.57	24.87
3.1	22.79	23.10	23.41	23.72	24.03	24.34	24.65	24.96	25.27	25.58	25.89	26.20	26.51	26.82	27.13	27.44
3.2	23.68	24.00	24.32	24.64	24.96	25.28	25.60	25.92	26.24	26.56	26.88	27.20	27.52	27.84	28.16	28.48
3.3	24.59	24.92	25.25	25.58	25.91	26.24	26.57	26.90	27.23	27.56	27.89	28.22	28.55	28.88	29.21	29.54
3.4	25.50	25.84	26.18	26.52	26.86	27.20	27.54	27.88	28.22	28.56	28.90	29.24	29.58	29.92	30.26	30.60
3.5	26.43	26.78	27.13	27.48	27.83	28.18	28.53	28.88	29.23	29.58	29.93	30.28	30.63	30.98	31.33	31.68
3.6	27.36	27.72	28.08	28.44	28.80	29.16	29.52	29.88	30.24	30.60	30.96	31.32	31.68	32.04	32.40	32.76
3.7	28.31	28.68	29.05	29.42	29.79	30.16	30.53	30.90	31.27	31.64	32.01	32.38	32.75	33.12	33.49	33.86
3.8	29.26	29.64	30.02	30.40	30.78	31.16	31.54	31.92	32.30	32.68	33.06	33.44	33.82	34.20	34.58	34.96
3.9	30.23	30.62	31.01	31.40	31.79	32.18	32.57	32.96	33.35	33.74	34.13	34.52	34.91	35.30	35.69	36.08

(续十)

高度/m	宽度/m														
	5.8	5.9	6.0	6.1	6.2	6.3	6.4	6.5	6.6	6.7	6.8	6.9	7.0	7.1	7.2	7.3
4.0	31.20	31.60	32.00	32.40	32.80	33.20	33.60	34.00	34.40	34.80	35.20	35.60	36.00	36.40	36.80	37.20
4.1	32.19	32.60	33.01	33.42	33.83	34.24	34.65	35.06	35.47	35.88	36.29	36.70	37.11	37.52	37.93	38.34
4.2	33.18	33.60	34.02	34.44	34.86	35.28	35.70	36.12	36.54	36.96	37.38	37.80	38.22	38.64	39.06	39.48
4.3	34.19	34.62	35.05	35.48	35.91	36.34	36.77	37.20	37.63	38.06	38.49	38.92	39.35	39.78	40.21	40.64
4.4	35.20	35.64	36.08	36.52	36.96	37.40	37.84	38.28	38.72	39.16	39.60	40.04	40.48	40.92	41.36	41.80
4.5	36.23	36.68	37.13	37.58	38.03	38.48	38.93	39.38	39.83	40.28	40.73	41.18	41.63	42.08	42.53	42.98
4.6	37.26	37.72	38.18	38.64	39.10	39.56	40.02	40.48	40.94	41.40	41.86	42.32	42.78	43.24	43.70	44.16
4.7	38.31	38.78	39.25	39.72	40.19	40.66	41.13	41.60	42.07	42.54	43.01	43.48	43.95	44.42	44.89	45.36
4.8	39.36	39.84	40.32	40.80	41.28	41.76	42.24	42.72	43.20	43.68	44.16	44.64	45.12	45.60	46.08	46.56
4.9	40.43	40.92	41.41	41.90	42.39	42.88	43.37	43.86	44.35	44.84	45.33	45.82	46.31	46.80	47.29	47.78
5.0	41.50	42.00	42.50	43.00	43.50	44.00	44.50	45.00	45.50	46.00	46.50	47.00	47.50	48.00	48.50	49.00
5.1	42.59	43.10	43.61	44.12	44.63	45.14	45.65	46.16	46.67	47.18	47.69	48.20	48.71	49.22	49.73	50.24
5.2	43.68	44.20	44.72	45.24	45.76	46.28	46.80	47.32	47.84	48.36	48.88	49.40	49.92	50.44	50.96	51.48
5.3	44.79	45.32	45.85	46.38	46.91	47.44	47.97	48.50	49.03	49.56	50.09	50.62	51.15	51.68	52.21	52.74
5.4	45.90	46.44	46.98	47.52	48.06	48.60	49.14	49.68	50.22	50.76	51.30	51.84	52.38	52.92	53.46	54.00
5.5	47.03	47.58	48.13	48.68	49.23	49.78	50.33	50.88	51.43	51.98	52.53	53.08	53.63	54.18	54.73	55.28
5.6	48.16	48.72	49.28	49.84	50.40	50.96	51.52	52.08	52.64	53.20	53.76	54.32	54.88	55.44	56.00	56.56
5.7	49.31	49.88	50.45	51.02	51.59	52.16	52.73	53.30	53.87	54.44	55.01	55.58	56.15	56.72	57.29	57.86
5.8	50.46	51.04	51.62	52.20	52.78	53.36	53.94	54.52	55.10	55.68	56.26	56.84	57.42	58.00	58.58	59.16
5.9	51.63	52.22	52.81	53.40	53.99	54.58	55.17	55.76	56.35	56.94	57.53	58.12	58.71	59.30	59.89	60.48
6.0	52.80	53.40	54.00	54.60	55.20	55.80	56.40	57.00	57.60	58.20	58.80	59.40	60.00	60.60	61.20	61.80
6.1	63.38	63.99	64.60	65.21	65.82	66.43	67.04	67.65	68.26	68.87	69.48	70.09	70.70	71.31	71.92	72.53
6.2	64.37	64.99	65.61	66.23	66.85	67.47	68.09	68.71	69.33	69.95	70.57	71.19	71.81	72.43	73.05	73.67
6.3	65.36	65.99	66.62	67.25	67.88	68.51	69.14	69.77	70.40	71.03	71.66	72.29	72.92	73.55	74.18	74.81
6.4	66.36	67.00	67.64	68.28	68.92	69.56	70.20	70.84	71.48	72.12	72.76	73.40	74.04	74.68	75.32	75.96
6.5	67.36	68.01	68.66	69.31	69.96	70.61	71.26	71.91	72.56	73.21	73.86	74.51	75.16	75.81	76.46	77.11
6.6	68.37	69.03	69.69	70.35	71.01	71.67	72.33	72.99	73.65	74.31	74.97	75.63	76.29	76.95	77.61	78.27
6.7	69.39	70.06	70.73	71.40	72.07	72.74	73.41	74.08	74.75	75.42	76.09	76.76	77.43	78.10	78.77	79.44
6.8	70.42	71.10	71.78	72.46	73.14	73.82	74.50	75.18	75.86	76.54	77.22	77.90	78.58	79.26	79.94	80.62
6.9	71.45	72.14	72.83	73.52	74.21	74.90	75.59	76.28	76.97	77.66	78.35	79.04	79.73	80.42	81.11	81.80

(续十一)

高度 /m	宽度/m															
	5.8	5.9	6.0	6.1	6.2	6.3	6.4	6.5	6.6	6.7	6.8	6.9	7.0	7.1	7.2	7.3
7.0	72.49	73.19	73.89	74.59	75.29	75.99	76.69	77.39	78.09	78.79	79.49	80.19	80.89	81.59	82.29	82.99
7.1	73.54	74.25	74.96	75.67	76.38	77.09	77.80	78.51	79.22	79.93	80.64	81.35	82.06	82.77	83.48	84.19
7.2	74.59	75.31	76.03	76.75	77.47	78.19	78.91	79.63	80.35	81.07	81.79	82.51	83.23	83.95	84.67	85.39
7.3	75.65	76.38	77.11	77.84	78.57	79.30	80.03	80.76	81.49	82.22	82.95	83.68	84.41	85.14	85.87	86.60
7.4	76.71	77.45	78.19	78.93	79.67	80.41	81.15	81.89	82.63	83.37	84.11	84.85	85.59	86.33	87.07	87.81
7.5	77.78	78.53	79.28	80.03	80.78	81.53	82.28	83.03	83.78	84.53	85.28	86.03	86.78	87.53	88.28	89.03
7.6	78.86	79.62	80.38	81.14	81.90	82.66	83.42	84.18	84.94	85.70	86.46	87.22	87.98	88.74	89.50	90.26
7.7	79.95	80.72	81.49	82.26	83.03	83.80	84.57	85.34	86.11	86.88	87.65	88.42	89.19	89.96	90.73	91.50
7.8	81.04	81.82	82.60	83.38	84.16	84.94	85.72	86.50	87.28	88.06	88.84	89.62	90.40	91.18	91.96	92.74
7.9	82.14	82.93	83.72	84.51	85.30	86.09	86.88	87.67	88.46	89.25	90.04	90.83	91.62	92.41	93.20	93.09
8.0	83.24	84.04	84.84	85.64	86.44	87.24	88.04	88.84	89.64	90.44	91.24	92.04	92.84	93.64	94.44	95.24
8.1	84.35	85.16	85.97	86.78	87.59	88.40	89.21	90.02	90.83	91.64	92.45	93.26	94.07	94.88	95.69	96.50
8.2	85.47	86.29	87.11	87.93	88.75	89.57	90.39	91.21	92.03	92.85	93.67	94.49	95.31	96.13	96.95	97.77
8.3	86.59	87.42	88.25	89.08	89.91	90.74	91.57	92.40	93.23	94.06	94.89	95.72	96.55	97.38	98.21	99.04
8.4	87.72	88.56	89.40	90.24	91.08	91.92	92.76	93.60	94.44	95.28	96.12	96.96	97.80	98.64	99.48	100.32
8.5	88.86	89.71	90.56	91.41	92.26	93.11	93.96	94.81	95.66	96.51	97.36	98.21	99.06	99.91	100.76	101.61
8.6	90.01	90.87	91.73	92.59	93.45	94.31	95.17	96.03	96.89	97.75	98.61	99.47	100.33	101.19	102.05	102.91
8.7	91.16	92.03	92.90	93.77	94.64	95.51	96.38	97.25	98.12	98.99	99.86	100.73	101.60	102.47	103.34	104.21
8.8	92.32	93.20	94.08	94.96	95.84	96.72	97.60	98.48	99.36	100.24	101.12	102.00	102.88	103.76	104.64	105.52
8.9	93.48	94.37	95.26	96.15	97.04	97.93	98.82	99.71	100.60	101.49	102.38	103.27	104.16	105.05	105.94	106.83
9.0	94.65	95.55	96.45	97.35	98.25	99.15	100.05	100.95	101.85	102.75	103.65	104.55	105.45	106.35	107.25	108.15

高度 /m	宽度/m															
	7.4	7.5	7.6	7.7	7.8	7.9	8.0	8.1	8.2	8.3	8.4	8.5	8.6	8.7	8.8	8.9	9.0
1.0	7.43	7.53	7.63	7.73	7.83	7.93	8.03	8.13	8.23	8.33	8.43	8.53	8.63	8.73	8.83	8.93	9.33
1.1	8.21	8.32	8.43	8.54	8.65	8.76	8.87	8.98	9.09	9.20	9.31	9.42	9.53	9.64	9.75	9.86	10.30
1.2	9.00	9.12	9.24	9.36	9.48	9.60	9.72	9.84	9.96	10.08	10.20	10.32	10.44	10.56	10.68	10.80	11.28
1.3	9.79	9.92	10.05	10.18	10.31	10.44	10.57	10.70	10.83	10.96	11.09	11.22	11.35	11.48	11.61	11.74	12.26
1.4	10.59	10.73	10.87	11.01	11.15	11.29	11.43	11.57	11.71	11.85	11.99	12.13	12.27	12.41	12.55	12.69	13.25
1.5	11.39	11.54	11.69	11.84	11.99	12.14	12.29	12.44	12.59	12.74	12.89	13.04	13.19	13.34	13.49	13.64	14.24
1.6	12.20	12.36	12.52	12.68	12.84	13.00	13.16	13.32	13.48	13.64	13.80	13.96	14.12	14.28	14.44	14.60	15.24

(续十二)

高度/m	宽度/m															
	7.4	7.5	7.6	7.7	7.8	7.9	8.0	8.1	8.2	8.3	8.4	8.5	8.6	8.7	8.8	8.9	9.0
1.7	13.02	13.19	13.36	13.53	13.70	13.87	14.04	14.21	14.38	14.55	14.72	14.89	15.06	15.23	15.40	15.57	16.25
1.8	13.85	14.03	14.21	14.39	14.57	14.75	14.93	15.11	15.29	15.47	15.65	15.83	16.01	16.19	16.37	16.55	17.27
1.9	14.68	14.87	15.06	15.25	15.44	15.63	15.82	16.01	16.20	16.39	16.58	16.77	16.96	17.15	17.34	17.53	18.29
2.0	15.52	15.72	15.92	16.12	16.32	16.52	16.72	16.92	17.12	17.32	17.52	17.72	17.92	18.12	18.32	18.52	19.32
2.1	16.37	16.58	16.79	17.00	17.21	17.42	17.63	17.84	18.05	18.26	18.47	18.68	18.89	19.10	19.31	19.52	20.36
2.2	17.22	17.44	17.66	17.88	18.10	18.32	18.54	18.76	18.98	19.20	19.42	19.64	19.86	20.08	20.30	20.52	21.40
2.3	18.08	18.31	18.54	18.77	19.00	19.23	19.46	19.69	19.92	20.15	20.38	20.61	20.84	21.07	21.30	21.53	22.45
2.4	18.94	19.18	19.42	19.66	19.90	20.14	20.38	20.62	20.86	21.10	21.34	21.58	21.82	22.06	22.30	22.54	23.50
2.5	19.81	20.06	20.31	20.56	20.81	21.06	21.31	21.56	21.81	22.06	22.31	22.56	22.81	23.06	23.31	23.56	24.56
2.6	20.69	20.95	21.21	21.47	21.73	21.99	22.25	22.51	22.77	23.03	23.29	23.55	23.81	24.07	24.33	24.59	25.63
2.7	21.58	21.85	22.12	22.39	22.66	22.93	23.20	23.47	23.74	24.01	24.28	24.55	24.82	25.09	25.36	25.63	26.71
2.8	22.47	22.75	23.03	23.31	23.59	23.87	24.15	24.43	24.71	24.99	25.27	25.55	25.83	26.11	26.39	26.67	27.79
2.9	23.37	23.66	23.95	24.24	24.53	24.82	25.11	25.40	25.69	25.98	26.27	26.56	26.85	27.14	27.43	27.72	28.88
3.0	24.27	24.57	24.87	25.17	25.47	25.77	26.07	26.37	26.67	26.97	27.27	27.57	27.87	28.17	28.47	28.77	29.97
3.1	26.82	27.13	27.44	27.75	28.06	28.37	28.68	28.99	29.30	29.61	29.92	30.23	30.54	30.85	31.16	31.47	32.71
3.2	27.84	28.16	28.48	28.80	29.12	29.44	29.76	30.08	30.40	30.72	31.04	31.36	31.68	32.00	32.32	32.64	33.92
3.3	28.88	29.21	29.54	29.87	30.20	30.53	30.86	31.19	31.52	31.85	32.18	32.51	32.84	33.17	33.50	33.83	35.15
3.4	29.92	30.26	30.60	30.94	31.28	31.62	31.96	32.30	32.64	32.98	33.32	33.66	34.00	34.34	34.68	35.02	36.38
3.5	30.98	31.33	31.68	32.03	32.38	32.73	33.08	33.43	33.78	34.13	34.48	34.83	35.18	35.53	35.88	36.23	37.63
3.6	32.04	32.40	32.76	33.12	33.48	33.84	34.20	34.56	34.92	35.28	35.64	36.00	36.36	36.72	37.08	37.44	38.88
3.7	33.12	33.49	33.86	34.23	34.60	34.97	35.34	35.71	36.08	36.45	36.82	37.19	37.56	37.93	39.30	38.67	41.42
3.8	34.20	34.58	34.96	35.34	35.72	36.10	36.48	36.86	37.24	37.62	38.00	38.38	38.76	39.14	39.52	39.90	40.15
3.9	35.30	35.69	36.08	36.47	36.86	37.25	37.64	38.03	38.42	38.81	39.20	39.59	39.98	40.37	40.76	41.15	42.71
4.0	37.60	38.00	38.40	38.80	39.20	39.60	40.00	40.40	40.80	41.20	41.60	42.00	42.40	42.80	43.20	43.60	44.00
4.1	38.75	39.16	39.57	39.98	40.39	40.80	41.21	41.62	42.03	42.44	42.85	43.26	43.67	44.08	44.49	44.90	45.31
4.2	39.90	40.32	40.74	41.16	41.58	42.00	42.42	42.84	43.26	43.68	44.10	44.52	44.94	45.36	45.78	46.20	46.62
4.3	41.07	41.50	41.93	42.36	42.79	43.22	43.65	44.08	44.51	44.94	45.37	45.80	46.23	46.66	47.09	47.52	47.95
4.4	42.24	42.68	43.12	43.56	44.00	44.44	44.88	45.32	45.76	46.20	46.64	47.08	47.52	47.96	48.40	48.84	49.28
4.5	43.43	43.88	44.33	44.78	45.23	45.68	46.13	46.58	47.03	47.48	47.93	48.38	48.83	49.28	49.73	50.18	50.63
4.6	44.62	45.08	45.54	46.00	46.46	46.92	47.38	47.84	48.30	48.76	49.22	49.68	50.14	50.60	51.06	51.52	51.98

第七章　市政管网工程

(续十三)

高度/m	宽度/m															
	7.4	7.5	7.6	7.7	7.8	7.9	8.0	8.1	8.2	8.3	8.4	8.5	8.6	8.7	8.8	8.9	9.0
4.7	45.83	46.30	46.77	47.24	47.71	48.18	48.65	49.12	49.59	50.06	50.53	51.00	51.47	51.94	52.41	52.88	53.35
4.8	47.04	47.52	48.00	48.48	48.96	49.44	49.92	50.40	50.88	51.36	51.84	52.32	52.80	53.28	53.76	54.24	54.72
4.9	48.27	48.76	49.25	49.74	50.23	50.72	51.21	51.70	52.19	52.68	53.17	53.66	54.15	54.64	55.13	55.62	56.11
5.0	49.50	50.00	50.50	51.00	51.50	52.00	52.50	53.00	53.50	54.00	54.50	55.00	55.50	56.00	56.50	57.00	57.50
5.1	50.75	51.26	51.77	52.28	52.79	53.30	53.81	54.32	54.83	55.34	55.85	56.36	56.87	57.38	57.89	58.40	58.91
5.2	52.00	52.52	53.04	53.56	54.08	54.60	55.12	55.94	59.16	56.68	57.20	57.72	58.24	58.76	59.28	59.80	60.32
5.3	53.27	53.80	54.33	54.86	55.39	55.92	56.45	56.98	57.51	58.04	58.57	59.10	59.63	60.16	60.69	61.22	61.75
5.4	54.54	55.08	55.62	56.16	56.70	57.24	57.78	58.32	58.86	59.40	59.94	60.48	61.02	61.56	62.10	62.64	63.18
5.5	55.83	56.38	56.93	57.48	58.03	58.58	59.13	59.68	60.23	60.78	61.33	61.88	62.43	62.98	63.53	64.08	64.63
5.6	57.12	57.68	58.24	58.80	59.36	59.92	60.48	61.04	61.60	62.16	62.72	63.28	63.84	64.40	64.96	65.52	66.08
5.7	58.43	59.00	59.57	60.14	60.71	61.28	61.85	62.42	62.99	63.56	64.13	64.70	65.27	65.84	66.41	66.98	67.55
5.8	59.74	60.32	60.90	61.48	62.06	62.64	63.22	63.80	64.38	64.96	65.54	66.12	66.70	67.28	67.86	68.44	69.02
5.9	61.07	61.66	62.25	62.84	63.43	64.02	64.61	65.20	65.79	66.38	66.97	67.56	68.15	68.74	69.33	69.92	70.51
6.0	62.40	63.00	63.60	64.20	64.80	65.40	66.00	66.60	67.20	67.80	68.40	69.00	69.60	70.20	70.80	71.40	72.00
6.1	73.14	73.75	74.36	74.97	75.58	76.19	76.80	77.41	78.02	78.63	79.24	79.85	80.46	81.07	81.68	82.29	82.90
6.2	74.29	74.91	75.53	76.15	76.77	77.39	78.01	78.63	79.25	79.87	80.49	81.11	81.73	82.35	82.97	83.59	84.21
6.3	75.44	76.07	76.70	77.33	77.96	78.59	79.22	79.85	80.48	81.11	81.74	82.37	83.00	83.63	84.26	84.89	85.52
6.4	76.60	77.24	77.88	78.52	79.16	79.80	80.44	81.08	81.72	82.36	83.00	83.64	84.28	84.92	85.56	86.20	86.84
6.5	77.76	78.41	79.06	79.71	80.36	81.01	81.66	82.31	82.96	83.61	84.26	84.91	85.56	86.21	86.86	87.51	88.16
6.6	78.93	79.59	80.25	80.91	81.57	82.23	82.89	83.55	84.21	84.87	85.53	86.19	86.85	87.51	88.17	88.83	89.49
6.7	80.11	80.78	81.45	82.12	82.79	83.46	84.13	84.80	85.47	86.14	86.81	87.48	88.15	88.82	89.49	90.16	90.83
6.8	81.30	81.98	82.66	83.34	84.02	84.70	85.38	86.06	86.74	87.42	88.10	88.78	89.46	90.14	90.82	91.50	92.18
6.9	82.49	83.18	83.87	84.56	85.25	85.94	86.63	87.32	88.01	88.70	89.39	90.08	90.77	91.46	92.15	92.84	93.53
7.0	83.69	84.39	85.09	85.79	86.49	87.19	87.89	88.59	89.29	89.99	90.69	91.39	92.09	92.79	93.49	94.19	94.89
7.1	84.90	85.61	86.32	87.03	87.74	88.45	89.16	89.87	90.58	91.29	92.00	92.71	93.42	94.13	94.84	95.55	96.26
7.2	86.11	86.83	87.55	88.27	88.99	89.71	90.43	91.15	91.87	92.59	93.31	94.03	94.75	95.47	96.19	96.91	97.63
7.3	87.33	88.06	88.79	89.52	90.25	90.98	91.71	92.44	93.17	93.90	94.63	95.36	96.09	96.82	97.55	98.28	99.01
7.4	88.55	89.29	90.03	90.77	91.51	92.25	92.99	93.73	94.47	95.21	95.95	96.69	97.43	98.17	98.91	99.65	100.39
7.5	89.78	90.53	91.28	92.03	92.78	93.53	94.28	95.03	95.78	96.53	97.28	98.03	98.78	99.53	100.28	101.03	101.78
7.6	91.02	91.78	92.54	93.30	94.06	94.82	95.58	96.34	97.10	97.86	98.62	99.38	100.14	100.90	101.66	102.42	103.18

(续十四)

高度/m	宽度/m															
	7.4	7.5	7.6	7.7	7.8	7.9	8.0	8.1	8.2	8.3	8.4	8.5	8.6	8.7	8.8	8.9	9.0
7.7	92.27	93.04	93.81	94.58	95.35	96.12	96.89	97.66	98.43	99.20	99.97	100.74	101.51	102.28	103.05	103.82	104.59
7.8	93.52	94.30	95.08	95.86	96.64	97.42	98.20	98.98	99.76	100.54	101.32	102.10	102.88	103.66	104.44	105.22	106.00
7.9	94.78	95.57	96.36	97.15	97.94	98.73	99.52	100.31	101.10	101.89	102.68	103.47	104.26	105.05	105.84	106.63	107.42
8.0	96.04	96.84	97.64	98.44	99.24	100.04	100.84	101.64	102.44	103.24	104.04	104.84	105.64	106.44	107.24	108.04	108.84
8.1	97.31	98.12	98.93	99.74	100.55	101.36	102.17	102.98	103.79	104.60	105.41	106.22	107.03	107.84	108.65	109.46	110.27
8.2	98.59	99.41	100.23	101.05	101.87	102.69	103.51	104.33	105.15	105.97	106.79	107.61	108.43	109.25	110.07	110.89	111.71
8.3	99.87	100.70	101.53	102.36	103.19	104.02	104.85	105.68	106.51	107.34	108.17	109.00	109.83	110.66	111.49	112.32	113.15
8.4	101.16	102.00	102.84	103.68	104.52	105.36	106.20	107.04	107.88	108.72	109.56	110.40	111.24	112.08	112.92	113.76	114.60
8.5	102.46	103.31	104.16	105.01	105.86	106.71	107.56	108.41	109.26	110.11	110.96	111.81	112.66	113.51	114.36	115.21	116.06
8.6	103.77	104.63	105.49	106.35	107.21	108.07	108.93	109.79	110.65	111.51	112.37	113.23	114.09	114.95	115.81	116.67	117.53
8.7	105.08	105.95	106.82	107.69	108.56	109.43	110.30	111.17	112.04	112.91	113.78	114.65	115.52	116.39	117.26	118.13	119.00
8.8	106.40	107.28	108.16	109.04	109.92	110.80	111.68	112.56	113.44	114.32	115.20	116.08	116.96	117.84	118.72	119.60	120.48
8.9	107.72	108.61	109.50	110.39	111.28	112.17	113.06	113.95	114.84	115.73	116.62	117.51	118.40	119.29	120.18	121.07	121.96
9.0	109.05	109.95	110.85	111.75	112.65	113.55	114.45	115.35	116.25	117.15	118.05	118.95	119.85	120.75	121.65	122.55	123.45

76. 定额对钢管安装运输机械配备数据如何取定?

运输机械配备取定见表 7-23。

表 7-23　　　　　运输机械配备取定　　　　　台班

公称直径	汽车起重机 5t	载重汽车 5t
300	0.03	0.04
400	0.04	0.05
450	0.05	0.06
500	0.07	0.08

77. 定额对直埋式预制保温管的有关数据如何取定?

(1) 预制保温管规格取定见表 7-24。

表 7-24　　　　　预制保温管规格取定

公称直径 DN/mm	50	65	80	100	125	150	200
钢管规格 $D \times \delta$/mm	57×3.5	76×4	89×4	108×4	133×4.5	159×6	219×6
保温管外径 D/mm	125	140	160	200	225	250	315

(续)

公称直径 DN/mm	250	300	350	400	500	600
钢管规格 $D\times\delta/\text{mm}$	273×7	325×8	377×8	426×10	529×10	630×10
保温管外径 D/mm	400	450	500	560	661	750

(2)保温管管节长度取定12m,裸管长度250mm。

(3)定额区分不同工程直径以延长米"100m"为计算单位,不扣除管件长度。工序中出现的切口含在预制保温管管件中计算。

(4)保温管接头发泡连接,每个接头取定工日见表7-25。

表7-25　　　　　　　每个接头取定工日

公称直径	50	65	80	100	125	150	200
工日	0.125	0.15	0.163	0.188	0.2	0.225	0.25
公称直径	250	300	350	400	500	600	
工日	0.313	0.363	0.388	0.4	0.45	0.5	

(5)保温管管壳接头连接套管规格按表7-26取定,材料损耗系数取2%,每个接头用量长度为0.714m。

表7-26　　　　　　保温管管壳接头连接套管规格

公称直径 DN/mm	50	65	80	100	125	150	200
高密度聚乙烯管 $D\times\delta/\text{mm}$	136×3.5	151×3.5	172×3.7	212×3.7	237×3.7	236×4	330×5
公称直径 DN/mm	250	300	350	400	500	600	
高密度聚乙烯管 $D\times\delta/\text{mm}$	418×6	471×6.5	525×8.5	586×8.5	688×9	786×12	

(6)接头收缩带:材料损耗率取5%,规格及每个接头的用量按表7-27取定。

表 7-27　　　　　　　　　　规格及每个接头用量　　　　　　　　　　m²

公称直径/mm	50	65	80	100	125	150	200
规格 $a \times b$/mm	150×600	150×650	150×700	150×850	150×930	150×1000	150×1250
用量/m²	0.189	0.205	0.221	0.268	0.293	0.315	0.394
公称直径/mm	250	300	350	400	500	600	
规格 $a \times b$/mm	225×1500	225×1650	225×1750	225×2050	225×2450	225×2750	
用量/m²	0.709	0.78	0.827	0.969	1.158	1.3	

(7) 聚氨酯硬质泡沫 A、B 料，材料损耗率取 5%，每个接头容积 V 按表 7-28 取定。

表 7-28　　　　　　　　　　每个接头容积　　　　　　　　　　m³

公称直径	50	65	80	100	125	150	200
容积	0.007	0.007	0.009	0.014	0.016	0.018	0.025
公称直径	250	300	350	400	500	600	
容积	0.042	0.048	0.055	0.067	0.08	0.091	

(8) 塑料焊条。$DN \leqslant 200$ 采用 $\phi 4$。$DN > 200$ 采用厚度为 3mm 的塑料管下料，宽度为 12mm，损耗率取 15%，焊条规格及每个接头用量长度按表 7-29 取定。

表 7-29　　　　　　　　　　焊条规格及每个接头用量长度

公称直径	50	65	80	100	125	150	200
塑料焊条规格料 D/mm	4	4	4	4	4	4	4
长度/m	0.99	1.08	1.21	1.46	1.61	1.78	2.18
公称直径	250	300	350	400	500	600	
焊条用塑料管 $D \times \delta$/mm	450×3	500×3	560×3	620×3	750×3	820×3	
长度/m	0.028	0.028	0.028	0.028	0.028	0.028	

78. 定额对直埋式预制保温管安装运输机械配备数据如何取定？

运输机械配备取定见表 7-30。

表 7-30　　　　　　　运输机械配备取定　　　　　　　台班

DN	65	80	100	125	150	200
载重汽车 5t	0.024	0.040	0.056	0.064	0.072	0.088
汽车式起重机 5t	0.088	0.112	0.152	0.192	0.200	0.312
DN	250	300	350	400	500	600
载重汽车 5t	0.112	0.136	0.240	0.320	0.560	0.640
汽车式起重机 5t	0.400	0.688	0.880	1.120	1.360	1.760

79. 定额对钢板卷管安装运输机械配备数据如何取定？

运输机械配备取定见表 7-31。

表 7-31　　　　　　　运输机械配备取定　　　　　　　台班

管径×壁厚	汽车式起重机				载重汽车	
	5t	8t	12t	16t	5t	8t
325×8	0.06	—	—	—	0.01	—
377×8	0.07	—	—	—	0.02	—
377×9	0.07	—	—	—	0.02	—
377×10	0.07	—	—	—	0.03	—
426×9	0.08	—	—	—	0.03	—
426×10	0.11	—	—	—	0.03	—
478×8	0.11	—	—	—	0.03	—
478×9	0.13	—	—	—	0.04	—
478×10	0.13	—	—	0.04	—	—
529×8	0.11	—	—	—	0.03	—
529×9	0.13	—	—	—	0.04	—
529×10	0.14	—	—	—	0.05	—
630×8	0.14	—	—	—	0.04	—

(续)

管径×壁厚	汽车式起重机					载重汽车	
	5t	8t	12t	16t	20t	5t	8t
630×9	0.15	—	—	—		0.05	—
630×10	0.17	—	—	—		0.06	—
720×8	0.15	—	—	—		0.06	—
720×9	0.17	—	—	—		0.07	—
720×10	—	0.19	—	—		0.07	—
820×9	—	0.19	—	—		0.07	—
820×10	—	0.21	—	—		0.07	—
820×12	—	0.22	—	—		0.08	—
920×9	—	0.21	—	—		0.08	—
920×10	—	0.24	—	—		0.08	—
920×12	—	0.27	—	—		0.09	—
1020×10	—	0.24	—	—		0.08	—
1020×12	—	—	0.25	—		0.09	—
1020×14	—	—	0.29	—		0.09	—
1220×12	—	—	0.29	—		0.09	—
1220×14	—	—	—	0.33	0.10	—	—
1420×10	—	—	—	0.29	—	0.09	—
1420×12	—	—	—	0.33	—	0.10	—
1420×14	—	—	—	0.39	—	0.11	—
1620×10	—	—	—	0.33	—	—	0.10
1620×12	—	—	—	0.39	—	—	0.11
1620×14	—	—	—	0.45	—	—	0.13
1820×12	—	—	—	0.45	—	—	0.13
1820×14	—	—	—	—	0.55	—	0.15

(续)

管径×壁厚	汽车式起重机					载重汽车	
	5t	8t	12t	16t	20t	5t	8t
1820×16	—	—	—	—	0.61	—	0.15
2020×12	—	—	—	—	0.50	—	0.14
2020×14	—	—	—	—	0.61	—	0.15
2020×16	—	—	—	—	0.78	—	0.17
2220×12	—	—	—	—	0.67	—	0.16
2220×14	—	—	—	—	0.80	—	0.18
2220×16	—	—	—	—	0.84	—	0.19
2420×12	—	—	—	—	0.78	—	0.17
2420×14	—	—	—	—	0.84	—	0.19
2420×16	—	—	—	—	0.90	—	0.20
2620×12	—	—	—	—	0.88	—	0.19
2620×14	—	—	—	—	0.94	—	0.22
2620×16	—	—	—	—	1.02	—	0.25
2820×12	—	—	—	—	0.96	—	0.23
2820×14	—	—	—	—	1.00	—	0.26
2820×16	—	—	—	—	1.13	—	0.28
3020×12	—	—	—	—	1.10	—	0.27
3020×14	—	—	—	—	1.20	—	0.29
3020×16	—	—	—	—	1.23	—	0.31

80. 定额对塑料管熔接用三氯乙烯消耗量如何取定？

塑料管熔接用三氯乙烯消耗量取定见表 7-32。

表 7-32　　　　塑料管熔接用三氯乙烯消耗量取定

管径	50	63	75	90	110	125	200
三氯乙烯/kg	0.01	0.01	0.01	0.02	0.02	0.02	0.02

81. 定额对套管内铺设钢板卷管时牵引推进用人工工日如何取定？

牵引推进用人工工日取定见表 7-33。

表 7-33　　　　　牵引推进用人工工日取定　　　　　10m

项目名称	管外径/mm										
	219	273	325	426	529	630	720	820	920	1020	1220
牵引推进	0.34	0.41	0.48	0.79	1.07	1.4	1.69	1.98	2.51	2.51	3.22
台车制安	2.04	2.36	3.26	3.46	4.28	5.2	5.81	7.04	7.65	7.65	8.87

82. 定额对套管内铺设钢板卷管时牵引推进用材料消耗量如何取定？

牵引推进用材料消耗见表 7-34。

表 7-34　　　　　牵引推进用材料消耗　　　　　10m

项目		滚轮托架用扁钢	滚轮	垫圈	带帽螺栓
单位		kg	套	kg	kg
管外径/mm	219	33.08	2.0	0.854	2.1
	273	38.75	2.0	0.854	2.1
	325	44.21	2.0	0.854	2.1
	377	49.51	2.0	0.854	2.1
	426	54.81	2.0	0.854	2.1
	529	65.62	2.0	0.854	2.1
	630	76.22	2.0	0.854	2.1
	720	85.67	2.0	0.854	2.1
	820	96.16	2.0	0.854	2.1
	920	106.67	2.0	0.854	2.1
	1020	117.16	2.0	0.854	2.1
	1220	138.15	2.0	0.854	2.1

83. 定额对弯头制作运输机械配备数据如何取定？

弯头制作运输机械配备取定见表 7-35。

表 7-35 30°弯头运输机械配备取定

管径×壁厚	汽车式起重机			载重汽车	
	12t	16t	20t	5t	8t
1020×10	0.011	—		0.003	
1020×12	0.015	—		0.005	
1020×14	0.017	—		0.007	
1220×10	0.017	—		0.007	
1220×12	0.021	—		0.008	
1220×14	—	0.024		0.008	
1420×10	—	0.021		0.008	
1420×12	—	0.027		0.009	
1420×14	—	0.028		0.009	
1620×10	—	0.027	—	—	0.009
1620×12	—	0.029	—	—	0.009
1620×14	—	0.029	—	—	0.009
1820×12	—	0.033	—		0.01
1820×16	—	—	0.039		0.011
1820×14	—	—	0.045		0.013
2020×12	—	—	0.039		0.011
2020×14	—	—	0.045		0.013
2020×16	—	—	0.067	—	0.016

84. 定额对支管加强筋用量如何取定？

支管加强筋用量取定见表 7-36。

表 7-36 支管加强筋用量取定 个

三通直径 /mm	圆钢直径 /mm	圆钢理论重量 /(kg/m)	钢筋的长度 /m	钢筋用量 /kg
219	9	0.499	1.08	0.54
273	12	0.888	1.34	1.19

(续)

三通直径 /mm	圆钢直径 /mm	圆钢理论重量 /(kg/m)	钢筋的长度 /m	钢筋用量 /kg
325	12	0.888	1.60	1.42
426	12	0.888	2.10	1.86
529	15	1.39	2.60	3.62
630	15	1.39	3.10	4.31
720	15	1.39	3.54	4.92
820	15	1.39	4.03	5.61
920	15	1.39	4.53	6.29
1020	15	1.39	5.02	6.98

85. 定额对钢塑过渡接头安装有关数据如何取定？

(1)钢管部分外径及壁厚取定见表7-37。

表7-37　　　　　钢管部分外径及壁厚取定　　　　　mm

外径	57	108	159
壁厚	3.5	4.0	4.5

(2)焊接机、熔接机消耗台班取定见表7-38。

表7-38　　　　焊接机、熔接机消耗台班取定　　　　台班

管径	57	108	159	50	75	90	110	125	150
焊接机	0.04	0.08	0.14	—	—	—	—	—	—
熔接机	—	—	—	0.04	0.07	0.09	0.14	0.19	0.25

86. 定额对直埋式预制保温管管件安装有关数据如何取定？

(1)刀割与清理保温层、壳为两个标准管头的人工及辅助材料取定见表7-39。

表 7-39　　　　　　　　人工及辅助材料取定

公称直径	50	65	80	100	125	150	200
工日	0.045	0.051	0.058	0.094	0.119	0.147	0.219
铁丝/kg	0.08	0.08	0.08	0.08	0.08	0.08	0.08
破布/kg	0.025	0.028	0.035	0.038	0.04	0.048	
公称直径	250	300	350	400	500	600	
工日	0.35	0.444	0.475	0.616	0.918	1.125	
铁丝/kg	0.08	0.01	0.01	0.01	0.012	0.012	
破布/kg	0.052	0.055	0.058	0.06	0.065	0.068	

(2)机械运输配备取定见表 7-40。

表 7-40　　　　　　　　机械运输配备取定　　　　　　　　台班

DN	250	300	350	400	500	600
载重汽车 5t	0.004	0.006	0.007	0.008	0.009	0.009
汽车式起重机 5t	0.013	0.017	0.019	0.021	0.025	0.031

87. 定额对集中供热用容器具安装有关数据如何取定？

(1)除污器运输机械配备取定见表 7-41。

表 7-41　　　　　　　　除污器运输机械配备取定　　　　　　　　台班

DN	200	250	300	350	400
载重汽车 5t	0.008	0.008	0.008	0.009	0.010

(2)焊接钢套筒补偿器运输机械配备取定见表 7-42。

表 7-42　　　　　焊接钢套筒补偿器运输机械配备取定　　　　　台班

DN	300	400	500	600	800	1000
载重汽车 5t	0.006	0.008	0.009	0.010	0.011	0.014
汽车式起重机 5t	0.015	0.020	0.024	0.030		
汽车式起重机 8t					0.037	0.051

(3)焊接法兰式波纹补偿器运输机械配备取定见表 7-43。

表 7-43　　　焊接法兰式波纹补偿器运输机械配备取定　　　台班

DN	400	500	600	800	1000
载重汽车 5t	0.004	0.007	0.008	0.09	0.010
汽车式起重机 5t	0.014	0.019	0.024		
汽车式起重机 8t				0.025	
汽车式起重机 12t					0.033

88. 管道安装定额包括哪些内容？不包括哪些内容？

管道安装定额内容包括铸铁管、混凝土管、塑料管安装，铸铁管及钢管新旧管连接、管道试压，消毒冲洗。

管道安装定额不包括以下内容：

(1)管道试压、消毒冲洗、新旧管道连接的排水工作内容，按批准的施工组织设计另计。

(2)新旧管连接所需的工作坑及工作坑垫层、抹灰、马鞍卡子、盲板安装，工作坑及工作坑垫层、抹灰执行第六册"排水工程"有关定额，马鞍卡子、盲板安装执行给水工程有关定额。

89. 如何计算管道安装定额工程量？

(1)管道安装均按施工图中心线的长度计算(支管长度从主管中心开始计算到支管末端交接处的中心)，管件、阀门所占长度已在管道施工损耗中综合考虑，计算工程量时均不扣除其所占长度。

(2)管道安装均不包括管件(指三通、弯头、异径管)、阀门的安装，管件安装执行给水工程有关定额。

(3)遇有新旧管连接时，管道安装工程量计算到碰头的阀门处，但阀门及与阀门相连的承(插)盘短管、法兰盘的安装均包括在新旧管连接定额内，不再另计。

90. 新旧管线连接项目所指的管径是什么？

新旧管线连接项目所指的管径是指新旧管中最大的管径。

91. 如何计算管道内防腐定额工程量？

管道内防腐按施工图中心线长度计算，计算工程量时不扣除管件、阀门所占的长度，但管件、阀门的内防腐也不另行计算。

92. 什么是转换件?

转换件是指注塑成型的硬聚氯乙烯和金属变接头的管件,如图7-20~图7-22和表7-44~表7-47所示。

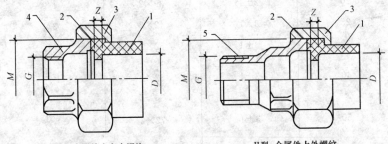

图 7-20　PVC 接头端和金属件接头

1—接头端部(PVC);2—垫圈;3—接头螺母(金属);
4—接头套(金属内螺纹);5—接头套(金属外螺纹)

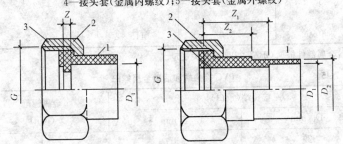

图 7-21　PVC 接头端和活动金属螺母

1—接头端(PVC);2—金属螺母;3—平密封垫圈

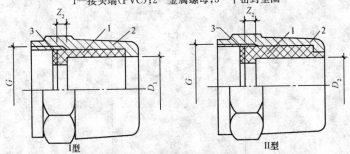

图 7-22　PVC 套管和活动金属螺母盖

1—PVC 套管;2—金属螺母;3—平密封垫圈

表 7-44　　　　　　　　　　PVC 接头端和金属件接头

接头端(PVC)		接头螺母 M/mm	内或外螺纹接头端（金属）G(in)
承口直径 D/mm	Z/mm		
20	3±1	39×2	1/2
25	3±1	42×2	3/4
32	3±1	52×2	1
40	3±1	62×2	$1\frac{1}{4}$
50	3±1	72×2	$1\frac{1}{2}$
65	3±1	82×2	2
75	3±1	100×2	$2\frac{1}{2}$
90	5^{+2}_{-1}	115×2	3

注：金属部件根据 GB/T 3287 的有关规定。

表 7-45　　　　　　　　　　PVC 接头端和活动金属螺母

接头端(承口)		金属螺母 G(in)
D_1/mm	Z/mm	
20	3±1	1
25	3±1	$1\frac{1}{4}$
32	3±1	$1\frac{1}{2}$
40	3±1	2
50	3±1	$2\frac{1}{4}$
65	3±1	$2\frac{3}{4}$

表 7-46　　　　　PVC 接头端和活动金属螺母

接头端(承口)		接头端(插口)		金属螺母 $G(\text{in})$
D_2/mm	Z_2/mm	D_1/mm	Z_1/mm	
20	22^{+2}_{-1}	—	—	$\frac{3}{4}$
25	23^{+2}_{-1}	20	26^{+3}_{-1}	1
32	26^{+3}_{-1}	25	29^{+3}_{-1}	$1\frac{1}{4}$
40	28^{+3}_{-1}	32	32^{+3}_{-1}	$1\frac{1}{2}$
50	31^{+3}_{-1}	40	36^{+4}_{-1}	2

表 7-47　　　　　PVC 套管和活动金属

PVC 套管(承口)		异径套管(承口)(插口)		金属螺母 $G(\text{in})$
D_1/mm	Z_1/mm	D_2/mm	Z_2/mm	
20	3 ± 1	—	—	$\frac{3}{4}$
25	3 ± 1	20	6 ± 1	1
32	3 ± 1	25	7 ± 1	$1\frac{1}{4}$
40	3 ± 1	32	7 ± 1	$1\frac{1}{2}$
50	3 ± 1	40	8 ± 1	2
65	3 ± 1	50	10 ± 1	$2\frac{1}{2}$

注:金属部件根据 GB/T 3287 的有关规定。

93. 自然补偿器和方形补偿器各有哪些类型?

自然补偿器是简单方便的补偿设施,有 L 形补偿器和 Z 形补偿器,如图 7-23 所示。

方形补偿器又称 ∏ 形补偿器,常用四种类型,如图 7-24 所示。

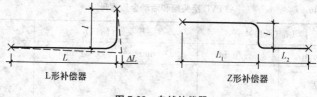

图 7-23 自然补偿器

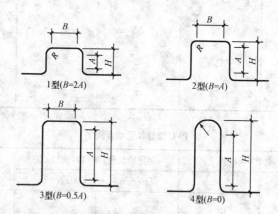

图 7-24 方形补偿器

94. 什么是分水栓？

分水栓指在管线的节点处安装分水装置，由主管道到各支管道供给水用，以及检修管道时，停止分水，以便维修。

95. 什么是盲板？其清单工程内容有哪些？

盲板是指设备或管道的法兰间用于临时隔断的堵板。
盲板清单工程内容包括盲板规格、盲板材料。

96. 什么除污器？其具有哪些作用？

除污器是指阻留系统中污物的装置，除污器是热水锅炉供暖系统中一个不可缺少的装置，其在热水锅炉供暖系统中作用是非常重要的，安装、使用、管理正确与否将影响锅炉的安全运行。除污器主要作用：一是收集和排出供暖管网系统中的杂质，二是通过除污器顶部排气阀排出供暖管网系统中的空气，使锅炉、管网和循环水泵正常运行。安装除污器时要仔细查看进、出水口,避免装反。除污器的前后应安装压力表,以便观察除污器的运行状况,除污器应设旁通管路,以便在除污器出现问题及检修时不影响供暖系统正常运行。

97. 采暖系统热补偿器包括哪些类型？其安装应符合哪些要求？

采暖系统的热补偿器包括波球形、弯管、填料式及套管式补偿器四类。

补偿器一般宜整体吊装就位,在捆绑绳扣时,准确掌握补偿器重心,保持就位时有正确方位,对于波形补偿器,严禁将捆绑绳直接捆系在波峰、波谷处或两端的直管段上,而应在加固支撑并用木板垫好后,捆系在垫板上,铅垂吊装填料式补偿器时,不得在法兰上捆系绳扣,并应采取措施,防止外壳与插管之间发生位移或脱落。

98. 什么是阀门？其应符合哪些要求？

阀门是用以控制管道内介质流动的具有可动机构的机械产品的总称。

阀门安装前,应做耐压强度试验。试验应以每批(同牌号、同规格、同型号)数量中抽查10%,且不少于1个,如有漏、裂不合格的应再抽查20%,仍有不合格的则须逐个试验。对于安装在主干管上起切断作用的闭路阀门,应逐个做强度和严密性试验。强度和严密性试验压力应为阀门出厂规定压力。

99. 法兰阀门主要由哪些部件组成？

法兰阀门由阀体、阀瓣、阀盖、阀杆及手轮等部件组成,在各种管道系统中起开启、关闭以及调节流量、压力等作用。

100. 什么是水表？怎样确定水表的公称直径？

水表是一种计量建筑物或设备用水量的仪表。水表的公称直径应按设计秒流量不超过水表的额定流量来决定,一般等于或略小于管道公称直径。

101. 安装水表时应注意哪些事项？

水表安装应注意表外壳上所指示的箭头方向与水流方向一致,水表前后需装检修门,以便拆换和检修水表时关断水流;对于不允许断水或设有消防给水系统的,还需在设备旁设水表检查水龙头(带旁通管和不带旁通管的水表),水表安装在查看方便、不受暴晒、不致冻结和不受污染的地方。一般设在室内或室外的专门水表井中,室内水表井及安装在资料上有详细图示说明。为了保证水表计量准确,螺翼式水表的上游端应有8～10倍水表公称直径的直径管段;其他型水表的前后应有不小于300mm的直线管段。水表口径的选择如下:对于不均匀的给水系统,以设计流量选定水表的额定流量,来确定水表的直径;用水均匀的给水系统,以设计流量选定水表的额定流量,确定水表的直径;对于生活、生产和消防统一的给水系统,以总设计流量不超过水表的最大流量决定水表的口径。

102. 截止阀及闸阀常用于哪些管道？具有哪些结构形式？

(1)截止阀:这种阀门常用于工业管道和采暖管道上。内部严密可靠,启闭较缓慢,可调节流量,可分标准式、直流式、直角式等。

(2)闸阀:又称闸板阀,这种阀门多用于煤气、油类、供水管道等。闸阀有明杆、暗杆、平行式、楔式等结构形式。

103. 球阀、蝶阀、隔膜阀分别具有什么作用？

(1)球阀是作开启或关闭设备和管道用,分内螺纹、电动等。

(2)蝶阀一般作管道或设备的开启或关闭用,有的也可作节流用。

(3)隔膜阀一般用于腐蚀性介质,它是用橡胶或塑料制成隔膜,与阀瓣相连,随阀瓣上下移动来达到开启或关闭的作用,既能保证密封,又能防腐。

104. 旋塞阀、止回阀、减压阀分别具有什么作用？

(1)旋塞阀主要用作开启或关闭管道介质,也可以做定程度的节流用。

(2)止回阀又称逆止阀,是利用介质压力自行启开,阻止介质逆向流动的阀门。当介质倒流时,阀瓣能自行关闭,有升降式和旋启式两种。

(3)减压阀。减压阀的作用是自动将设备或管道内介质的压力减低到所需要的压力。结构形式有薄膜式、弹簧薄膜式、活塞式、波纹管式等。

105. 管件安装定额包括哪些内容？不包括哪些内容？

管件安装定额内容包括铸铁管件、承插式预应力混凝土转换件、塑料管件、分水栓、马鞍卡子、二合三通、铸铁穿墙管、水表安装。

管件安装定额不包括以下内容：

(1)与马鞍卡子相连的阀门安装，执行第七册"燃气与集中供热工程"有关定额。

(2)分水栓、马鞍卡子、二合三通安装的排水内容，应按批准的施工组织设计另计。

106. 如何计算管件安装清单工程量？

管件、分水栓、马鞍卡子、二合三通、水表的安装按施工图数量以"个"或"组"为单位计算。

107. 如何计算绝热后设备筒体或管道刷油定额工程量？

设备筒体或管道刷油面积计算公式：

$$S=L\pi(D+2\delta+2\delta\times 5\%+2d_1+3d_2)$$
$$=L\pi(D+2.1\delta+2d_1+3d_2)$$

式中　S——设备筒体或管道刷油面积；

　　　L——设备筒体或管道长度；

　　　δ——设备筒体或管道绝热层厚度；

　　　5%——规范中允许的绝热层安装厚度偏差；

　　　$2d_1$——用于捆扎绝热材料的金属线直径或钢带厚度，取 0.0032m；

　　　$3d_2$——防潮层及其搭接厚度，取 0.005m。

108. 如何计算绝热后设备封头刷油定额工程量？

设备封头刷油面积计算公式：

$$S=\pi\left(\frac{D+2.1\delta}{2}\right)^2\times 1.6N$$

式中　S——设备封头刷油面积；

　　　δ——设备封头绝热层厚度；

　　　D——设备封头直径；

　　　1.6——封头面积展开系数；

　　　N——封头个数。

109. 如何计算阀门防腐蚀定额工程量？

阀门防腐蚀面积的计算公式：

$$S = D\pi D \times 2.5 \times 1.05 N$$

式中 S——阀门防腐蚀面积；
　　　D——阀门公称直径；
　　　N——阀门个数；
2.5,1.05——阀门面积系数。

110. 如何计算法兰防腐蚀定额工程量？

法兰防腐蚀面积计算公式：
$$S = D\pi D \times 1.5 \times 1.05 N$$

式中 S——法兰防腐蚀面积；
　　　D——法兰公称直径；
　　　N——法兰个数；
1.5,1.05——法兰面积系数。

111. 如何计算弯头防腐蚀定额工程量？

弯头防腐蚀，工程量应按其实际展开面积计算，其计算公式为：
$$S = D\pi \frac{1.5 D \times 2\pi}{B} N$$

式中 S——弯头防腐蚀面积；
　　　D——弯头直径；
　　　B——当弯头 90°时，$B=4$；当弯头 45°时，$B=8$；
　　　N——弯头个数；
　　　1.5——弯头曲率半径为管直径的 1.5 倍。

112. 什么是阀门井？

阀门井是便于控制水流，调节管道内的水量、水压以及开启、关闭的重要设备并具有在紧急抢修中迅速隔离故障管段作用的井。

113. 什么是倒虹管？主要由哪几部分组成？

污水管道穿过河道、旱沟、山涧、洼地或地下构筑物等障碍时，且不能按原有坡度径直通过时，应设置的管道称为倒虹管。

倒虹管主要由以下几部分组成：
(1)进水井；
(2)下行管；

(3)平行管；
(4)上行管；
(5)出水井；

114. 什么是出水口？其主要有哪几种形式？

出水口是用以排水，使得废水能够很好地排出，一般设在岸边，出水口与水体岸边连接处，一般做成护坡或挡土墙，是设在排水系统终点的构筑物。出水口主要包括以下几种形式：
(1)淹没式出水口；
(2)江心分散式出水口；
(3)一字式出水口；
(4)八字式出水口。

115. 给排水的水池可分为哪些类型？

给水排水工程中的水池，从用途上可以分为两大类：一类是水处理用池，如沉淀池、滤池、曝气池等；另一类是贮水池，如清水池、高位水池、调节池等。前一类池的容量、型式和空间尺寸主要由工艺设计决定；后一类池的容量、标高和水深由工艺确定，而池型及尺寸则主要由结构的经济性和场地、施工条件等因素来确定。

116. 什么是水池无梁盖及无梁盖柱？

无梁盖是指不带梁，直接用柱支承，或直接支承在池壁上的池盖。池盖的工程量应包括与池壁相连的扩大部分的体积。

无梁盖柱是指支承无梁盖的支柱，它的高度应自池底表面算至池盖的下表面，其工程量包括柱座及柱帽的体积。

117. 什么是井室？有哪些类型？

井室是指在管网中安装各种附件的构筑物，如砖砌圆形阀门井，砖砌矩形卧式阀门井，砖砌矩形水表井，消火栓井，圆形排泥湿井，管道支墩工程等附件，在井室内便于操作和检修。

给排水管道中的井室按结构形式主要分为砌筑结构的井室、预制装配式的井室、现浇钢筋混凝土结构的井室三种。

118. 砌筑井室时应符合哪些要求？

砌筑井室时，宜先用水冲净、湿润基础，然后铺浆砌筑。如果采用砌块砌筑，则必须做到满铺满挤、上下搭砌，砌块之间的灰缝应保持10mm；对于曲线井室的竖向灰缝，其内侧灰缝不应小于5mm，外侧灰缝不应大于13mm；砌筑时不得有竖向通缝，且转角接茬可靠、平整，阴阳角清晰。

119. 管道支墩的设置应符合哪些要求？

管道支墩尺寸不应小于设计要求，试压时支墩混凝土的强度必须能满足管道试验压力的要求，其位置应按设计位置设置，但在施工时需视具体情况调整。

管道及管道附件的支墩和锚定结构应位置准确，锚定应牢固。

支墩应在坚固的地基上修筑。当无原状土做后背墙时，应采取措施保证支墩在受力情况下，不致破坏管道接口。当采用砌筑支墩时，原状土与支墩间应采用砂浆填塞。

管道支墩应在管道接口做完、管道位置固定后修筑。管道安装过程中的临时固定支架，应在支墩的砌筑砂浆或混凝土达到规定强度后方可拆除。

120. 雨水口的砌筑应符合哪些规定？

(1) 管端面在雨水口内的露出长度，不得大于20mm，管端面应完整无破损。

(2) 砌筑时，灰浆应饱满，随砌、随勾缝，抹面应压实。

(3) 雨水口底部应用水泥砂浆抹出雨水口泛水坡。

(4) 砌筑完成后雨水口内应保持清洁，及时加盖，保证安全。

121. 管道附属构筑物定额包括哪些内容？不包括哪些内容？

(1) 管道附属构筑物定额内容包括砖砌圆形阀门井、砖砌矩形卧式阀门井、砖砌矩形水表井、消火栓井、圆形排泥湿井、管道支墩工程。

砖砌圆形阀门井是按《给水排水标准图集》S143、砖砌矩形卧式阀门井按《给水排水标准图集》S144、砖砌矩形水表井按《给水排水标准图集》S145、消火栓井按《给水排水标准图集》S162、圆形排泥湿井按《给水排水标准图集》S146 编制的,且全部按无地下水考虑。

(2)管道附属构筑物定额不包括以下内容:

1)模板安装拆除、钢筋制作安装。如发生时,执行第六册"排水工程"有关定额。

2)预制盖板、成型钢筋的场外运输。如发生时,执行第一册"通用项目"有关定额。

3)圆形排泥湿井的进水管、溢流管的安装。执行给水工程有关定额。

122. 如何计算管道附属构筑物清单工程量?

(1)各种井均按施工图数量,以"座"为单位。

(2)管道支墩按施工图以实体积计算,不扣除钢筋、铁件所占的体积。

123. 什么是取水构筑物?其形式有哪些?

取水构筑物是给水系统中取集、输送原水而设置的各种构筑物的总称。

地下水取水构筑物主要有:大口井、管井、结合井、辐射井,如图 7-25 所示。

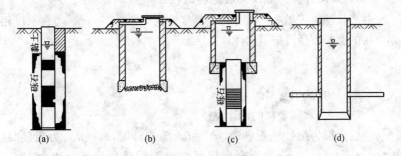

图 7-25 地下取水构筑物
(a)管井;(b)大口井;(c)结合井;(d)辐射井

124. 什么是大口井?

大口井是一种吸取浅层地下水的构筑物,一般由井筒和进水结构组成,井深一般不宜大于 15m。其直径应根据设计水量、抽水设备布置和便于施工等因素确定,通常情况下为 4~8m,但不宜超过 10m。

125. 大口井的进水方式主要有哪些？

大口井的进水方式主要有井壁进水、井底进水和井壁井底共同进水三种，其进水方式应根据当地水文地质条件进行确定。

一般情况下，当含水层为承压水时，可在井底敷设滤水层，采用井底进水；当含水层为潜水时，可在井壁上设置进水孔，孔内填充滤料，或者用无砂混凝土作为井壁材料，并在井底敷设反滤层，采用井壁、井底共同进水的方式。

126. 什么是辐射井？其形式有哪些？

辐射井是用于开采浅层地下水的一种取水构筑物，井径为 2~12m，常用为 4~8m，井深为 30m 以内，常用为 6~12m。地下水埋藏较浅，一般在 12m 以内，含水层厚度一般在 5~20m，能有效地开采且水量丰富。

一种是从不封底集水井（即井底进水的大口井）与辐射管同时进水的辐射井；另一种是集水井封底，仅由辐射管集水的辐射井。前者适用于厚度较大的含水层（5~10m）。

127. 如何计算井底反滤层滤料的粒径？

井底反滤层可做 3~4 层，每层厚度宜为 200~300mm。与含水层相邻一层的滤料粒径可按下式计算：

$$\frac{d}{d_i} \leqslant 8$$

式中 d——反滤层滤料的粒径；

d_i——含水层颗粒的计算粒径。

当含水层为细砂或粉砂时，$d_i = d_{40}$；为中砂时，$d_i = d_{30}$；为粗砂时，$d_i = d_{20}$（d_{40}、d_{30}、d_{20} 分别为含水层颗粒过筛质量累计百分比为 40%、30%、20% 时的颗粒粒径）。

128. 井底铺设反滤层的基本原理是什么？

井底铺设反滤层的基本原理是将井中水位降到井底以下，并且必须在前一层铺设完毕并经检验合格后，方可铺设下一层。

129. 采用井壁进水时，进水孔进水形式有哪些？

采用井壁进水时，应在井壁上预留进水孔。进水孔形式有水平进水孔、斜形进水孔和无砂混凝土透水井壁,如图7-26所示。

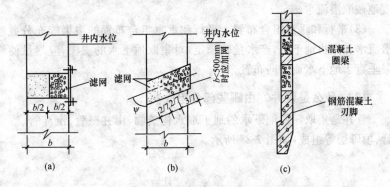

图7-26 进水孔进水形式
(a)水平进水孔;(b)斜形进水孔;(c)无砂混凝土透水井壁

130. 什么是渗渠？其位置选择应遵循哪些原则？

渗渠是用于开采地下水的一种取水构筑物,适用管径为0.45～1.5m,常用为0.6～1.0m,渗渠管埋深为10m以内,常用为4～7m。地下水埋藏较浅,一般在2m以内,含水层厚度较薄,一般约为1～6m,补给条件良好、渗透性较好,适用于中砂、粗砂、砾石或卵石层。

渗渠位置选择一般应遵循以下原则:

(1)渗渠应选择在河床冲积层较厚、颗粒较粗的河段,并应避开不透水的夹层(如淤泥夹层之类)。

(2)渗渠应选择在河流水力条件良好的河段,避免设在有壅水的河段和弯曲河段的凸岸。

(3)渗渠应设在河床稳定的河岸。

131. 渗渠的布置方式有哪几种？

(1)平行于河流布置。当河床潜流水和岸边地下水均较充沛,且河床稳定,可采用平行于河流沿河滩布置的渗渠集取河床潜流水和岸边地下水。采用此方式布置的渗渠,在枯水期时可获得地下水的补给,故有可能使渗渠全年产水量均衡,并且施工和检修均较方便。

(2)垂直于河流布置。当岸边地下水补给较差,河流枯水期流量很小,河流主流摆动不定,河床冲积层较薄,可采用此种布置方式,以最大限度地截取潜流水。

(3)平行和垂直组合布置。平行和垂直组合布置的渗渠能充分截取潜流水和岸边地下水,产水量较稳定,对集取地下水的渗渠,应尽量使渗渠垂直于地下水流方向布置。

132. 什么是管井?由哪些部分组成?

管井是集取深层地下水的地下取水构筑物,由井壁管、沉淀管、滤水管、填砾层等组成,如图 7-27 所示。

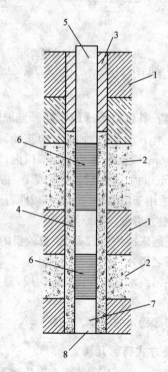

图 7-27 管井结构图
1—隔水层;2—含水层;3—人工封闭物;4—人工填料;
5—井壁管;6—滤水管;7—沉淀管;8—井底

133. 管井滤水管有哪些形式？

(1)缠丝过滤管。缠丝过滤管适用于中砂、粗砂、砾石等含水层,按其骨架材料可分为铸铁滤水管、钢制滤水管、钢筋骨架滤水管和钢筋混凝土滤水管等。

(2)砾石水泥滤水管。砾石水泥滤水管是以砾石为骨料,用42.5级以上普通硅酸盐水泥或矿渣硅酸盐水泥胶结而成的多孔管材。为保证透水性和强度,在浇筑滤水管时,应严格控制配合比。根据实际经验,砾石水泥滤水管的配合比按水泥∶砾石∶水(质量比)=1∶(6~5.5)∶(0.38~0.42)效果最佳。

(3)滤水管的缠丝。滤水管的缠丝应符合设计要求,一般用1.5~3.0mm的镀锌铁丝,当遇有腐蚀性较强的地下水时,宜采用钢丝、不锈钢丝、尼龙丝、尼龙胶丝和玻璃纤维增强滤水丝等。滤水管在缠丝时,必须垫筋。缠丝或滤网与管壁间的空隙应大于3mm;缠丝间距必须均匀,误差不得超过20%,孔隙率误差不得超过10%。设计时应有规定,若设计没有规定缠丝间距时,可按含水层颗粒通过缠丝间隙的质量来确定:对大卵石、砾石(不含砂)层,一般采用5~8mm;卵石、砾石(含砂)层,5kg试样,按通过20%~30%计;粗砂层,2kg试样,按通过40%~60%计;中、细砂层,2kg试样,按通过50%~70%计。

134. 管井滤水管填砾滤料的作用是什么？其规格如何取定？

在滤水管周围充填一层粗砂和砾石的主要作用是防止细砂涌入井内,提高滤水管的有效孔隙率,增大管井出水量,延长管井的使用年限。

填砾规格一般为含水层颗粒中d_{50}~d_{70}(指筛分时留在筛上质量分别为50%~70%时筛孔直径)的8~10倍,施工时,可根据含水层的种类和筛分结果按表7-48的规定选用。

表7-48 填砾规格和缠丝间距

序号	含水层种类	筛分结果		填入砾石粒径/mm	缠丝间距/mm
		颗粒粒径/mm	(%)		
1	卵石	>3	90~100	24~30	5
2	砾石	>2.25	85~90	18~22	5

(续)

序号	含水层种类	筛分结果		填入砾石粒径/mm	缠丝间距/mm
		颗粒粒径/mm	（%）		
3	砾砂	>1	80~85	7.5~10	5
4	粗砂	>0.75	70~80	6~7.5	5
5		>0.5	70~80	5~6	4
6	中砂	>0.5	60~70	3~4	2.5
7		>0.3	60~70	2.5~3	2
8		>0.25	60~70	2~2.5	1.5
9	细砂	>0.20	50~60	1.5~2	1
10		>0.15	50~60	1~1.5	0.75
11	细砂含泥	>0.15	40~50 含泥不大于50	1~1.5	0.75
12	粉砂	>0.10	50~60	0.75~1	0.5~0.75
13	粉砂含泥	>0.10	40~50 含泥不大于50	0.75~1	0.5~0.75

135. 如何确定管井滤水管填砾厚度？

(1)单层填砾过滤器。对于单层填砾过滤器来说，其填砾厚度为：粗砂以上地层为75mm，中、细、粉砂地层为100mm。

(2)双层填砾过滤器。对于双层填砾过滤器来说，其填砾厚度为内层30~50mm，外层为100mm，内层填砾的粒径一般为外层填砾粒径的4~6倍。填砾高度应高出滤水管顶5~10m，以防填砾塌陷使砾层降至滤水管顶以下，导致井内涌砂。

136. 如何计算管井滤水管砾石滤料的备料数量？

填砾前，应按照设计计算填入井内的不同规格砾石的数量和高度，并准备一定余量。砾石滤料的备料数量计算公式如下：

$$V = \frac{\pi}{4}(D^2 - d^2)hn$$

式中　V——砾石滤料备料体积(m^3);

D——井孔直径(m);

d——滤水管外径(m);

h——填砾高度(m);

n——备料增加系数,一般为1.5~2.0。

137. 管井井孔中心距临近设施的最小水平距离如何取定?

如果井孔中心位置与临近设施的最小水平距离小于表7-49规定,或设计井位与已建设施发生矛盾,难以避开时,应与设计单位联系解决。

表7-49　　　井孔中心距临近设施的最小水平距离　　　　　m

设施名称	架空输电线路/kV					电话线边线	地埋电力线	松散层旧井边线	其他地下设施边线
	<1	1~20	35~110	154	220	330			
距离	$H+1.5$	$H+2$	$H+4$	$H+5$	$H+6$	$H+7$	10	5	5	2

注:H为钻塔高度。

138. 如何确定管井深度?

松散层中管井的深度,应根据拟采含水层的顶板埋藏深度、过滤器的合理长度、过滤器的安装位置、沉淀管的长度来确定。

139. 管井井径应符合哪些要求?

(1)井径应比设计过滤器的外径大50mm,基岩地区在不下过滤器的裸眼井段,上部安泵段的井径应比抽水设备铭牌标定的井管公称内径大50mm。

(2)松散层中的管井井径,应用允许入井渗透流速(v)复核,并满足下式要求:

$$D \geqslant \frac{Q}{\pi L v_j}$$

式中　D——井径(m);

Q——设计取水量(m^3/s);

L——过滤器工作部分长度(m);

v_j——允许入井渗透流速,$v_j = \frac{\sqrt{k}}{15}$(m/s);

k——渗透系数(m/s)。

140. 管井井管直径应符合哪些要求?

(1)安泵段井管内径应比抽水设备铭牌标定的井管公称内径大 50mm。

(2)过滤管的外径,应用允许入管流速复核,并满足下式要求:

$$D_g \geqslant \frac{Q}{\pi L n v_g}$$

式中 D_g——过滤管外径(m),缠丝过滤管算至缠丝外表面;
Q——设计取水量(m^3/s);
L——过滤管的工作部分长度(m);
n——过滤管表层进水面有效孔隙率(一般按过滤管表层进水面孔隙率的 50% 考虑);
v_g——允许入管流速(数值按表 7-50 确定)。

表 7-50　　　　　　　允许入管流速

含水层渗透系数 k /(m/d)	允许入管流速 v_g /(m/s)
>122	0.030
82~122	0.025
41~82	0.020
20~41	0.015
<20	0.010

注:1. 填砾与非填砾过滤器,均按上表数值确定。
　　2. 地下水对过滤管有结垢和腐蚀可能时,允许入管流速应减少 1/3~1/2。

141. 管井工程中常用的护壁方法有哪些?

管井工程中,常用的护壁方法主要有泥浆护壁、水压护壁、套管护壁三种。可根据其各自特点、适用范围进行选择,见表 7-51。

表 7-51　　　　　　　　　　管井常用护壁方法

护壁方法	泥浆	水压	套管
适用条件	适用于基岩破碎层及水敏性地层的施工,既为护壁材料,又为冲洗介质	适用于结构稳定的黏性土及不大量漏水的松散地层,且具有充足水源的施工,比较完整的基岩	适用于泥浆、水压护壁无效的松散地层,特别适用深度较小井的半机械化以及缺水地区施工时采用
基本要求	(1)井孔应设护口管,其外径大于钻头直径50～100mm,管长不得小于3m,下入深度宜在潜水水位下1m左右,护口管固定于地面,且管身中心与钻具垂吊中心一致; (2)护口管外壁与井壁间应以黏土或其他材料填实		(1)在松散层覆盖的基岩中钻进时,上部坍覆层应下套管,对下坍岩层可采用套管或泥浆护壁,覆盖层的套管应在钻穿覆层进入完整基岩0.5～2m,并取得完整岩心后下入; (2)套管应固定于地面,管身中心与钻具垂直中心一致,套管外壁与井壁之间应填实
	钻井或停钻时,井孔内泥浆面不得低于地面0.5m	采取措施,保证井孔内压力水头高出静水位3m以上	
特点	可节省施工用水,护壁效果较好;只是成井后洗井较困难	施工简便,成本较低;只是护壁效果时间较短	施工时无需用水,护壁效果好;只是需用大量的套管,成本高

142. 常用的管井钻进方法有哪几种?

常用的管井钻进方法有冲击钻进、回转钻进和锅锥钻进三种。

143. 管井冲击钻进的工作原理是什么?

冲击钻进的工作原理是靠冲击钻头直接冲碎岩石来形成井孔,主要有绳索式和钻杆式两种冲击钻机。

绳索式冲击钻机适用于松散砾石层与半岩层,较钻杆式冲击钻机更为轻便,其冲程为 0.45～1.0m,每分钟冲击 40～50 次,如图 7-28 所示;钻杆式冲击钻机是由发动机提供动力,通过传动机构来提升钻具做上下冲击的,一般机架的高度为 15～20m,如图 7-29 所示,钻头上举高度为 0.50～0.75m,每分钟可冲击 40～60 次。

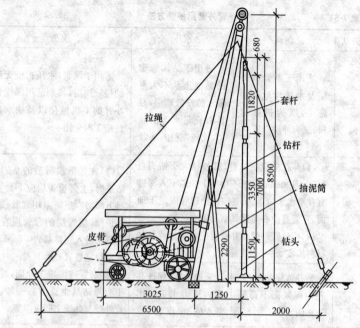

图 7-28 绳索式冲击钻机

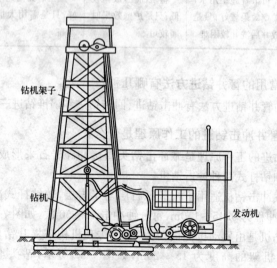

图 7-29 钻杆式冲击钻机

144. 管井回转钻进的工作原理是什么？

回转钻进的工作原理是依靠钻具的旋转，使钻具在外界压力的作用下慢慢地切碎岩层而形成井孔，其优点是钻进速度快、机械化程度高，并适用于坚硬的岩层钻进；缺点是设备比较复杂。

145. 管井回转钻进的钻头形式有哪些？其规格尺寸如何取定？

回转钻进用钻头形式有鱼尾钻头、笼式钻头、三翼钻头、牙轮钻头、岩芯钻头等。其中，鱼尾钻头和三翼钻头较为常用，如图 7-30 所示，鱼尾钻头规格尺寸见表 7-52。

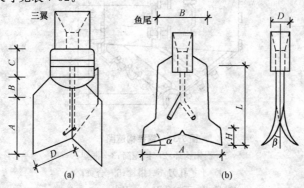

图 7-30　回转钻机钻头
（a）三翼钻头；（b）鱼尾钻头

表 7-52　　　　　　　　　鱼尾钻头规格尺寸　　　　　　　　　　mm

规格	底刃长 A	钻头宽 B	接头直径 D	钻头高 L	刃脚高 H	刃与地面交角 α(°)	鱼尾与中心线夹角	
							松散	较坚硬
200	400	205	146	610	>100	30～40	30～40	20～30
250	500	255	146	700	>100	30～40	30～40	20～30
300	550	300	146	730	>100	30～40	30～40	20～30

146. 管井锅锥钻进具有哪些特点？其适用范围是什么？

锅锥是人力与动力相配合的一种半机械化回转式钻机，如图 7-31 所示。这种钻机制作与修理都较容易,取材方便;耗费动力小,操作简单,容易掌握;开孔口径大,可安装砾石水泥管、砖管、陶土管等井管,钻进成本较低。

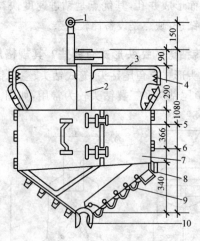

图 7-31 锅锥构造图
1—提锅钩环;2—挡泥筒;3—框架;
4—上扩孔刀;5—搭栓;6—合页;
7—锥身;8—下扩孔刀;9—刀齿;10—离合器

锅锥钻进适用于松散的冲积层,如粉土、粉质黏土、黏土、砂层、砾石层及小卵石层等;若用于大卵石层中,则钻进效率较低;且不适用于各类基层岩。

147. 怎样选择管井井管安装的方法?

井管安装(下管)的方法很多,应根据下管深度、管材强度及钻探设备等因素选择:

(1)井管自重(浮重)不超过井管允许抗拉力和钻探设备安全负荷时,宜用直接提吊下管法。

(2)井管自重(浮重)超过井管允许抗拉力或钻机安全负荷时,宜用托盘下管法或(和)浮板下管法。

(3)井身结构复杂或下管深度过大时,宜用多级下管法。

148. 常用的管井井管安装方法及操作要点有哪些？

管井井管安装常用的方法及操作要点见表 7-53。

表 7-53　　　　　常用的井管安装方法及操作要点

下管方法	管材	管节连接方式	操作要点
直接提吊法	钢管、铸铁管	管箍丝扣连接	(1)用管卡子板将第一根井管(或滤管)在管箍处卡紧，将钢丝绳套在管卡子两侧吊起慢慢放入井孔内，井管铁夹板放在方垫木上。 (2)用同样方法吊起第二根井管，对正第一根井管拧紧丝扣后，继续下管。 (3)全部井管下至孔底后，仍拉紧井管，调整井管口水平且居井孔正中后，用木方固定井管，放入填料后再拆除井管上的管卡子
		对口拉板焊接	(1)管口须平整，井管管卡子紧靠井管拉板，将管卡子放在方木上，使井口水平。 (2)吊起的井管应垂直，对口后应检验其垂直度，然后四面点焊。 (3)井管拉板应在安装管前预先焊在井管一端，拉板的块数应足以支撑井管的全部重量
		螺栓连接	(1)常用于深度较大的铸铁井管的安装，将套管与铸铁管两端预先钻 6～8 个 19mm 螺栓孔，并在井管的连接部位套上螺栓的丝扣。 (2)下管时用套管上的螺栓将两根管连接
浮板(浮塞)法	钢管、铸铁管、钢筋混凝土管	管箍丝扣连接、对口拉板焊接、螺栓连接	(1)浮板或浮塞规格应准确，接合严密，必要时可用松香或石蜡浇筑，或涂以铅油，以确保密封。 (2)井管接口也必须密封，严防漏水。 (3)在浮板以上邻近的管箍处设一保护板(规格、安装方法与前一浮板相同)，浮板与保护板之间设特制铸铁管(0.5～1m)，并在其中注满清水或泥浆，以对浮板起到辅助作用，从而防止浮板破坏。 (4)井管下降应平稳，避免猛烈冲撞

下管方法	管材	管节连接方式	操作要点
托盘法	混凝土管、钢管、铸铁管	各种连接形式	(1)将钢丝绳套穿入托盘下部后,放在井孔垫板上。 (2)当采用混凝土管时,托盘上涂上灰砂沥青,然后将混凝土井管垂直插入托盘的插口,采用适当的加固措施。 (3)第一节井管放入井孔后,吊上第二节井管,用灰砂沥青连接(混凝土管)
多级下管法	混凝土管、钢管、铸铁管	各种连接法	(1)根据现场具体情况,可确定提吊多次下管或钻杆托盘多次下管。 (2)下管时应在前一级管上端及后一级井管下端装设对口器。 (3)前一级井管周围填砾沉淀后,高度应低于井管上口。 (4)井管对接应选在井壁较完整、稳定的井段。 (5)管口对接处应设护口圈及挡砂罩。并在挡砂罩上面的200mm处安装挡砂罩固定器,且不得靠近防砂罩。 (6)选用钻杆托盘多次下管时,前一级比后一级井管长20~30m。 (7)井管对接后钻机仍需提吊部分重量,待填砾完毕后,方可全部松钩

149. 浮板下管法适用范围是什么?

浮板下管法适用于当井管总重超过钻机、滑车、管夹子及其他起重设备的负荷,或超过井管自身所能承受的拉力时。

150. 浮板有哪些种类?

浮板一般为木制圆板,直径略小于井管外径,安装在两根井管接头处,用于封闭井壁管,利用泥浆浮力、减轻井管重量。常用的浮板种类如图7-32所示。

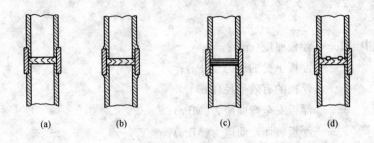

图 7-32 浮板的种类
(a)木制平浮板;(b)胶合板制浮板;(c)上下夹有薄钢板的木制浮板;
(d)下凸面、上加双横带的木制浮板

151. 如何计算浮板下管浮力？

浮力计算公式如下：

$$F = \frac{10\pi D^2 L \gamma}{4}$$

式中 F——泥浆产生的浮力(kN)；
　　D——井径外径(m)；
　　L——密闭井管淹入泥浆的长度(m)；
　　γ——泥浆密度。

152. 如何计算浮板承受的压力？

浮板承受压力计算公式如下：

$$P = 0.01 H \gamma$$

式中 P——浮板单位面积承受的压力(MPa)；
　　H——浮板没入泥浆的深度(m)；
　　γ——泥浆密度。

153. 如何计算浮板厚度？

浮板厚度计算公式如下：

$$T = \sqrt{\frac{3PR^2}{4\sigma_n}}$$

$$\sigma_n = \frac{\sigma_s}{n}$$

式中　T——浮板厚度(cm)；
　　　P——浮板承受的压力(MPa)；
　　　R——浮板的有效半径(cm)；
　　　σ_n——浮板安全弯曲应力(MPa)；
　　　σ_s——浮板破坏弯曲应力(MPa)；
　　　n——安全系数,一般取 $n=5$。

154. 如何计算顶进辐射管所需顶力?

顶进辐射管所需的顶力,可按下式计算：

$$P = K\pi DLf$$

式中　P——顶进辐射管所需顶力(kN)；
　　　K——系数,外冲水顶管为 0.1；内冲水顶管为 5；锥帽或不出土顶进为 20；
　　　D——辐射管外径(m)；
　　　L——辐射管长度(m)；
　　　f——摩擦系数,细砂为 $3.19 kN/m^2$；砂砾石为 $4.38 kN/m^2$。

155. 怎样确定地表水固定式取水构筑物的形式?

地表水固定式取水构筑物的形式,应根据取水量和水质要求,结合河床地形及地质、河床冲淤、水深及水位变幅、泥沙及漂浮物、冰情和航运等因素以及施工条件,在保证安全可靠的前提下,通过技术比较确定。

156. 取水构筑物的取水头部包括哪些内容?

取水头部的内容主要包括取水头部施工平面布置图及纵、横断面图；取水头部制作；取水头部的基坑开挖；水上打桩；取水头部下水措施；取水头部浮运措施；取水头部下沉、定位及固定措施；混凝土预制构件水下组装。

157. 取水构筑物的取水头部水上打桩的允许偏差是如何规定的?

取水构筑物的取水头部水上打桩的允许偏差见表 7-54。

表7-54　　　　　　　　取水头部水上打桩的允许偏差

项目		允许偏差/mm
上面有盖梁的桩轴线位置	垂直于盖梁中心线	150
	平行于盖梁中心线	200
上面无纵横梁的桩轴线位置		1/2桩径或边长
桩顶高程		+100 -50

158. 取水构筑物的预制箱式钢筋混凝土取水头部的允许偏差是如何规定的？

预制箱式钢筋混凝土取水头部的允许偏差见表7-55。

表7-55　　　　　　预制箱式钢筋混凝土取水头部允许偏差

项目		允许偏差/mm
长、宽(直径)、高度		±20
厚度		+10 -5
表面平整度(用2m直尺检查)		10
中心位置	预埋件、预埋管	5
	预留孔	10

159. 取水构筑物的箱式和管式钢结构取水头部制作的允许偏差是如何规定的？

取水构筑物的箱式和管式钢结构取水头部制作的允许偏差见表7-56。

表7-56　　　　　箱式和管式钢结构取水头部制作的允许偏差

项目	允许偏差/mm	
	箱式	管式
椭圆度	$D/200$, 且不大于20	$D/200$, 且不大于10

(续)

项目		允许偏差/mm	
		箱式	管式
周长	D≤1600	±8	±8
	D>1600	±12	±12
长、宽(多边形边长)、高度		1/200 且不大于20	—
端面垂直度		4	2
中心位置	进水管	10	10
	进水孔	20	20

注：D 为直径(mm)。

160. 取水构筑物取水头部的下水方法有哪些？

(1)滑道法下水。滑道法下水的基本工作原理是先将取水头部与取水头部下水河段之间的地面挖成斜面，其坡度宜为 1:3～1:6，然后将斜面夯实，并保证斜面率一致。此后，即可在斜面上铺设枕木，并在枕木上铺设多根钢轨。这些钢轨应相互平行，并且钢轨的上表面均在一个平面上。钢轨的上端应起始于取水头部件的制作平台，其下端应设在水中，并且滑道末端的水深应保证在施工期间水位最低时，取水头部能从滑道上浮起，如图 7-33 所示。

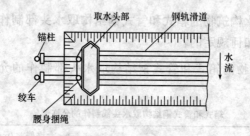

图 7-33　滑道法下水平面布置示意图

(2)浮船浮运下水。浮船浮运下水是指在确定浮运、沉放构件的尺寸和总质量后,选择合适的工装驳,并在工装驳上制作取水构筑物,然后浮运至规定地点下水。

(3)利用河流天然水位下水。利用河流天然水位下水的施工方法,主要适用于水位变化幅度比较大的河流。施工前,必须充分掌握施工期间河流的水位变化情况。一般当河流水位上涨时,常产生急流,在流速过大条件下进行施工作业比较困难,因此要等急流变缓,水位开始下降后进行。应尽可能选择岸边的平坦滩地作为取水头部的制作场地,在低水位时及时制作好取水头部。待河流处高水位时,能自行浮起,如图 7-34 所示。

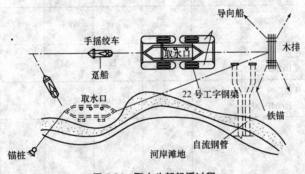

图 7-34 取水头部起浮过程

161. 如何计算取水构筑物取水头部的压强及下滑力?

(1)取水头部对钢轨的压强。

$$P = \frac{W}{F_0}$$

式中　P——压强;

　　　W——质量;

　　　F_0——钢轨与滑板接触面积。

(2)取水头部下滑力与摩擦力。

$$T = W\sin\alpha$$
$$N = \varepsilon W\cos\alpha$$

式中　T——取水头部下滑力;

　　　N——摩擦力;

α——滑道与水面交角；

ε——滑动摩擦系数，见表 7-57。

表 7-57　　　　　　　　　滑动摩擦系数表

摩擦材料		启动时表面情况			运动时表面情况		
		干燥的	水湿润的	润油的	干燥的	水湿润的	润油的
木材与木材	顺纹	0.62	—	0.11	0.48	—	0.08
	横纹	0.54	0.71	—	0.34	0.25	—
	粗面材料	0.5~0.8	—	—	0.5	—	—
	光面材料	0.33	—	—	—	—	—
木材与钢砖、砖或石与砖		0.6 —	0.65 0.5~0.75	0.011	0.4	0.24	0.11
钢与钢	压强 ≤100MPa 时	0.15	0.11	0.11	0.11	—	0.1~0.08
	压强 >100MPa 时	0.15~0.25	—	0.11~0.12	0.07~0.09	—	—
木材与冰		0.035	—	—	—	—	—
钢与硬地		0.2~0.4	—	—	—	—	—
钢与冰		0.02	—	—	—	—	—
钢与石		0.42~0.5	—	—	—	—	—

162. 如何计算取水构筑物取水头部下滑时的启动力及拉力？

(1)取水头部下滑时启动拉力计算公式如下：

$$Q = NK - T$$

式中　Q——取水头部下滑时启动拉力；

　　　K——取水头部克服静止时的拉力系数，取 3。

(2)取水头部启动后下滑的拉力计算公式如下：

$$Q_1 = N - T$$

式中　Q_1——取水头部启动后的下滑拉力。

163. 取水构筑物取水头部水上打桩的尺寸应符合哪些规定？

取水头部水上打桩的尺寸要求应符合表 7-58 的规定。

表 7-58　　　　　　　取水头部水上打桩的尺寸要求

序号	项目		允许偏差/mm
1	上面有盖梁的轴线位置	垂直于盖梁中心线	150
2		平行于盖梁中心线	200
3	上面无纵横梁的桩轴线位置		1/2 桩径或边长
4	桩顶项目		+100 −50

164. 取水构筑物取水头部浮运前应设置哪些测量标志并做好哪些准备？

(1)取水头部浮运前应设置下列测量标志：

1)取水头部中心线的测量标志；

2)取水头部进水管口的中心测量标志；

3)取水头部各角吃水深度的标尺，圆形时为相互垂直两中心线与圆周交点吃水深度的标尺；

4)取水头部基坑定位的水上标志；

5)下沉后，测量标志应仍露出水面。

(2)取水头部浮运前准备工作应符合下列规定：取水头部的混凝土强度达到设计要求，并经验收合格；取水头部清扫干净，水下孔洞全部封闭，不得漏水；拖曳缆绳绑扎牢固；下滑机具安装完毕，并经过试运转；检查取水头部下水后的吃水平衡，不平衡时，应采取浮托或配重措施；浮运拖轮、导向船及测量定位人员均做好准备工作；必要时应进行封航管理。

165. 取水构筑物的取水头部沉放前准备工作应符合哪些规定？

(1)拆除构件拖航时保护用的临时措施。

(2)对构件底面外形轮廓尺寸和基坑坐标、标高进行复测。

(3)备好注水、灌浆、接管工作所需的材料，做好预埋螺栓的修整工作。

(4)所有操作人员应持证上岗，指挥通信系统应清晰畅通。

(5)取水头部定位后，应进行测量检查，及时按设计要求进行固定。施工期间应对取水头部、进水间等构筑物的进水孔口位置、标高进行测量复核。

166. 水中架空管道应符合哪些规定?

(1)排架宜采用预制构件进行装配施工,严格控制排架位置及顶面标高。

(2)可采用浮拖法、船吊法等进行管道就位;预制管段的拖运、浮运、吊运及下沉按现行国家标准《给水排水管道工程施工及验收规范》(GB 50268)的相关规定执行。

167. 活动式取水构筑物的缆车、浮船应符合哪些规定?

缆车、浮船接管车的制作应符合设计要求,并应符合下列规定:

(1)钢制构件焊接过程应采取防止变形措施。

(2)钢制构件加工完毕应及时进行防腐处理。

(3)缆车、浮船接管车的尺寸允许偏差应符合表 7-59 的规定。

表 7-59 缆车、浮船接管车尺寸允许偏差

项 目	允许偏差/mm
轮中心距	±1
两对角轮距差	2
外形尺寸	±5
倾斜角	±30(′)
机组与设备位置	10
出水管中心位置	10

注:倾斜角为轮轨接触平面与水平面的倾角。

168. 摇臂管的安装有哪些要求?

(1)摇臂管的钢筋混凝土支墩,应在水位上涨至平台前完成。

(2)摇臂管安装前应及时测量挠度;如挠度超过设计要求,应会同设计单位采取补强措施,复测合格后方可安装。

(3)摇臂管及摇臂接头在安装前应水压试验合格,其试验压力应为设计压力的 1.5 倍,且不小于 0.4MPa。

(4)摇臂接头的铸铁材质及零部件加工尺寸应符合设计要求。铸件切削加工后,不得进行导致部位变形的任何补焊。

(5)摇臂接头应在岸上进行试组装调试,使接头能灵活转动。

169. 摇臂管的安装应符合哪些规定?

(1)摇臂接头的岸、船两端组装就位,调试完成。

(2)浮船上、下游锚固妥当,并能按施工要求移动泊位。

(3)江河流速超过 1m/s 时应采取安全措施。

(4)避开雨天、雪天和五级风以上的天气。

(5)摇臂管的钢筋混凝土支墩施工的允许偏差应符合表 7-60 的规定。

表 7-60　　　　摇臂管钢筋混凝土支墩施工允许偏差

项　目		允许偏差/mm
轴线位置		20
长、宽或直径		±20
曲线部分的半径		±10
顶面高程		±10
顶面平整度		10
中心位置	预埋件	5
	预留孔	10

170. 活动式取水构筑物的浮船与摇臂管试运行应符合哪些规定?

(1)空载试运行应符合下列规定:

1)配电设备,所有用电设备试运转;

2)测定摇臂管的空载挠度;

3)移动浮船泊位,检查摇臂管水平移动;

4)测定浮船四角干舷高度;

(2)满载试运行应符合下列规定:

1)机组应按设计要求连续试运转 24h;

2)测定浮船四角干舷高度,船体倾斜度应符合设计要求;设计无要求时,不允许船体向摇臂管方向倾斜;船体向水泵吸水管方向的倾斜度不得超过船宽的 2%,且不大于 100mm;超过时,应会同有关单位协商处理;船舱底部应无漏水;

3)测定摇臂管的挠度;

4) 移动浮船泊位,检查摇臂管的水平移动;

5) 检查摇臂接头,有渗漏时应首先调整压盖的紧力;调整压盖无效时,再检查、调整填料涵的尺寸。

171. 活动式取水构筑物浮船各部分尺寸的允许偏差是如何规定的?

(3) 浮船各部分尺寸的允许偏差应符合表 7-61 的要求。

表 7-61　　　　　　　浮船各部尺寸允许偏差

项目		允许偏差/mm		
		钢船	钢筋混凝土船	木船
长、宽		±15	±20	±20
高度		±10	±15	±15
板梁、横隔梁	高度	±5	±5	±5
	间距	±5	±10	±10
接头外边缘高差		$d/5$,且不大于 2	3	2
机组与设备位置		10	10	10
摇臂管支座中心位置		10	10	10

注:d 为板厚(mm)。

172. 活动式取水构筑物缆车、浮船接管车试运行有哪些步骤?

缆车、浮船接管车应按下列步骤试运行,并做好记录。

(1) 配电设备,所有用电设备试运转。

(2) 移动缆车、浮船接管车行走平稳,出水管与斜坡管连接正常。

(3) 起重设备试吊合格。

(4) 水泵机组按设计要求的负荷连续试运转 24h。

(5) 水泵机组运行时,缆车、浮船的振动值应在设计允许的范围内。

173. 取水工程定额包括哪些内容? 不包括哪些内容?

(1) 取水工程定额内容包括大口井内套管安装、辐射井管安装、钢筋混凝土渗渠管制作安装、渗渠滤料填充。

(2)取水工程定额不包括以下内容,如发生时,按以下规定执行:

1)辐射井管的防腐,执行《全国统一安装工程预算定额》有关定额。

2)模板制作安装拆除、钢筋制作安装、沉井工程。如发生时,执行第六册"排水工程"有关定额。其中渗渠制作的模板安装拆除人工按相应项目乘以系数1.2。

3)土石方开挖、回填、脚手架搭拆、围堰工程执行全统市政定额第一册"通用项目"有关定额。

4)船上打桩及桩的制作,执行全统市政定额第三册"桥涵工程"有关项目。

5)水下管线铺设,执行全统市政定额第七册"燃气与集中供热工程"有关项目。

174. 如何计算取水工程清单工程量?

大口井内套管、辐射井管安装按设计图中心线长度计算。

175. 城市排水系统的基本布置形式有哪些?

影响城市排水系统布置的因素很多,按地形为主要因素的布置形式有:正交式布置形式、截流式布置形式、平行式布置形式、分区式布置形式、辐射式布置形式和环绕式布置形式。

176. 什么是污水?分为哪几类?

人们在日常生活和生产中需要用大量的水,这些水在使用过程中,受到了不同程度的污染,改变了原有的化学成分和物理性质,由此称其为污水。

污水按其来源可分为生活污水、工业废水和降水。

(1)生活污水。生活污水是指人们在日常生活中用过的水,主要来源于居住建筑和公共建筑,例如住宅、机关、学校、医院、商店、公共场所及工业企业卫生间等。

(2)工业废水。工业废水是指生产过程中产生或用过的水,主要来源于生产车间和矿场。由于各种工厂的生产类别、工艺过程及使用的原材料等不同,因而所产生的废水水质也千差万别。工业废水按其污染的程度又分为生产废水和生产污水两类。生产废水是指受到轻度污染或水温升高的工业废水(例如机器冷却用水等),通常可经简单处理后,在生产中重复使用或直接排放。生产污水是指在使用过程中受到较重污染的工业废水,这类污水多含有有毒有害物质,具有危害性,必须经处理后才能排放。

(3)降水。降水是指地面径流的雨水和融化的冰雪水。雨水比较清洁,一般不需要处理可直接排入水体,但是降雨初期的雨水却挟带着空气中、地面上和屋面上的各种污染物质,尤其是流经炼油厂、制革厂、化工厂等地区的雨水,可能会含有这些工厂的污染物质。

177. 什么是分流制排水系统?

将生活污水、工业废水和雨水分别采用两套及两套以上各自独立的排水系统进行排除的方式称为分流制排水系统,其中排除生活污水及工业废水的系统,称为污水排水系统;排除雨水的系统,称为雨水排水系统。

178. 什么是合流制排水系统及混合制排水系统?

将生活污水、工业废水和雨水在同一管渠系统内排除的方式,称为合流制排水系统。在同一个城市中,既有合流制也有分流制的排水系统,称为混合制排水系统。

179. 什么是完全分流制及不完全分流制?

完全分流制指具有设置完善的污水排水系统和雨水排水系统的一种形式。

不完全分流制指具有完善的污水排水系统,雨水沿天然地面、街道分边沟、明沟来排泄的一种形式。

180. 排水管道基础由哪几部分组成?

排水管道基础一般由地基、基础和管座三个部分组成,如图7-35所示。

181. 混凝土管道基础有哪些类型?

混凝土管道基础分为弧形素土基础、砂垫层基础、混凝土枕基和混凝土带形基础。

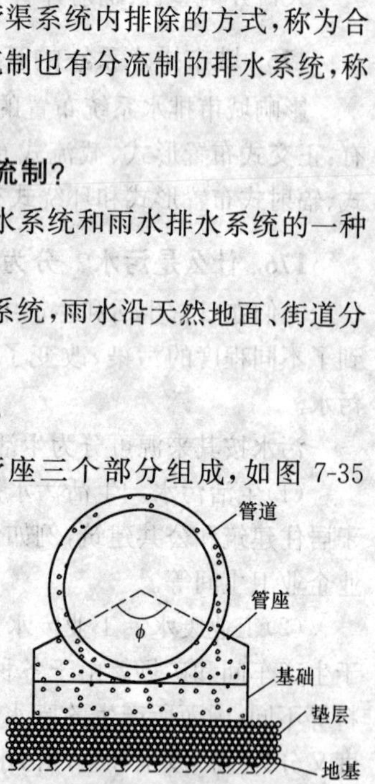

图7-35 管道基础断面

182. 什么是塑料止水带接口？其适用范围是什么？

塑料止水带接口是一种质量较高的柔性接口。常用于现浇混凝土管道上，这种接口适用于敷设在沉降量较大的地基上，须修建基础，并在接口处用木丝板设置基础沉降缝。

183. 如何计算管道闭水试验中的渗水量？

对渗水量的测定时间为 30min，根据井内水面的下降值计算渗水量。渗水量计算公式为：

$$Q = 48000q/L$$

式中　Q——每公里管道每天的渗水量 $[m^3/(km \cdot d)]$；
　　　q——闭水管段 30min 的渗水量 (m^3)；
　　　L——闭水管段长度 (m)。

当 $Q \leqslant$ 规定允许渗水量时，即为合格。允许渗水量见表 7-62。

表 7-62　　　　　　　排水管道闭水试验允许渗水量

管径/mm	允许渗水量			
	陶土管		混凝土管、钢筋混凝土管	
	/[m³/(km·d)]	/[L/(m·h)]	/[m³/(km·d)]	/[L/(m·h)]
150 以下	7	0.3	7	0.3
200	12	0.5	20	0.8
250	15	0.6	24	1.0
300	18	0.7	28	1.1
350	20	0.8	30	1.2
400	21	0.9	32	1.3
450	22	0.9	34	1.4
500	23	1.0	36	1.5
500	24	1.0	40	1.7
700	—	—	44	1.8
800	—	—	48	2.0
900	—	—	53	2.2
1000	—	—	58	2.4

(续)

管径/mm	允许渗水量			
	陶土管		混凝土管、钢筋混凝土管	
	/[m³/(km·d)]	/[L/(m·h)]	/[m³/(km·d)]	/[L/(m·h)]
1100	—	—	64	2.7
1200	—	—	70	2.9
1300	—	—	77	3.2
1400	—	—	85	3.5
1500	—	—	93	3.9
1600	—	—	102	4.3
1700	—	—	112	4.7
1800	—	—	123	5.1
1900	—	—	135	5.6
2000	—	—	148	6.2
2100	—	—	163	6.8
2200	—	—	179	7.5
2300	—	—	197	8.2
2400	—	—	217	9.0

184. 企口或平口式钢筋混凝土管或混凝土管接口规格如何取定？

企口或平口式钢筋混凝土管或混凝土管接口规格计算参考表见表7-63。

表7-63　企口或平口式钢筋混凝土管或混凝土管接口规格计算参考表　　mm

名称	公称直径 d/mm										
	200	250	300	350	400	450	500	600	700	800	900	1000
管壁厚度 T	27	28	30	33	35	40	42	50	55	65	70	75
接口厚度 t	40	40	40	40	40	40	40	40	40	40	40	45
接口尺寸 L	50	50	50	50	60	60	60	70	70	70	70	70
接口尺寸 L_1	110	110	110	120	120	130	130	130	140	140	140	150
管子对口间隙 δ							20	20	20	20	20	20

185. 企口或平口式石棉水泥管接口规格如何取定？

企口或平口式石棉水泥管接口规格计算参考表见表7-64。

表 7-64　　　企口或平口式石棉水泥管接口规格计算参考表　　　　　mm

名称	公称直径 d/mm										
	100	125	150	200	250	300	350	400	450	500	600
管壁厚度 T	9	9	10	13	16	18	21	23	26	29	34
接口厚度 t	35	35	40	40	40	40	40	40	40	40	40
接口尺寸 L	35	35	40	50	50	50	50	60	60	60	70
接口尺寸 L_1	90	95	100	110	110	110	120	120	130	130	130
管子对口间隙 δ	10	10	10	10	10	10	10	10	10	10	10

186. 给排水管道功能性试验应按哪些要求进行？

给排水管道安装完成后应按下列要求进行管道功能性试验：

(1)压力管道应按相关规范的规定进行压力管道水压试验，试验分为预试验和主试验阶段；试验合格的判定依据分为允许压力降值和允许渗水量值，按设计要求确定；设计无要求时，应根据工程实际情况，选用其中一项值或同时采用两项值作为试验合格的最终判定依据；

(2)无压管道应按规范相关的规定进行管道的严密性试验，严密性试验分为闭水试验和闭气试验，按设计要求确定；设计无要求时，应根据实际情况选择闭水试验或闭气试验进行管道功能性试验。

187. 什么是压力管道水压试验？

压力管道水压试验是指以水为介质，对已敷设的压力管道采用满水后加压的方法，来检验在规定的压力值时管道是否发生结构破坏以及是否符合规定的允许渗水量(或允许压力降)标准的试验。

188. 管道水压试验前应做好哪些准备？

(1)划分试压段。给水管线敷设较长时，应分段试压，原因是有利于充水排气、减少对地面交通影响、组织流水作业施工及加压设备的周转利用等。试压管道不宜过长，否则很难排尽管内空气，影响试压的准确性；在地形起伏大的地段铺管，须按各管段实际工作压力分段试压。

试压分段长度一般采用 500~1000m；管线转弯多时可采用 300~500m；对湿陷性黄土地区的分段长度，不应超过 200m。

(2)充水排气。试压前必须排气。如果管内有空气存在，受环境温度影响，压力表显示结果往往不真实；在试压管道发生少量漏水时，压力表就很难显示出来。试压前 2~3d 可往试压管段内充水,并在充水管上安装截门和止回阀。排气孔通常设置在起伏的顶点处,对长距离水平管道上,须进行多点开孔排气。灌水时,打开排气阀,进行排气,当灌至排出的水流中不带气泡、水流连续,即可关闭排气阀门,停止灌水,准备开始试压。

为使管道内壁与接口填料充分吸水,往往需要一定的泡管时间。钢管、铸铁管和石棉水泥管泡管 24h;预应力混凝土、自应力钢筋混凝土和钢筋混凝土管,管径不大于 1000mm,泡管 48h;管径大于 1000mm,泡管 72h,这样,方可保证水压试验的精确性。

(3)试压后背设置。试压时,管道堵板以及转弯处会产生很大的压力,试压前必须设置后背。试验管段的后背应设在原状土或人工后背上,土质松软时应采取加固措施;后背墙面应平整并与管道轴线垂直。

189. 管道原状土后背试压应符合哪些要求?

用原状土作为管道试压后背时,一般需要预留 7~10cm 沟槽原状土不开挖。如后背墙土质松软时,可采用砖墙、混凝土、板桩或换土夯实等方法加固。后背墙支撑面积可视土质与试验压力值而定,一般原状土质可按承压 0.15MPa 予以考虑。墙厚一般不得小于 5m,与后背接触的后背墙墙面应平整,并应与管道轴线垂直。后背应紧贴后背墙,并应有足够的传力面积、强度、刚度和稳定性。

(1)作用于后背的力。

$$R=P-P_s$$

式中　R——管堵传递给后背的作用力(N);
　　　P——试压管段管子横截面的外推力(N);
　　　P_s——承插口填料黏着力(N)。

黏着力 P_s 可按下式计算

$$P_s=3.14DKEF_s$$

式中　D——管子插口外径(m);
　　　E——管接口的填料深度,参见表 7-65;
　　　F_s——单位黏着力(N/m^2),石棉水泥填料接口 $F_s=1666$kN/m^2,当插口端没有凸台时,接口部位黏着力应减少 1/3;
　　　K——黏着力修正值,考虑到管材表面粗糙度、口径、施工情况、填料及嵌缝材料等因素。K 值可参照表 7-66 选用。

表 7-65　　　　　　　　　管接口填料深度 E　　　　　　　　　mm

管径	400	500	600	800	1000	1200
铸铁管	69	69	72	78	84	90
预应力管	60	60	60	70	70	70

表 7-66　　　　　　　　接口黏着力修正系数 K

管材	公称直径/mm	K
铸铁管	400	1.08
	500	1.0
	800	0.71
	1000	0.66
	1200	0.61

(2)后背承受力宽度。后背宽度计算式如下：

$$B \geqslant \frac{1.2R}{E_p}$$

式中　B——后背受力宽度(m)；

　　　R——管堵传递给后背上的力(kN)；

　　1.2——安全系数；

　　　E_p——后背每米宽度上的土壤被动土压力(kN/m)，其计算式如下：

$$E_p = \frac{1}{2}\tan^2\left(45° + \frac{\varphi}{2}\right)\gamma H^2$$

式中　γ——土的重力密度(kN/m³)；

　　　φ——土壤的内摩擦角(°)；

　　　H——后背撑板的高度(m)。

(3)后背土层厚度。后背土层厚度计算式如下：

$$L = \sqrt{\frac{R}{B}} + L_R$$

式中　L——沿后背受力方向长度(m)；

　　　L_R——附加安全长度(m)。砂土取 2；粉砂取 1；黏土、粉质黏土为 0。

对于管径小于 500mm 的承插式铸铁管刚性接口，可利用已装好的管段作后背,但长度不应小于30m;柔性接口则不需作后背。

190. 如何确定管道的试验压力?

管道的试验压力应按表7-67确定。

表 7-67　　　　压力管道水压试验的试验压力　　　　MPa

管材种类	工作压力 P	试验压力
钢管	P	$P+0.5$,且不小于0.9
球墨铸铁管	$\leqslant 0.5$	$2P$
	>0.5	$P+0.5$
预(自)应力混凝土管、预应力钢筒混凝土管	$\leqslant 0.6$	$1.5P$
	>0.6	$P+0.3$
现浇钢筋混凝土管渠	$\geqslant 0.1$	$1.5P$
化学建材管	$\geqslant 0.1$	$1.5P$,且不小于0.8

191. 压力管道水压试验的允许渗水量应符合哪些规定?

压力管道采用允许渗水量进行最终合格判定依据时,实测渗水量应小于或等于表7-68的规定及下列公式规定的允许渗水量。

表 7-68　　　　压力管道水压试验的允许渗水量

管道内径 D_i /mm	允许渗水量/[L/(min·km)]		
	焊接接口钢管	球墨铸铁管、玻璃钢管	预(自)应力混凝土管、预应力钢筒混凝土管
100	0.28	0.70	1.40
150	0.42	1.05	1.72
200	0.56	1.40	1.98
300	0.85	1.70	2.42
400	1.00	1.95	2.80
600	1.20	2.40	3.14
800	1.35	2.70	3.96

(续)

管道内径 D_i /mm	允许渗水量/[L/(min·km)]		
	焊接接口钢管	球墨铸铁管、玻璃钢管	预(自)应力混凝土管、预应力钢筒混凝土管
900	1.45	2.90	4.20
1000	1.50	3.00	4.42
1200	1.65	3.30	4.70
1400	1.75	—	5.00

(1)当管道内径大于表7-68规定时,实测渗水量应小于或等于按下列公式计算的允许渗水量。

钢管:

$$q=0.05\sqrt{D_i}$$

球墨铸铁管(玻璃钢管):

$$q=0.1\sqrt{D_i}$$

预(自)应力混凝土管、预应力钢筋混凝土管:

$$q=0.14\sqrt{D_i}$$

(2)现浇钢筋混凝土管渠实测渗水量应小于或等于按下式计算的允许渗水量:

$$q=0.014D_i$$

(3)硬聚氯乙烯管实测渗水量应小于或等于按下式计算的允许渗水量:

$$q=3\cdot\frac{D_i}{25}\cdot\frac{P}{0.3\alpha}\cdot\frac{1}{1440}$$

式中 q——允许渗水量(L/min·km);

D_i——管道内径(mm);

P——压力管道的工作压力(MPa);

α——温度-压力折减系数;当试验水温0°~25°时,α取1;25°~35°时,α取0.8;35°~45°时,α取0.63。

192. 什么是管道严密性试验?

管道严密性试验是对已敷设好的管道用液体或气体检查管道渗漏情

况的试验统称。管道严密性试验也叫漏水量试验,是指在降压试验装置条件下,根据同一管段内压力相同,压力降相同,则漏水量亦应相同的原理,来测量管道的漏水情况。漏水量试验可消除管内残存空气对试验精度的影响,可直接测得其漏水情况。试验布置如图 7-36 所示。

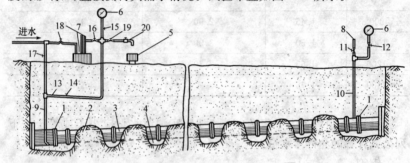

图 7-36 漏水量试验设备布置示意

1—封闭端;2—回填土;3—试验管段;4—工作坑;5—水筒;6—压力表;7—手摇泵;8—放气口;9—水管;10、13—压力表连接管;11、12、14、15、16、17、18、19—闸门;20—龙头

193. 管道严密性试验操作程序是什么?

(1)按照试验压力要求,每次升压 0.2MPa,然后检查若无问题,可再继续升压。水压加至试验压力后,停止加压,记录压力表读数降压 0.1MPa 所需时间 t_1(min),其漏水率为 q_1(L/min),则降压 0.1MPa 的漏水量为 $q_1 t_1$。

(2)将压力重新加至试验压力后,打开放水龙头,将水注入量筒,并记录第二次降压 0.1MPa 所需时间 t_2(min),与此同时,量取量筒内水量 W(L);管道的漏水率为 q_2(L/min),则此时的漏水量为 $t_2 q_2 + W$。

(3)根据压力降相同,漏水量也应相等的原理,则

$$t_1 q_1 = t_2 q_2 + W$$

而 $q_1 \approx q_2$,因此

$$q = \frac{W}{(t_1 - t_2)l}$$

式中 q——漏水量[L/(min·km)];

W——降压 0.1MPa 时放出水量(L);

t_1——未放水,试验压力降 0.1MPa 所经历的时间(min);

t_2——放水时,试验压力降 0.1MPa 经历时间(min);

l——试验管段长度(m)。

当求得的 q 值小于表 7-68 的规定值时,即认为试压合格。

(4)管道内径 $50mm < D_i \leqslant 400mm$,且长度小于或等于 1km 的管道,在试验压力下,10min 降压不大于 0.05MPa 时,可认为严密性试验合格;管道内径 $D_i \geqslant 600mm$,还应进行严密性试验,合格后方可认为此段管道试验合格。管道内径 $D_i \leqslant 50mm$(镀锌钢管),试验压力为 0.6MPa,5min 降压不大于 0.03MPa 时,可认为此段管道试验合格。

(5)非隐蔽性管道,在试验压力下,10min 压降不大于 0.06MPa,且管道及附件无损坏,然后使试验压力降至工作压力,保持恒压 2h,进行外观检查,无漏水现象认为严密性试验合格。

194. 什么是无压管道闭水试验?

无压管道闭水试验是以水为介质对已敷设重力流管道(渠)所做的严密性试验。其基本原理是在要检查的管段内充满水,并具有一定的作用水头,在规定的时间内观察漏水量的多少。污水、雨污水合流及湿陷土、膨胀土地区的雨水管道,在回填土前应采取闭水法进行严密性试验,以防止造成地下水污染,如图7-37所示。

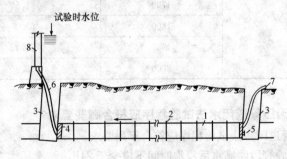

图 7-37 闭水试验示意
1—试验管段;2—接口;3—检查井;4—堵头;5—闸门;6、7—胶管;8—水筒

195. 无压管道闭水试验允许渗水量如何取定?

无压管道闭水试验允许渗水量见表 7-69。

表 7-69　　　　　　　　无压管道闭水试验允许渗水量

管材	管道内径 D_i/mm	允许渗水量/[m³/(24h·km)]
钢筋混凝土管	200	17.60
	300	21.62
	400	25.00
	500	27.95
	600	30.60
	700	33.00
	800	35.35
	900	37.50
	1000	39.52
	1100	41.45
	1200	43.30
	1300	45.00
	1400	46.70
	1500	48.40
	1600	50.00
	1700	51.50
	1800	53.00
	1900	54.48
	2000	55.90

196. 无压管道闭水法试验程序应符合哪些要求？

无压管道闭水法试验程序应符合下列要求：

(1)试验管段灌满水后浸泡时间不应少于 24h。

(2)试验水头应按《给排水管道工程施工及验收规范》(GB 50268)相关的规定确定。

(3)试验水头达规定水头时开始计时，观测管道的渗水量，直至观测结束时，应不断地向试验管段内补水，保持试验水头恒定。渗水量的观测时间不得小于 30min。

(4)实测渗水量应按下式计算：

$$q = \frac{W}{T \cdot L}$$

式中　q——实测渗水量[L/(min·m)]；
　　　W——补水量(L)；
　　　T——实测渗水观测时间(min)；
　　　L——试验管段的长度(m)。

此外，在水源缺乏地区，当管道内径大于 700mm 时，可按井段数量抽检 1/3。

197. 什么是无压管道闭气试验？

无压管道闭气试验是以气体为介质对已敷设管道所做的严密性试验。无压管道闭气试验适用于混凝土类的无压管道在回填土前进行的严密性试验。

198. 无压管道闭气试验应符合哪些规定？

(1)闭气试验时，地下水位应低于管外底 150mm，环境温度为 -15~50℃。
(2)下雨时不得进行闭气试验。
(3)标准闭气试验时间符合表 7-70 的规定，管内实测气体压力 $P \geqslant$ 1500Pa 则管道闭气试验合格。

表 7-70　　钢筋混凝土无压管道闭气检验规定标准闭气时间

管道 DN /mm	管内气体压力/Pa		规定标准闭气时间 S
	起点压力	终点压力	
300	—	—	1′45″
400			2′30″
500			3′15″
600			4′45″
700	2000	≥1500	6′15″
800			7′15″
900			8′30″

(续)

管道 DN /mm	管内气体压力/Pa		规定标准闭气时间 S
	起点压力	终点压力	
1000			10′30″
1100			12′15″
1200			15′
1300			16′45″
1400			19′
1500			20′45″
1600	2000	≥1500	22′30″
1700			24′
1800			25′45″
1900			28′
2000			30′
2100			32′30″
2200			35′

(4) 被检测管道内径大于或等于1600mm时,应记录测试时管内气体温度(℃)的起始值 T_1 及终止值 T_2,并将达到标准闭气时间时膜盒表显示的管内压力值 P 记录,用下列公式加以修正,修正后管内气体压降值为 ΔP:

$$\Delta P = 103300 - (P + 101300)(273 + T_1)/(273 + T_2)$$

ΔP 若小于500Pa时,管道闭气试验则合格。

此外,管道闭气试验若不合格,应进行漏气检查,修补后复检。

199. 无压管道闭气法试验检验步骤应符合哪些规定?

(1) 对闭气试验的排水管道两端管口与管堵接触部分的内壁应进行处理,使其洁净磨光。

(2) 调整管堵支撑脚,分别将管堵安装在管道内部两端,每端接上压力表和充气罐。

(3) 用打气筒向管堵密封胶圈内充气加压,观察压力表显示至0.05~

0.20MPa,且不宜超过 0.20MPa,将管道密封;锁紧管堵支撑脚,将其固定。

(4)用空气压缩机向管道内充气,膜盒表显示管道内气体压力至3000Pa,关闭气阀,使气体趋于稳定,记录膜盒表读数从 3000Pa 降至 2000Pa 历时不应少于 5min;气压下降较快,可适当补气;下降太慢,可适当放气。

(5)膜盒表显示管道内气体压力达到 2000Pa 时开始计时,在满足该管径的标准闭气时间规定,计时结束,记录此时管内实测气体压力 P,如 $P \geqslant 1500Pa$ 则管道闭气试验合格,反之为不合格。

200. 给水管道冲洗的目的是什么?

管道冲洗是竣工验收前的一项重要工作,冲洗前必须认真拟订冲洗方案,做好冲洗设计,以保证冲洗工作顺利进行。

管道的冲洗主要是给水管道的冲洗,其目的是将管道内的污泥、脏水和杂物冲洗出去,使排出水与冲洗水的色度和透明度相同;或者是将高浓度含氯水进行管内冲洗,以便使排出水符合饮用水的水质标准。

201. 怎样对给水管道进行冲洗?

(1)冲洗水源。管道冲洗要耗用大量的水,水源必须充足,冲洗水的流速不应小于 1.5m/s。主要有以下两种情况:一种情况是被冲洗的管线可直接与新水源厂(水源地)的预留管道沟通,开泵冲洗;另一种情况与现有的供水管网的管道用临时管道接通冲洗,必须选好接管位置,设计临时来水管线。

(2)管道放水口。管道放水口安装时,与被冲洗管的连接应严密、牢固,管上应装有阀门、排气管和放水取样龙头,放水管的弯头处必须进行临时加固,以确保安全工作。

冲洗水管可以比被冲洗的水管的管径小,但断面不应小于 1/2。冲洗水的流速宜大于 0.7m/s。管径较大时,所需用的冲洗水量较大,可在夜间进行冲洗,以不影响周围的正常用水。放水路线不得影响交通及附近建筑物(构筑物)的安全,并与有关单位取得联系,以确保放水安全、畅通。

(3)管道冲洗。

1)开闸冲洗。开闸冲洗是指放水时,先开出水闸阀,再开来水闸阀,注意排气,并派专人监护放水路线,发现情况及时处理。

2)检查水质。检查沿线有无异常声响、冒水和设备故障等现象,并观察出水口水的外观,至水质外观澄清后,即可进行化验。待水质合格时为止。

3)关闭闸阀。放水后尽量使来水闸阀、出水闸阀同时关闭,如做不到,可先关闭出水闸阀,但留几扣暂不关死,等来水阀关闭后,再将出水阀关闭。

一般冲洗管内污泥、脏水及杂物应在施工后进行,冲洗水流速不小于1.0m/s;冲洗时应尽量避开用水高峰期,一般在夜间作业;若排水口设于管道中间,应自两端冲洗。如冲洗含氯水应在管道液氯清毒完成后进行,先将管内含氯水放掉,再注入冲洗水,水流速度可稍低些,分析与化验冲洗出水之水质。

202. 定型混凝土管道基础及铺设定额包括哪些内容?如何调整管道接口?

定型混凝土管道基础及铺设定额包括混凝土管道基础、管道铺设、管道接口、闭水试验、管道出水口,是依据1996年《给水排水标准图集》合订本S2计算的。适用于市政工程雨水、污水及合流混凝土排水管道工程。

管道接口调整表见表7-71。

表7-71　　　　　　　　管道接口调整表

序号	项目名称	实做角度	调整基数或材料	调整系数
1	水泥砂浆抹带接口	90°	120°定额基价	1.330
2	水泥砂浆抹带接口	135°	120°定额基价	0.890
3	钢丝网水泥砂浆抹带接口	90°	120°定额基价	1.330
4	钢丝网水泥砂浆抹带接口	135°	120°定额基价	0.890
5	企口管膨胀水泥砂浆抹带接口	90°	定额中1:2水泥砂浆	0.750
6	企口管膨胀水泥砂浆抹带接口	120°	定额中1:2水泥砂浆	0.670
7	企口管膨胀水泥砂浆抹带接口	135°	定额中1:2水泥砂浆	0.625
8	企口管膨胀水泥砂浆抹带接口	180°	定额中1:2水泥砂浆	0.500

(续)

序号	项目名称	实做角度	调整基数或材料	调整系数
9	企口管石棉水泥接口	90°	定额中1:2水泥砂浆	0.750
10	企口管石棉水泥接口	120°	定额中1:2水泥砂浆	0.670
11	企口管石棉水泥接口	135°	定额中1:2水泥砂浆	0.625
12	企口管石棉水泥接口	180°	定额中1:2水泥砂浆	0.500

注:现浇混凝土外套环、变形缝接口,通用于平口、企口管。

203. 如何计算定型混凝土管道基础及铺设定额工程量?

(1)各种角度的混凝土基础、混凝土管、缸瓦管铺设,井中至井中的中心扣除检查井长度,以延长米计算工程量。每座检查井扣除长度按表7-72计算。

表7-72　　　每座检查井扣除长度

检查井规格/mm	扣除长度/m	检查井规格	扣除长度/m
φ700	0.4	各种矩形井	1.0
φ1000	0.7	各种交汇井	1.20
φ1250	0.95	各种扇形井	1.0
φ1500	1.20	圆形跌水井	1.60
φ2000	1.70	矩形跌水井	1.70
φ2500	2.20	阶梯式跌水井	按实扣

(2)管道接口区分管径和做法,以实际接口个数计算工程量。
(3)管道闭水试验,以实际闭水长度计算,不扣各种井所占长度。
(4)管道出水口区分型式、材质及管径,以"处"为单位计算。

204. 非定型井、渠、管道基础及砌筑定额包括哪些项目?

定额包括非定型井、渠、管道及构筑物垫层、基础,砌筑,抹灰,混凝土构件的制作、安装,检查井筒砌筑等。适用于定额各章节中非定型的工程项目。

205. 如何计算非定型井、渠、管道基础及砌筑定额工程量?

(1)定额所列各项目的工程量均以施工图为准计算,其中:

1)砌筑按计算体积,以"10m³"为单位计算。

2)抹灰、勾缝以"100m²"为单位计算。

3)各种井的预制构件以实体积"m³"计算,安装以"套"为单位计算。

4)井、渠垫层、基础按实体积以"10m³"计算。

5)沉降缝应区分材质按沉降缝的断面积或铺设长度分别以"100m²"和"100m"计算。

6)各类混凝土盖板的制作按实体积以"m³"计算,安装应区分单件(块)体积,以"10m³"计算。

(2)检查井筒的砌筑适用于混凝土管道井深不同的调整和方沟井筒的砌筑,区分高度以"座"为单位计算,高度与定额不同时采用每增减0.5m计算。

(3)方沟(包括存水井)闭水试验的工程量,按实际闭水长度的用水量,以"100m³"计算。

206. 顶管工程定额包括哪些项目? 其适用范围是什么?

顶管工程包括工作坑土方、人工挖土顶管、挤压顶管、混凝土方(拱)管涵顶进,不同材质不同管径的顶管接口等项目,适用于雨、污水管(涵)以及外套管的不开槽顶管工程项目。

207. 顶管采用中继间顶进时,应怎样调整定额人工费、机械费?

顶管采用中继间顶进时,顶进定额中的人工费与机械费乘以表 7-73 所列系数分级计算。

表 7-73　　　　　　　　　　中继间顶进

中继间顶进分级	一级顶进	二级顶进	三级顶进	四级顶进	超过四级
人工费、机械费调整系数	1.36	1.64	2.15	2.80	另计

208. 如何计算顶管定额工程量?

(1)工作坑土方区分挖土深度,以挖方体积计算。

(2)各种材质管道的顶管工程量,按实际顶进长度,以延长米计算。

(3)顶管接口应区分操作方法、接口材质,分别以接口的个数和管口断面积计算工程量。

(4)钢板内、外套环的制作,按套环质量以"t"为单位计算。

209. 给排水构筑物定额包括哪些项目?

给排水构筑物定额包括沉井、现浇钢筋混凝土池、预制混凝土构件、折(壁)板、滤料铺设、防水工程、施工缝、井池渗漏试验等项目。

210. 给排水构筑物定额中各种材质填缝断面尺寸如何取定?

各种材质填缝的断面取定见表7-74。

表7-74　　　　　　　各种材质填缝断面尺寸

序　号	项目名称	断面尺寸/cm
1	建筑油膏、聚氯乙烯胶泥	3×2
2	油浸木丝板	2.5×15
3	紫铜板止水带	展开宽45
4	氯丁橡胶止水带	展开宽30
5	其余均匀	15×3

211. 给排水构筑物各项目的定额工作内容有哪些?

(1)油浸麻丝:熬制沥青、调配沥青麻丝、填塞。

(2)油浸木丝板:熬制沥青、浸木丝板、嵌缝。

(3)玛琋脂:熬制玛琋脂、灌缝。

(4)建筑油膏、沥青砂浆:熬制油膏沥青,拌合沥青砂浆,嵌缝。

(5)贴氯丁橡胶片:清理,用乙酸乙酯洗缝;隔纸,用氯丁胶粘剂贴氯丁橡胶片,最后在氯丁橡胶片上涂胶铺砂。

(6)紫铜板止水带:铜板剪裁、焊接成型、铺设。

(7)聚氯乙烯胶泥:清缝、水泥砂浆勾缝,垫牛皮纸,熬灌取聚氯乙烯胶泥。

(8)预埋止水带:止水带制作、接头及安装。

(9)铁皮盖板:平面埋木砖、钉木条、木条上钉铁皮;立面埋木砖、木砖上钉铁皮。

212. 现浇钢筋混凝土池的定额工作内容有哪些?

(1)池底:混凝土搅拌、浇捣、养护,场内材料运输。

(2)池壁(隔墙):混凝土搅拌、浇捣、养护,场内材料运输。
(3)柱梁:混凝土搅拌、浇捣、养护,场内材料运输。
(4)池盖:混凝土搅拌、浇捣、养护,场内材料运输。
(5)板:混凝土搅拌、浇捣、养护,场内材料运输。
(6)池槽:混凝土搅拌、浇捣、养护,场内材料运输。
(7)导流壁、筒:调制砂浆,砌砖,场内材料运输。
(8)设备基础:混凝土搅拌、浇捣、养护,场内材料运输。
(9)其他现浇钢筋混凝土构件:混凝土搅拌、运输、浇捣,场内材料运输。

213. 预制混凝土构件定额工作内容有哪些?

(1)构件制作:混凝土搅拌、运输、浇捣、养护,场内材料运输。
(2)构件安装:安装就位、找正、找平、清理、场内材料运输。

214. 折板、壁板制作安装定额工作内容有哪些?

(1)折板安装:找平、找正、安装、固定、场内材料运输。
(2)壁板制作安装:
1)木制壁板制作安装:木壁板制作,刨光企口,接装及各种铁件安装等。
2)塑料壁板制作安装:画线,下料,拼装及各种铁件安装等。

215. 防水工程定额工作内容有哪些?

熬制沥青、玛琋脂,调配沥青麻丝、浸木丝板、拌合沥青砂浆,填塞、嵌缝、灌缝,材料场内运输等。

216. 如何计算沉井定额工程量?

(1)沉井垫木按刃脚中心线以"100延长米"为单位。
(2)沉井井壁及隔墙的厚度不同,如上薄下厚时,可按平均厚度执行相应定额。

217. 如何计算钢筋混凝土池定额工程量?

(1)钢筋混凝土各类构件均按图示尺寸,以混凝土实体积计算,不扣除 $0.3m^2$ 以内的孔洞体积。
(2)各类池盖中的进人孔、透气孔盖以及与盖相连接的结构,工程量合并在池盖中计算。

(3)平底池的池底体积,应包括池壁下的扩大部分;池底带有斜坡时,斜坡部分应按坡底计算;锥形底应算至壁基梁底面,无壁基梁者算至锥底坡的上口。

(4)池壁分别不同厚度计算体积,如上薄下厚的壁,以平均厚度计算。池壁高度应自池底板面算至池盖下面。

(5)无梁盖柱的柱高,应自池底上表面算至池盖的下表面,并包括柱座、柱帽的体积。

(6)无梁盖应包括与池壁相连的扩大部分的体积;肋形盖应包括主、次梁及盖部分的体积;球形盖应自池壁顶面以上,包括边侧梁的体积在内。

(7)沉淀池水槽,系指池壁上的环形溢水槽及纵横 U 形水槽,但不包括与水槽相连接的矩形梁,矩形梁可执行梁的相应项目。

218. 如何计算预制混凝土构件定额工程量?

(1)预制钢筋混凝土滤板按图示尺寸区分厚度以"$10m^3$"计算,不扣除滤头套管所占体积。

(2)除钢筋混凝土滤板外,其他预制混凝土构件均按图示尺寸以"m^3"计算,不扣除 $0.3m^2$ 以内孔洞所占体积。

219. 如何计算折板、壁板制作安装定额工程量?

(1)折板安装区分材质均按图示尺寸以"m^2"计算。

(2)壁板安装区分材质不分断面均按图示长度以"延长米"计算。

220. 如何计算防水工程定额工程量?

(1)各种防水层按实铺面积,以"$100m^2$"计算,不扣除 $0.3m^2$ 以内孔洞所占面积。

(2)平面与立面交接处的防水层,其上卷高度超过 500mm 时,按立面防水层计算。

221. 定额对现浇混凝土构件模板使用量(每 $100m^2$ 模板面积)如何取定?

现浇混凝土构件模板使用量(每 $100m^2$ 模板接触面积)见表 7-75。

表 7-75　　现浇混凝土构件模板使用量（每 100m² 模板接触面积）

定额编号	项目	模板支撑种类	钢模板 kg	复合木模板 钢框肋 kg	复合木模板 面板 m²	模板木材 m³	钢支撑 kg	零星卡具 kg	木支撑 m³
6-1251	混凝土基础垫层	木模木撑	—	—	—	5.853	—	—	—
6-1252	杯形基础	钢模钢撑	3129.00	—	—	0.885	3538.40	657.00	0.292
6-1253	杯形基础	复合木模木撑	98.50	1410.50	77.00	0.885	—	361.80	6.486
6-1254	设备基础 5m³ 以外	钢模钢撑	3392.50	—	—	0.57	—	692.80	4.975
6-1255	设备基础 5m³ 以外	复合木模木撑	88.00	1536.00	93.50	0.57	3667.20	639.80	2.05
6-1256	设备基础 5m³ 以内	钢模钢撑	3368.00	—	—	0.425	3667.20	639.80	2.05
6-1257	设备基础 5m³ 以内	复合木模木撑	75.00	1471.50	93.50	0.425	—	540.60	3.29
6-1258	螺栓套 0.5m 内	木模木撑	—	—	—	0.045	—	—	0.017
6-1259	螺栓套 1.0m 内	木模木撑	—	—	—	0.142	—	—	0.021
6-1260	螺栓套 1.0m 外	木模木撑	—	—	—	0.235	—	—	0.065
6-1262	平池底	钢模钢撑	3503.00	—	—	0.06	—	374.00	2.874
6-1263	平池底	木模木撑	—	—	—	3.064	—	—	2.559
6-1264	锥坡池底	木模木撑	—	—	—	9.914	—	—	—
6-1265	矩形池底	钢模钢撑	3556.50	—	—	0.02	3408.00	1036.6	—
6-1266	矩形池壁	木模木撑	—	—	—	2.519	—	—	6.023
6-1267	圆形池壁	木模木撑	—	—	—	3.289	—	—	4.269
6-1268	支模高度超过 3.6m，每增加 1m	钢撑	—	—	—	—	220.80	—	0.005
6-1269	支模高度超过 3.6m，每增加 1m	木撑	—	—	—	—	—	—	0.445
6-1270	无梁池盖	木模木撑	—	—	—	3.076	—	—	4.981
6-1271	无梁池盖	复合木模木撑	—	1410.50	95.00	0.226	6453.60	348.80	1.75
6-1272	肋形池盖	木模木撑	—	—	—	4.91	—	—	4.981
6-1275	无梁盖柱	钢模钢撑	3380.00	—	—	1.56	3970.10	1035.2	2.545
6-1276	无梁盖柱	木模木撑	—	—	—	4.749	—	—	7.128
6-1277	矩形柱	钢模钢撑	3866.00	—	—	0.305	5458.80	1308.6	1.73
6-1278	矩形柱	复合木模木撑	512.00	1515.00	87.50	0.305	—	1186.2	5.05
6-1279	圆(异)形柱	木模木撑	—	—	—	5.296	—	—	5.131
6-1280	支模高度超过 3.6m，每增加 1m	钢撑	—	—	—	—	400.70	—	0.20
6-1281	支模高度超过 3.6m，每增加 1m	木撑	—	—	—	—	—	—	0.52

第七章 市政管网工程

(续)

定额编号	项目	模板支撑种类	钢模板 kg	复合木模板 钢框肋 kg	复合木模板 面板 m²	模板木材 m³	钢支撑 kg	零星卡具 kg	木支撑 m³
6-1282	连续梁单梁	钢模钢撑	3828.50	—	—	0.08	9535.70	806.00	0.29
6-1283		复合木模木撑	358.00	1541.50	98.00	0.08	—	716.60	4.562
6-1284	沉淀池壁基梁	木模木撑	—	—	—	2.94	—	—	7.30
6-1285	异形梁	木模木撑	—	—	—	3.689	—	—	7.603
6-1286	支模高度超过3.6m,每增加1m	钢撑	—	—	—	—	1424.40	—	—
6-1287		木撑	—	—	—	—	—	—	1.66
6-1288	平板走道板	钢模钢撑	3380.00	—	—	0.217	5704.80	542.40	1.448
6-1289		复合木模木撑	—	1482.50	96.50	0.217	—	542.40	8.996
6-1290	悬空板	钢模钢撑	2807.50	—	—	0.822	4128.00	511.60	2.135
6-1291		复合木模木撑	—	1386.50	80.50	0.822	—	511.60	6.97
6-1292	挡水板	木模木撑	—	—	—	4.591	—	49.52	5.998
6-1293	支模高度超过3.6m,每增加1m	钢撑	—	—	—	—	1225.20	—	—
6-1294		木撑	—	—	—	—	—	—	2.00
6-1295	配出水槽	木模木撑	—	—	—	2.743	—	—	2.328
6-1296	沉淀池水槽	木模木撑	—	—	—	4.455	—	—	10.169
6-1297	澄清池反座筒壁	钢模钢撑	3255.50	—	—	0.705	2356.80	764.60	—
6-1298		复合木模木撑	—	1495.00	89.50	0.705	—	599.40	2.835
6-1299	导流墙筒	木模木撑	—	—	—	4.828	—	29.60	1.481
6-1300	小型池槽	木模木撑	—	—	—	4.33	—	—	1.86
6-1301	带形基础	钢模钢撑	3146.00	—	—	0.69	2250.00	582.00	1.858
6-1302		复合木模木撑	45.00	1397.07	98.00	0.69	—	432.06	5.318
6-1303	混凝土管座	钢模钢撑	3146.00	—	—	0.69	2250.00	582.00	1.858
6-1304		复合木模木撑	45.00	1397.07	98.00	0.69	—	432.06	5.318
6-1305	渠(涵)直墙	钢模钢撑	3556.00	—	—	0.14	2920.80	863.40	0.155
6-1306		复合木模木撑	249.50	1498.00	96.50	0.14	—	712.00	5.81
6-1307	顶板	钢模钢撑	3380.00	—	—	0.217	5704.80	542.40	1.448
6-1308		复合木模木撑	—	1482.50	96.50	0.217	—	542.40	8.996
6-1309	井底流槽	木模木撑	—	—	—	4.746	—	—	—
6-1310	小型构件	木模木撑	—	—	—	5.67	—	—	3.254

注:6-1300 小型池槽项目单位为每10m³ 外形体积。

222. 定额对预制混凝土构件模拟使用量(每 10m³ 构件体积)如何取定?

预制混凝土构件模板使用量(每 10m³ 构件体积)见表 7-76。

表 7-76　　预制混凝土构件模板使用量(每 10m³ 构件体积)

定额编号	项目	模板支撑种类	钢模板 kg	复合木模板		模板木材 m³	钢支撑 kg	零星卡具 kg	木支撑 m³
				钢框肋 kg	面板 m²				
6-1311	平板	定型钢模钢撑	7833.96	—	—	—	—	—	—
6-1312	平板	木模木撑	—	—	—	5.76	—	—	—
6-1313	滤板穿孔板	木模木撑	—	—	—	89.06	—	—	—
6-1314	稳流板	木模木撑	—	—	—	9.46	—	—	—
6-1315	隔(壁)板	木模木撑	—	—	—	10.344	—	—	—
6-1316	挡水板	木模木撑	—	—	—	2.604	—	—	—
6-1317	矩形柱	钢模钢撑	1698.67	—	—	0.46	587.16	236.40	0.86
6-1318	矩形柱	复合木模木撑	141.82	683.01	44.24	0.46	587.16	236.40	0.86
6-1319	矩形梁	钢模钢撑	4734.42	—	—	0.38	55	836.67	8.165
6-1320	矩形梁	复合木模木撑	739.18	1758.88	111.75	0.38	559.30	836.67	8.165
6-1321	异形梁	木模木撑	—	—	—	12.532	—	—	—
6-1322	集水槽、辐射	木模木撑	—	—	—	5.17	—	—	—
6-1323	小型池槽	木模木撑	—	—	—	15.96	—	—	—
6-1324	槽形板	定型钢撑	55895.92	—	—	—	—	—	—
6-1325	槽形板	木模木撑	—	—	—	3.56	—	—	4.34
6-1326	地沟盖板	木模木撑	—	—	—	5.687	—	—	—
6-1327	井盖板	木模木撑	—	—	—	15.74	—	—	—
6-1328	井圈	木模木撑	—	—	—	30.30	—	—	—
6-1329	混凝土拱块	木模木撑	—	—	—	13.65	—	—	—
6-1330	小型构件	木模木撑	—	—	—	12.428	—	—	—
6-1346	井字脚手架 2m	木制	座	—	—	0.421	0.272	—	—
6-1347	井字脚手架 4m	木制	座	—	—	0.867	0.272	—	—
6-1348	井字脚手架 6m	木制	座	—	—	1.211	0.272	—	—

(续)

定额编号	项目	模板支撑种类	钢模板 kg	复合木模板 钢框肋 kg	复合木模板 面板 m²	模板木材 m³	钢支撑 kg	零星卡具 kg	木支撑 m³
6-1349	井字脚手架 8m	木制	座	—	—	1.64	0.272		
6-1350	井字脚手架 10m	木制	座	—	—	2.082	0.272		
6-1351	井字脚手架 2m	钢管	座	208.13	49.84	—	—	—	—
6-1352	井字脚手架 4m	钢管	座	339.07	80.84	—	—	—	—
6-1353	井字脚手架 6m	钢管	座	557.88	93.34	—	—	—	—
6-1354	井字脚手架 8m	钢管	座	737.28	117.84	—	—	—	—
6-1355	井字脚手架 10m	钢管	座	920.06	162.04	—	—	—	—

223. 定额对现浇构件组合钢模、复合木模的周转使用次数和施工损耗补损率如何取定？

现浇构件组合钢模、复合木模的周转使用次数、施工损耗补损率见表 7-77。

表 7-77 现浇构件组合钢模、复合木模的周转使用次数、施工损耗补损率

名 称	周转次数	施工损耗(%)	包括范围
组合钢模板复合木模板	50	1	梁卡具等
钢支撑系统	120	1	钢管、连杆、钢管扣件
零星卡具	20	2	U形卡具、L形插销、钩头螺栓等
木模	5	5	—
木支撑	10	5	—
木楔	2	5	—
铁钉、铁丝	1	2	—
尼龙帽	1	5	—

其计算式为：

$$钢模板摊销量 = \frac{一次使用量 \times (1+施工损耗)}{周转次数}$$

一次使用量 = 每 100m² 构件一次净用量

224. 定额对现浇构件木模板的周转使用次数和施工损耗补损率如何取定？

现浇构件木的周转使用次数、施工损耗补损率见表 7-78。

表 7-78　现浇构件木模板周转使用次数、施工损耗补损率

名　称	周转次数	补损率（%）	系数 K	施工损耗（%）	回收折价率（%）
圆形柱	3	15	0.291 7	5	50
异形梁	5	15	0.235 0	5	50
悬空板、挡水板等	4	15	0.256 3	5	50
小型构件	3	15	0.291 7	5	50
木支撑材	15	10	0.13	5	50
木楔	2	—	—	5	50

计算式为：

木模板一次使用量 = 每 100m² 构件一次模板净用量

周转用量 = 一次使用量 × (1+施工损耗)
　　　　× [1+(周转次数－1)×补损率/周转次数]

摊销量 = 一次使用量 × (1+施工损耗) × [1+(周转次数－1)
　　　　×补损率/周转次数－(1－补损率)/周转次数]
　　　= 一次使用量 × (1+施工损耗) × K

225. 定额对预制构件模板周转使用次数和施工损耗补损率如何取定？

预制构件模板周转次数、施工损耗补损率见表 7-79。

表 7-79　　　　预制构件模板周转使用次数、施工损耗补损率

定额编号	项　目	模板支撑种类	钢模板 kg	复合木模板 钢框肋 kg	复合木模板 面板 m²	模板木材 m³	钢支撑 kg	零星卡具 kg	木支撑 m³
6-1282	连续梁单梁	钢模钢撑	3828.50	—	—	0.08	9535.70	806.00	0.29
6-1283	连续梁单梁	复合木模木撑	358.00	1541.50	98.00	0.08	—	716.60	4.562
6-1284	沉淀池壁基梁	木模木撑	—	—	—	2.94	—	—	7.30
6-1285	异形梁	木模木撑	—	—	—	3.689	—	—	7.603
6-1286	支模高度超过 3.6m,每增加 1m	钢撑	—	—	—	—	1424.40	—	—
6-1287	支模高度超过 3.6m,每增加 1m	木撑	—	—	—	—	—	—	1.66
6-1288	平板走道板	钢模钢撑	3380.00	—	—	0.217	5704.80	542.40	1.448
6-1289	平板走道板	复合木模木撑	—	1482.50	96.50	0.217	—	542.40	8.996

226. 定额对现浇混凝土构件模板、钢筋含量(每 10m³ 混凝土)如何取定？

现浇混凝土构件模板、钢筋含量(每 10m³ 混凝土)见表 7-80。

表 7-80　　　现浇混凝土构件模板、钢筋含量(每 10m³ 混凝土)

定额编号	构筑物名称	含模量 /(m²/10m³)	含钢量/(t/10m³) $\phi 10$ 以内	含钢量/(t/10m³) $\phi 10$ 以外
6-570	井底流槽　现浇混凝土	34.60	—	—
6-609~611	非定型渠(管)道混凝土平基	35.40	—	—
6-624	现浇混凝土　方沟壁	80.00	0.57	0.36
6-625~626	现浇混凝土　方沟顶、墙帽	107.00	0.56	0.42
6-873	沉井　混凝土　垫层	13.40	—	—
6-874	沉井　混凝土　井壁及隔墙 $\delta 50cm$ 以内	60.00	0.08	0.90
6-875	沉井　混凝土　井壁及隔墙 $\delta 50cm$ 以外	40.00	0.08	0.90
6-876	沉井　混凝土　底板 $\delta 50cm$ 以内	10.50	0.16	0.50
6-877	沉井　混凝土　底板 $\delta 50cm$ 以外	38.00	0.16	0.50

(续一)

定额编号	构筑物名称	含模量/(m²/10m³)	含钢量/(t/10m³) φ10以内	含钢量/(t/10m³) φ10以外
6-878	沉井 混凝土 顶板	50.00	0.61	0.51
6-879	沉井 混凝土 刃脚	42.00	—	1.52
6-880	沉井 混凝土 地下结构 梁	86.80	0.358	1.20
6-881	沉井 混凝土 地下结构 柱	94.70	0.604	1.085
6-882	沉井 混凝土 地下结构 平台	80.40	0.703	0.28
6-888	半地下室 平池底 δ50cm以内	1.40	0.193	0.83
6-889	半地下室 平池底 δ50cm以外	1.78	0.19	0.704
6-890	半地下室 锥坡池底 δ50cm以内	9.30	0.295	0.84
6-891	半地下室 锥坡池底 δ50cm以外	11.10	0.10	0.89
6-892	半地下室 圆池底 δ50cm以内	3.05	0.285	0.83
6-893	半地下室 圆池底 δ50cm以外	3.70	0.187	0.72
6-894	架空式 平池底 δ30cm以内	55.10	0.395	1.104
6-895	架空式 平池底 δ30cm以外	34.50	0.109	0.90
6-896	架空式 方锥池底 δ30cm以内	10.10	0.186	1.06
6-897	架空式 方锥池底 δ30cm以外	9.30	0.33	1.09
6-898	池壁(隔墙)直、矩形 δ20cm以内	115.40	0.445	0.938
6-899	池壁(隔墙)直、矩形 δ30cm以内	91.90	0.155	1.11
6-900	池壁(隔墙)直、矩形 δ30cm以外	72.20	0.184	1.313
6-901	池壁(隔墙)圆弧形 δ20cm以内	113.4	0.04	1.02
6-902	池壁(隔墙)圆弧形 δ30cm以内	81.60	0.04	1.073
6-903	池壁(隔墙)圆弧形 δ30cm以外	64.10	0.04	1.07
6-904	池壁(隔墙)挑檐	113.90	0.65	—
6-905	池壁(隔墙)牛腿	161.00	0.26	0.24
6-906	池壁(隔墙)配水花墙 δ20cm以内	101.00	0.95	—
6-907	池壁(隔墙)配水花墙 δ20cm以外	92.10	0.87	—
6-909	无梁盖柱	110.00	0.766	0.274

第七章 市政管网工程

(续二)

定额编号	构筑物名称	含模量 /(m²/10m³)	含钢量/(t/10m³) ϕ10 以内	含钢量/(t/10m³) ϕ10 以外
6-910	矩(方)形柱	93.00	0.366	1.374
6-911	圆形柱	117.10	0.191	1.287
6-912~913	连续梁、单梁	86.8	0.09	0.553
6-914	悬臂梁	43.00	0.29	1.286
6-915	异形环梁	86.80	0.28	1.30
6-916	肋形池盖	71.10	0.56	0.138
6-917	无梁池盖	82.00	0.453	0.132
6-918	锥形盖	72.30	0.79	0.806
6-919	球形盖	122.30	0.30	0.30
6-920	平板、走道板 δ8cm 以内	74.40	0.30	0.35
6-921	平板、走道板 δ12cm 以内	62.00	0.30	0.40
6-922	悬空板 δ10cm 以内	48.40	0.45	0.27
6-923	悬空板 δ15cm 以内	40.50	0.50	0.35
6-924	挡水板 δ7cm 以内	80.40	0.50	0.20
6-925	挡水板 δ7cm 以外	61.80	0.48	0.28
6-926	悬空 V,U 形集水槽 δ8cm 以内	143.00	0.46	—
6-927	悬空 V,U 形集水槽 δ12cm 以内	119.20	0.50	—
6-928	悬空 L 形集水槽 δ10cm 以内	110.60	0.63	—
6-929	悬空 L 形集水槽 δ20cm 以内	105.20	0.52	—
6-930	池底暗渠 δ10cm 以内	95.20	0.45	0.70
6-931	池底暗渠 δ20cm 以内	79.30	0.32	0.91
6-932	混凝土落泥斗、槽	85.70	0.48	0.11
6-934	沉淀池水槽	211.00	0.33	0.25
6-935	下药溶解槽	48.80	0.36	0.55
6-936	澄清池反应筒壁	187.00	0.49	—
6-940	混凝土导流墙 δ20cm 以内	111.00	0.32	0.40
6-941	混凝土导流墙 δ20cm 以外	100.00	0.32	0.52
6-943	混凝土导流筒 δ20cm 以内	129.90	0.40	0.40
6-944	混凝土导流筒 δ20cm 以外	118.00	0.40	0.50
6-946	设备独立基础 体积 2m³ 以内	24.70	0.14	0.20
6-947	设备独立基础 体积 5m³ 以内	32.09	0.14	0.20
6-948	设备独立基础 体积 5m³ 以外	12.00	0.12	0.18
6-949	设备杯形基础 体积 2m³ 以内	19.40	0.03	0.24

(续三)

定额编号	构筑物名称	含模量 /(m²/10m³)	含钢量/(t/10m³)	
			$\phi 10$ 以内	$\phi 10$ 以外
6-950	设备杯形基础 体积 2m³ 以外	17.50	0.03	0.30
6-951	中心支筒	230.00	0.30	—
6-952	支撑墩	110.20	—	—
6-953	稳流筒	222.00	0.40	—
6-954	异形构件	250.00	0.40	0.40

注：表中横板、钢筋含量仅供参考，编制预算时，应按施工图纸计算相应的模板接触面积和钢筋使用量。

227. 如何计算钢筋混凝土预埋铁件定额工程量？

钢筋混凝土构件预埋铁件，按设计图示尺寸，以"t"为单位计算工程量。

228. 现浇混凝土模板工程定额工作内容有哪些？

(1) 基础：模板制作、安装、拆除、清理杂物、刷隔离剂、整理堆放、场内外运输。

(2) 构筑物及池类：模板安装、拆除，涂刷隔离剂、清杂物、场内运输等。

(3) 管、渠道及其他：模板安装、拆除，涂刷隔离剂、清杂物、场内运输等。

229. 预制混凝土模板工程定额工作内容有哪些？

(1) 构筑物及池类：工具式钢模板安装、清理，刷隔离剂、拆除、整理堆放、场内运输。

(2) 管、渠道及其他：工具式钢模板安装、清理，刷隔离剂、拆除、整理堆放、场内运输等。

230. 钢筋（铁件）工程定额工作内容有哪些？

(1) 现浇、预制构件钢筋：钢筋解捆、除锈、调直、下料、弯曲、点焊、焊接、除渣,绑扎成型、运输入模。

(2)预应力钢筋。

1)先张法:制作、张拉、放张、切断等。

2)后张法及钢筋束:制作、编束、穿筋、张拉、孔道灌浆、锚固、放张、切断等。

(3)预埋铁件制作、安装:加工、制作、埋设、焊接固定。

231. 井字架工程定额工作内容有哪些?

(1)木制井字架:木脚手杆安装、铺翻板子、拆除、堆放整齐、场内运输。

(2)钢管井字架:各种构件安装、铺翻板子、拆除、场内运输。

232. 如何计算预制混凝土构件模板定额工程量?

预制混凝土构件模板,按构件的实体积以"m^3"计算。

233. 如何计算井字架定额工程量?

井字架区分材质和搭设高度以"架"为单位计算,每座井计算一次。

234. 如何计算井底流槽定额工程量?

井底流槽按浇筑的混凝土流槽与模板的接触面积计算。

235. 什么是检查井及特种检查井?

为了便于对排水管渠进行检查和清通,在管渠上设置的洞口,用砖砌筑成井口式即为检查井。

当检查井内衔接的上下游管渠的管底标高跌落差大于1m时,为消减水流速度、防止冲刷,在检查井内应有消能措施,这种井称为跌水井。当检查井内具有水封设施,以便隔绝易爆、易燃气体进入排水管渠,使排水管渠在进入可能遇火的场地时不致引起爆炸或火灾,这样的检查井称为水封井。这两种检查井属于特殊的检查井,或称为特种检查井。

236. 常用的排水渠有哪些类型?

常用的排水渠有混凝土管及钢筋混凝土管、陶土管、石棉水泥管、金属管、大型排水管渠和塑料管等。其中:常用的金属管有排水铸铁管、钢管等类型。

237. 如何计算工作坑坑底尺寸？

工作坑应有足够的工作面，坑底尺寸一般应按下式计算：

$$底宽 = D + (2.4 \sim 3.2)$$

$$底长 = L_1 + L_2 + L_3 + L_4 + L_5$$

式中 D——顶管的管外径；

L_1——管节顶进后，尾端压在导轨上的长度（一般在 0.3～0.5m）；

L_2——管节长度；

L_3——出土工作面长度；

L_4——后背墙的长度；

L_5——后背构造所占工作坑长度（一般为 0.85m）。

238. 沉井下沉后的允许偏差应符合哪些规定？

(1)刃脚平均高程与设计高程的偏差不得超过 100mm，当地层为软土层时，其允许偏差值可根据使用条件和施工条件确定。

(2)刃脚平面轴线位置的偏差，不得超过下沉总深度的 1%，当下沉总深度小于 10m 时，其偏差可为 100mm。

(3)沉井四角（圆形为相互垂直两直径与周围的交点）中任何两角的刃脚底面高差，不得超过该两角间水平距离的 1%，且最大不得超过 300mm；当两角间水平距离小于 10m 时，其刃脚底面高差可为 100mm。

239. 什么是顶管施工测量？其应符合哪些要求？

在管节顶进过程中必须不断观测管节前进的轨迹，检查首节管是否符合设计规定的位置。这种操作过程，即为顶管施工测量。

顶管施工中的测量，应建立地面与地下测量控制系统，控制点应设在不易扰动、视线清楚、方便校核、利于保护处。

管道顶进过程中，应对工具管的中心和高程进行测量。测量工作应及时、准确，以便管节正确地就位于设计的管道轴线上。测量工作应频繁地进行，以便及时发现管道的偏移。当第一节管就位于导轨上以后即进行校测，符合要求后开始进行顶进。一般在工具管刚进入土层时，应加密测量次数。常规做法每顶进 300mm，测量不少于 1 次，进入正常顶进作业后，每顶进 1000mm 测量不少于 1 次；每次测量都以测量管子的前端位置为准。

240. 管道顶管纠偏方法有哪些？

管道在顶进过程中，由于工具管迎面阻力分布不均匀，管壁周围摩擦力不均和千斤顶顶力的微小偏心等都可以导致工具管前进的方向出现偏移或旋转。为了保证管道的施工质量必须及时纠正，纠偏方法如下：

(1) 挖土校正法。挖土校正法是指通过采用在不同部位增减挖土量的办法以达校正的目的，其校正误差一般不大于 10~20mm。挖土纠正法多用于黏土或地下水位以上的砂土中，如图 7-38 所示。

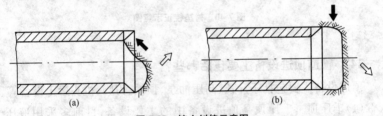

图 7-38　挖土纠偏示意图
(a)管内挖土纠偏；(b)管外挖土纠偏
↑纠偏阻力；⇨纠偏方向

(2) 强制校正法。强制校正法是指当偏差大于 20mm 时，用挖土法已不易校正，可用圆木或方木顶在管子偏离另一端装在垫有钢板或木板的管前土壤上，支架稳固后，利用千斤顶给管子施加压力强制校正，如图 7-39 所示。

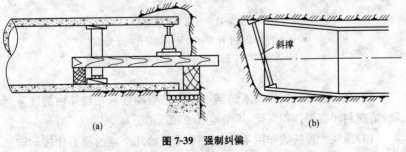

图 7-39　强制纠偏
(a)支托法；(b)斜撑法

(3)衬垫校正法。对于在淤泥或流砂地段施工的管子,因地基承载力较弱,经常出现管子低头现象,这时在管底或管子一侧添加木楔,使管道沿着正确的方向顶进,如图 7-40 所示。

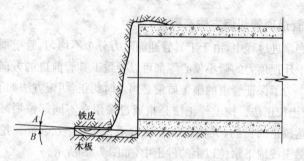

图 7-40 衬垫校正示意图

241. 管道顶进设备主要包括哪些?

顶进设备主要包括千斤顶、高压油泵、顶铁、刃脚、机头运土设备等。

(1)千斤顶。千斤顶是顶进设备中的主要设备,目前多采用液压千斤顶。

液压千斤顶的构造形式分活塞式和柱塞式两种,如图 7-41 所示。顶管一般采用双作用活塞式液压千斤顶。

图 7-41 液压千斤顶
(a)柱塞式单作用千斤顶;(b)活塞式单作用千斤顶;
(c)活塞式单杆千斤顶;(d)活塞式双杆千斤顶

(2)高压油泵。高压油泵的基本原理是借助柱塞在缸体内的往复运动,造成封闭容器体积变化,不断地吸油和压油。

(3)顶铁。顶铁的作用主要是把千斤顶的几个点的推力比较均匀地分布到钢筋混凝土管端面上,同时顶铁也可用来延长千斤顶的行程。

顶铁根据安放位置和作用的不同,可分成顺铁、横铁和立铁。

其形式一般有矩形、O形顶铁及U形顶铁等。

(4)刃脚。刃脚是装于首节管前端,先贯入土中以减少贯入阻力,其一般由外壳、内环和肋板三部分组成。外壳以内环为界分成两部分,前面为遮板,后面为尾板。

(5)机头。机头也称为掘进机,是顶进过程中切开土层并向前推进的机构,机头的主要形式有水力切削式机头、土压平衡式机头、泥水平衡式机头。

242. 如何计算排水泵站的全扬程?

排水泵站的全扬程计算公式如下:

$$H \geqslant h_1 + h_2 + h_3 + h_4$$

式中 H——泵的全扬程(m);

h_1——泵吸水管的水头损失(m);

h_2——泵出水管的水头损失(m);

h_3——泵站集水池最低工作水位与所需提升的最高水位之间的高差(m);

h_4——自由水头,一般采用1m。

243. 如何计算水射器抽吸的流量?

水射器抽吸的流量计算公式如下:

$$Q_m H = Q_W h \eta$$

即

$$Q_m = \frac{Q_W h \eta}{H}$$

式中 Q_m——水射器抽吸的流量(m³/h);

h——污水泵的扬程(m);

Q_W——引射流量,即污水泵的流量(m³/h);

H——为了克服液体惯性力及管路阻力所需压力,一般取 $H=1.0$m;

η——水射器的效率,一般取20%~30%。

244. 如何计算穿孔集水槽的孔口总面积?

穿孔集水槽的孔口总面积计算公式如下:

$$\sum f = \frac{\beta Q}{\mu \sqrt{2gh}}$$

式中 $\sum f$——孔口总面积(m^2);

β——超载系数;

μ——流量系数,其值因孔眼孔径与槽壁厚度比值不同而异,对薄壁孔口,可采用0.62;

Q——每只穿孔集水槽的流量(m^3/s);

g——重力加速度(m/s^2);

h——孔口上的水龙头(m)。

选定孔口直径,计算出一只小孔的面积 f,按下式可算出孔口总数 n:

$$n = \frac{\sum f}{f}$$

式中 $\sum f$——孔口总面积,或按孔口流速计算孔口面积作孔口上作用水头。

245. 什么是格栅? 如何计算格栅水力及间隙数目?

格栅是由一组平行的金属栅条制成的框架,斜置在污水流经的渠道上或泵站集水池的进口处,用以截阻大块的呈悬浮或漂浮状态的污染物。

格栅水力计算及间隙数目 n 计算公式如下:

$$n = \frac{Q_{max} \sqrt{\sin\alpha}}{bhu}$$

式中 Q_{max}——最大设计流量(m^3/g);

b——栅条间距(m);

h——栅前水深(m);

u——污水流经格栅的流速(m/s)。

栅条间隙数目为 n,则栅条数应为 $n-1$,从而可得格栅的总设计宽度为:

$$B_P = s(n-1) + bn$$

式中　　s——栅条宽度(m);

　　　　n——栅条间隙数目;

　　　　b——栅条间距(m)。

246. 什么是生物转盘及螺旋泵?

生物转盘是指由盘片、接触反应槽、转轴及驱动装置等所组成,盘片串联成组,中心贯以转轴,轴的两端安设在半圆形接触反应槽支座上的装置,转盘的 40%~50% 浸没在槽内的污水中,转轴高出水面 10~25cm。

螺旋泵是一种输送和提升水流的机械,是水泵的一种,它把原动机的机械能转化为被输送水流的能量,使之获得动能或势能。

247. 什么是格栅除污机? 其清单工程内容有哪些?

格栅除污机是一种装备有格栅拦污功能的除污机械,分为履带式机械格栅除污机和抓斗式机械格栅除污机。

格栅除污机清单工程内容包括安装、无负荷试运转。

248. 水射器由哪几部分组成?

水射器由喷嘴、吸入室、喉管、扩散管组成,通过水泵的抽送、污泥以高速从喷嘴射出,从而使吸入室形成负压,将消化池内熟污泥吸入,使污泥混合,经过一段时间的运行即可达到污泥搅拌的目的。

249. 什么是加氯机及滤网清污机?

加氯机是污水消毒的专用设备,由于氯容易溶解于水与水发生化学反应,从而达到消毒的目的。

滤网清污机是给水系统中在原水进入处理之前或排水系统中用于清除水中污泥或悬浮杂质的一种专用机械。

250. 常用的吸泥机有哪几种形式?

吸泥机有行车式、钟罩式、垂架式中心转动、周边传动吸泥机等几种,常用的是行车式吸泥机。行车式吸泥机由吸泥板和桁架等组成,吸泥板固定在桁架底部,桁架绕中心缓慢旋转将沉于池底的污泥吸入泥斗中,污泥排出池外。

251. 什么是污泥造粒脱水机?

污泥造粒脱水机是一种利用机械聚合的污泥脱水机械,污泥机械脱水方法包括真空吸滤法、压滤法和离心法三种。

252. 怎样对旋转门安装质量进行检验?

旋转门通常是用来调节水量大小及流速,旋转门安装允许偏差及检验方法见表7-81。

表 7-81　　　　　旋转门安装允许偏差及检验方法

项次	项　目	允许偏差/mm		检 验 方 法
		金属框架玻璃旋转门	木质旋转门	
1	门扇正、侧面垂直度	1.5	1.5	用1m垂直检测尺检查
2	门扇对角线长度差	1.5	1.5	用钢尺检查
3	相邻扇高度差	1	1	用钢尺检查
4	扇与圆弧边留缝	1.5	2	用塞尺检查
5	扇与上顶间留缝	2	2.5	用塞尺检查
6	扇与地面间留缝	2	2.5	用塞尺检查

253. 什么是堰门? 清单项目应描述哪些特征?

堰门是指安装于平流式沉淀池的挡流板,分为铸铁堰门和钢制调节堰门。

堰门应描述的清单项目特征包括:①材质;②规格。

254. 什么是凝水缸? 其定额工作内容有哪些?

凝水缸是排水器的组成部分,按材料不同,凝水缸可分为钢制凝水缸和铸铁凝水缸;按结构不同,可分为立式凝水缸和卧式凝水缸。

凝水缸定额工作内容包括:

(1)低压碳钢凝水缸制作：放样、下料、切割、坡口、对口、点焊、焊接成型、强度试验等。

(2)中压碳钢凝水缸制作：同低压碳钢凝水缸制作的工作内容。

(3)低压碳钢凝水缸安装：安装罐体、找平、找正、对口、焊接、量尺寸、配管、组装、防护罩安装等。

(4)中压碳钢凝水缸安装：安装罐体、找平、找正、对口、焊接、量尺寸、配管、组装、头部安装、抽水缸小井砌筑等。

(5)低压铸铁凝水缸安装（机械接口）：抽水立管安装、抽水缸与管道连接、防护罩、井盖安装等。

(6)中压铸铁凝水缸安装（机械接口）：抽水立管安装、抽水缸与管道连接、凝水缸小井砌筑、防护罩、井座、井盖安装。

(7)低压铸铁凝水缸安装（青铅接口）：抽水立管安装、化铅、灌铅、打口、凝水缸小井砌筑、防护罩、井座、井盖安装。

(8)中压铸铁凝水缸安装（青铅接口）：抽水立管安装、头部安装、化铅、灌铅、打口、凝水缸小井砌筑、防护罩、井座、井盖安装。

255. 钢制凝水缸安装要求有哪些？

钢制凝水缸在安装前，应按设计要求对外表面进行防腐处理。安装完毕后，凝水缸的抽液管应按同管道的防腐等级进行防腐处理。凝水缸必须按现场实际情况，安装在所在管段的最低处。凝水缸盖应安装在凝水缸井的中央位置，出水口阀门的安装位置应合理，并应有足够的操作和检修空间。

256. 管道调压器有哪几种形式？其定额工作内容有哪些？

管道调压器用于调节管道里的压力，主要包括活塞式、T形和雷诺式以及自力式四种形式。调压器的合格证上，应有说明，经气压试验、强度和严密性以及进出口压力的调节，均达到质量标准的要求。无以上说明时，不得进行安装。

管道调压器安装定额工作内容如下：

(1)雷诺调压器：安装、调试等。

(2)T形调压器：安装、调试等。

(3)箱式调压器:进、出管焊接,调试,调压器箱体安装等。

257. 过滤器有哪几种形式？其定额工作内容有哪些?

过滤器可分为粗效过滤器、中效过滤器、高效过滤器及超高效过滤器。过滤器安装定额工作内容包括成品安装、调试等。

258. 什么是分离器？其定额工作内容有哪些?

分离器是从高速的两相流中把管道输送的物料分流出来的设备,常用的有容积式分离器和旋风式分离器。

分离器安装定额工作内容包括成品安装、调试等。

259. 什么是安全水封及检漏管？其定额工作内容有哪些?

安全水封是利用充水方法隔断管道设备等内部腔体与大气的连通,阻止内部气体溢入大气的装置。

检漏管是指为了便于发现和排除敷设在湿陷性黄土地区建筑物防护范围内的给排水埋设地管道是否漏水,并及时维护检修而设置的管道。

安全水封、检漏管安装定额工作内容包括:排尺、下料、焊接法兰、紧螺栓等。

260. 什么是调长器?

调长器即波形补偿器,是采用普通碳钢的薄钢板经冷压或热压而制成半波节,两段半波焊成波节,数波节与颈管、法兰、套管组对焊接而形成波形补偿器。

261. 除污器组成安装定额工作内容有哪些?

(1)除污器组成安装(带调温、调压装置):清洗、切管、套丝、上零件、焊接、组对、制、加垫、找平、找正、器具安装、压力试验等。

(2)除污器组成安装(不带调温、调压装置):同除污器组成安装(带调温、调压器)的工作内容。

(3)除污器安装:切管、焊接、制、加垫,除污器、放风管、阀门安装,压力试验等。

262. 补偿器安装定额工作内容有哪些?

(1)焊接钢套筒补偿器安装:切管、补偿器安装、对口、焊接、制、加垫、紧螺栓、压力试验等。

(2)焊接法兰式波纹补偿器安装:除锈、切管、焊法兰、吊装、就位、找正、找平、制、加垫、紧螺栓、水压试验等。

263. 给水管道水压试验方法有哪几种?

给水管道的水压试验方法有落压试验和水压严密性试验两种。

(1)落压试验。又称水压强度试验,也称压力表试验,常用于管径 $DN \leqslant 400mm$ 的小管径的水压强度试验。对于管径 $DN \leqslant 400mm$ 管道,在试验压力下,10min 降压不大于 $0.05MPa$ 为合格。

(2)水压严密性试验。水压严密性试验又称渗漏水量试验,根据在同一管段内压力相同、降压相同则漏水总量亦应相同的原理来检验管道的漏水情况。试验时,先将水压升至试验压力,关闭进水阀门,停止加压,记录降压 $0.1MPa$ 所需的时间 T_1,然后打开进水阀门,再将水压重新升至试验压力,停止加压并放开放水龙头,放水至量水容器,降压 $0.1MPa$ 为止,记录所需时间为 T_2,放出的水量为 $W(L)$。根据前后水压降相同、漏水量亦相同原理,则有 $T_1 q_1 = T_2 q_2 + W$,而 $q_1 \approx q_2$,则 $q = \dfrac{W}{T_1 - T_2}$。当漏水率 q 不超过规定值,则认为试验合格。

264. 管道消毒及冲洗的目的及要求是什么?

管道消毒的目的是消灭新安装管道内的细菌,使水质不致污染,消毒液常用漂白粉溶液注入被消毒的管段内,灌注时可少许开启来水闸阀和出水闸阀,使清水带着漂白液流经全部管段,当从放水口检验出高浓度氯水为止,然后关闭所有闸阀,使含氯化浸泡 24h 为宜。

管道冲洗的目的是管内杂物全部洗干净,使排出水的水质与自来水状态一致。在没有达到上述水质要求时,这部分冲洗水要放掉,可排至附近河道。排水管道排水时应取得有关单位协助,确保安全排放、畅通。安装放水口时,其冲洗管接口应严密,并设有闸阀、排气管和放水龙头,弯头处应进行临时加固。冲洗水管可比被冲洗的水管管径小,但断面不应小于1/2;冲洗水的流速宜大于0.7m/s,管径较大时,所需用的冲洗水量较大。可在夜间进行冲洗,以不影响周围的正常用水。管内存水24h以后再化验为宜,合格后即可交付使用。

265. 如何选择工作坑的位置?

(1)尽量选择在管线上的附属构筑物位置上,如闸门或检查井。

(2)有可利用的坑壁原状土作后背。

(3)单向顶进时工作坑宜设置在管线下游。

(4)工作坑的种类,按工作坑的使用功能有单向坑、双向坑、多向坑、转向坑、交汇坑。

266. 如何计算管道消毒漂白粉用量?

生活用水管道消毒所用漂白粉数量的计算,其取定数据一般为:每公升水中含有25mg游离氯,漂白粉以含有效氯25%计算。

$$漂白粉用量 = \frac{25}{\frac{25}{100}} = 100\text{mg/L}$$

即每立方米消毒用水需0.1kg漂白粉,另加损耗5%,则需0.105kg/m³。

267. 如何计算管道消毒用水量?

管道消毒用水量计算公式为:

$$Q_1 = WL$$

式中 Q_1——消毒用水量(m³);

W——管子断面积(m³),$W = \frac{\pi}{4}d^2$;

d——管内径(mm);

L——取定管段长度(m)。

268. 如何计算管道冲洗用水量?

管道冲洗用水量计算公式如下:

$$Q_2 = \frac{WVt}{7}$$

式中 Q_2——冲洗用水量(m^3)。

计算数据一般采用:冲洗流速 $V=2m/s$,冲洗时间 $t=30min=1800s$(包括预先及消毒后的两次冲洗时间),冲洗距离假定按 $7m$ 计算。

269. 拦污及水设备工程定额工作内容有哪些?

(1)格栅的制作安装:放样、下料、调直、打孔、机加工、组对、点焊、成品校正、除锈刷油。

(2)格栅除污机:开箱点件、基础画线、场内运输、设备吊装就位、一次灌浆、精平、组装、附件组装、清洗、检查、加油,无负荷试运转等。

(3)滤网清污机:同格栅除污机的工作内容。

(4)螺旋泵:同格栅除污机的工作内容。

270. 投氯、消毒处理设备定额工作内容有哪些?

(1)加氯机:开箱点件、基础画线、场内运输、固定、安装。

(2)水射器:开箱点件、场内运输、制垫、安装、找平、加垫、紧固螺栓。

(3)管式混合器:外观检查、点件、安装、找平、加垫、紧固螺栓、水压试验。

(4)搅拌机械:开箱点件、基础画线、场内运输、设备吊装就位、一次灌浆、精平、组装、附件组装、清洗、检查、加油、无负荷试运转。

271. 水处理设备定额工作内容有哪些?

(1)曝气器:外观检查、场内运输、设备吊装就位、安装、固定、找平、找正调试。

(2)布气管安装:切管、坡口、调直、对口、挖眼接管、管道制作安装、盲板制作安装、水压试验、场内运输等。

(3)曝气机:开箱点件、基础画线、场内运输、设备吊装就位、一次灌浆、精平、组装,附件组装、清洗、检查、加油、无负荷试运转。

(4)生物转盘:开箱点件、基础画线、场内运输、设备吊装就位、一次灌浆、精平、组装、附件组装、清洗、检查、加油、无负荷试运转。

272. 排泥、撇渣和除砂机械定额工作内容有哪些？

(1)行车式吸泥机：开箱点件、场内运输，枕木堆搭设，主梁组对、吊装，组件安装，无负荷试运转。

(2)行车式提板刮泥撇渣机：开箱点件，场内运输，枕木堆搭设，主梁组对、吊装，组件安装，无负荷试运转。

(3)链条牵引式刮泥机：开箱点件，基础画线，场内运输，设备吊装就位，精平、组装、附件组装、清洗、检查、加油，无负荷试运转。

(4)悬挂式中心传动刮泥机：开箱点件，基础画线，场内运输，枕木堆搭设，主梁组对，主梁吊装就位，精平组装，附件组装、清洗、检查、加油，无负荷试运转。

(5)垂架式中心传动刮、吸泥机：开箱点件，基础画线，场内运输，8t汽车吊进出池子，枕木堆搭设，脚手架搭设，设备组装、附件组装、清洗、检查、加油，无负荷试运转。

(6)周边传动吸泥机：开箱点件，基础画线，场内运输，8t汽车吊进出池子，枕木堆搭设，脚手架搭设，设备组装、附件组装、清洗、检查、加油，无负荷试运转。

(7)澄清池机械搅拌刮泥机：开箱点件，基础画线，场内运输，设备吊装，一次灌浆，精平组装，附件组装、清洗、检查、加油，无负荷试运转。

(8)钟罩吸泥机：开箱点件，基础画线，场内运输，设备吊装，精平装，附件组装、清洗、检查、加油，无负荷试运转。

273. 污泥脱水机械定额工作内容有哪些？

(1)辊压转鼓式污泥脱水机：开箱点件，基础画线，场内运输，设备吊装，一次灌浆，精平组装，附件组装、清洗、检查、加油，无负荷试运转。

(2)带式压滤机：同辊压转鼓式污泥脱水机的工作内容。

(3)污泥造粒脱水机：开箱点件，基础画线，场内运输，设备吊装，一次灌浆，精平组装，附件组装、清洗、检查、加油，无负荷试运转。

274. 阀门及驱动装置定额工作内容有哪些？

(1)铸铁圆闸门：开箱点件，基础画线，场内运输，闸门安装，找平，找正,试漏,试运转。

(2)铸铁方闸门:同铸铁圆闸门的工作内容。

(3)钢制闸门:开箱点件,基础画线,场内运输,闸门安装,找平,找正,试漏,试运转。

(4)旋转门:同钢制闸门的工作内容。

(5)铸铁堰门:同钢制闸门的工作内容。

(6)钢制调节堰门:同钢制闸门的工作内容。

(7)升杆式铸铁泥阀:开箱点件,基础画线,场内运输,闸门安装,找平,找正,试漏,试运转。

(8)平底盖闸:同升杆式铸铁泥阀的工作内容。

(9)启闭机械:开箱点件,基础画线,场内运输,安装就位,找平,找正,检查,加油,无负荷运转。

275. 如何计算机械设备类定额工程量?

(1)格栅除污机、滤网清污机、搅拌机械、曝气机、生物转盘、带式压滤机均区分设备质量,以"台"为计量单位,设备质量均包括设备带有的电动机的质量在内。

(2)螺旋泵、水射器、管式混合器、辊压转鼓式污泥脱水机、污泥造粒脱水机均区分直径以"台"为计量单位。

(3)排泥、撇渣和除砂机械均区分跨度或池径按"台"为计量单位。

(4)闸门及驱动装置,均区分直径或长×宽以"座"为计量单位。

(5)曝气管不分曝气池和曝气沉砂池,均区分管径和材质按"延长米"为计量单位。

276. 如何计算给排水机械设备安装其他项目定额工程量?

(1)集水槽制作安装分别按碳钢、不锈钢,区分厚度按"$10m^2$"为计量单位。

(2)集水槽制作、安装以设计断面尺寸乘以相应长度以"m^2"计算,断面尺寸应包括需要折边的长度,不扣除出水孔所占面积。

(3)堰板制作分别按碳钢、不锈钢区分厚度按"$10m^2$"为计量单位。

(4)堰板安装分别按金属和非金属区分厚度按"$10m^2$"计量。金属堰板适用于碳钢、不锈钢,非金属堰板适用于玻璃钢和塑料。

(5)齿型堰板制作安装按堰板的设计宽度乘以长度以"m^2"计算,不扣除齿型间隔空隙所占面积。

(6)穿孔管钻孔项目,区分材质按管径以"100 个孔"为计量单位。钻孔直径是综合考虑取定的,不论孔径大与小均不做调整。

(7)斜板、斜管安装仅是安装费,按"$10m^2$"为计量单位。

(8)格栅制作安装区分材质按格栅质量,以"t"为计量单位,制作所需的主材应区分规格、型号分别按定额中规定的使用量计算。

第八章 路灯工程

1. 路灯变压器安装定额工作内容有哪些?

(1)杆上安装变压器:支架、横担、撑铁安装,变压器吊装固定,配线,接线,接地。

(2)地上安装变压器:开箱检查,本体就位,砌身检查,油枕及散热器清洗,油柱试验,风扇油泵电机触体检查接线,附件安装,垫铁及齿轮器制作安装,补充注油及安装后整体密封试验。

(3)变压器油过滤:过滤前的准备以及过滤后的清理,油过滤,取油样,配合试验。

2. 路灯配电柜箱制作安装定额工作内容有哪些?

(1)高压成套配电柜安装:开箱检查,安装固定,放注油,导电接触面的检查调整,附件的拆装,接地。

(2)成套低压路灯控制柜安装:开箱检查,柜体组装,导线挂锡压焊,接地排安装,设备调试,负载平衡。

(3)落地式控制箱安装:箱体安装,接线,接地,调试和平衡分路负载,销链加油润滑。

(4)杆上配电设备安装:支架,横担,撑铁安装,设备安装固定,检查,调整,油开关注油,配线,接线,接地。

(5)杆上控制箱安装:支架,横担,撑铁安装,箱体吊装固定,接线,试运行。

(6)控制箱柜附件安装:开箱检查,安装固定,校验,接线,接地。

(7)配电板制作安装:制作,下料,做榫,拼缝,钻孔,拼装,砂光,油漆,包钉铁皮,安装,接线,接地。

3. 路灯接线端子定额工作内容有哪些?

(1)焊铜接线端子:削线头,套绝缘管,焊接头,包缠绝缘带。

(2)压铜接线端子:削线头,套绝缘管,压线头,包缠绝缘带。

(3)压铝接线端子:削线头,套绝缘管,压线头,包缠绝缘带。

4. 路灯仪表、电器、小母线、分流器安装定额工作内容有哪些?

(1)仪表、电器、小母线:开箱,检查,盘上画线,钻眼,安装固定写字编号,下料布线,上卡子。

(2)分流器安装:接触面加工,钻眼,连接,固定。

5. 如何计算变压器安装定额工程量?

变压器安装,按不同容量以"台"为计量单位。一般情况下变压器不需要干燥,如确实需要干燥,可执行《全国统一安装工程预算定额》相应项目。

6. 如何计算变压器油过滤定额工程量?

变压器油过滤,不论过滤多少次,直到过滤合格为止。以"t"为计量单位,变压器油的过滤量,可按制造厂提供的油量计算。

7. 如何计算配电箱、柜安装定额工程量?

各种配电箱、柜安装均按不同半周长以"套"为单位计算。

8. 如何计算铁构件制作安装定额工程量?

铁构件制作安装按施工图示以"100kg"为单位计算。

9. 如何计算盘柜配线定额工程量?

盘柜配线工程量按不同断面、长度按表 8-1 计算。

表 8-1　　　　　　　　盘柜配线工程量计算

序号	项 目	预留长度/m	说 明
1	各种开关、箱、板	高+宽	盘面尺寸
2	单独安装(无箱、盘)的铁壳开关、闸刀开关、启动器、母线槽进出线盒等	0.3	以安装对象中心计算
3	以安装对象中心计算	1	以管口计算

10. 如何计算接线端子定额工程量?

各种接线端子按不同导线截面积,以"10 个"为单位计算。

11. 架空线路工程所在地形如何划分?

(1)平原地带:指地形比较平坦,地面比较干燥的地带。

(2)丘陵地带:指地形起伏的矮岗、土丘等地带。

(3)一般山地:指一般山岭、沟谷地带、高原台地等。

12. 架空线路立杆定额工作内容有哪些?

(1)单杆:立杆,找正,绑地横木,根部刷油,工器具转移。

(2)接腿杆:木杆加工、接腿、立杆、找正、绑地横木、根部刷油、工器具转移。

(3)撑杆:木杆加工、根部刷油、立杆、装包箍、填土夯实。

(4)立金属杆:灯柱柱基杂物清理,立杆,找正,紧固螺栓并上防锈油。

13. 底盘、卡盘、拉盘安装及电杆焊接、防腐定额工作内容有哪些?

基坑整理,移运、盘安装,操平、找正,卡盘螺栓紧固,工器具转移,对口焊接,木杆根部烧焦涂防腐油。

14. 如何计算底盘、卡盘、拉线盘定额工程量?

底盘、卡盘、拉线盘按设计用量以"块"为单位计量。

15. 如何计算电杆组立定额工程量?

各种电线杆组立,分材质与高度,按设计数量以"根"为单位计算。

16. 如何计算拉线制作与安装定额工程量?

拉线制作安装,按施工图设计规定,分不同形式以"组"为单位计算。

17. 如何计算横担安装定额工程量?

横担安装,按施工图设计规定,分不同线数以"组"为单位计算。

18. 如何计算导线架设定额工程量?

导线架设,分导线类型与截面,按1km/单线计算,导线预留长度规定见表8-2。

表 8-2　　　　　　　　　　　　导线预留长度

项　目　名　称		长　度/m
高压	转角	2.5
	分支、终端	2.0
低压	分支、终端	0.5
	交叉跳线转角	1.5
与设备连线		0.5

注：导线长度按线路总长加预留长度计算。

19. 如何计算导线跨越架设定额工程量？

导线跨越架设工程量，指越线架的搭设、拆除和越线架的运输以及因跨越施工难度而增加的工作量，以"处"为计量单位。每个跨越间距按 50m 以内考虑，大于 50m 而小于 100m 时按 2 处计算。

20. 如何计算路灯设施编号定额工程量？

路灯设施编号按"100 个"为单位计算；开关箱号不满 10 只按 10 只计算；路灯编号不满 15 只按 15 只计算；钉粘贴号牌不满 20 个按 20 个计算。

21. 电缆沟铺砂盖板、揭盖板定额工作内容有哪些？

调整电缆间距，铺砂，盖砖，盖保护板，埋设标桩，揭盖盖板。

22. 电缆保护管敷设定额工作内容有哪些？

测位，沟底夯实，锯管，拉口，敷设，刷漆，接口。

23. 铝芯和铜芯电缆敷设定额工作内容有哪些？

铝芯和铜芯电缆敷设定额工作内容包括：开箱，检查，架线盘，敷设，锯断，排列，整理，固定，收盘，临时封头，挂牌。

24. 电缆终端头制作安装定额工作内容有哪些？

(1) 干包式电缆终端头制作安装：定位，量尺寸，锯断，剥护套，焊接地线，装手套包缠绝缘，压接线端子，安装固定。

(2) 浇筑式电缆终端头制作安装：定位，量尺寸，锯断，剥切，焊接地线，缠涂绝缘层，压接线柱，装终端盒式手套，配料浇筑。

(3)热缩式电缆终端头制作安装:定位,量尺寸,锯断,剥切清洗,内屏蔽层处理,焊接地线,套热缩管,压接线端子,装终端盒,配料浇筑,安装。

25. 电缆中间头制作安装定额工作内容有哪些?

(1)干包式电力电缆中间头制作安装:定位,量尺寸,锯断,剥护套及绝缘层、焊接地线,清洗,包缠绝缘,压连接管安装,接线。

(2)浇筑式电缆中间头制作安装:定位,量尺寸,锯断,剥切,压边接管,包缠涂绝缘层,焊接地线,封铅管式装连接盒,配料浇筑。

(3)热缩式电缆中间头制作安装:定位,量尺寸,锯断,剥切清洗,内屏蔽层处理,焊接地线,套热缩管,压接线端子,加热成型,安装。

26. 控制电缆头制作安装定额工作内容有哪些?

定位,锯断,剥切,焊接头,包缠绝缘层,安装固定。

27. 电缆井设置定额工作内容有哪些?

挖土方,运构件,坑底平整夯实,拼装壁、底、盖,回填夯实,余土外运,清理现场;调制砂浆,砌砖,搭拆简易脚手架,材料运输,安装等。

28. 如何计算直埋电缆的挖、填土(石)方定额工程量?

直埋电缆的挖、填土(石)方,除特殊要求外,可按表8-3计算土方量。

表8-3　　　　挖、填土(石)方量计算

项目	电缆根数	
	1~2	每增一根
每米沟长挖方量/(m³/m)	0.45	0.153

29. 如何计算电缆沟盖板揭、盖定额工程量?

电缆沟盖板揭、盖定额,按每揭盖一次以延长米计算,如又揭又盖,则按两次计算。

30. 如何计算电缆保护管长度?

电缆保护管长度,除按设计规定长度计算外,遇有下列情况,应按以下规定增加保护管长度:

(1)横穿道路,按路基宽度两端各增加2m。

(2)垂直敷设时管口距地面增加 2m。

(3)穿过建筑物外墙时,按基础外缘以外增加 1m。

(4)穿过排水沟,按沟壁外缘以外增加 2m。

31. 如何计算电缆保护管埋地敷设定额工程量?

电缆保护管埋地敷设,其土方量有施工图注明的,按施工图计算;无施工图的,一般按沟深 0.9m、沟宽按最外边的保护管两侧边缘外各加 0.3m 工作面计算。

32. 如何计算电缆敷设定额工程量?

(1)电缆敷设按单根延长米计算。

(2)电缆敷设长度应根据敷设路径的水平和垂直敷设长度,另加表 8-4 规定附加长度。

表 8-4　　　　　　　　预留长度

序号	项　目	预留长度	说　明
1	电缆敷设弛度、波形弯度、交叉	2.5%	按电缆全长计算
2	电缆进入建筑物内	2.0m	规范规定最小值
3	电缆进入沟内或吊架时引上预留	1.5m	规范规定最小值
4	变电所进出线	1.5m	规范规定最小值
5	电缆终端头	1.5m	检修余量
6	电缆中间头	两端各留 2.0m	检修余量
7	高压开关柜	2.0m	柜下进出线

注:电缆附加及预留长度是电缆敷设长度的组成部分,应计入电缆长度工程量之内。

33. 电线管敷设定额工作内容有哪些?

(1)砖、混凝土结构明暗配管:测位,画线,打眼,埋螺栓,锯管,套线,揻弯,配管,接地刷漆。

(2)钢结构支架,钢索配管:测位,画线,打眼,上卡子,安装支架,锯管,套丝,揻弯,配管,接地刷漆。

34. 配线钢管敷设定额工作内容有哪些?

(1)镀锌钢管地埋敷设:钢管内和管口去毛刺,套丝,敷设管子(包括连接,在井口锯断,去毛刺焊接地螺栓,弯管)。

(2)砖、混凝土结构明配管:测位,画线,打眼,埋螺栓,锯管,套丝,揻弯,配管,接地刷漆。

(3)砖、混凝土结构暗配管:测位,画线,锯管,套丝,揻弯,配管,接地刷漆。

(4)钢结构支架配管:测位,画线,打眼,安装支架,上卡子,锯管,套丝,揻弯,配管,接地刷漆。

(5)控制柜箱进出线管安装:定位,配料,横担,抱箍安装,竖钢管,上压板,螺栓紧固。

35. 配线塑料管敷设定额工作内容有哪些?

(1)硬塑料管地埋敷设:配管,锯管,揻弯,管口处理,接管,埋设,封管口。

(2)砖、混凝土结构暗配及钢索配管:测位,画线,打眼,埋螺栓,锯管,揻弯,配管,接管。

(3)砖、混凝土结构明配管:测位,画线,打眼,埋螺栓,锯管、揻弯,配管,接管。

36. 管内穿线定额工作内容有哪些? 如何计算其定额工程量?

管内穿线定额工作内容包括:穿引线,扫管,涂滑石粉,穿线,编号,接焊包头。

管内穿线定额工程量计算,应区别线路性质、导线材质、导线截面积,按单线延长米计算。线路的分支接头线的长度已综合考虑在定额中,不再计算接头长度。

37. 塑料护套线明敷设定额工作内容有哪些? 如何计算其清单工程量?

(1)塑料护套线明敷设定额工作内容如下:

1)木结构:测位,画线,打眼,下过墙管,上卡子,装盒子,配线,接焊包头。

2)砖、混凝土结构:测位,画线,打眼,埋螺栓,下过墙管,上卡子,装盒子,配线,接焊包头。

3)沿钢索:测位,画线,上卡子,装盒子,配线,接焊包头。

4)砖、混凝土结构粘接:测位,画线,打眼,下过墙管,配料,粘接底板,上卡子,装盒子,配线,接焊包头。

(2)塑料护套线明敷设工程量计算,应区别导线截面积、导线芯数,敷设位置,按单线路延长米计算。

38. 钢索架设定额工作内容有哪些？如何计算其定额工程量？

钢索架设定额工作内容包括:测位,断料,调直,架设,绑扎,拉紧,刷漆。

钢索架设工程量计算,应区分圆钢、钢索直径,按图示墙柱内缘距离,按延长米计算,不扣除拉紧装置所占长度。

39. 如何计算带形母线安装定额工程量？

带形母线安装工程量计算,应区分母线材质、母线截面积、安装位置,按延长米计算。

40. 如何计算接线盒安装定额工程量？

接线盒安装工程量计算,应区别安装形式,以及接线盒类型,以"10个"为单位计算。

41. 开关、插座、按钮等的预留线是否应另行计算？

开关、插座、按钮等的预留线,已分别综合在相应定额内,不另计算。

42. 广场灯架安装定额工作内容有哪些？

(1)成套型:灯架检查,测试定位,配线安装,螺栓紧固,导线连接,包头,试灯。

(2)组装型:灯架检查,测试定位,灯具组装,配线安装,螺栓紧固,导线连接,包头,试灯。

43. 高杆灯架安装定额工作内容有哪些？

(1)成套型:测位,画线,成套吊装,找正,螺栓紧固,配线,焊压包头,传动装置安装,清洗上油,试验。

(2)组装型:测位,画线,组合吊装,找正,螺栓紧固,配线,焊压包头,传动装置安装,清洗上油,试验。

44. 照明器件安装定额工作内容有哪些？

开箱检查,固定,配线,测位,画线,打眼,埋螺栓,支架安装,灯具组装,接线焊包头,灯泡安装。

45. 杆座安装定额工作内容有哪些?

座箱部件检查,安装,找正,箱体接地,接点防水,绝缘处理。

46. 照明器具安装定额不包括哪些项目?应怎样处理?

定额未包括电缆接头的制作及导线的焊压接线端子。如实际使用时,可套用有关章节的定额。

47. 如何计算悬挑灯、广场灯、高杆灯灯架定额工程量?

各种悬挑灯、广场灯、高杆灯灯架分别以"10套"、"套"为单位计算。

48. 如何计算灯具、照明器件安装定额工程量?

各种灯具、照明器件安装分别以"10套"、"套"为单位计算。

49. 如何计量灯杆座安装定额工程量?

灯杆座安装以"10只"为单位计算。

50. 防雷接地装置定额工作内容有哪些?

防雷接地装置工程定额工作内容,见表8-5。

表8-5　　　　　防雷接地装置工程定额工作内容

序号	项目名称	工作内容
1	接地极(板)制作安装	下料,尖端加工,油漆,焊接并打入地下
2	接地母线敷设	挖地沟,接地线平直,下料,测位,打眼,埋卡子,撅弯,敷设,焊接,回填,夯实,刷漆
3	接地跨接线安装	下料,钻孔,撅弯,挖填土,固定,刷漆
4	避雷针安装	底座制作,组装,焊接,吊装,找正,固定,补漆
5	避雷引下线敷设	平直,下料,测位,打眼,埋卡子,焊接,固定,刷漆

51. 防雷接地装置工程定额适用范围是什么?

防雷接地装置工作定额适用于高杆灯杆防雷接地、变配电系统接地及避雷针接地装置。

52. 如何计算接地极制作安装定额工程量?

接地母线敷设定额按自然地坪和一般土质考虑,包括地沟的挖填土和夯实工作,执行定额时不应再计算土方量。如遇有石方、矿碴、积水、障碍物等情况可另行计算。

53. 如何计算接地母线敷设定额工程量?

接地母线敷设,按设计长度以"10m"为计量单位计算。接地母线、避雷线敷设,均按延长米计算,其长度按施工图设计水平和垂直规定长度另加3.9%的附加长度(包括转弯、上下波动、避绕障碍物、搭接头所占长度)。计算主材费时另加规定的损耗率。

54. 如何计算接地跨线定额工程量?

接地跨接线以"10处"为计量单位计算。按相关规范规程规定凡需作接地跨接线的工作内容,每跨接一次按一处计算。

55. 路灯灯架制作安装定额适用范围是什么?

路灯灯架制作安装工程定额主要适用灯架施工的型钢煨制,钢板卷材开卷与平直、型钢胎具制作,金属无损探伤检验工作。

56. 高杆灯架制作定额工作内容有哪些?

(1)角钢架制作:号料,拼对点焊,滚圆切割,打磨堆放,编号。
(2)扁钢架制作:号料,切割,卷圈,找圆,焊接,堆放,编号。

57. 型钢煨制胎具定额工作内容有哪些?

样板制作,号料,切割,打磨,组对,整形,成品检查等。

58. 钢板卷材开卷与平直定额工作内容有哪些?

样板制作,号料,切割,打磨,组对,焊接,整形,成品检查等。

59. 路灯灯架无损探伤检验定额工作内容有哪些?

(1)X光透视:准备工作,机具搬运安装,焊缝除锈,固定底片,拍片,暗室处理,鉴定,技术报告。
(2)超声波探伤:准备工作,机具搬运,焊道表面清理除锈,涂拌偶合剂,探伤,检查,记录,清理。

第九章

· 地 铁 工 程 ·

1. 什么是小导管？其适用范围是什么？

小导管指沿隧道纵向在拱上部开挖轮廓线外一定范围内向前上方倾斜一定角度,或者沿隧道横向在拱脚附近向下方倾斜一定角度的密排注浆钢花管。小导管多用于较干燥的砂土层、砂卵石层、断层破碎带、软弱围岩浅埋隧道段,既能加固洞壁一定范围内的围岩,又能支托围岩,预支护效果大于超前锚杆。小导管一般采用直径 42~50mm 热轧无缝钢管、长度 3~5m;导管前段钻有注浆孔,后段留有≥30cm 的止浆段,环向设置间距为 20~50cm,外插角 10°~30°。两组小导管间纵向水平搭接长度不小于 1m。

2. 什么是大导管？其适用范围是什么？

大导管是指在隧道开挖轮廓外顺纵向预先置入成排的大直径钢管,开挖后用钢拱架支撑钢管组成的预先支护系统。因管棚预支护刚度大,适用于含水的沙土地层和破碎带,以及浅埋隧道或地面有重要建筑物地段,对防止软弱围岩下沉、松弛和坍塌有显著效果。

3. 注浆具有什么作用？

注浆是为了延长砂砾土、砂性土、黏性土或强风化基岩等不稳定地层的自稳时间而采取的地层预加固、预支护的方法,从而提高周围地层的稳定性。

4. 混凝土顶板具有什么作用？有哪些形式？

顶板主要用来承受施工和运营期间的内、外部荷载,提供地铁必需的使用空间。顶板可采用单向板(或梁式板)、井字梁式板、无梁板或密肋板等形式。井字梁式板和无梁板可以形成美观的顶棚或建筑造型,但由于其造价较高,所以只有在板下不走管线时才考虑采用这两种方式。

5. 地铁工程中混凝土梁的主要技术要求有哪些？

地铁工程中混凝土梁的构造与普通民用建筑中混凝土梁的构造基本相同，其主要技术要求包括：

(1)支架应稳定，强度、刚度应符合规定。

(2)支架的弹性、非弹性变形及基础的允许下沉量应满足施工后梁体设计标高的要求。

(3)整体浇筑时应采取措施，防止梁体不均匀下沉产生裂缝，若地基下沉可能造成梁体混凝土产生裂缝时，应分段浇筑。

6. 常用的现浇混凝土楼梯有哪几种？

常用的现浇楼梯有板式和梁式两种。现浇钢筋混凝土楼梯整体性和抗震性能好。

(1)板式楼梯。板式楼梯由梯段板、平台板和平台梁组成，其优点是下面平整，施工支模较方便，外观比较轻巧，缺点是斜板较厚，约为梯段板水平长度的 1/25～1/30，混凝土用量和钢材用量较多，有效受力断面仅是踏步下面一层较薄的板，一般适用于梯段板水平长度≤3m，且作用荷载值不大。

(2)梁式楼梯。梁式楼梯主要由踏步板、斜梁、平台梁和平台板等构件组成，其斜梁的布置有三种：第一种是在楼梯跑的一侧布置有斜梁，另一侧为砖墙，所以梯形截面踏步板一端支承在斜梁上，另一端则支承在砖墙上，这种布置方式不便于施工。第二种是在楼梯跑的两侧都布置有斜梁，这样，踏步板的两端都支承在斜梁上，楼梯间侧墙砌筑就比较方便。第三种是单独的一根斜梁布置在楼梯跑宽度的中央，称为中梁式，适用于楼梯不很宽，荷载亦不太大时。梁式楼梯的跨度可比板式楼梯的大些，通常当楼梯跑的水平跨度>3.5m 时，宜采用梁式楼梯。

7. 什么是混凝土检查沟？

混凝土检查沟是指地铁工程中对地铁车辆进行检查而设置的混凝土沟道。

8. 什么是砌筑工程？其施工时应注意哪些问题？

砌筑工程是指以普通黏土砖、硅酸盐类砖、石块和各种砌块为材料进

行砌筑的工程。为了确保砌筑工程的施工安全,应注意以下问题:

(1)在操作之前必须检查操作环境是否符合安全要求,道路是否通畅,机具是否完好牢固,安全设施和防护用品是否齐全。

(2)严禁站在墙顶上画线、刮缝、清扫墙面及检查等。

(3)在中间层(特别是预制板)上施工时,堆放机具、砖块等物品不得超过使用荷载。如超过使用荷载时,必须经过验算并采取有效加固措施后,方可进行堆放和施工。

(4)脚手架必须有足够的强度、刚度和稳定性。操作面必须满铺脚手板,不得有探头板。堆料量不得超过规定荷载,堆砖高度不得超过3皮侧砖,同一块操作板上的操作人员不得超过2人。

9. 什么是刚性防水层?

刚性防水层是指使用刚性防水材料如防水混凝土、防水砂浆等对结构物进行防水的一种方法。

10. 什么是柔性防水层?

柔性防水层是指在建筑物基层上铺贴防水卷材或涤布防水涂料,使之形成防水隔离层的方法。

11. 地铁土方与支护工程定额包括哪些项目?

地铁土方与支护定额包括土方工程、支护工程等2节26个子目。

12. 地铁土方工程定额工作内容有哪些?

(1)机械挖土方:机械挖土方、装土、挖土、卸土、运土至洞口等。

(2)人工挖土方:人工挖土方、装土、卸土、人工运土至洞口等。

(3)竖井提升土方及竖井挖土方:

1)竖井提升土方包括:土方由洞口提升至地面及地面人工配合。

2)竖井挖土方包括:人工挖土方、土方提升等。

(4)回填土石方:

1)回填素土包括:土方摊铺、分层夯实等。

2)回填三七灰土包括:灰土配料、回填、分层碾压等。

3)回填级配砂石包括:回填、平整、分层夯实等。

13. 地铁土方支护工程定额工作内容有哪些?

(1)小导管、大管棚制作、安装:钻孔、导管及管棚制作、运输、安装就位。

(2)锚杆:

1)预应力锚杆包括:钻孔、锚杆制作、张拉、安装。

2)砂浆锚杆包括:钻眼、锚杆制作及安装、砂浆灌注等。

3)土钉锚杆包括:土钉制作、安装等。

(3)注浆:准备及清理、配料、进料、压浆、检查、堵塞压浆孔等。

14. 如何计算盖挖土方定额工程量?

盖挖土方按设计结构净空断面面积乘以设计长度以"m^3"计算,其设计结构净空断面面积是指结构衬墙外侧之间的宽度乘以设计顶板底至底板(或垫层)底的高度。

15. 如何计算隧道暗挖土方定额工程量?

隧道暗挖土方按设计结构净空断面(其中拱、墙部位以设计结构外围各增加 10cm)面积乘以相应设计长度以"m^3"计算。

16. 如何计算车站暗挖土方定额工程量?

车站暗挖土方按设计结构净空断面面积乘以车站设计长度以"m^3"计算,其设计结构净空断面面积为初衬墙外侧各增加 10cm 之间的宽度乘以顶板初衬结构外放 10cm 至设计底板(或垫层)下表面的高度。

17. 如何计算竖井挖土方定额工程量?

竖井挖土方按设计结构外围水平投影面积乘以竖井高度以"m^3"计算,其竖井高度指实际自然地面标高至竖井底板下表面标高之差计算。

18. 如何计算竖井提升土方工程量?

竖井提升土方按暗挖土方的总量以"m^3"计算(不含竖井土方)。

19. 如何计算小导管制作、安装定额工程量?

小导管制作、安装按设计长度以"延长米"计算。

20. 如何计算注浆定额工程量?

注浆根据设计图纸注明的注浆材料,分别按设计图纸注浆量以"m^3"

计算。

21. 地铁结构工程定额包括哪些项目？

地铁结构工程定额包括混凝土、模板、钢筋、防水工程共4节83个子目。

22. 地铁结构工程中混凝土定额工作内容有哪些？

(1)喷射混凝土：施工准备、配料、上料、喷射混凝土、清理等。

(2)暗挖区间混凝土：施工准备、配料、上料、搅拌、浇筑、振捣、养护、人工配合混凝土泵送等。

(3)明开区间混凝土：施工准备、配料、上料、搅拌、振捣、浇筑、养护等。

(4)车站混凝土：配料、搅拌、人工配合泵送混凝土、浇筑、振捣、养护等。

(5)竖井混凝土：配料、搅拌、浇筑、振捣、养护等。

23. 地铁结构工程中模板定额工作内容包括哪些？

(1)暗挖区间模板：

1)模板及支撑洞内倒运、安装、拆除、堆放、刷油、清理。

2)模板及支撑洞内倒运、安装、拆除、堆放、刷油、清理。

3)模板台车的移动、刷油、加固等。

(2)明开区间模板：模板及支撑倒运、安装、拆除、堆放、刷油、清理。

(3)车站模板：

1)模板及支撑洞内倒运、安装、拆除、堆放、刷油、清理。

2)砖地模、砖胎模包括场地平整、砖运输、铺设等。

3)站台板包括：模板和支撑的安装及拆除、倒运、水平运输等。

4)竖井内衬墙包括：模板和支撑的安装及拆除、倒运、水平运输等。

24. 地铁结构工程中钢筋定额工作内容包括哪些？

(1)钢筋：钢筋制作、安装、绑扎、焊接等。

(2)钢梯制作安装及预埋件：

1)钢梯制作包括：放样、画线，截料、平直、钻孔、拼装、焊接、成品矫正、除锈、刷防锈漆等。

2)钢梯安装包括:安装校正、拧紧螺栓、电焊固定、清扫等。
3)预埋件包括:预埋件制作、安装等。

25. 地铁结构工程中防水定额工作内容包括哪些?

(1)防水卷材铺设:
1)SBS 卷材防水包括:刷冷底子油、卷材铺设。
2)LDPE 卷材防水包括:底层泡沫板铺设、LDPE 铺设。
(2)防水找平层、保护层:基层处理、混凝土搅拌、浇筑及养护、调配制水泥砂浆、搅拌及浇筑。
(3)变形缝、施工缝:
1)变形缝包括:混凝土面清理、聚苯板、水泥砂浆、纤维板、橡胶止水带及 SBS 防水卷材等安装。
2)施工缝包括:混凝土面清理、橡胶止水带安装。

26. 如何计算地铁结构工程中混凝土定额工程量?

(1)喷射混凝土按设计结构断面面积乘以设计长度以"m^3"计算。
(2)混凝土按设计结构断面面积乘以设计长度以"m^3"计算(靠墙的梗斜混凝土体积并入墙的混凝土体积计算,不靠墙的梗斜并入相邻顶板或底板混凝土计算),计算扣除洞口大于 0.3m^2 的体积。
(3)混凝土垫层按设计图纸垫层的体积以"m^3"计算。
(4)混凝土柱按结构断面面积乘以柱的高度以"m^3"计算(柱的高度按柱基上表面至板或梁的下表面标高之差计算)。
(5)填充混凝土按设计图纸填充量以"m^3"计算。
(6)整体道床混凝土和检修沟混凝土按设计断面面积乘以设计结构长度以"m^3"计算。

27. 如何计算地铁结构工程中楼梯定额工程量?

楼梯按设计图纸水平投影面积以"m^2"计算。

28. 如何计算地铁结构工程中模板定额工程量?

模板工程按模板与混凝土的实际接触面积以"m^2"计算。

29. 如何计算地铁结构工程中防水定额工程量?

(1)施工缝、变形缝按设计图纸长度以"延长米"计算。

(2)防水工程按设计图纸面积以"m^2"计算。

(3)防水保护层和找平层按设计图纸面积以"m^2"计算。

30. 地铁土建其他工程定额包括哪些项目?

地铁土建其他工程定额包括隧道内临时工程拆除、材料运输、竖井提升共计13个子目。

31. 地铁土建其他工程定额工作内容有哪些?

其他工程定额工作内容,见表9-1。

表9-1 其他工程定额工作内容

序号	项目名称	工 作 内 容
1	拆除混凝土	拆除混凝土包括拆除、洞内运输及提升至地面
2	材料运输	人工装卸、运输、码放
3	临时工程	(1)洞内通风包括:铺设管道、清除污物、维修保养、拆除及材料运输。 (2)洞内动力包括:线路铺设、安全检查、安装、随用随移、维修保养、拆除及材料运输。 (3)洞内照明包括:线路沿壁架设、安装、随用随移、安全检查、维修保养、拆除及材料运输。 (4)洞内轨道包括:铺设枕木、轻轨、校正调顺、固定、拆除、材料运输及保养维修

32. 如何计算地铁土建临时工程定额工程量?

(1)洞内通风按隧道的施工长度减30m计算。

(2)洞内照明按隧道的施工长度以"延长米"计算。

(3)洞内动力线路按隧道的施工长度加50m计算。

(4)洞内轨道按施工组织设计所布置的起止点为准,以"延长米"计算。对所设置的道岔,每处道岔按相应轨道折合30m计算。

33. 什么是道床?

道床是指铺设在路基顶面上的道渣层,其主要作用是均匀地传布轨枕压力于路基上,保持轨枕位置,排除地面雨水,从而使轨道具有足够的弹性,减缓列车的冲击振动。一般包括碎石道床(有渣)和整体道床(无渣)两种。

34. 高架减振段道床与高架一般段道床有什么区别?

高架减振段道床与高架一般段道床的主要区别就在于其设有减振装置,能有效减轻地铁车辆运行时产生的噪音和产生的振动。

35. 什么是道岔?道岔包括哪些类型?

道岔是使列车或机车车辆由一条线路转入或跨越另一条线路而设置的轨道转辙设备。道岔包括正线道岔和车场线道岔两种类型,按其用途和平面形状的不同可以分为连接设备、交叉设备、连接与交叉的组合三种形式。

36. 钢轨伸缩调节器由哪几部分组成?有哪些种类?

钢轨伸缩调节器由基本轨、尖轨、大垫板、轨撑(导向轨撑)、轨卡等组成。常用的可分为斜线型、曲线型调节器两类。

(1)斜线型调节器。尖轨轨头外侧刨成一条斜线,基本轨作成同样角度,用轨撑固定在大垫板上;尖轨用导向卡控制其横向位置,从而尖轨可沿大垫板作纵向位移。基本轨和尖轨采用普通钢轨制成,尖轨的轨腰加补强板,其断面采用"切底式"。基本轨轨底削弱较多,容易发生疲劳断裂,尖轨补强板铆钉易松动。尖轨尖端轨距伸缩而异,最小为1433mm,最大不得超过1451mm。由于尖轨尖端的轨距较大,列车通过时摇晃比较剧烈。

(2)曲线型调节器。尖轨与基本轨贴合面为圆曲线,同线路轨距线相切。尖轨固定在大垫板上,基本轨相对大垫板位移。尖轨采用特种断面钢轨,轨头外侧刨切线半径为200~500m圆曲线;基本轨采用普通钢轨,组装前是直轨,组装时它的一侧依靠尖轨轨头,另一侧依靠基本轨轨撑顶成相应的圆曲线。

结构上的特点决定了伸缩调节器也是桥上线路的薄弱环节,桥上轨道要满足重载快运的需要,准确把握伸缩调节器状态、量化缺陷,采取劣化控制措施和制定行之有效的病害处置预案是十分重要且必要的。

37. 什么是接触轨?

接触轨是由高导电率钢制成特殊断面的每米52kg的钢轨。一般敷设于走行轨旁,沿线路行车方向的左侧,在叉线处敷设于右侧。在分段处最好设过渡弯头,保证受流器在车辆运动中的平滑过渡。为增强接触轨的稳定性,应沿线设置防爬器,一般在长轨中间设置的防爬器不少于两组,纵坡大于10‰时,至少应再增设两组,具体数量视长轨的焊接长度而定。

38. 什么是接触网？由哪几部分组成？

接触网是无备用设备但又极易损耗的供电系统终端装置,受环境和气候的影响较大,设备一旦损坏就会中断牵引供电,从而导致电动列车无法运行,对轨道交通系统造成较大损失。接触网包括接触轨式和架空式两种类型。

接触网是由支柱设备、支持装置、接触悬挂等部分构成的供电设备。电能由接触网通过受电弓引入电力机车内。

39. 什么是接触网试运行？

接触网工程竣工后,应按规定对工程进行质量检查和验收,确认合格后方可投入运行。这就是试运行。验收完毕后进行工程交接时,运行单位和施工单位之间要交接图纸、施工记录和说明书等必需的竣工资料,具体验收项目及标准,按相关文件、竣工资料及验收规范规程进行。检查和试验确保接触网状态良好,才能正式送电运行。

40. 地铁轨道工程部分定额包括哪些项目？

地铁轨道部分定额包括铺轨、铺道岔、铺道床、安装轨道加强设备及护轮轨、线路其他工程、接触轨安装、轨料运输七章21节共81个子目。

41. 地铁铺轨定额包括哪些项目？

地铁铺轨定额包括隧道铺轨、地面碎石道床人工铺轨、桥面铺轨、道岔尾部无枕地段铺轨、换铺长轨等共5节28个子目。

42. 隧道铺轨定额工作内容有哪些？

(1)整体道床人工铺轨:检配、散布与安装钢轨及配件,钢轨支撑架安拆,组装扣件,悬挂钢筋混凝土轨枕,调整、就位、上油、检修等。

(2)整体道床人工铺无缝线路:检配、散布与安装钢轨及配件,钢轨支撑架安拆,组装扣件,悬挂钢筋混凝土轨枕,调整、就位、上油、检修等。

(3)整体道床机械铺轨：

1)轨节拼装：吊散摆排轨枕,组装轨枕扣件、检配吊散钢轨及打印、方正轨枕,散布与安装钢轨及配件和轨枕扣件,检修、吊码、吊装轨节至平板车上,捆轨件,装配件、涂油等。

2)轨节铺设：轨节运至铺轨工地（或前方作业站）后,轨节列车的调车,轨节的倒装拖拉、吊铺、合拢口锯轨,钢轨钻孔,安装钢轨配件,检修等,龙门架轨道的铺拆。

(4)浮置板道床机械铺轨：

1)轨节拼装：吊散摆排轨枕,组装轨枕扣件、检配、吊散钢轨及打印、方正轨枕,散布与安装钢轨及配件和轨枕扣件,检修、吊装轨节至平板车上,捆轨件,装配件、涂油等。

2)轨节铺设：轨节运至铺轨工地后,轨节列车的调车,轨节的倒装拖拉、吊铺、合拢口锯轨,钢轨钻孔,安装钢轨配件,检修等,龙门架轨道的铺、拆。

43. 地面碎石道床人工铺轨定额工作内容有哪些？

(1)50kg 钢轨、60kg 钢轨（木枕）：检配钢轨,挂线散枕,摆排轨枕,硫磺锚固,涂绝缘膏（木枕打印、钻孔、注油）,吊散钢轨,合拢口锯轨,钢轨钻孔、划印、方正轨枕,散布与安装钢轨及配件和轨枕扣件,上油、检修、拨荒道等,小型龙门架走行轨道的铺、拆、运。

(2)60kg 钢轨（混凝土土枕）：检配钢轨,挂线散枕,摆排轨枕,硫磺锚固,涂绝缘膏（木枕打印、钻孔、注油）,吊散钢轨,合拢口锯轨,钢轨钻孔、划印、方正轨枕,散布与安装钢轨及配件和轨枕扣件,上油、检修、拨荒道等,小型龙门架走行轨道的铺、拆、运。

44. 桥面铺轨定额工作内容有哪些？

清理桥面,自桥下往桥面吊运钢轨、轨枕及配件,散布钢轨、轨枕及配件,安装钢轨支撑架,安装钢轨配件及轨枕扣件,上油检修等。

45. 换铺长轨定额工作内容有哪些？

(1)长轨焊接：量锯钢轨接头,打磨轨端,对缝、预热、焊接,除瘤打磨、探伤。

(2)换铺长轨：拆除工具轨,换铺长轨,回收、码放工具轨。

46. 如何计算地铁铺轨定额工程量？

地铁铺轨定额工程量计算规则见表 9-2。

表 9-2　　　　　　　　　地铁铺轨定额工程量计算规则

序号	项目	说明
1	隧道、桥面铺轨	隧道、桥面铺轨按道床类型、轨型、轨枕及扣件型号、每公里轨枕布置数量划分，线路设计长度扣除道岔所占长度以"km"为单位计算
2	地面碎石道床铺轨	地面碎石道床铺轨，按轨型、轨枕及扣件型号、每公里轨枕布置数量划分，线路设计长度扣除道岔所占长度和道岔尾部无枕地段铺轨长度以"km"为单位计算
3	道岔尾部无枕地段铺轨	(1)道岔长度是指从基本轨前端至辙叉根端的距离。特殊道岔以设计图纸为准。 (2)道岔尾部无枕地段铺轨，按道岔根端至末根岔枕的中心距离以"km"为单位计算
4	换铺长轨	(1)长钢轨焊接按焊接工艺划分，接头设计数量以个为单位计算。 (2)换铺长轨按无缝线路设计长度以"km"为单位计算

47. 铺道岔定额包括哪些项目？

铺道岔定额包括人工铺设单开道岔、人工铺设复式交分道岔、人工铺设交叉渡线共 3 节 12 个子目。

48. 铺道岔定额工作内容有哪些？

铺道岔定额工作内容，见表 9-3。

表 9-3　　　　　　　　　　铺道岔定额工作内容

序号	项目名称	工作内容
1	人工铺设单开道岔	整平路面，选配与吊散道岔及岔枕，木岔枕打印、钻孔、注油，混凝土岔枕硫磺锚固、涂绝缘膏，散布与安装道岔配件和岔枕扣件，整修等，整体道床道岔包括道岔支撑架的安拆、倒运等

(续)

序号	项目名称	工作内容
2	人工铺设复式交分道岔	整平路面,选配与吊散道岔及岔枕,木岔枕打印钻孔、注油,散布与安装道岔配件和岔枕扣件,整修等,整体道床道岔包括道岔支撑架的安拆、倒运等
3	人工铺设交叉渡线	整平路面,选配与吊散道岔及岔枕,木岔枕打印、钻孔、注油,散布与安装道岔配件和岔枕扣件,整修等,整体道床道岔包括道岔支撑架的安拆、倒运等

49. 如何计算铺道岔定额工程量?

铺设道岔按道岔类型、岔枕及扣件型号、道床形式划分,以"组"为单位计算。

50. 铺道床定额包括哪些项目?其适用范围是什么?

铺道床定额包括碎石道床1节共3个子目,铺道床定额适用于城市轨道交通工程地面线路碎石道床铺设。

51. 如何计算铺道床定额工程量?

铺道床定额工程量计算规则,见表9-4。

表9-4　　　　　　　　铺道床定额工程量计算规则

序号	项目	说明
1	铺底渣	铺碎石道床底渣应按底渣设计断面乘以设计长度以"1000m³"为单位计算
2	铺线间渣	铺碎石道床线间石渣应按线间石渣设计断面乘以设计长度以"1000m³"为单位计算
3	铺面渣	铺碎石道床面渣应按面渣设计断面乘以设计长度,并扣除轨枕所占道床体积以"1000m³"为单位计算

52. 安装轨道加强设备及护轮轨定额包括哪些项目?

安装轨道加强设备及护轮轨定额包括安装轨道加强设备,铺设护轮轨 2 节共 10 个子目。

53. 安装轨道加强设备及护轮轨定额工作内容有哪些?

安装轨道加强设备及护轮轨定额工作内容,见表 9-5。

表 9-5　　　　安装轨道加强设备及护轮轨定额工作内容

序号	项目名称	工 作 内 容
1	安装轨道加强设备	(1)轨距杆:螺栓涂油,安装轨距杆,调整轨距。 (2)防爬设备:自扒开枕木间道渣至安装好全部工作过程,包括防爬支撑的制作。 (3)钢轨伸缩调节器:检配轨料、木枕打印、钻孔、注油,散布钢轨伸缩调节器,安装配件及扣件,整修等
2	铺设护轮轨	散布护轮轨、支架及配件,安装护轮轨,整修等

54. 如何计算安装轨道加强设备及护轮轨定额工程量?

安装轨道加强设备及护轮轨定额工程量计算规则,见表 9-6。

表 9-6　　　　安装轨道加强设备及护轮轨定额工程量计算规则

序号	项 目	说 明
1	安装绝缘轨距杆	安装绝缘轨距杆按直径、设计数量以"100 根"为单位计算
2	安装防爬支撑	安装防爬支撑分木枕、混凝土枕地段按设计数量以"1000 个"为单位计算
3	安装防爬器	安装防爬器分木枕、混凝土枕地段按设计数量以"1000 个"为单位计算
4	安装钢轨伸缩调节器	安装钢轨伸缩调节器分桥面、桥头引线以"对"为单位计算
5	铺设护轮轨	铺设护轮轨工程量,单侧安装时按设计长度以单侧"100 延长米"为单位计算,双侧安装时按设计长度折合为单侧安装工程量,仍以单侧"100 延长米"计算

55. 地铁线路其他工程定额工作内容有哪些?

地铁线路其他工程定额工作内容,见表 9-7。

表 9-7　　　　　　　　　线路其他工程定额工作内容

序号	项目名称	工 作 内 容
1	平交道口	(1)单线道口：制作钢筋混凝土道口板(C30)，道口清理浮渣，制作、安装护轨，填铺垫层，铺砌道口，木料涂防腐油，安装，清理等。 (2)股道间道口：制作钢筋混凝土道口板(C30)，道口清理浮渣，填铺垫层，铺砌，清理等
2	车挡	车挡的安装，车挡标志的安装
3	线路及信号标志	(1)洞内标志：标志定位、划印、边墙钻孔，用膨胀螺栓固定标志。 (2)洞外标志及永久性基标：木模制作、安装、拆除，钢筋制作及绑扎，混凝土制作、灌筑、振捣及养护，标志涂油两遍及油漆写字，挖坑埋设等
4	沉落整修及机车压道	(1)沉落整修：起道细找、捣固、串道心、细方枕木、细拨道、均匀石渣、整理道床、线路整理(调整轨缝、轨距、轨距杆、防爬器、紧螺栓、打浮钉)。 (2)加强沉落整修：起道、填渣、捣固、线路及道岔改道、方枕、拨道、调整轨缝、压道整修等。 (3)机车压道：机车压道(正线50次以上，站线30次以上)
5	改动无缝线路	(1)应力放散：应力放散前准备，松开扣件螺栓和防爬设备，装卸拉伸器，长钢轨应力放散，换缓冲钢轨。 (2)锁定：方正接头轨枕，拧紧螺栓，量测观测桩放散量，标写锁定轨温及日期

56. 如何计算地铁线路其他工程定额工程量？

地铁线路其他工程定额工程量计算规则，见表 9-8。

表 9-8　　　　　　　　　线路其他工程定额工程量计算规则

序号	项 目	说　　明
1	平交道口	平交道口分单线道口和股道间道口，均按道口路面宽度以"10m宽"为单位计算。遇有多个股道间道口时，应按累加宽度计算

(续)

序号	项目	说明
2	车挡	车挡分缓冲滑动式车挡和库内车挡,均以"处"为单位计算
3	安装线路及信号标志	安装线路及信号标志按设计数量,洞内标志以"个"为单位,洞外标志和永久性基标以"百个"为单位计算
4	沉落整修	(1)线路沉落整修按线路设计长度扣除道岔所占长度以"km"为单位计算。 (2)道岔沉落整修以"组"为单位计算。 (3)加强沉落整修按正线线路设计长度(含道岔)以正线"公里"为单位计算
5	机车压道	机车压道按线路设计长度(含道岔)以"km"为单位计算
6	改动无缝线路	改动无缝线路,按无缝线路设计长度以"km"为单位计算

57. 地铁线路其他工程定额包括哪些项目?

线路其他工程定额包括铺设平交道口、安装车挡、安装线路及信号标志、视落整修及机车压道、改动无缝线路等5节共19个子目。

58. 接触轨安装定额包括哪些项目?

接触轨安装定额包括接触轨安装、接触轨焊接、接触轨弯头安装、安装防护板4节共7个子目。

59. 接触轨安装定额工作内容有哪些?

接触轨安装定额工作内容,见表9-9。

表9-9　　　　　　　接触轨安装定额工作内容

序号	项目名称	工 作 内 容
1	接触轨安装	检配、运散接触轨及配件,安装接触轨底座、绝缘子,安装接触轨,安装接触轨温度接头、防爬器等。碎石道床包括接触轨加长枕木铺设,整体道床包括混凝土底座吊架安装、拆除
2	接触轨焊接	量锯接触轨接头,打磨轨端,对缝、预热、焊接、除瘤打磨、探伤

(续)

序号	项目名称	工作内容
3	接触轨弯头安装	运散接触轨弯头、配件及底座,接触轨弯头安装。碎石道床包括接触轨加长枕木铺设,整体道床包括混凝土底座吊架安装、拆除
4	安装防护板	检配、运散接触轨防护板、底座、支架及配件,安装底座、支架及防护板。碎石道床包括接触轨加长枕木铺设,整体道床包括混凝土底座吊架安装、拆除

60. 如何计算接触轨安装定额工程量?

接触轨安装定额工程量计算规则,见表9-10。

表9-10　　接触轨安装定额工程量计算规则

序号	项目	说明
1	接触轨安装	接触轨安装分整体道床和碎石道床,按接触轨单根设计长度扣除接触轨弯头所占长度以"km"为单位计算
2	接触轨焊接	接触轨焊接,按设计焊头数量以"个"为单位计算
3	接触轨弯头安装	接触轨弯头安装分整体道床和碎石道床,按设计数量以"个"为单位计算
4	安装接触轨防护板	安装接触轨防护板分整体道床和碎石道床,按单侧防护板设计长度以"km"为单位计算

61. 轨料运输定额包括哪些项目?适用范围是什么?

轨料运输定额包括轨道车运输1节共2个子目。轨料运输定额适用于长钢轨运输、标准轨及道岔运输。

62. 轨料运输定额工作内容有哪些?

轨料运输定额工作内容,见表9-11。

表9-11　　轨料运输定额工作内容

序号	项目	工作内容
1	长钢轨	轨料装、运、卸、码放、返回
2	标准轨及道岔	轨料装、卸、码放、返回

63. 如何计算轨料运输定额工程量?

轨道车运输按轨料质量以"t"为单位计算。

64. 什么是转辙机?

转辙机是用以可靠地转换道岔位置,改变道岔开通方向,锁闭道岔尖轨,反映道岔位置的重要的信号基础设备,它可以很好地保证行车安全,提高运输效率,改善行车人员的劳动强度。

65. 地铁轨道电路有哪几种类型?

地铁轨道电路按方法的不同可分为无绝缘轨道电路、有绝缘轨道电路、双轨条轨道电路和单轨条轨道电路。双轨条轨道电路能同时检测列车占用和传递信息;单轨条轨道电路一般只能检测列车占用,信息传递则依靠轨间环路。无绝缘双轨条轨道电路一般用于区间正线和车站股道;有绝缘单轨条轨道电路一般用于道岔区段、车辆段、停车场。

66. 什么是道岔轨道跳线?

道岔轨道跳线是指连接道岔连接部分两外侧钢轨构成回路。

67. 什么是道岔区段传输环路?

道岔区段传输环路是指设在车站道岔区的地面与列车传递信息的轨道环路。

68. 什么是电气集中及电气集中分成柜?

电气集中是指用电气的方法将地铁车站的道岔、进路和信号机等集中于一处进行控制与监督的车站联锁。电气集中分成柜是指电气集中时对各种信号线进行分配管理的箱柜设备。

69. 什么是电气控制台?

电气控制台是向调光器输出控制信号,进行调光控制的工作台,装有测量仪表、信号装置、控制开关等器件的供运行人员对被控设备进行监视和操作的台。

70. 什么是微机联锁控制台?

微机联锁控制台是微机联锁的操作界面,能模拟进路排列/取消、引导接车、道岔单操/单锁/封闭、信号/股道封闭、区段故障解锁、站间/场间联系等功能。

71. 什么是人工解锁?

人工解锁是指进路完成接近锁闭台即列车或调车车列占用进路的接近区段时,应保证不因进路上任一区段故障而导致进路错误解锁,必须办理人工延时解锁,简称人工解锁。

72. 什么是调度集中控制台?

调度集中控制台是调度员用于控制管辖区段内车站信号设备的装置,其台面上设置各种功能键(按钮或手柄)和相应的指示器,供调度员选择被控制车站的列车进路及信号。

73. 通信导线敷设定额包括哪些项目?其适用范围是什么?

通信导线敷设定额包括天棚敷设导线、托架敷设导线、地槽敷设导线共3节11个子目。导线敷设定额适用于地铁洞内导线常用方式的敷设。

74. 通信导线敷设的定额工作内容有哪些?

通信导线敷设定额工作内容,见表9-12。

表9-12 通信导线敷设定额工作内容

序号	项目名称	工 作 内 容
1	天棚敷设导线	绝缘测试,量裁,布放,绑扎,整理,导线剥头,固定防护,标识
2	托架敷设导线	绝缘测试,量裁,布放,绑扎,整理,导线剥头,固定防护,标识
3	地槽敷设导线	绝缘测试,打开盖板,清理地槽,量裁,地槽布放,绑扎,整理,导线剥头,焊压接线端子,固定防护,标识,恢复盖板,现场清理

75. 如何计算通信导线敷设定额工程量?

(1)导线敷设子目均按照导线敷设方式、类型、规格以"100m"为计算单位。

(2)导线敷设引入箱、架(或设备)的计算,应计算到箱、架中心部(或设备中心部)。

76. 电缆、光缆敷设及吊、托架安装定额包括哪些项目?其适用范围是什么?

电缆、光缆敷设及吊、托架定额包括顶棚敷设电缆、托架敷设电缆、站内、洞内钉固及吊挂敷设电缆,安装托板托架、吊架、托架敷设光缆,钉固敷设光缆,地槽敷设光缆共7节41个子目。

电缆、光缆敷设及吊、托架安装定额适用于地铁电缆、光缆站内、洞内常用方式的敷设和托、吊架的安装。

77. 电缆、光缆敷设及吊托架定额工作内容有哪些?

电缆、光缆敷设及吊、托架安装定额工作内容,见表9-13。

表9-13　　　电缆、光缆敷设及吊、托架安装定额工作内容

序号	项目名称	工 作 内 容
1	天棚敷设电缆	搬运,电缆检验,顶棚敷设电缆,绑扎,预留缆固定,芯线校通,封电缆头,标识,记录
2	托架敷设电缆	搬运,电缆检验,托架敷设电缆,绑扎、固定,整理,预留缆固定,芯线校通,绝缘测试,封电缆头,标识,记录
3	站内、洞内钉固及吊挂敷设电缆	搬运,电缆检验,画线、定位、敷设钉固(吊挂)电缆,整理,芯线校通,绝缘测试,封电缆头,标识,记录
4	安装托板托架、吊架	搬运,检验,定位、画线、打孔,托架紧固,安装吊架,托板安装调整,检查清理
5	托架敷设光缆	搬运,检验光缆,配盘,托架敷设光缆,绑扎及预留缆固定,整理,测试,封光缆头,标识,记录
6	钉固敷设光缆	搬运,检验光缆,配盘,画线、定位,敷设钉固光缆,整理,测试,封光缆头,标识,记录
7	地槽敷设光缆	搬运,检验光缆,配盘,地槽清理,敷设地槽光缆,绑扎固定,整理,封光缆头,测试,标识,记录,恢复盖板,现场清理

78. 如何计算电缆、光缆敷设定额工程量？

（1）电缆、光缆敷设均是按照敷设方式根据电、光缆的类型、规格分别以"10m、100m"为单位计算。

（2）电缆、光缆引入设备，工程量计算到实际引入汇接处，预留量从引入汇接处起计算。

（3）电缆、光缆引入箱（盒），工程量计算到箱（盒）底部水平处，预留量从箱（盒）底部水平处起计算。

79. 如何计算安装托板托架、漏缆吊架定额工程量？

安装托板托架、漏缆吊架子目均以"套"为计算单位。

80. 电缆接焊、光缆接续与测试定额包括哪些内容？其适用范围是什么？

电缆接焊、光缆接续与测试定额包括电缆接焊、电缆测试、光缆接续、光缆测试共4节20个子目。

电缆接焊光缆接续与测试定额适用于地铁工程常用的电缆接焊、光缆接续与测试。

81. 电缆接焊、光缆接续与测试定额工作内容有哪些？

电缆接焊、光缆接续与测试定额工作内容，见表9-14。

表9-14　　　　电缆接焊、光缆接续与测试定额工作内容

序号	项目名称	工　作　内　容
1	电缆接焊	定位，量裁，检验，缆芯清洁处理，接焊缆对号，芯线接续，复测对号，编线绑扎，穿封套管，充气试验，安装固定
2	电缆测试	电缆测试、记录
3	光缆接续	检验器材，定位、量裁、剥缆，纤芯清洁处理，光纤熔接，接头测试、检查、收纤、固定，安装保护盒，清理，防护
4	光缆测试	光缆测试，标识，记录

82. 如何计算电缆接焊、光缆接续与测试定额工程量？

电缆接焊、光缆接续与测试定额工程量计算规则，见表9-15。

表 9-15　　　　电缆接焊、光缆接续与测试定额工程量计算规则

序号	项 目	说 明
1	电缆接焊头	电缆接焊头按缆芯对数以"个"为计算单位
2	电缆测试	电缆全程测试以"条或段"为计算单位
3	光缆接续头	光缆接续头按光缆芯数以"个"为计算单位
4	光缆测试	光缆测试按光缆芯数以"光中继段"为计算单位

83. 通信电源设备安装定额包括哪些项目？

通信电源设备安装定额包括蓄电池安装及充放电、电源设备安装共 2 节 14 个子目。

通信电源设备安装定额适用于地铁常用通信电源的安装和调试。

84. 通信电源设备安装定额工作内容有哪些？

通信电源设备安装定额工作内容，见表 9-16。

表 9-16　　　　　　通信电源设备安装定额工作内容

序号	项目名称	工 作 内 容
1	蓄电池安装及充放电	开箱检验，清洁搬运，连接组合，充放电及容量试验，安装电池，调整水平，检查测量，电池标志，记录
2	电源设备安装	(1)UPS电源：开箱检验，清洁搬运，画线定位，设备就位，连接固定，通电试验。 (2)组合电源：同UPS电源的工作内容。 (3)数控稳压设备：同UPS电源的工作内容。 (4)安调充放电设备(套)：开箱检验，清洁搬运，画线定位，设备就位，连接固定，通电试验，测试调整，记录 (5)配电设备自动性能调测(台)：同安调充放电设备(套)的工作内容。 (6)安装蓄电池机柜(架)：同安调充放电设备(套)的工作内容

85. 如何计算通信电源设备定额工程量？

(1)蓄电池安装按其额定工作电压、容量大小划分，以"蓄电池组"为

单位计算。

(2)安装调试不间断电源和数控稳压设备定额是按额定功率划分,以"台"为单位计算。

(3)安装调试充放电设备以"套"为单位计算。

(4)安装蓄电池机柜、架分别以"架"为单位计算。

(5)安装组合电源、配电设备自动性能调测均是以"台"为单位计算。

86. 通信电话设备安装定额包括哪些项目?其适用范围是什么?

通信电话设备安装定额包括安调程控交换机及附属设备、安调电话设备及配线装置共2节19个子目。

通信电话设备安装定额适用于地铁工程国产和进口各种制式的程控交换机设备的硬件、软件安装、调试与开通,以及电话设备安装和调试。

87. 通信电话设备安装定额工作内容有哪些?

通信电话设备安装定额工作内容见表9-17。

表9-17 通信电话设备安装定额工作内容

序号	项目名称	工 作 内 容
1	安调程控交换机及附属设备	(1)安调程控交换机:开箱检验、清洁搬运、安装固定、性能测试,开通,功能设置,软、硬件安装、调试、开通以及相应配线架(柜)安装,修改局数据,增减中继线,试验并记录。 (2)安调附属设备:开箱检验,清洁搬运,安装固定,性能测试,开通,功能设置,软、硬件安装,调试,开通,试验并记录
2	安调电话设备及配线装置	(1)安调电话设备:开箱检验,清洁搬运,安装固定,功能设置,性能测试,开通,记录。 (2)安调配线装置:开箱检验,清洁搬运,安装固定,性能测试,记录

88. 如何计算通信电话设备安装定额工程量?

通信电话设备安装定额工程量计算规则,见表9-18。

表 9-18　　　　　　通信电话设备安装定额工程量计算规则

序号	项目	说明
1	程控交换机安调	程控交换机安装调试定额,按门数划分以"套"为计算单位
2	附属设备安调	(1)安调终端及打印设备、计费系统、话务台、程控调度交换设备、程控调度电话、双音频电话、数字话机均以"套"为计算单位。 (2)修改局数据以"路由"为计算单位。 (3)增减中继线以"回线"为计算单位。 (4)安装远端用户模块以"架"为计算单位。 (5)安装交接箱、交接箱模块支架、卡接模块均以"个"为计算单位

89. 无线设备安装定额包括哪些项目?其适用范围是什么?

无线设备安装定额包括安装电台及控制、附属设备、安装电线、馈线及场强测试,共 2 节 11 个子目。

无线设备安装定额适用于车站、车场、列车电台设备的安装调试。

90. 无线设备安装定额工作内容有哪些?

无线设备安装定额工作内容,见表 9-19。

表 9-19　　　　　　　无线设备安装定额工作内容

序号	项目名称	内容
1	安装电台及控制、附属设备	(1)安装电台及控制、附属设备:开箱检验,清洁搬运,安装固定,指标测试,数据输入,试验开通,记录。 (2)系统调试:试验开通、测试、调整、记录
2	安调天线、馈线及场强测试	(1)安调天线、馈线:开箱检验,清洁搬运,安装固定,指标测试,软缆敷设连接调整,记录。 (2)场强测试:场强测试,记录

91. 光传输、网管及附属设备安装定额包括哪些项目？

光传输、网管及附属设备安装定额包括光传输、网管及附属设备安装，稳定观测、运行试验共 2 节 11 个子目。

电传输、网管及附属设备安装定额适用于 PCM、PDH、SDH、OTN 等制式的传输设备的安装和调试。

92. 光传输、网管及附属设备安装定额工作内容有哪些？

光传输、网管及附属设备安装定额工作内容，见表 9-20。

表 9-20　　　　光传输、网管及附属设备安装定额工作内容

序号	项目	内容
1	光传输、网管及附属设备安装	(1)光传输、网管设备安装：开箱检验，清洁搬运，定位安装，性能测试，连接线缆，绑扎整理，试验记录。 (2)光纤及数字配线架安装：开箱检验，清洁搬运，定位安装，调整。 (3)附件安装：开箱检验，清洁搬运，定位安装，性能测试，连接线缆，绑扎整理，试验记录
2	稳定观测、运行试验	仪表准备，器材检验，设备试通，测试，记录

93. 如何计算安调电台及控制台、附属设备定额工程量？

(1)安装基地电台、安装调测中心控制台、安装调测列车电台，均以"套"为计算单位。

(2)安装调试录音记录设备、安装调试便携电台（或集群电话），均以"台"为计算单位。

94. 如何计算安调天线、馈线及场强测试定额工程量？

(1)固定台天线、列车电台天线以"副"为计算单位。
(2)场强测试以"区间"为计算单位。
(3)同轴软缆敷设均以"根"为计算单位。
(4)系统联调以"系统"为计算单位。

95. 如何计算光传输、网管及附属设备安装定额工程量？

光传输、网管及附属设备安装定额工程量计算规则，见表 9-21。

表 9-21　　　　光传输、网管附属设备安装定额工程量计算规则

序号	项 目	说　　　　明
1	光传输、网管及附属设备安装	(1)安装调试多路复用光传输设备,安装调试中心网管设备,安装调试车站网管设备,均以"套"为单位计算。 (2)安装光纤配线架、数字配线架、音频终端架,均以"架"为单位计算。 (3)放绑同轴软线,尾纤制作连接均以"条"为单位计算。 (4)安装光纤终端盒以"个"为单位计算
2	稳定观测、运行试验	传输系统稳定观测,网管系统运行试验均以"系统"为单位计算

96. 时钟设备安装定额包括哪些项目？其适用范围是什么？

时钟设备安装定额包括安装调试中心母钟设备、安装调试二级母钟及子钟设备共 2 节 9 个子目。

时钟设备安装定额适用于计算机管理的、GPS 校准的、以中央处理器为主单元的数字化子母钟运营、管理系统的安装调测。

97. 时钟设备安装定额工作内容有哪些？

时钟设备安装定额工作内容,见表 9-22。

表 9-22　　　　　　时钟设备安装定额工作内容

序号	项目名称	工　作　内　容
1	安调中心母钟设备	开箱检验,清洁搬运,定位安装,性能测试,连接线缆,绑扎整理,试验记录
2	安调二级母钟及子钟设备	开箱检验,清洁搬运,安装固定,测试检查,馈线连接,调校开通,记录

98. 如何计算时钟设备安装定额工程量？

时钟设备安装定额工程量计算规则,见表 9-23。

表 9-23　　　　　　　　时钟设备安装定额工程量计算规则

序号	项　目	说　　　　明
1	安装调试母钟	安装调试中心母钟、安装调试二级母钟均以"套"为单位计算
2	安装调试卫星接收天线	安装调试卫星接收天线以"副"为单位计算
3	安装调试子钟	安装调试数显站台子钟、数显发车子钟、数显室内子钟、指针室内子钟均以"台"为单位计算
4	时钟系统调试	车站时钟系统调试、全网时钟系统调试均以"系统"为单位计算

99. 专用设备安装定额包括哪些项目？其适用范围是什么？

专用设备安装定额包括安装中心广播设备、安装调试车站及车场广播设备、安调附属设备及装置共 3 节 22 个子目。

专用设备安装定额适用于计算机控制管理，以中央处理器为主控制单元的各种有线广播设备的安装，以及调测和通信专用附属设备的安装、调试。

100. 如何计算专用设备安装定额工程量？

专用设备安装定额工程量计算规则，见表 9-24。

表 9-24　　　　　　　　专用设备安装定额工程量计算规则

序号	项　目	说　　　　明
1	中心广播设备、车站、车场广播设备及附属设备	（1）中心广播控制台设备、车站广播控制台设备、车站功率放大设备、车站广播控制盒、防灾广播控制盒、列车间隔钟、设备通电 24h 均以"套"为单位计算。 （2）中心广播接口设备、车站广播接口设备、扩音转接机、电视遥控电源单元、专用操作键盘，均以"台"为单位计算。 （3）广播分线装置、扩音通话柱、音箱、纸盆扬声器、吸顶扬声器、号码标志牌、隧道电话插销、监视器防护外罩，均以"个"为单位计算。 （4）安装号筒扬声器子目以"对"为单位计算
2	系统稳定性调试	系统稳定性调试以"系统"为单位计算

101. 信号工程中室内设备安装定额包括哪些项目？

信号工程中室内设备安装定额包括控制台安装，电源设备安装，各种盘架、柜安装共 3 节 52 个子目。

102. 室内设备安装定额工作内容有哪些？

室内设备安装定额工作内容，见表 9-25。

表 9-25　　　　　　　　室内设备安装定额工作内容

序号	项目名称	工　作　内　容
1	控制台安装	(1)横向：现场搬运、吊装，就位安装，画线打眼，配线，导通试验。 (2)调度集中控制台：同横向的工作内容。 (3)控制台：开箱检查，场地消磁，现场搬运，就位安装、吊装，设备、元件检查，配线，通电静调
2	电源设备安装	画线打眼，就位安装，配线，导通测试
3	各种盘、架、柜安装	(1)组合架：安装配线，组合导通，继电器测试，插继电器写铭牌，导通测试。 (2)电气集中新型组合柜：同组合架的工作内容。 (3)分线柜六柱端子：安装配线，导通测试，走线架安装。 (4)分线柜十八柱端子：同分线柜六柱端子的工作内容。 (5)走线架：同分线柜六柱端子的工作内容。 (6)工厂化配线槽道：安装配线，导通测试，工厂化配线槽道安装，室外电缆引入、扒皮、固定。 (7)电缆柜电缆固定：同工厂化配线槽道的工作内容。 (8)人工解索锁按钮盘：同工厂化配线槽道的工作内容。 (9)电缆绝缘测试装置：安装配线，导通测试。 (10)轨道测试盘：同电缆绝缘测试装置的工作内容。 (11)熔丝报警器：同电缆绝缘测试装置的工作内容。 (12)轨道电路防雷组合：开箱检查，现场搬运，安装配线，插接固定，导通测试。 (13)ATP 模拟显示维修盘：同轨道电路防雷组合的工作内容。 (14)调度集中：同轨道电路防雷组合的工作内容。

(续)

序号	项目名称	工作内容
3	各种盘、架、柜安装	(15)列车自动运行 ATO 架:同轨道电路防雷组合的工作内容。 (16)列车自动防护(ATP):开箱检查,现场搬运,安装配线,插接固定,导通测试,铭牌标识。 (17)列车自动监控(ATS):同列车自动防护(ATP)的工作内容。 (18)各种盘、架柜:开箱检查,现场搬运,安装配线,插接固定,导通测试

103. 如何计算控制台安装定额工程量?

(1)单元控制台安装,按横向单元块数,以"台"为单位计算。

(2)调度集中控制台安装、信息员工作台安装、调度长工作台安装、调度员工作台安装、微机连锁数字化仪工作台安装、微机连锁应急台安装,以"台"为单位计算。

104. 如何计算电源设备安装定额工程量?

(1)电源屏安装、电源切换箱安装,以"个"为单位计算。

(2)电源引入防雷箱安装,按规格类型以"台"为单位计算。

(3)电源开关柜安装、熔丝报警电源装置安装、灯丝报警电源装置安装、降压点灯电源装置安装,以"台"为单位计算。

105. 如何计算各种架、盘、柜安装定额工程量?

(1)电气集中组合架安装、电气集中新型组合柜安装、分线盘安装、列车自动运行(ATO)架安装、列车自动防护轨道架安装、列车自动防护码发生器架安装、列车自动监控(RTU)架安装及交流轨道电路与滤波器架安装,分别以"架"为单位计算。

(2)走线架安装与工厂化配线槽道安装,以"10 架"为单位计算。

(3)电缆柜电缆固定,以"10 根"为单位计算。

(4)人工解锁按钮盘安装、调度集中分机柜安装、调度集中总机柜安装、列车自动监控(DPU)柜安装、列车自动监控(LPU)柜安装、微机连锁接口柜安装及熔丝报警器安装,以"台"为单位计算。

(5)电缆绝缘测试,以"10"块为单位计算。

(6)轨道测试盘,按规格型号以"台"为单位计算。

(7)交流轨道电路防雷组合安装、列车自动防护(ATP)维修盘安装及微机连锁防雷柜安装,以"个"为单位计算。

(8)中心模拟盘安装,以"面"为单位计算。

(9)电气集中继电器柜安装,以"台"为单位计算。

106. 信号机安装定额包括哪些项目?

信号机安装定额包括矮型色灯信号机安装、高柱色灯信号机安装、表示器安装、信号机托架的安装,共4节9个子目。

107. 信号机安装定额工作内容有哪些?

信号机安装定额工作内容,见表9-26。

表9-26　　　　　　信号机安装定额工作内容

序号	项目名称	工 作 内 容
1	矮型色灯信号机安装	安装配线,涂油,调整试验
2	高柱色灯信号机安装	安装配线,涂油,调整试验,立杆
3	表示器安装	安装配线,涂油,调整试验
4	信号机托架安装	组配安装,涂油,调整

108. 如何计算信号机安装定额工程量?

信号机安装定额工程量计算规则,见表9-27。

表9-27　　　　信号机安装定额工程量计算规则

序号	项 目	说　　　明
1	矮型色灯、高柱色灯信号机安装	矮型色灯信号机安装,高柱色灯信号机安装,分二显示、三显示,以"架"为单位计算
2	表示器安装	进路表示器矮型二方向、矮型三方向、高柱二方向、高柱三方向,以"组"为单位计算
3	信号机托架安装	信号机托架安装,以"个"为单位计算

109. 电动道岔转辙装置安装定额包括哪些项目？

电动道岔转辙装置安装定额包括：各种电动道岔转辙装置的安装及四线制道岔电路整流二极管安装等5个子目。

110. 电动道岔转辙装置安装定额工作内容有哪些？

电动道岔转辙装置安装定额工作内容，见表9-28。

表9-28　　　　　电动道岔转辙装置安装定额工作内容

序号	项目	内容
1	电动转辙装置安装	安装配线，打眼、固定安装装置，密贴调整杆、表示杆加工，清扫涂油，调整试验
2	四线制道岔电路整流二极管安装	安装配线，打眼、固定安装装置，密贴调整杆、表示杆加工，清扫涂油，调整试验

111. 如何计算电动转辙安装定额工程量？

电动道岔转辙装置单开道岔（一个牵引点）安装、电动道岔转辙装置重型单开道岔（二个牵引点）安装、电动道岔转辙装置（可动心轨）安装及电动道岔转辙装置（复式交分）安装，以"组"为单位计算。

112. 如何计算四线制道岔电路整流二极管安装？

四线制道岔电路整流二极管安装，以"10组"为单位计算。

113. 轨道电路安装定额包括哪些项目？

轨道电路安装定额包括轨道电路安装，轨道绝缘安装，钢轨接续线、道岔跳线、极性交叉回流线安装与传输环路安装共4节24个子目。

114. 轨道电路安装定额工作内容有哪些？

轨道电路安装定额工作内容，见表9-29。

表9-29　　　　　　轨道电路安装定额工作内容

序号	项目名称	工作内容
1	轨道电路安装	箱盒内部器材安装配线，安装引接线及卡具，调整测试

(续)

序号	项目名称	工作内容
2	轨道绝缘安装	(1)轨道绝缘:安装轨道绝缘。 (2)道岔连接杆绝缘:安装杆件,绝缘
3	钢轨接续线、道岔跳线、极性交叉回流线安装	推车运输,接临时电源,焊接及固定
4	传输环路安装	(1)道岔环路:环路敷设,馈电单元及电阻盒配线安装,调整测试。 (2)列车识别装置(PTI):环路敷设,连接盒配线安装,调整测试。 (3)日、月检环路:同列车识别装置的工作内容。 (4)列车自动运行:同列车识别装置的工作内容

115. 如何计算轨道绝缘安装定额工程量?

(1)FS2500无绝缘轨道电路安装,以"区段"为单位计算。

(2)轨道绝缘安装按钢轨重量及普通和加强型绝缘划分,以"组"为单位计算。

116. 如何计算钢轨接续线焊接、岔道跳线和极性交叉回流线安装定额工程量?

(1)钢轨接续线焊接,以"点"为单位计算。

(2)道岔连接杆绝缘安装,按"组"为单位计算。

(3)单开道岔跳线、复式交分道岔跳线安装焊接,以"组"为单位计算。

(4)极性交叉回流线焊接,以"点"为单位计算(每点含两根95mm的2×3.5m橡套软铜线)。

117. 如何计算传输环路安装定额工程量?

(1)列车自动防护(ATP)道岔区段环路安装,按环路长度分为30m、60m、90m、120m。以"个"为单位计算。

(2)列车识别(PTI)环路安装,日月检环路安装,列车自动运行(ATO)发送环路安装,列车自动运行(ATO)接收环路安装,以"个"为单位计算。

118. 室外电缆防护、箱盒安装定额包括哪些项目？

室外电缆防护、箱盒安装定额包括室外，电缆防护，箱盒安装，共2节18个子目。

119. 室外电缆防护、箱盒安装定额工作内容有哪些？

室外电缆防护、箱盒安装定额工作内容，见表9-30。

表9-30　　　　室外、电缆防护、箱盒安装定额工作内容

序号	项目名称	内容
1	电缆防护	穿管，过隔断门，电缆绑扎
2	电缆盒、变压器箱、分线箱安装	(1)电缆盒：安装箱及保护管，挖作电缆头，配线及编号，灌注，涂油，调整测试。 (2)变压器箱：同电缆盒的工作内容。 (3)分线箱：同电缆盒的工作内容
3	发车计时器安装	安装配线，调整测试

120. 如何计算室外电缆防护工程量？

(1)电缆过隔断门防护，以"10m"为单位计算。

(2)电缆穿墙管防护，以"100m"为单位计算。

(3)电缆过洞顶防护，以"m"为单位计算。

(4)电缆梯架，以"m"为单位计算。

121. 如何计算电缆盒、变压器箱、分线箱安装定额工程量？

(1)终端电缆盒安装、分向盒安装及变压器箱安装，分型号规格以"个"计算。

(2)分线箱安装，按用途划分，以"个"为单位计算。

122. 如何计算发车计时器安装定额工程量？

发车计时器安装，以"个"为单位计算。

123. 信号机、箱、盒基础定额工作内容有哪些？

(1)矮型信号机基础：基础挖土方，模板制作，安装、拆除，混凝土拌制、灌筑、振捣、养护，回填。

(2)变压器箱基础:同矮型信号机基础的工作内容。
(3)分向盒基础:同矮型信号机基础的工作内容。
(4)终端电缆盒基础:同矮型信号机基础的工作内容。
(5)信号机梯子:同矮型信号机基础的工作内容。
(6)固定连接线用混凝土枕:同矮型信号机基础的工作内容。
(7)固定 Z(X)型线用混凝土枕:同矮型信号机基础的工作内容。

124. 如何计算信号机、箱、盒安装定额工程量?

(1)矮型信号机基础(一架用),分土、石,以"个"为单位计算。
(2)变压器箱基础及分向盒基础,分土、石,以"10 对"为单位计算。
(3)终端电缆盒基础及信号机梯子基础,分土、石,以"10 个"为单位计算。
(4)固定连接线用混凝土枕及固定 Z(X)型线用混凝土枕,以"10 个"为单位计算。

125. 如何计算信号机卡盘、电缆及地线埋设标定额工程量?

信号机卡盘、电缆或地线埋设标,分土、石,以"10 个"为单位计算。

126. 车载设备调试定额包括哪些项目?

车载设备调试定额包括列车自动防护(ATP)车载设备调试、列车自动运行(ATO)车载设备调试、列车识别装置(PTI)车载设备调试共 3 节 5 个子目。

127. 车载设备调试定额工作内容有哪些?

车载设备调试定额工作内容,见表 9-31。

表 9-31 车载设备调试定额工作内容

序号	项目名称	工 作 内 容
1	列车自动防护(ATP)车载设备调试	接口电路测试,通电检查,灵敏度测试等
2	列车自动运行(ATO)车载设备调试	接口电路测试,通电试验,功能检测
3	列车识别装置(PTI)车载设备调试	应答器测试,各种性能检测

128. 如何计算车载设备调试定额工程量？

车载设备调试定额工程量计算规则，见表 9-32。

表 9-32　　　　车载设备调试定额工程量计算规则

序号	项目	说明
1	列车自动防护车载设备(ATP)调试	(1)列车自动防护车载设备(ATP)静态调试，以"车组"为单位计算。 (2)列车自动防护车载设备(ATP)动态调试，以"车组"为单位计算
2	列车自动运行车载设备(ATO)调试	(1)列车自动运行车载设备(ATO)静态调试，以"车组"为单位计算。 (2)列车自动运行车载设备(ATO)动态调试，以"车组"为单位计算
3	列车识别装置车载设备(PTI)调试	列车识别装置车载设备(PTI)静态调试，以"车组"为单位计算

129. 信号工程系统调试定额包括哪些项目？

信号工程系统调试定额包括继电联锁系统调试、微机联锁系统调试、调度集中系统调试、列车自动防护(ATP)系统测试、列车自动监控(ATS)系统调试、列车自动运行(ATO)系统调试与列车自动控制(ATC)系统调试共 7 节 11 个子目。

130. 列车自动运行(ATO)系统调试定额工作内容有哪些？

列车自动启动功能调试，区间调速停车再启动功能调试，进站定点停车功能调试，其他功能调试。

131. 列车自动控制(ATC)系统调试定额工作内容有哪些？

列车运行间隔调整调试，各种提示、显示准确性调试，各种报告、储存、显示调试，输出信息准确性调试，列车折返和列车最小运行间隔时间调试。

132. 如何计算信号工程系统调试定额工程量？

系统调试定额工程量计算规则，见表 9-33。

表 9-33　　　　　　　系统调试定额工程量计算规则

序号	项目	说明
1	继电联锁及微机联锁系统调试	(1)继电联锁及微机联锁站间联系系统调试，以"处"为单位计算。 (2)继电联锁及微机联锁道岔系统调试，以"组"为单位计算
2	调度集中系统调试	调度集中系统远程终端(RTU)调试，以"站"为单位计算
3	列车自动防护(ATP)系统及列车自动运行(ATO)	列车自动防护(ATP)系统联调及列车自动运行(ATO)系统调试，以"车组"为单位计算
4	列车自动监控(ATS)系统调试	列车自动监控局部处理单元(LPU)系统调试，列车自动监控远程终端单元(RTU)系统调试及列车自动监控车辆段处理单元(DPU)系统调试，以"站"为单位计算
5	列车自动控制(ATC)系统调试	列车自动控制(ATC)系统调试，以"系统"为单位计算

133. 信号工程其他部分定额包括哪些项目？

信号工程其他部分定额包括信号设备接地，信号设备加固、分界标与信号设备管线预埋等 4 节 11 个子目。

134. 如何计算信号设备接地装置定额工程量？

室内设备接地连接，电气化区段室外信号设备接地，以"处"为单位计算。

(1)电缆屏蔽连接，以"10 处"为单位计算。

(2)信号机安全连接，以"10 根"为单位计算。

(3)信号设备加固培土，信号设备干砌片石，信号设备浆砌片石，信号设备浆砌砖，以"m^3"为单位计算。

135. 如何计算信号设备预埋定额工程量？

(1)地铁信号车站预埋(一般型)，地铁信号车站预埋(其他型)，以"站"为单位计算。

(2)转辙机管预埋(单动)，转辙机管预埋(双动)，转辙机管预埋(复式交分)，调谐单元管预埋，以"处"为单位计算。

136. 什么是车站联锁系统及全线信号设备系统调试？

车站联锁系统调试是指电源连接、设备调整、联锁试验以及站间联系试验。

全线信号设备系统调试包括对调度集中系统调试、列车自动防护(ATP)系统调试、列车自动运行(ATO)系统调试、列车自动监控(ATS)系统调试、列车自动控制(ATC)系统调试。

第十章

·钢筋工程与拆除工程·

1. 钢筋的主要成分是什么？分为哪几类？

钢筋的主要成分是铁元素，此外，还含有少量的碳、锰、硅、磷、硫等元素。钢筋按化学成分可分为碳素钢和普通低合金钢。根据含碳量的不同，碳素钢分为低碳钢（含碳量＜0.25％）、中碳钢（0.25％≤含碳量≤0.6％）、高碳钢（含碳量＞0.6％）。含碳量越高，强度越高，但塑性和可焊性下降。

钢筋按其外形不同，分为光圆钢筋和带肋钢筋。带肋钢筋有螺纹钢

图10-1 月牙纹钢筋

筋、人字纹钢筋和月牙纹钢筋。通常带肋钢筋直径不小于10mm，光圆钢筋直径不小于6mm。目前常用的是月牙纹钢筋，如图10-1所示。

2. 什么是铁件？预埋铁件由哪几部分组成？

铁件是指在钢筋混凝土工程中用到的各种铁制构件，如钢筋、型钢、角钢等小型构件。

预埋铁件由锚板和直锚筋或锚板、直锚筋和弯折锚筋组成，预埋件的锚筋应位于构件的外层主筋内侧。

3. 什么是非预应力钢筋？

非预应力钢筋是指结构中没有施加预应力的钢筋。

4. 怎样制作先张法预应力钢筋？具有哪些特点？

先张法预应力筋制作是一种新工艺，可以提高钢筋的强度，提高钢筋屈服点，是制作预应力构件的主要途径。

先张法的制作工艺是浇混凝土前在台座之间张拉钢筋至预定值并作临时固定，安置模板，浇混凝土并待混凝土达一定强度后放松钢筋，利用

钢筋弹性回缩,借助于粘结力在混凝土上建立预应力。先张法多用于工厂化生产,台座可以很长,在台座间可生产同类型构件,预应力筋放松愈快生产周期就愈快,生产率提高,但需保证混凝土达一定强度。

5. 什么是后张法？具有哪些特点？

后张法是先浇灌混凝土,并在混凝土中预留孔道,待混凝土达一定强度后,在孔道中穿筋并在构件端部张拉预应力筋,张拉到预定数值,用锚具将钢筋锚在端部,再通过特殊导管灌浆,使预应力与钢筋混凝土产生粘结力。

后张法在构件或块体上直接张拉预应力钢筋,不需要专门的台座。大型构件可分件制作,运到现场利用预应力钢筋连成整体。后张法灵活性大,现已逐渐从单个预应力构件发展到整体预应力结构。

6. 型钢分为哪几类？

型钢分为实腹式和空腹式两类。

(1) 实腹式型钢。实腹式型钢可由型钢或钢板焊成,按截面形式的不同可以分为工、匚、T、十等和矩形及圆形钢管。实腹式型钢制作简便,承载能力大。

(2) 空腹式型钢。空腹式构件的型钢由缀板或缀条连接角钢或槽钢组成。空腹式型钢较节省材料但其制作费用较多。

7. 什么是钢筋伸长率？

钢筋的伸长率是反映钢筋的塑性性能的基本指标。钢筋试件拉断后的伸长值与原长的比值称为伸长率。伸长率越大,塑性性能越好。

8. 什么是钢筋冷弯？

冷弯是将直径为 d 的钢筋绕直径为 D 的钢辊进行弯曲,如图 10-2 所示,弯成一定的角度而不发生断裂,并且无裂纹、鳞落或断裂现象,即认为钢筋的弯曲性能符合要求。通常 D 值越小,α 值越大,则其弯曲性能、塑性性能越好。

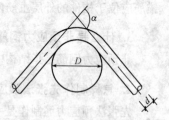

图 10-2 钢筋的冷弯

9. 什么是钢筋冷加工?

钢筋冷加工是指在常温条件下,通过对钢筋的强力拉伸,从而提高钢筋的抗拉能力,同时还可适当增加细钢筋规格。钢筋冷加工常用的方法有冷拉与冷拔两种。

10. 钢筋绑扎应符合哪些要求?

(1)纵向受力钢筋的连接方式应符合设计要求。

(2)钢筋接头宜设置在受力较小处。同一纵向受力钢筋不宜设置两个或两个以上接头。接头末端至钢筋弯起点的距离不应小于钢筋直径的10倍。

(3)钢筋绑扎搭接接头连接区段及接头面积百分率应符合要求。

(4)纵向受力钢筋绑扎搭接接头的最小搭接长度应符合下列规定:

1)当纵向受拉钢筋的绑扎搭接接头面积百分率不大于25%时,其最小搭接长度应符合表10-1的规定。

表10-1　　　　　纵向受拉钢筋的最小搭接长度　　　　　mm

钢筋类型		混凝土强度等级			
		C15	C20~C25	C30~C35	≥C40
光圆钢筋	HPB235级	45d	35d	30d	25d
带肋钢筋	HRB335级	55d	45d	35d	30d
	HRB400级、RRB400级	—	55d	40d	35d

2)当纵向受拉钢筋搭接接头面积百分率大于25%,但不大于50%时,其最小搭接长度应按表10-1中的数值乘以系数1.2取用;当接头面积百分率大于50%时,应按表10-1中的数值乘以系数1.35取用。

3)当符合下列条件时,纵向受拉钢筋的最小搭接长度应根据上述1)、2)条确定后,按下列规定进行修正:

①当带肋钢筋的直径大于25mm时,其最小搭接长度应按相应数值乘以系数1.1取用。

②对具有环氧树脂涂层的带肋钢筋,其最小搭接长度应按相应数值乘以系数1.25取用。

③当在混凝土凝固过程中受力钢筋易受扰动时(如滑模施工),其最

小搭接长度应按相应数值乘以系数 1.1 取用。

④对末端采用机械锚固措施的带肋钢筋,其最小搭接长度可按相应数值乘以系数 0.7 取用。

⑤当带肋钢筋的混凝土保护层厚度大于搭接钢筋直径的 3 倍且配有箍筋时,其最小搭接长度可按相应数值乘以系数 0.8 取用。

⑥对有抗震设防要求的结构构件,其受力钢筋的最小搭接长度对一、二级抗震等级应按相应数值乘以系数 1.15 取用;对三级抗震等级应按相应数值乘以系数 1.05 取用。在任何情况下,受拉钢筋的搭接长度不应小于 300mm。

4)纵向受压钢筋搭接时,其最小搭接长度应根据以上 1)~3)的规定确定相应数值后,乘以系数 0.7 取用。在任何情况下,受压钢筋的搭接长度不应小于 200mm。

11. 如何计算钢筋直筋长度?

如图 10-3 所示,D 为钢筋直径,b 为保护层厚度,L 为钢筋长度,求直筋净长。

(1)计算公式:

$$钢筋净长 = L - 2b + 12.5D$$

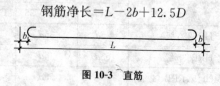

图 10-3 直筋

(2)钢筋弯头、搭接长度计算可按表 10-2 确定。

表 10-2 钢筋弯头、搭接长度计算表

钢筋直径 D/mm	保护层 b/cm			钢筋直径 D/mm	保护层 b/cm		
	1.5	2.0	2.5		1.5	2.0	2.5
	按 L 增加长度/cm				按 L 增加长度/cm		
4	2.0	1.0	—	10	9.5	8.5	7.5
6	4.5	3.5	2.5	12	12.0	11.0	10.0
8	7.0	—	5.0	14	14.5	13.5	12.5
9	8.3	7.3	6.3	16	17.0	16.0	15.0

(续)

钢筋直径 D /mm	保护层 b/cm			钢筋直径 D /mm	保护层 b/cm		
	1.5	2.0	2.5		1.5	2.0	2.5
	按 L 增加长度/cm				按 L 增加长度/cm		
18	19.5	18.5	17.5	28	32.0	31.0	30.0
19	20.8	19.8	18.8	30	34.5	33.5	32.5
20	22.0	21.0	20.0	32	37.0	36.0	35.0
22	24.5	23.5	22.5	35	40.8	39.8	38.8
24	27.0	26.0	25.0	38	44.5	43.5	42.5
25	28.3	27.3	26.3	40	47.0	46.0	45.0
26	29.5	28.5	27.5				

12. 如何计算弯筋斜长度?

(1)计算弯筋斜长度的基本原理。如图 10-4 所示,D 为钢筋的直径,H' 为弯筋需要弯起的高度,A 为局部钢筋的斜长度,B 为 A 向水平面的垂直投影长度。

假使以起弯点 P 为圆心,以 A 长为半径作圆弧向 B 的延长线投影,则 $A=B+A'$,A' 就是 $A-B$ 的长度差。

θ 为弯筋在垂直平面中要求弯起的水平面所形成的角度(夹角);在工程上一般以 30°、45°和 60°为最普遍,以 45°尤为常见。

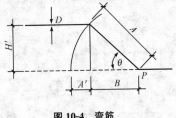

图 10-4 弯筋

(2)弯筋斜长度的计算可按表 10-3 确定。

表 10-3 弯筋斜长度的计算表

弯起角度 θ(°)		30	45	60
$A'=H'\tan\dfrac{\theta}{2}$		0.268	0.414	0.577
弯起高度 H' 每 5cm 增加长度/cm	一端	1.34	2.07	2.885
	两端	2.68	4.14	5.77

13. 如何计算钢筋弯钩的增加长度?

根据规范要求,绑扎骨架中的受力钢筋,应在末端做弯钩。HPB235 级钢筋末端做 180°弯钩,其圆弧弯曲直径不应小于钢筋直径的 2.5 倍,平直部分长度不宜小于钢筋直径的 3 倍;HRB335、HRB400 级钢筋末端需作 90°或 135°弯折时,HRB335 级钢筋的弯曲直径不宜小于钢筋直径的 4 倍,HRB400 级钢筋不宜小于钢筋直径的 5 倍。

钢筋弯钩增加长度按下列简图(图 10-5)所示计算(弯曲直径为 $2.5d$,平直部分为 $3d$),其计算值为:

(1) 半圆弯钩 $= (2.5d + 1d) \times \pi \times \dfrac{180}{360} - 2.5d \div 2 - 1d + (平直) 3d$
$= 6.25d$ [图 10-5(a)]。

(2) 直弯钩 $= (2.5d + 1d) \times \pi \times \dfrac{180 - 90}{360} - 2.5d \div 2 - 1d + (平直) 3d$
$= 3.5d$ [图 10-5(b)]。

(3) 斜弯钩 $= (2.5d + 1d) \times \pi \times \dfrac{180 - 45}{360} - 2.5d \div 2 - 1d + (平直) 3d$
$= 4.9d$ [图 10-5(c)]。

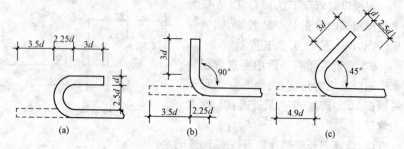

图 10-5 钢筋弯钩增加长度计算
(a)半圆弯钩;(b)直弯钩;(c)斜弯钩

(1)如果弯曲直径为 $4d$,其计算值则为:

直弯钩 $= (4d + 1d) \times \pi \times \dfrac{180 - 90}{360} - 4d \div 2 - 1d + 3d = 3.9d$;

斜弯钩 $= (4d + 1d) \times \pi \times \dfrac{180 - 45}{360} - 4d \div 2 - 1d + 3d = 5.9d$。

第十章 钢筋工程与拆除工程

(2)如果弯曲直径为$5d$,其计算值则为:

直弯钩 $= (5d+1d) \times \pi \times \dfrac{180-90}{360} - 5d \div 2 - 1d + 3d = 4.2d$;

斜弯钩 $= (5d+1d) \times \pi \times \dfrac{180-45}{360} - 5d \div 2 - 1d + 3d = 6.6d$。

注:钢筋的下料长度是钢筋的中心线长度。

在实践中由于实际弯心直径与理论直径有时会不一致,钢筋粗细和机具条件不同等而影响弯钩长度,所以在实际配料时,对弯钩增加长度常根据具体条件采用经验数据,见表10-4及表10-5。

表10-4 弯钩增加长度经验数据 mm

钢筋直径d	≤6	8~10	12~18	20~28	32~36
一个弯钩长度	40	$6d$	$5.5d$	$5d$	$4.5d$

表10-5 各种规格钢筋弯钩增加长度参考表 mm

钢筋直径d	半圆弯钩		半圆弯钩(不带平直部分)		斜弯钩		直弯钩	
	一个钩长	两个钩长	一个钩长	两个钩长	一个钩长	两个钩长	一个钩长	两个钩长
3.4	25	50	—	—	20	40	10	20
5.6	40	80	20	40	30	60	15	30
8	50	100	25	50	40	80	20	40
9	55	110	30	60	45	90	25	50
10	60	120	35	70	50	100	25	50
12	75	150	40	80	60	120	30	60
14	85	170	45	90				
16	100	200	50	100				
18	110	220	60	120				
20	125	250	65	130				
22	135	270	70	140				
25	155	310	80	160				
28	175	350	85	190				
32	200	400	105	210				
36	225	450	115	230				
40	250	500	130	260				

注:1. 半圆弯钩计算长度为$6.25d$;半圆弯钩不带平直部分计算长度为$3.25d$;斜弯钩计算长度为$4.9d$;直弯钩计算长度为$3.5d$。

2. 直弯钩起高度按不小于直径的3倍计算,在楼板中使用时,其长度取决于楼板厚度,需按实际情况计算。

14. 如何计算钢筋各种弯曲角度的量度差值?

(1)弯 90°时的量度差值。弯 90°时的量度差值,如图 10-5(b)所示。

1)外包尺寸:

$$2.25d + 2.25d = 4.5d$$

2)中心线长度:

$$\frac{3.5\pi d}{4} = 2.75d$$

3)量度差值:

$$4.5d - 2.75d = 1.75d$$

实际工作中为计算简便常取 $2d$。

(2)弯 45°的量度差值。弯 45°的量度差值,如图 10-5(c)所示。

1)外包尺寸:

$$2 \times \left(\frac{2.5d}{2} + d\right)\tan 22°30' = 1.87d$$

2)中心线长度:

$$\frac{3.5\pi d}{8} = 1.37d$$

3)量度差值:

$$1.87d - 1.37d = 0.5d$$

同理可得其他常用角度的量度差值,见表 10-6。

表 10-6 钢筋弯曲调整值

角度 调整值 直径/mm	30° 0.35d	45° 0.5d	60° 0.35d	90° 2d	135° 2.5d
6	—	—	—	12	15
8	—	—	—	16	20
10	3.5	5.0	8.5	20	25
12	4.0	6.0	10.0	24	30
14	5.0	7.0	12.0	28	35
16	5.5	8.0	13.5	32	40
18	6.5	9.0	15.5	36	45
20	7.0	10.0	17.0	40	50
22	8.0	11.0	19.0	44	55

直径/mm \ 角度	30°	45°	60°	90°	135°
调整值	0.35d	0.5d	0.35d	2d	2.5d
25	9.0	12.5	21.5	50	62.5
28	10.0	14.0	24.0	56	70
32	11.0	16.0	27.0	64	80
32	12.5	18.0	30.5	72	90

注:d 为弯曲钢筋直径。表中角度是指钢筋弯曲后与水平线的夹角。

15. 如何计算箍筋弯钩增加长度?

(1) 计算方法:

包围箍[图 10-6(a)]的长度 = $2(A+B)$ + 弯钩增加长度

开口箍[图 10-6(b)]的长度 = $2A+B$ + 弯钩增加长度

箍筋弯钩增加长度见表 10-7。

表 10-7　　　　　　　箍筋弯钩增加长度

弯钩形式		180°	90°	135°
弯钩增加值	一般结构	8.25d	5.5d	6.87d
	有抗震要求结构	13.25d	10.5d	11.87d

(2) 用于圆柱的螺旋箍(图 10-7)的长度计算公式如下:

$$L = N\sqrt{P^2+(D-2a-d)^2\pi^2} + 弯钩增加长度$$

式中　N——螺旋箍圈数;

　　　D——圆柱直径(m);

　　　P——螺距。

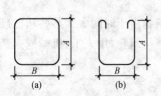

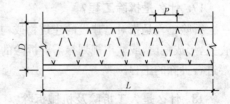

图 10-6　箍筋　　　　　　　图 10-7　螺旋箍
(a)包围箍;(b)开口箍

16. 如何计算钢筋绑扎接头的搭接长度?

受拉钢筋绑扎接头的搭接长度,按表 10-8 计算;受压钢筋绑扎接头的搭接长度按受拉钢筋的 0.7 倍计算。

表 10-8　　　　　　　　受拉钢筋绑扎接头的搭接长度

钢筋类型	混凝土强度等级		
	C20	C25	C25 以上
HPB235 级钢筋	$35d$	$30d$	$25d$
HRB335 级钢筋	$45d$	$40d$	$35d$
HRB400 级钢筋	$55d$	$50d$	$45d$
冷拔低碳钢丝	300mm		

注:1. 当 HRB335、HRB400 级钢筋直径 d 大于 25mm 时,其受拉钢筋的搭接长度应按表中数值增加 $5d$ 采用。
2. 当螺纹钢筋直径 d 不大于 25mm 时,其受拉钢筋的搭接长度应按表中值减少 $5d$ 采用。
3. 当混凝土在凝固过程中受力钢筋易受扰动时,其搭接长度宜适当增加。
4. 在任何情况下,纵向受拉钢筋的搭接长度不应小于 300mm;受压钢筋的搭接长度不应小于 200mm。
5. 轻骨料混凝土的钢筋绑扎接头搭接长度应按普通混凝土搭接长度增加 $5d$,对冷拔低碳钢丝增加 50mm。
6. 当混凝土强度等级低于 C20 时,HPB235、HRB335 级钢筋的搭接长度应按表中 C20 的数值相应增加 $10d$,HRB335 级钢筋不宜采用。
7. 对有抗震要求的受力钢筋的搭接长度,对一、二级抗震等级应增加 $5d$。
8. 两根直径不同钢筋的搭接长度,以较细钢筋的直径计算。

17. 什么是拆除工程?

拆除工程是指对已建设的建筑物或构筑物由于时间太久某些功能已丧失,形成危房,或城市规划等需要拆除的建构筑物,用人工、机械或火药等进行拆除的工程。

18. 什么是人工拆除及机械拆除?

人工拆除即利用人工对各种旧路面进行拆除,对拆除后的旧料进行清理堆放。

机械拆除即利用建筑机械(包括推土机、挖土机、内燃空气压缩机等)对旧路及不再使用构筑物进行拆除。

19. 如何计算拆除人行道清单工程量?

拆除人行道工程量按施工组织设计或设计图示尺寸以面积计算。

20. 如何计算伐树、挖树蔸工程量?

伐树、挖树蔸定额工程量按离地 20cm 高处树干不同直径,以伐树、挖树蔸的棵数计算,计量单位:10 棵;清单工程量按施工组织设计或设计图示尺寸以数量计算。

21. 如何计算拆除混凝土障碍物工程量?

拆除混凝土障碍物定额工程量按不同拆除方法(人工或机械)、有无配筋,以拆除混凝土障碍物的实体积计算,计量单位:10m^3;清单工程量按施工组织设计或设计图示尺寸以体积计算。

22. 如何计算拆除侧缘石工程量?

拆除侧缘石定额工程量按不同侧缘石材料,以拆除侧缘石的长度计算,计量单位:100m;清单工程量按施工组织设计或设计图示尺寸以延长米计算。

23. 如何计算拆除砖砌其他构筑物工程量?

拆除砖砌其他构筑物定额工程量按拆除构筑物的实砌体积计算,计量单位:10m^3;清单工程量按施工组织设计或设计图示尺寸以体积计算。

24. 如何计算拆除砖砌雨水井、检查井清单工程量?

拆除砖砌雨水井、检查井定额工程量按不同井深,以拆除雨水井、检查井的实砌体积计算,计量单位:10m^3;清单工程量按施工组织设计或设计图示尺寸以体积计算。

参考文献

[1] 高正军. 市政工程概预算手册(含工程量清单计价)[M]. 长沙：湖南大学出版社，2008.

[2] 朱维益，张少玮，时炜. 市政与园林工程预算[M]. 北京：中国建筑工业出版社，2000.

[3] 许焕兴. 新编市政与园林工程预算[M]. 北京：中国建材工业出版社，2005.

[4] 韩轩. 市政工程工程量清单计价全程解析[M]. 长沙：湖南大学出版社，2009.

[5] 戎贤. 建筑工程计价与计量问答实录[M]. 北京：机械工业出版社，2008.

[6] 中华人民共和国建设部标准定额司. GJD—101—95 全国统一建筑工程基础定额(土建)[S]. 北京：中国计划出版社，1995.

[7] 中华人民共和国住房和城乡建设部. GB 50500—2008 建设工程工程量清单计价规范[S]. 北京：中国计划出版社，2008.